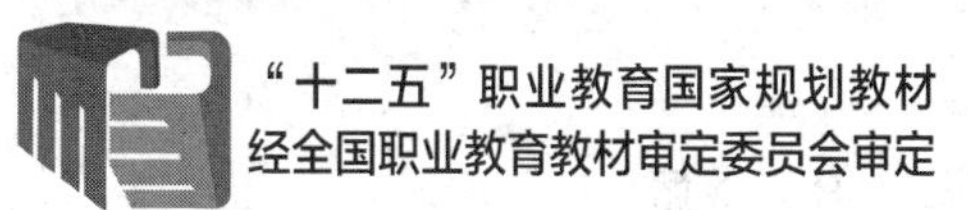

# Photoshop

# 建筑与室内效果图后期制作

（第2版）

陈雪杰 编著

人民邮电出版社
北京

**图书在版编目（CIP）数据**

Photoshop建筑与室内效果图后期制作 / 陈雪杰编著
. -- 2版. -- 北京 : 人民邮电出版社, 2016.7(2024.2重印)
现代创意新思维·十二五高等院校艺术设计规划教材
ISBN 978-7-115-40499-2

Ⅰ. ①P… Ⅱ. ①陈… Ⅲ. ①室内装饰设计－计算机辅助设计－应用软件－高等学校－教材 Ⅳ. ①TU238-39

中国版本图书馆CIP数据核字(2016)第038697号

## 内 容 提 要

本书是建筑、室内、园林设计专业快速学习掌握 Photoshop CS6 的经典教程。全书共 15 章，从最基础的 Photoshop CS6 应用和工作界面开始讲起，以循序渐进的方式详细解读 Photoshop 的基本操作方法、创建并编辑选区、绘图与图像修饰、图像色彩的调整、图层应用、路径、文字、通道和蒙版应用、滤镜、动作与自动化、彩色平面图制作、室内效果图后期修改技术、建筑效果图后期修改技术、效果图专题制作与特效制作技术。内容基本涵盖了 Photoshop CS6 全部工具和命令。书中精心安排了多个具有针对性的建筑、室内、园林实例，不仅可以帮助读者轻松掌握软件使用方法，更能从专业的角度让读者掌握建筑、室内、园林设计的效果图后期处理的实用技巧。

本书适合广大 Photoshop 初学者，以及有志于从事建筑设计、室内设计、园林设计、平面设计、影视广告设计等工作的人员使用，同时也适合高等院校相关专业的学生和各类培训班的学员参考阅读。

◆ 编　　著　陈雪杰
责任编辑　刘盛平
执行编辑　刘　佳
责任印制　焦志炜
◆ 人民邮电出版社出版发行　　北京市丰台区成寿寺路 11 号
邮编　100164　　电子邮件　315@ptpress.com.cn
网址　http://www.ptpress.com.cn
大厂回族自治县聚鑫印刷有限责任公司印刷
◆ 开本：787×1092　1/16
印张：19.5　　　2016 年 7 月第 2 版
字数：462 千字　　　2024 年 2 月河北第21次印刷

定价：49.80 元（附光盘）

**读者服务热线：(010)81055256　印装质量热线：(010)81055316**
**反盗版热线：(010)81055315**

# 第2版前言

随着信息技术的不断发展，计算机已经被广泛应用到室内设计与建筑设计领域。在建筑与室内效果图制作中，需要使用 Photoshop 软件对效果图进行后期修改。可以毫不夸张地说，使用 Photoshop 进行合理的后期修改，可以对效果图画面效果起到神奇的作用。

目前，市场上有很多 Photoshop 教材，但是大多都是平面设计类的教材，书中案例也多为平面设计方向，为了更有针对性地讲解 Photoshop 在建筑、室内表现中的应用，笔者编写了本书。

相比于其他教材，本书只针对建筑设计、室内设计、园林设计等工程设计专业进行 Photoshop CS6 软件讲解，并对目前主流的效果图后期修改技法、彩色平立面图的制作、效果图特效制作进行了专门讲解。

本书是一本案例教程，采用实例讲解的方法来帮助读者学习菜单命令，讲解步骤详尽且通俗易懂，非常有利于初学者学习和掌握软件应用。本书详细地介绍了各种建筑与室内效果图表现技术，即使是 Photoshop 初学者也可以参照本书，一步一步地制作出专业的效果，因而也特别适合自学者使用。

在本书的配套光盘中提供了本书所有实例的源文件、素材和输出文件，以及包含全书所有“课堂练习”和“课后习题”的相关素材，方便读者在学习中使用。

由于水平有限，书中错误、疏漏之处在所难免，敬请读者批评指正。

编者

2016 年 2 月

# 目　　录

## 第 5 章



## 第 6 章

# 第1章 初识 Photoshop

本章将主要介绍 Photoshop 软件的具体应用，尤其是 Photoshop 软件在建筑与室内设计领域的应用。此外，通过本章的学习，读者可以快速掌握 Photoshop 软件的基础操作知识，包括 Photoshop 工作界面、快捷键和软件的优化等内容。

学习目标

- ◈ 掌握 Photoshop 软件的具体应用
- ◈ 掌握 Photoshop 软件的操作基础

## 1.1 Photoshop 的应用

Photoshop 是一个功能极其强大的平面应用软件，广泛应用于广告设计、包装设计、服装设计、建筑与室内设计等多个领域。Photoshop 不是针对其个专业或者方向开发出来的软件，而是各个行业通用的一个软件。正是因为 Photoshop 的功能极其强大，而各个领域对 Photoshop 的使用又有各自特殊的要求，所以 Photoshop 的学习必须有针对性。比如，在广告设计中会更多地应用滤镜等工具完成特效制作，而建筑与室内设计则是追求真实的效果，所以会更多地使用 Photoshop 进行色彩、真实光效和材质的调整。

本书将专门针对建筑与室内设计专业的应用进行 Photoshop 讲解，集中介绍效果图修改和彩色平立面图的 Photoshop 制作技法。对于在建筑与室内设计中常用的工具将详细讲解，不常用或者完全用不上的工具将简要说明，这样可以避免浪费大量时间去学习不必要的技法。

### 1.1.1 Photoshop 在建筑与室内设计专业的应用

Photoshop 在建筑与室内设计中的应用主要有平立面图制作和透视图制作两个方面。所谓平立面图制作主要指彩色平立面图制作，如室内平立面图、建筑平立面图、园林平立面图和规划平立面图等，各类彩色平立面图效果如图 1-1 至图 1-4 所示。

平立面图多采用 AutoCAD 绘制，但是 AutoCAD 绘制的只是线框图，比较抽象，不够直观，非专业人员一般很难看懂。相比于使用 AutoCAD 绘制的平立面线框图，彩色的平立面图图像效果逼真，更为形象、生动，可以方便非专业人士了解设计，也便于设计师和客户之间沟通。在房地产行业中，基本上都采用彩色平面图的形式展示其户型设计。此外在建筑和园林设计中，也越来越多地采用彩色平面图的形式表达空间布局。彩色平立面图在室内设计领域的应用则更为广泛。在本书第 12 章中会详细讲解彩色平面图的绘制技巧。

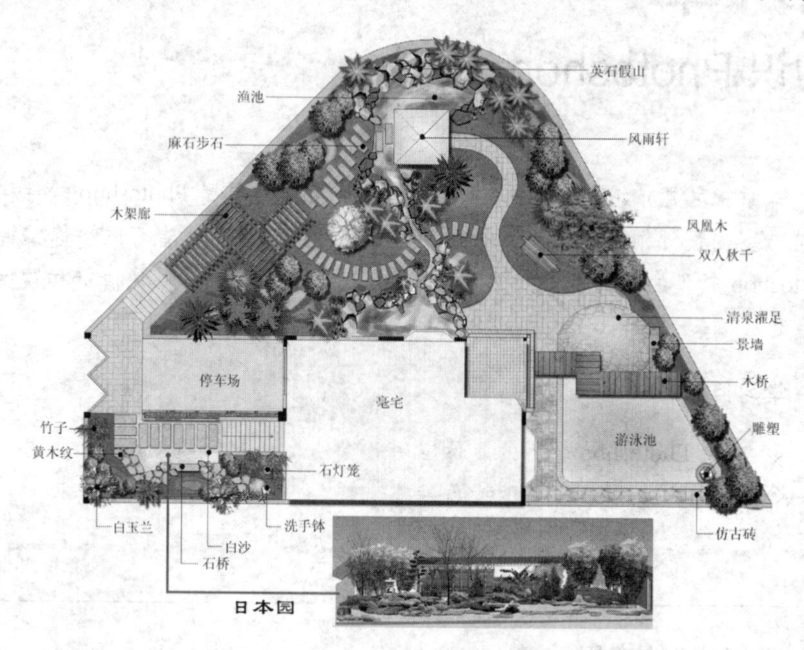


图 1-1

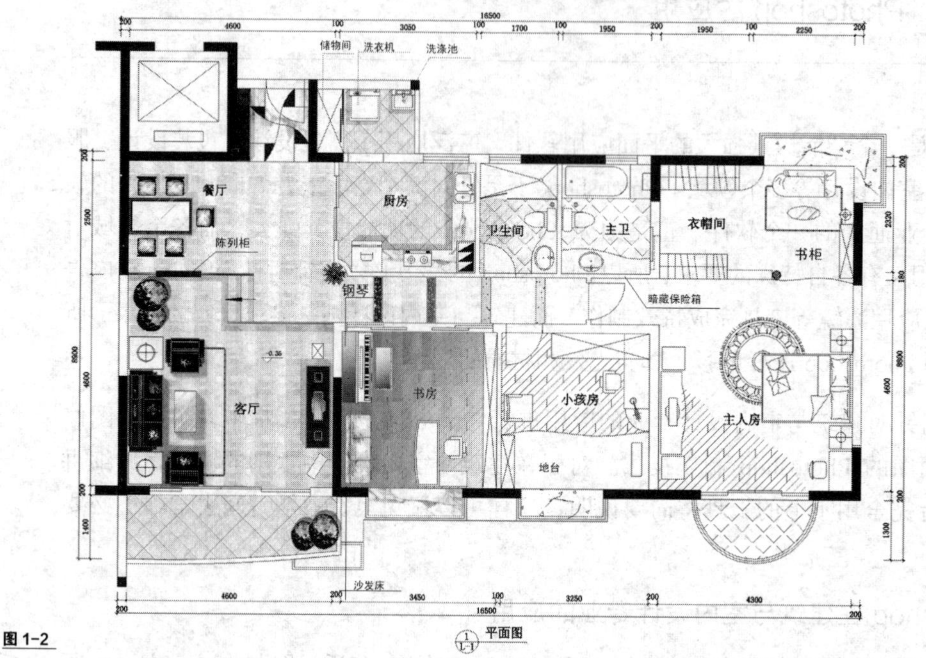


图 1-2

除了彩色平立面图的绘制外，Photoshop 软件主要用来处理室内及建筑透视效果图。一般来说，效果图的制作需要多个软件进行配合，基本流程为首先采用 AutoCAD 制作平立面线框，接着用 3ds Max 进行建模及渲染输出，最后采用 Photoshop 软件进行后期处理。

Photoshop 的后期处理主要是制作效果图后期配景，调整效果图的色彩、光效和材质。很多初学者效果图制作水平不高，渲染出来的效果较差，这时 Photoshop 就可以起到很大的作用。可以毫不夸张地说，只要用 Photoshop 处理得当，对效果图可以起到神奇的修饰功效，如图 1-5 和图 1-6 所示。

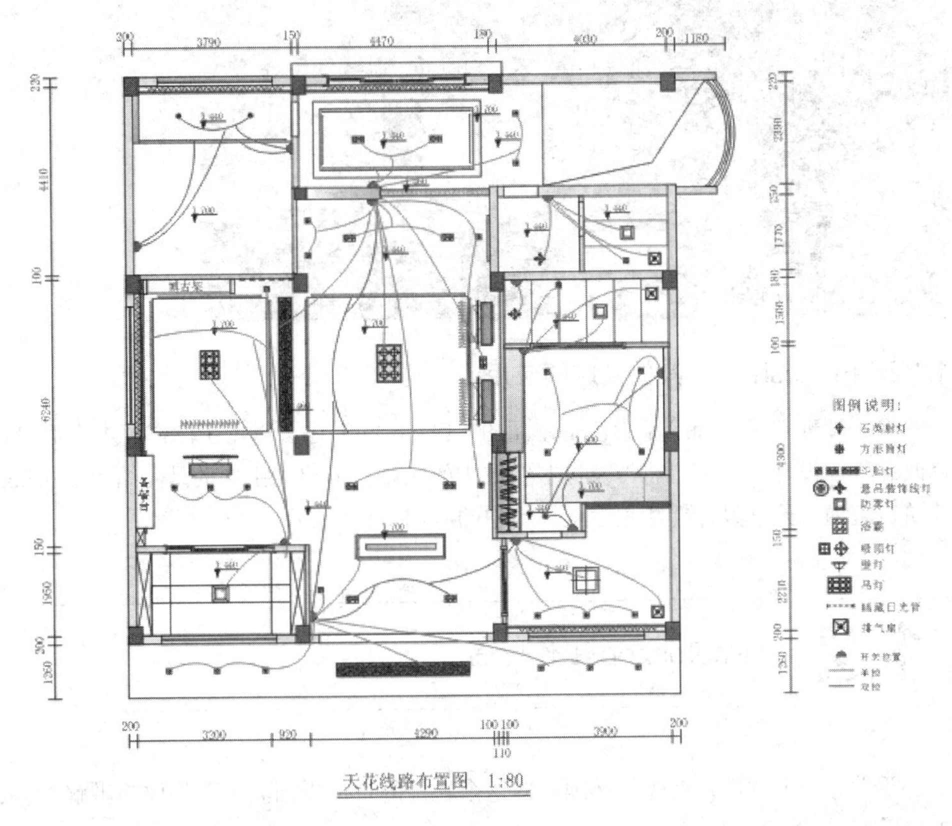


图 1-3

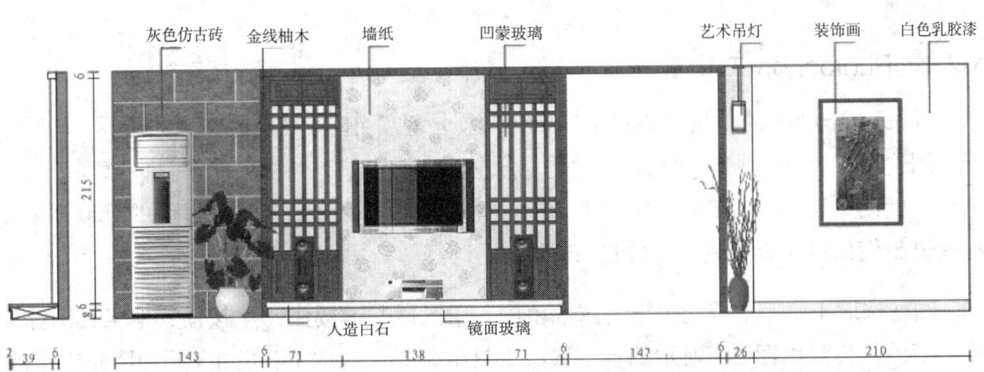


图 1-4

图 1-5

图 1-6

### 1.1.2　Photoshop 在其他领域的应用

除了处理效果图和绘制彩色平立面图，Photoshop 还可以用于制作各类平面设计、照片修改和版面设计。本书也将涉及这些领域中的应用，但更为主要的是介绍 Photoshop 软件在建筑、室内、园林设计等相关工程设计中的应用。

## 1.2　Photoshop 工作界面

要学好一个软件，首先就必须掌握这个软件的工作界面。本节将详细讲解 Photoshop 的工作界面。

### 1.2.1　Photoshop 工具箱

Photoshop CS6 的工具箱如图 1-7 所示，总计有 22 组 56 种不同作用的工具，按照工具功能和用途可以将 56 种工具分为 6 大类，分别为选取工具、绘图修图工具、路径工具、文字工具、辅助工具和 3D 工具。每种工具的具体作用和使用方法都将在以后的章节详细介绍，在这里我们只将所有工具列出并进行简要说明。

（1）选取工具：主要用来设定选取范围。用鼠标左键按住 [ ]（按住其他工具图标作用一样）不放，会弹出图 1-7 所示的各个选取工具组工具。选取工具的主要作用是选取图片中的各种物体和设定选取范围。

矩形选框工具 M
椭圆选框工具 M
单行选框工具
单列选框工具

图 1-7

矩形选框工具、椭圆选框工具多用于选择一些规则的方形和圆形物体。套索工具、多边形套索工具、磁性套索工具则更多地用于选择一些不规则的物体。快速选择工具和魔棒工具则被应用于选取颜色区分度比较大的物体。

（2）绘图修图工具：主要用于在图像上绘画或是对原有图像进行修复和修饰。包括 8 个工具组，如图 1-8 所示。绘图修图工具是应用最多的工具组，也是包含工具最多的工具组，其具体用法会在后面章节中详细讲解。

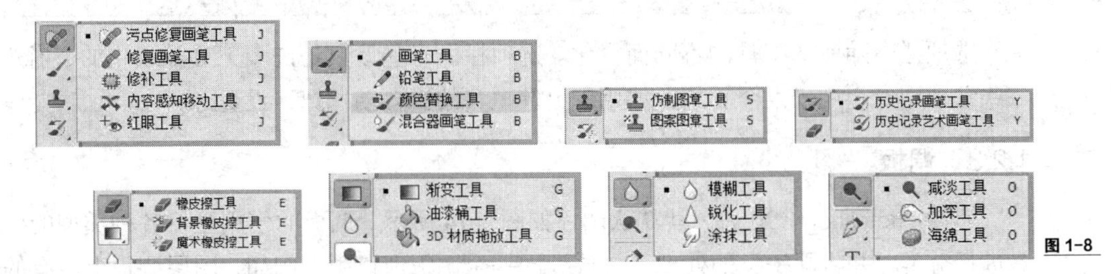

图 1-8

（3）路径工具：主要用于矢量绘图，在效果图修改中也常常会用到钢笔工具对不规则物体进行选取。钢笔工具相比于其他选取工具而言有一个比较突出的优点，即钢笔工具可以完成圆滑的曲面选取，且其节点可以任意调整。路径工具包括 3 个工具组，如图 1-9 所示。

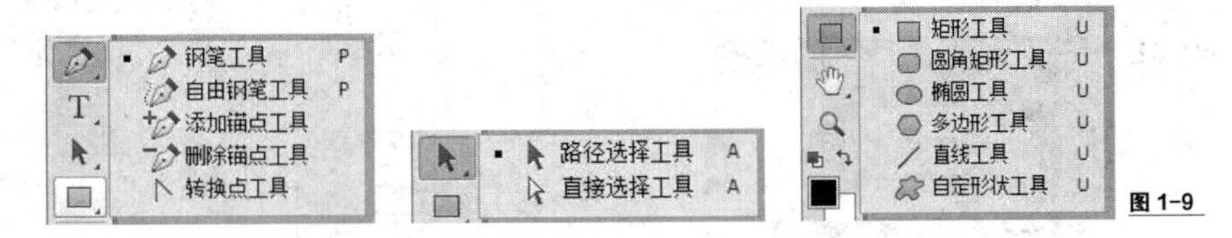

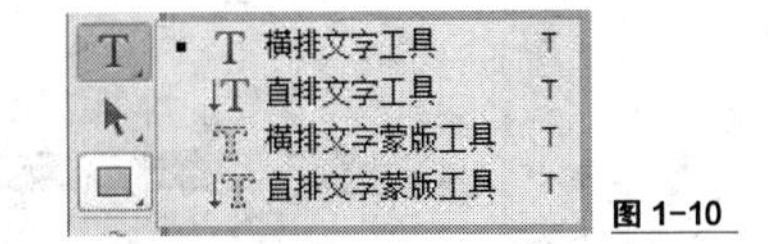

图 1-9

（4）文字工具：主要用于文本输入编辑，如图 1-10 所示。

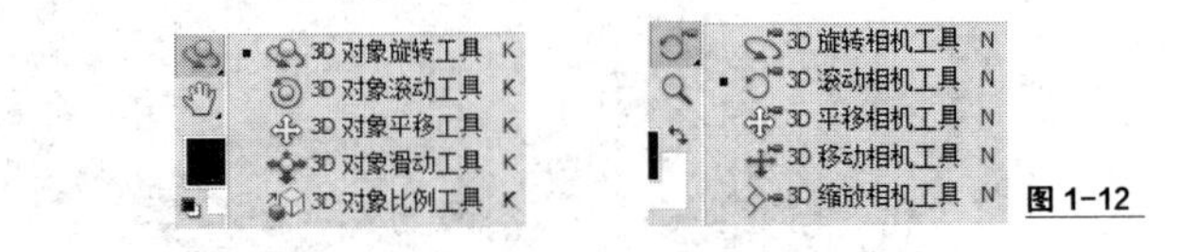

图 1-10

（5）辅助工具：主要用于辅助其他工具对图像进行处理，包括移动工具、缩放工具两个单独的工具和图 1-11 所示 4 个工具组。

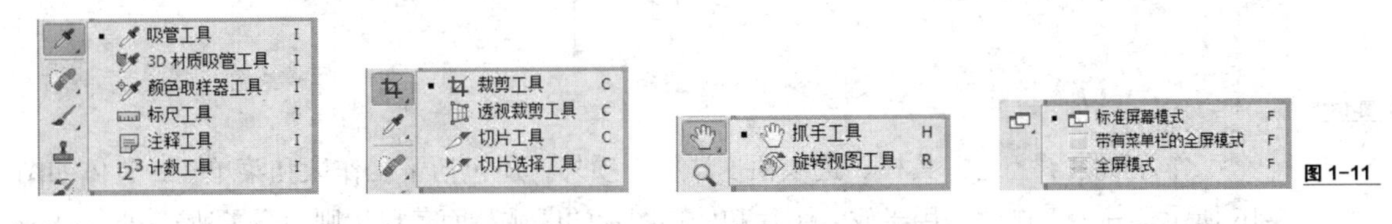

图 1-11

（6）3D 工具：主要用于辅助制作一些三维物体，包括两个工具组，如图 1-12 所示。


图 1-12

工具箱除了上述工具外，还有一些比较有用的图标，如工具箱底部的图标即代表当前选择的前景色为黑色、背景色为白色。单击可以使前景色和背景色互换，即前景色转变为白色，背景色转变为黑色。单击黑白大色块中任意一个可以改变其颜色，但如果再次单击左下角的黑白小色块可以立刻将颜色变为默认的黑白色。工具箱上的图标为快速蒙版图标，具体应用在后面章节中会详细介绍。

## 1.2.2 选项栏

选择任意一个工具，在菜单下方就会出现一个长条的选项栏，如选择矩形框选工具，其选项栏如图 1-13 所示。

图 1-13

选项栏会随所选工具的不同而变化。选项栏中有些参数是许多工具都通用的，当然也有一些参数则专门用于某个工具（如用于铅笔工具的“自动抹掉”设置）。

## 1.2.3 调板

启动 Photoshop CS6 后，其默认调板如图 1-14 所示。调板的作用是将各种类型的处理工具进行分类，并将同一类的处理工具放到同一个调板窗口中。例如，图层调板上所有的功能都是围绕对图层的编辑进行设定的。

使用调板可以大大节省寻找工具所花的时间，从而提高工作效率。单击菜单栏中的窗口菜单，在下拉列表中选中调板名即可打开各种调板，如图 1-15 所示。

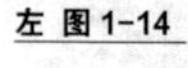

左 图 1-14

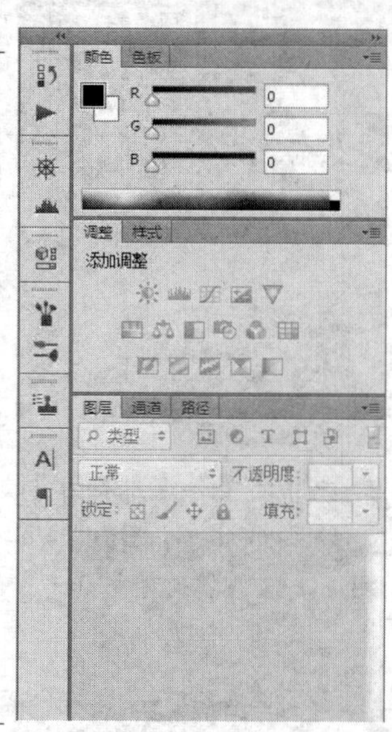


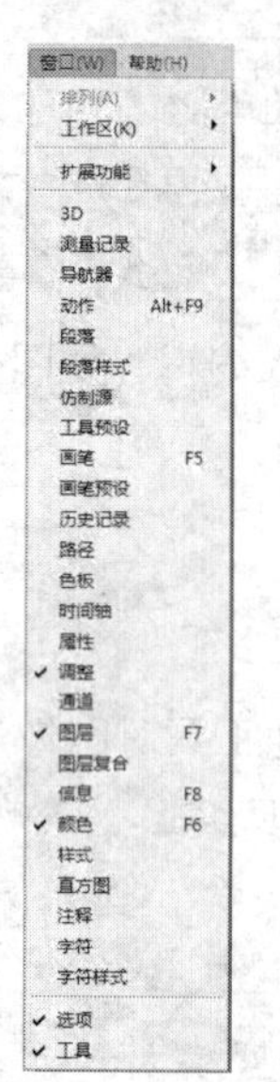


右 图 1-15

工作界面除了上述工具栏、选项栏、调板 3 项外，还包括了工作区和菜单栏，具体如图 1-16 所示。其中工作区是用于放置图片和处理图片的区域，而菜单栏则包含了所有 Photoshop 的命令。

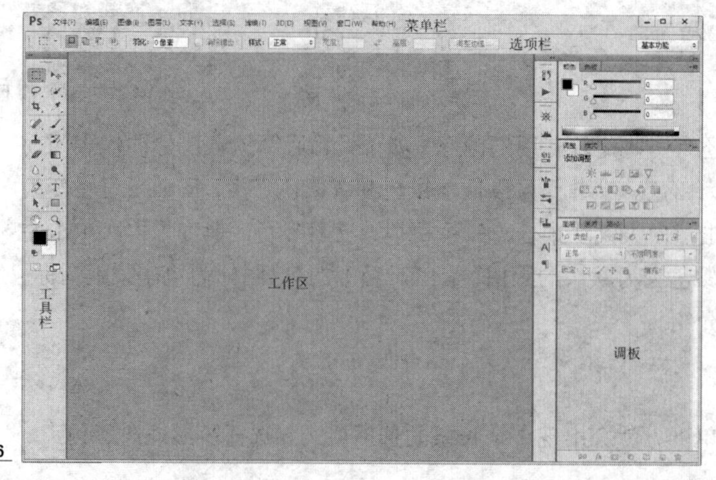


图 1-16

### 1.2.4 自定义工作界面

在 Photoshop CS6 中可以根据自己的习惯对工作界面进行设置，并且可以将设置好的工作界面存储以备后用。

#### 1. 切换和存储工作区

在 Photoshop CS6 中，单击图 1-17 所示的应用程序栏中的 基本功能 按钮，即可弹出图 1-18 所示的下拉菜单。在该菜单中可以自由切换预设好的工作区域，还可以存储自定义的工作区。

图 1-17

执行“窗口”菜单的“工作区”命令，弹出的子菜单中拥有和“基本功能”相同的命令，如图 1-19 所示。下面将以前者为例来具体讲述工作区的切换与存储。

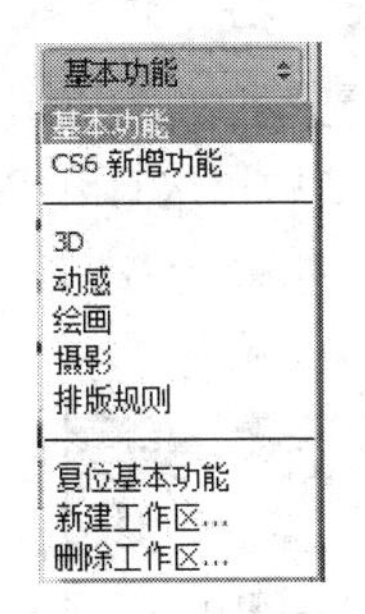

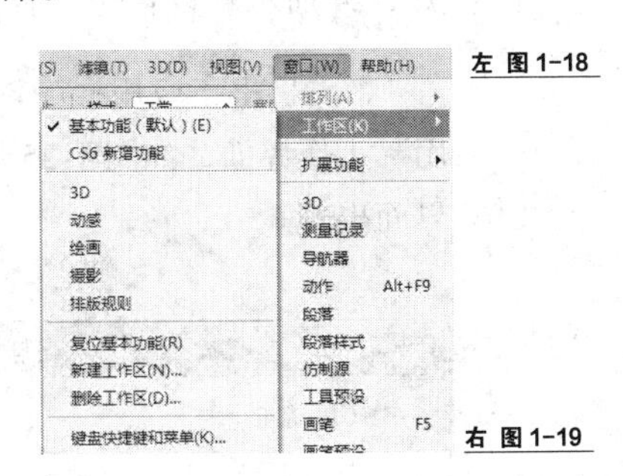

左 图 1-18

右 图 1-19

（1）任意打开一张图片，如图 1-20 所示。目前界面即 Photoshop CS6 的默认界面。

（2）单击 基本功能 按钮，在弹出的菜单中选择“绘画”选项，界面即自动切换到“绘画”工作区模式，如图 1-21 所示。

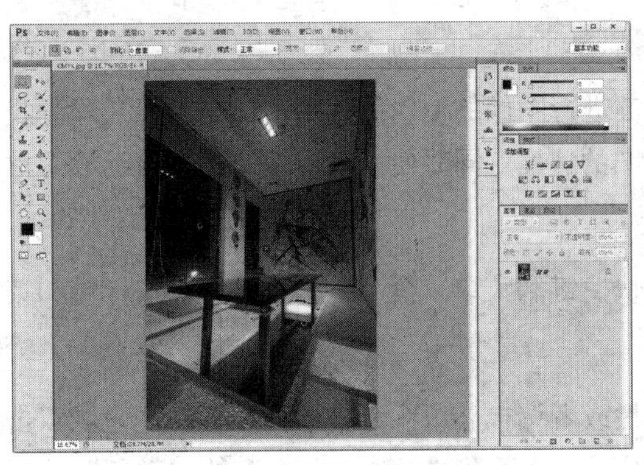
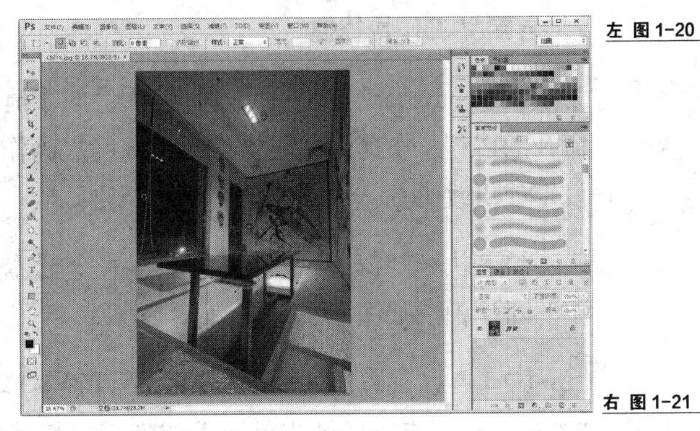
左 图 1-20

右 图 1-21

（3）再次单击 基本功能 按钮，在弹出的菜单中选择“基本功能”选项，可使界面恢复到默认状态，如图 1-22 所示。

（4）在日常的效果图修改中经常需要用到“历史记录”调板，可以在“窗口”菜单中选择“历史记录”选项，即打开了“历史记录”和“动作”调板。按住鼠标左键分别将“动作”调板和“历史记录”调板拖入“图层”调板中，最终工作界面如图 1-23 所示。该界面和 Photoshop CS6 之前版本的工作界面基本一样。

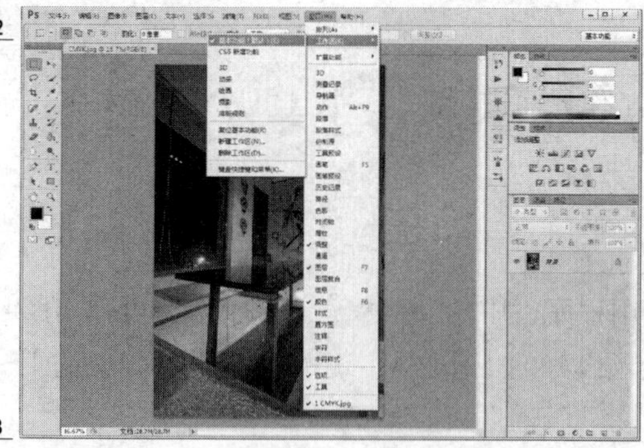

左 图1-22

右 图1-23

（5）单击应用程序栏中的 基本功能 按钮，在弹出的菜单中选择“新建工作区”选项即可打开“新建工作区”对话框，在“名称”栏中输入自定义工作区的名称为“常用”，如图1-24所示。设置完毕后，单击“存储”按钮，即可将该工作界面存储。

（6）再单击应用程序栏中的 基本功能 按钮，在弹出的菜单中可以选择刚才保存的“常用”工作界面，如图1-25所示。之后每次打开 Photoshop CS6 都会以设定好的“常用”工作界面出现。

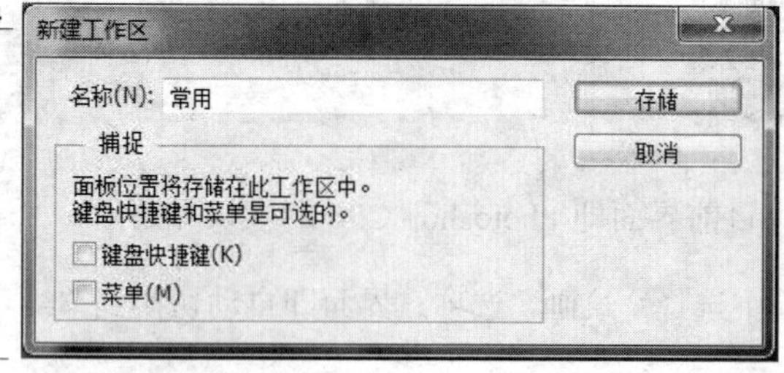


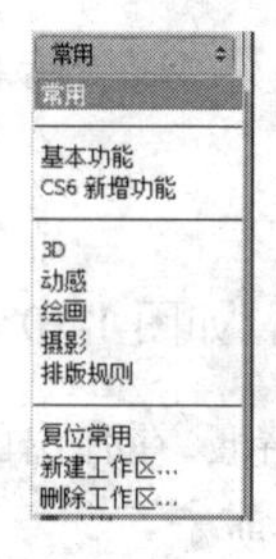


左 图1-24

右 图1-25

## 2. 自定义工作快捷键

在 Photoshop CS6 中可以使用预设的快捷键进行图像的编辑，使用快捷键可以免除寻找命令的过程，快捷地完成操作，大幅度提高作图的速度。同时使用者也可以根据自己的习惯设定或更改工具、调板或菜单的快捷键。

（1）执行“窗口”—“工作区”—“键盘快捷键和菜单”命令，打开“键盘快捷键和菜单”对话框，如图1-26所示。

（2）在“菜单”选项卡中，可以设置菜单栏或者调板菜单中命令的可视性和颜色。双击“菜单”选项卡下的“文件”下拉列表，将其展开，然后在“新建…”右侧的“颜色”选项的“无”上单击，打开颜色的下拉列表，选择“红色”，如图1-27所示。最后按下 Enter 键，设置完毕。

（3）隐藏“打开”命令。在“打开”右侧的“眼睛”图标上单击，关闭“眼睛”，如图1-28所示。全部设置完毕后，单击“确定”按钮。

（4）再次单击菜单栏中的“文件”选项，如图1-29所示，新建命令呈红色，而“打开”命令消失不见了（改变后需要再次改回来）。

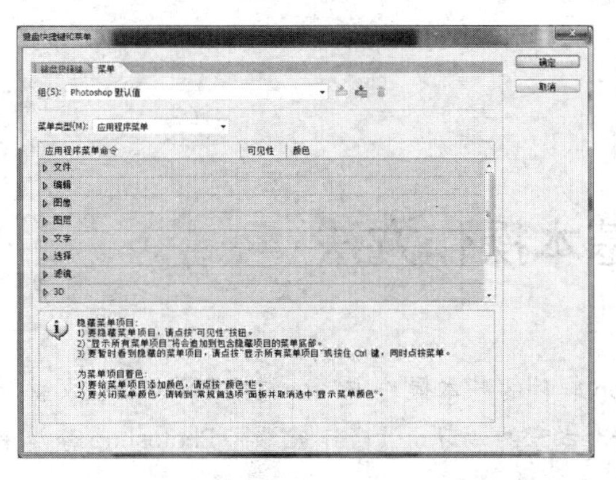

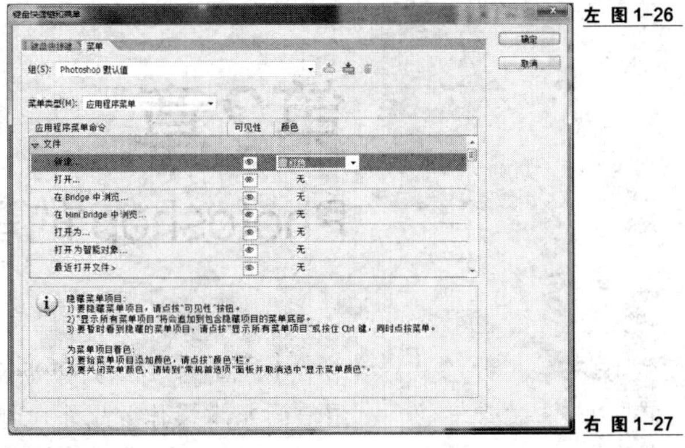

左 图 1-26

右 图 1-27

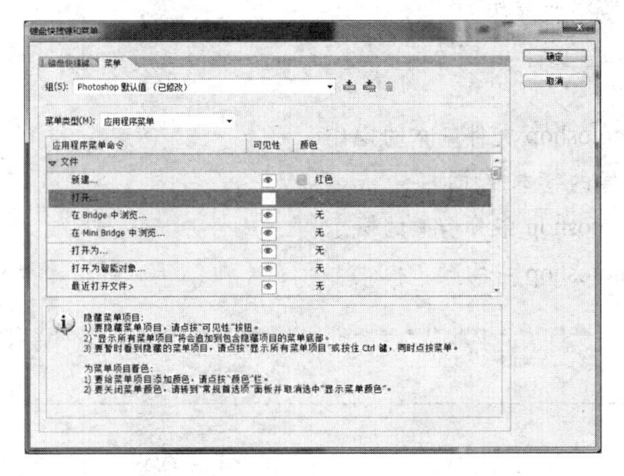

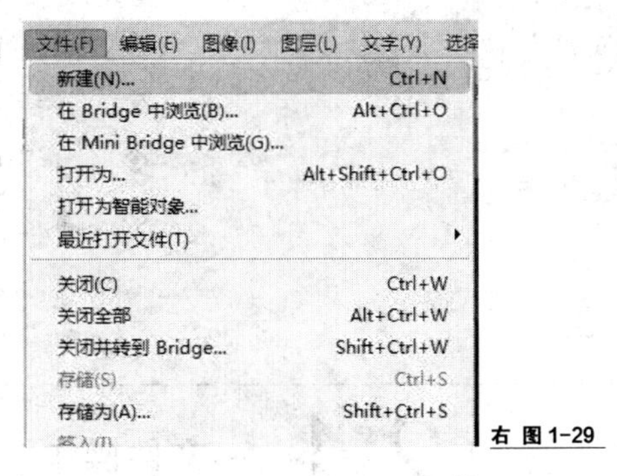


左 图 1-28

右 图 1-29

（5）执行“窗口”—“工作区”—“键盘快捷键和菜单”命令，打开“键盘快捷键和菜单”对话框，单击“键盘快捷键”选项卡，在此可以设置应用程序菜单命令的快捷键。单击“快捷键用于”下拉列表的三角按钮，在下拉列表中选择“工具”命令，如图 1-30 所示。

（6）单击需要更改快捷键的工具选项，使文本框处于可输入状态，在文本框中输入快捷键，单击“接受”按钮或者按下 Enter 键即可修改或增加其快捷键，如图 1-31 所示。

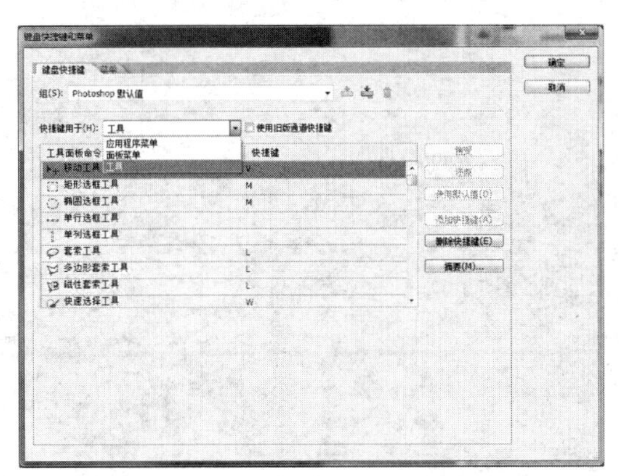

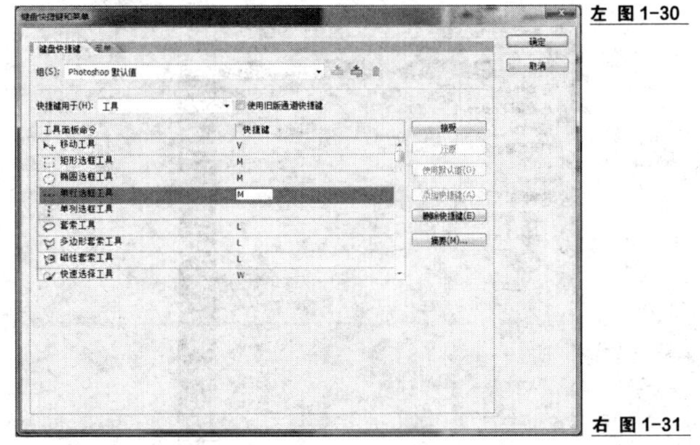

左 图 1-30

右 图 1-31

# 第2章

# Photoshop 的基本操作方法

本章主要介绍 Photoshop 软件的基本操作方法，包括 Photoshop 文件及图像的基本操作。此外，通过本章的学习，读者还应掌握 Photoshop 分辨率和颜色模式等概念及其作用。

**学习目标**

◈ 掌握 Photoshop 文件基本的操作
◈ 掌握图像的基本操作
◈ 掌握 Photoshop 中分辨率的概念
◈ 掌握 Photoshop 中的颜色模式

## 2.1 文件操作

文件操作命令主要集中在 Photoshop CS6 的“文件”菜单中，如图 2-1 所示。本章主要学习文件的新建、打开、储存等最基本的文件操作。此外本书还将详细介绍 Photoshop 常用到的图像格式，尤其是在建筑与室内设计效果图制作中常用的图像格式。

图 2-1

### 2.1.1 新建图像文件

在“文件”菜单中单击“新建”命令，即可弹出“新建”对话框，如图 2-2 所示。对其参数的介绍如下。

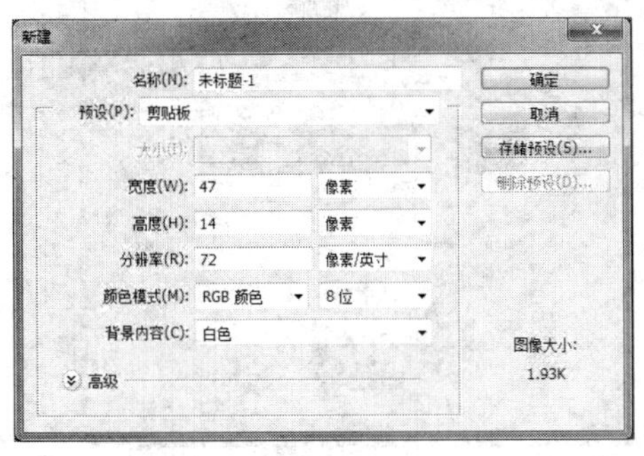

图 2-2

◈ 名称：输入新建文件的名称，“未标题-1”是 Photoshop 默认的名称，可以将其改为其他名称。

◈ 预设：Photoshop CS6 提供了预设文件类型，其中剪贴板表示新建文件大小将参照剪贴板中的文件大小；在各种文件类型中以国际标准纸张最为常用。

◈ 大小：选择国际标准纸张后，则可以在“大小”中选择文件的规格。如果选择 A4 表示文件大小为 A4 纸规格，这时下面的宽度和高度会自动变为 A4 纸规格的大小。选择其他规格的纸张，其宽度和高度也会发生相应的变化。

◈ 宽度：新建文件的宽度，在旁边选项栏中可以选择单位，有厘米、毫米、英寸、像素、点、派卡、列几个选项。其中较为常用的有厘米、毫米和像素。厘米、毫米单位和现实中的厘米、毫米并无区别，至于像素在后续章节会有详细介绍。

◈ 高度：新建文件的高度，单位同上。

◈ 分辨率：新建文件的分辨率，有像素/英寸和像素/厘米两种。

◈ 颜色模式：新建文件的颜色模式，包括位图模式、灰度模式、RGB 颜色模式、CMYK 颜色模式、Lab 颜色模式等。具体颜色模式会在本章后续章节中详细讲解。

◈ 背景内容：将以所选择的背景色填充新文件，如选择白色将建立白色背景，这也是最为常用的一种选择；选择背景色则将以工具箱中的背景色填充新文件，若工具箱中的背景色为红色，则将以红色填充新建文件；选择透明背景，即无背景色，为全透明背景。

◈ 高级：在颜色配置文件中可以选择一种应用的颜色模型；在像素纵横比中可以选择像素的形状，比如方形像素则代表显示器上显示的像素形状，在该选项栏下还有很多视频设备拍摄图片时的像素尺寸，在引入来自 DV 等视频的图片时，可以选择这种像素纵横比。通常情况下在高级选项栏只需要保持默认即可。

### 2.1.2 打开图像文件

“打开”命令可以打开 Photoshop 兼容的各种格式的文件，其对话框如图 2-3 所示。选择了某一图像文件后，在对话框底部会出现文件缩略图供预览。

图 2-3

快捷方式为双击工作区中的灰色区域，即可打开文件。

除了“打开”命令外，还有“打开为”命令，若要限制打开文件的格式，则可采用“打开为”命令。如果文件格式与设置的“打开为”格式不匹配，将无法打开文件。

### 2.1.3 保存图像文件

“存储”命令用来保存当前工作文件。如果选择“存储”命令，将以文件现有格式保存文件，新保存的文件将替换掉原文件。如果保存带有多个图层的 PSD 格式的文件时，会自动弹出“存储为”对话框。

“存储为”命令则是将当前工作文件存储为其他格式。选择“存储为”命令，将打开“存储为”对话框，如图 2-4 所示。相对而言，“储存为”是作图中常用的保存命令。下面将讲解“存储为”参数栏中一些重要的选项。

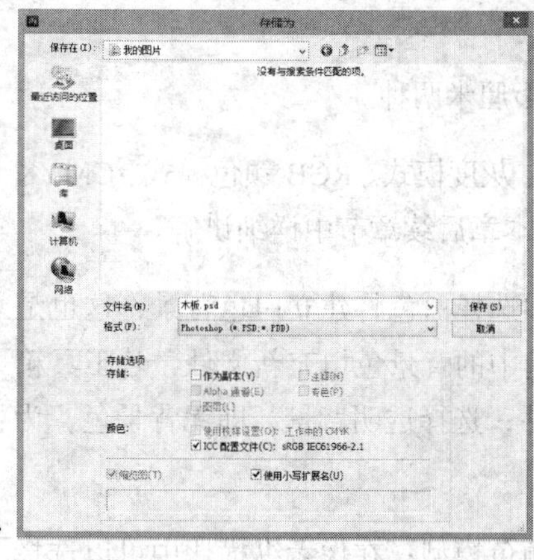


图 2-4

◈ 作为副本：将所编辑的文件存储成文件的副本，并且不影响原有的文件。

◈ Alpha 通道：当文件中存在 Alpha 通道时，该选项会自动激活。可以通过勾选该选项来存储 Alpha 通道。

◈ 图层：当文件中存在多个图层时，勾选此项，文件中的图层会保留；不勾选此项，则所有图层会自动合并。

“存储”命令的快捷键为 Ctrl+S，“存储为”命令的快捷键是 Ctrl+Shift+S 键，使用 Photoshop 的过程中必须养成随时存盘的习惯，这样可以避免死机或重启等意外事故造成文件操作丢失。

## 2.1.4 其他文件命令

在“文件”菜单中，还有一些命令也较为常用，这里将一一进行讲解。此外，在“文件”菜单中很少用到的命令就不介绍了。

◈ 在 Bridge 中浏览：作用和看图软件 ACDSee 类似。

◈ 存储为 Web 和设备所用格式：针对网络图片应用，可以在保证图像质量的前提下尽可能减小文件大小。

◈ 置入：在图片中置入另外一张图片，相当于在原有图片基础上增加一个新的图片图层。“置入”命令还可以将矢量文件和 PDF 文件置入当前工作图像中。

当置入矢量文件后，文件还处于矢量编辑状态，这时可以调整矢量文件大小而不会出现锯齿边缘。一旦双击鼠标确认，矢量文件就会变成位图文件。

（1）打开“配套光盘/第 2 章/卡通”文件，如图 2-5 所示。

（2）在文件菜单中选择“置入”命令，选择“配套光盘/第 2 章/矢量文件.ai”文件，弹出如图 2-6 所示的“置入 PDF”对话框。

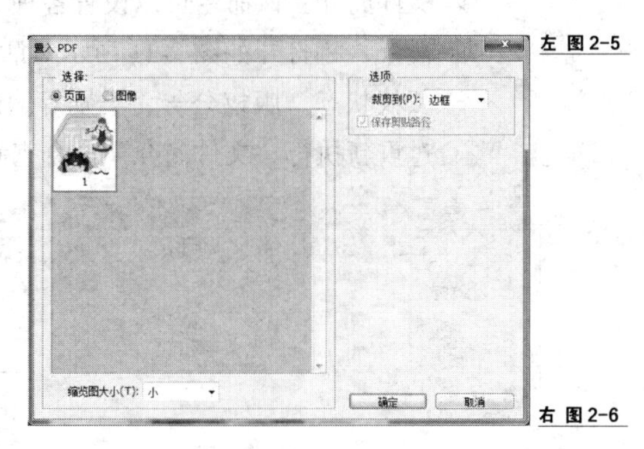


左 图 2-5

右 图 2-6

（3）单击“确定”按钮后，刚才选择的矢量文件出现在卡通图片上，但是矢量文件过大，遮住了卡通图片，如图 2-7 所示。

（4）把鼠标放在图 2-7 中的 6 个灰色的小节点上时会出现调节位置的斗柄，向内调节可以缩小图片，向外调节可以扩大图片；如果按住 Shift 键的同时移动斗柄可以等比例缩放，最后将调整好的矢量图移动到图片的空白处，最终效果如图 2-8 所示。

◈ 导入/导出：将兼容的文件导入 Photoshop 和将 Photoshop 制作的文件导出。

◈ 关闭/关闭全部：关闭当前工作文件将关闭当前 Photoshop 打开的所有文件。

◈ 自动：“自动”命令可以自动处理一个或多个文件，大幅度提高工作效率，其子菜单如图 2-9 所示。自动命令的具体用法会在后文的动作与自动化章节中详细讲解。

◈ 脚本：可以将图像的各个图层输出为单个的图片文件，或将图层调板状态快照输出为图片文件或.pdf、.wpg文件，其子菜单如图2-10所示。

左 图2-7

右 图2-8

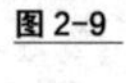

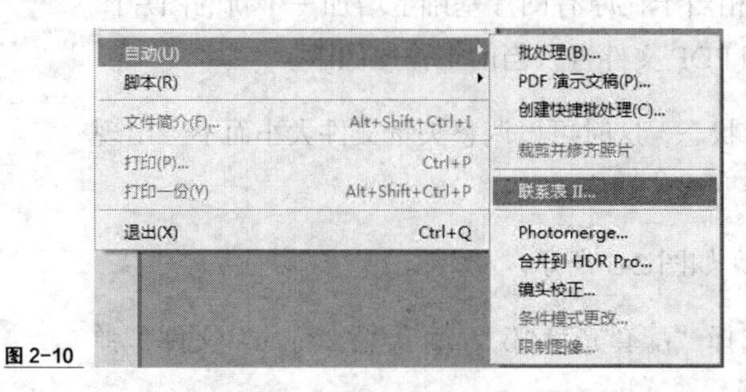


图2-9

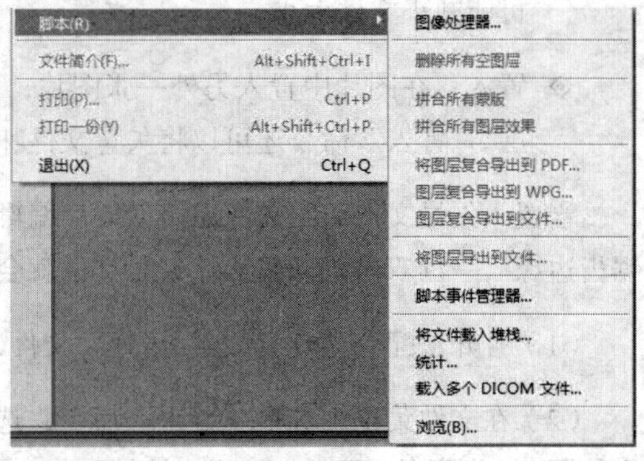


图2-10

◈ 文件简介：该命令可以设置各种文件信息。例如，对"卡通"文件执行"文件简介"命令，将打开如图2-11所示对话框。可以为图像添加标题、作者、描述、关键字、版权状态、版权公告、类别等信息。设定后的这些信息将被保存在图像中，可以通过重新执行"文件简介"命令查看文件信息。

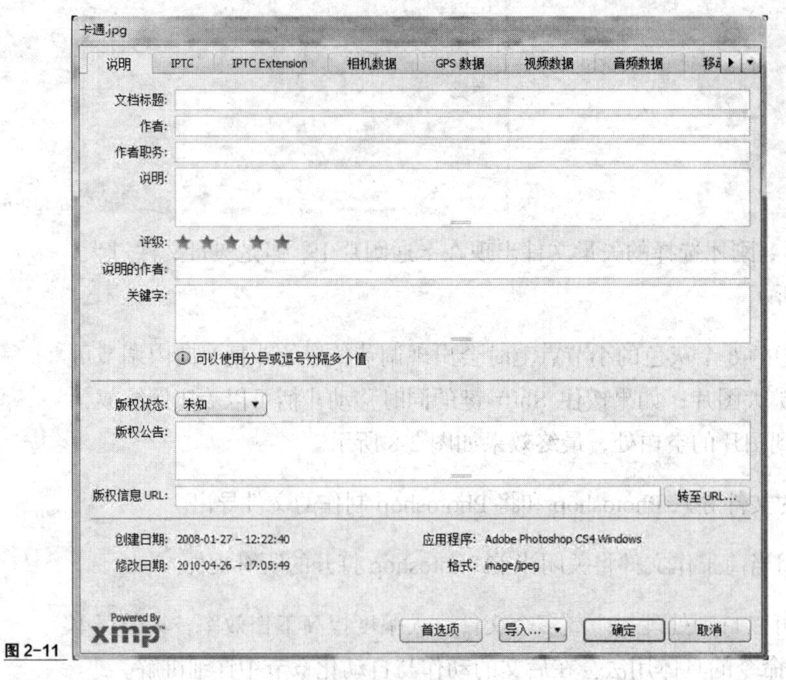


图2-11

◈ 退出：退出Photoshop程序。

### 2.1.5 分辨率与常见格式介绍

在目前数字化的图像处理中，可以将图像分为两类：位图图像和矢量图像。矢量图像其轮廓和填充方法由相应的参数方程决定，是一种与分辨率无关的图像，无论放大多少倍，图像的品质都不会受影响。而位图图像（也称点阵图像）则是由像素构成的。像素是构成位图图像的最小单位，将一幅位图图像放大数倍，就能发现图像实际上是由许多的小方块组成的，每一个小方块就是一个像素。

这两种类型的图像在 Photoshop 中都能进行创建和处理。其中位图图像是最为常见的图像类型，在现实中我们看到的包括通过数码相机、网上截图等途径得到的图片都是位图图像。

#### 1. 分辨率

分辨率是位图图像专用的。位图图像也称栅格图像，它是由网格上的点组成的，这些点就是像素。图像就是由很多个这样的像素组成的。这些像素的颜色和位置决定该图像所呈现出来的画面。因此文件中的像素越多，所包含的信息就越多，图像的品质也就越好。而分辨率就是决定像素多少的决定性因素。

（1）执行“文件”—“打开”命令，打开本书“配套光盘\第 2 章\天空.tif”文件，如图 2-12 所示。

（2）选择“缩放”工具，在视图中多次单击，将图像放大，直至不能再放大为止，此时可以看到图像由一个个方格的像素组成，如图 2-13 所示。

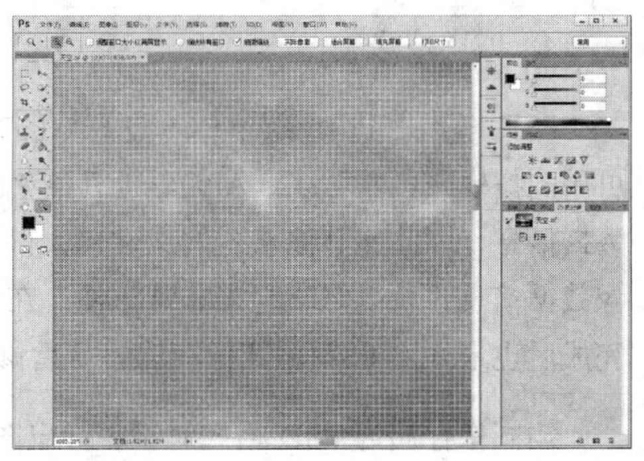

左 图2-12

右 图2-13

图像的分辨率：位图图像的分辨率反映了图像每英寸包含的像素个数。分辨率越高，相同大小的图像包含的像素个数越多，图像也就越清晰。通常，分辨率被表示成每一个方向上的像素数量，比如 640 × 480 像素等。而在某些情况下，它也可以同时表示成“每英寸像素”或“每厘米像素”。

分辨率的两个数字表示的是图片在长和宽上各自像素的数量。一张分辨率为 640 × 480 像素的图片，它的分辨率达到了 307 200 像素，也就是我们常说的 30 万像素；而一张分辨率为 1600 × 1200 像素的图片，它的像素就接近 200 万像素。

#### 2. 矢量图像

矢量图像也称向量图像，由对象构成。每个对象都是一个自成一体的实体，具有颜色、形状、轮廓、大小等属性。矢量图像与分辨率无关，将它们缩放到任何尺寸都一样清晰。因此，矢量图像在标志设计、插图设计及工程绘图上占有很大的优势。在 Photoshop 中绘制的路径即为矢量图像。CorelDRAW 软件是最常用到的绘制矢量图像的软件。在平立面图的绘制中也可以采用 CorelDRAW 绘制，效果非常不错，如图 2-14 所示。

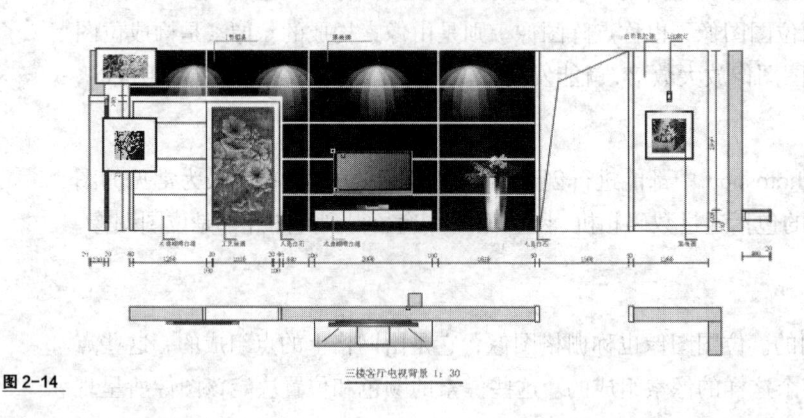


图 2-14

### 3. 位图图像

位图图像是 Photoshop 软件处理的主要图像，也是现实中最常见的图像类型。位图图像有很多种不同的格式，不同的格式又具有不同的特点和应用领域。在 Photoshop 中可以打开并存储多种不同格式的位图图像。

单击“文件”菜单中的“存储为”命令，在其“格式”下拉框中可以找到 22 种不同的文件格式，如图 2-15 所示。下面就介绍位图图像常用格式。

◈ PSD 格式

PSD 格式是 Photoshop CS6 中默认的文件存储格式。PSD 格式可以保存文件中所有图层、可用图像模式、参考线、Alpha 通道和专色通道。但正是因为该格式包含了如此众多的图像数据信息，因此比其他格式的文件要大得多。同时也正是因为 PSD 格式可以保留所有原图像数据信息，所以修改起来非常方便。在作品还没有完成之前应采用 PSD 格式保存，最终完成后也最好用 PSD 格式保存以备日后修改。

当图像存储为 PSD 格式时，将弹出图 2-16 所示的对话框，关闭“最大兼容”则可大大压缩文件。

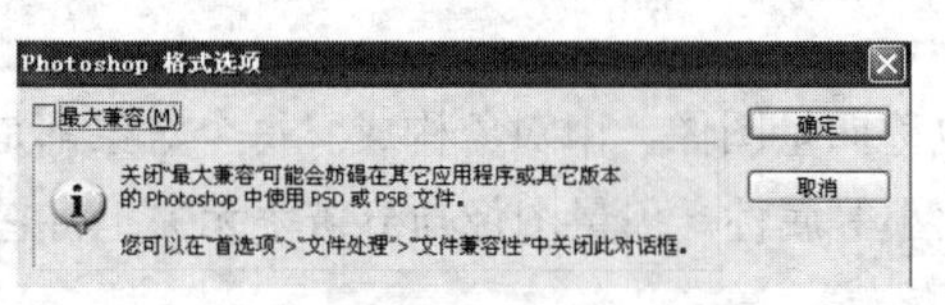


左 图 2-15

右 图 2-16

◈ JPEG 格式

JPEG 是第一个国际图像压缩标准。该格式的最大好处就是文件较小，但是如果压缩过度，便会损失文件的质量。JPEG 格式便于上传网络和携带，目前网上大多数的图像文件格式均为 JPEG 格式。

JPEG 格式支持 CMYK、RGB 和灰度颜色模式，但不支持 A1pha 通道。JPEG 图像在保存时会弹出图 2-17 所示的对话框。可以在该对话框中拖动滑柄来控制保存的图像的质量，也可以在品质栏中输入数值控制保存文件的质量。数值越大图片质量越高，但是文件也越大。在大多数情况下，“最佳”品质选项产生的图像质量与原图像几乎无分别。如果需要在图片大小和质量上找到一个平衡点，那么可以将品质的数值设定为 8。如果数值低于 8，对于图片质量会有较大的影响。

◈ TIFF 格式

TIFF（Tag Image File Format，标记图像文件格式），是一种应用很广的位图图像格式，可以很好地保留图片的质量，同时几乎对所有的图形图像处理软件均能支持。TIFF 格式支持 CMYK、RGB、Lab、索引颜色和灰度等多种模式的图像，并可以保存 Alpha 通道。Photoshop 软件可以在 TIFF 文件中存储图层，但是，如果在其他应用程序中打开此文件，则只有拼合图像是可见的。在最终打印时，最好将文件保存为 TIFF 格式，以保证图像文件的质量。在 Photoshop 中将图像存储为 TIFF 格式时，将弹出如图 2-18 所示的对话框，通常保持默认状态单击“确定”按钮即可。

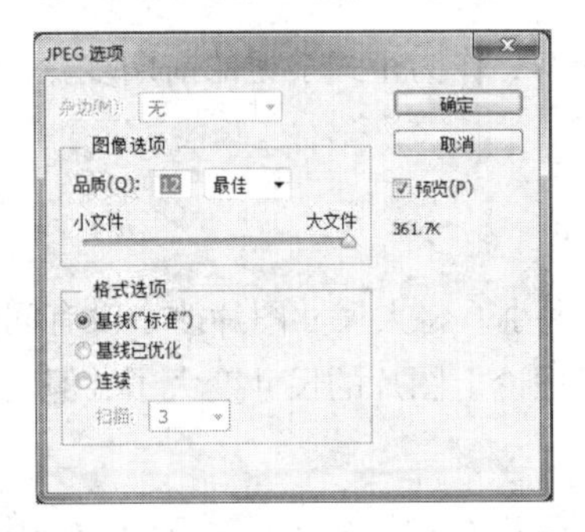


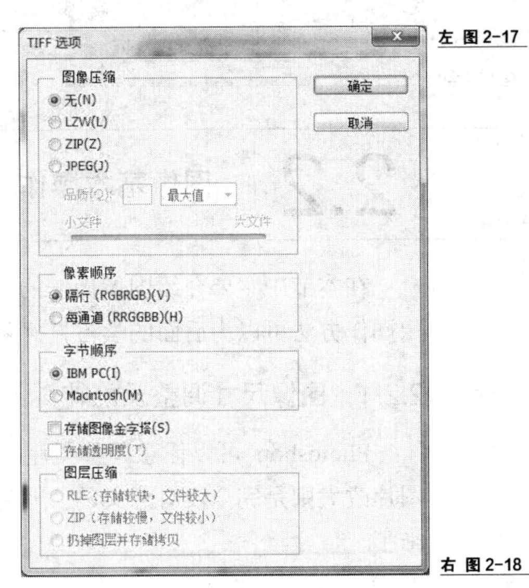


左 图 2-17

右 图 2-18

以上 3 种格式就是修改效果图主要采用的格式，应用上可以在效果图修改还没有完全完成时采用 PSD 格式保存，在最终完成后也可以保存一个 PSD 格式作为备份；在需要打印时可以保存为 TIFF 格式；如果交作业或者上传到网络则可以保存为 JPEG 格式。

◈ BMP 格式

BMP 也是一种较为常见的图形文件格式，是 DOS 系统和 Windows 系统兼容计算机上的标准 Windows 图像格式。该格式支持 RGB、索引颜色、灰度和位图颜色模式，但不支持 Alpha 通道，也不支持 CMYK 模式的图像。将图像存储为 BMP 格式时，将弹出图 2-19 所示的对话框。

◈ EPS 格式

EPS 格式对于彩色平立面图的制作非常重要，因为通常情况下是采用 AutoCAD 制作出精确的平立面线框图，但是 AutoCAD 软件生成的文件格式并不兼容于 Photoshop 软件，在 Photoshop 中不能打开。所以将 AutoCAD 制作的平立面线框图导入 Photoshop 软件时，需要先存储为 EPS 格式，再使用 Photoshop 打开该 EPS 格式文件。当打开包含矢量图形的 EPS 文件时，Photoshop 将栅格化图像，使矢量图形转换为像素。

EPS 格式可以同时包含矢量图像和位图图像，并且几乎所有的图形、图表和页面排版程序都支持该格式。将文件格式设置为 EPS，印刷出来的图像与原图像非常接近，并且还提供印刷时对特定区域进行透明处理的功能。将图像存储为 EPS 格式时，将弹出如图 2-20 所示的对话框。

左 图 2-19

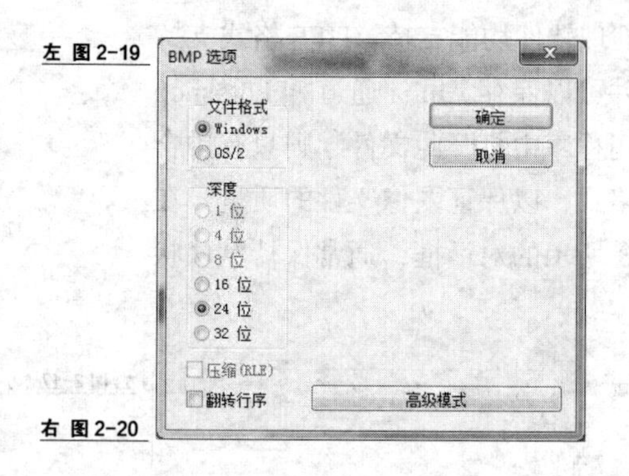


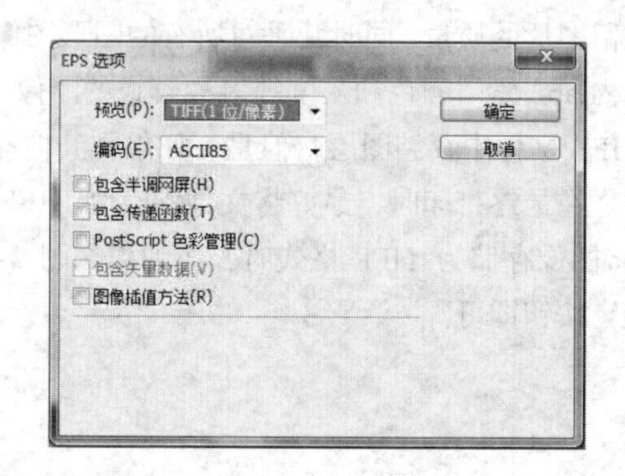


右 图 2-20

# 2.2 图像基本操作

在本节中主要介绍图像操作的基本内容，作为正式学习的前期步骤，掌握好一般性的图像操作方法可以为后面的学习打好基础。

## 2.2.1 图像尺寸调整及旋转

Photoshop 可以任意调整图片的尺寸大小，将大尺寸图片改小没有问题，但是将小尺寸图片改大则是完全没有意义的。因为虽然理论上图片的尺寸变大了，但同时图片也变得不清晰了。

（1）执行“文件”—“打开”命令，打开本书“配套光盘\第 2 章\孔雀.jpg”文件，在当前图像编辑窗口底端，单击三角按钮，可以弹出状态栏“显示”选项菜单，如图 2-21 所示。可以从该菜单中选择需要在底部显示的信息。此外，在图像编辑窗口上方的活动标题栏中，还可以显示这个图像文件的名称、显示比例等信息。

（2）鼠标左键单击状态栏，将显示当前图像文件的宽度、高度、分辨率及通道数等信息，如图 2-22 所示。

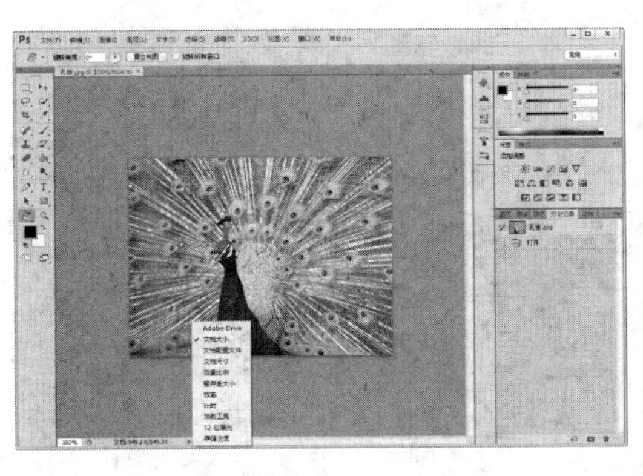

左 图2-21

右 图2-22

（3）执行“图像”—“图像大小”命令，打开如图 2-23 所示的对话框。将其宽度数值改为“3000”，单击“确定”按钮，这时可以看到画面变大，但是图像变得不清晰，如图 2-24 所示。

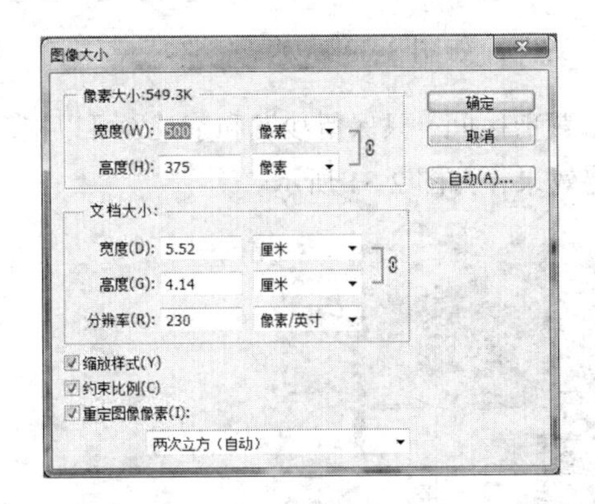


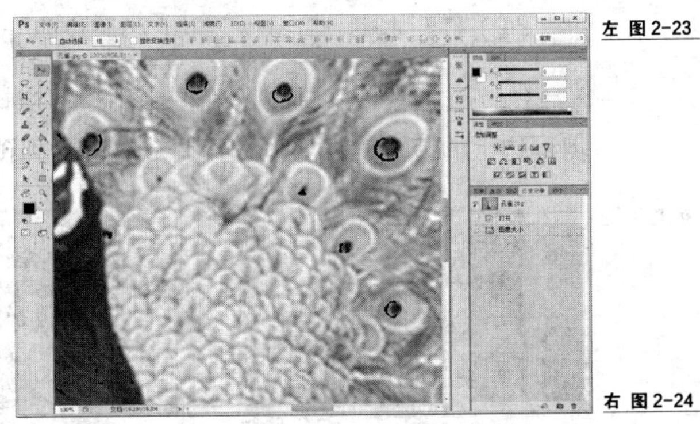

左 图2-23

右 图2-24

（4）将宽度改为“200”，接着单击取消“约束比例”选项的勾选状态，然后将“高度”改为“500”，如图 2-25 所示。取消约束比例后可以不按比例改变图像的高度和宽度，单击“确定”按钮后效果如图 2-26 所示。

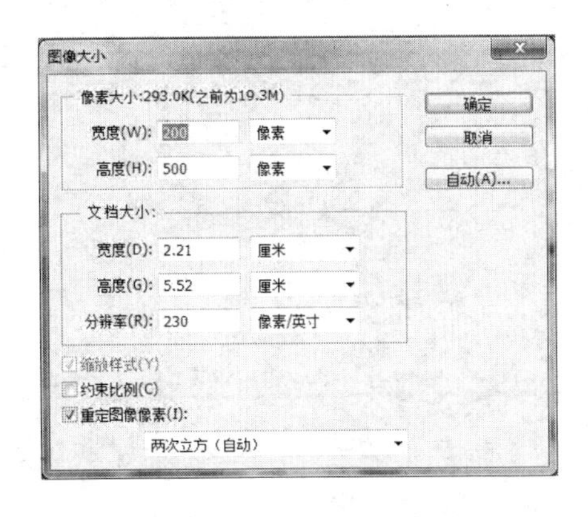


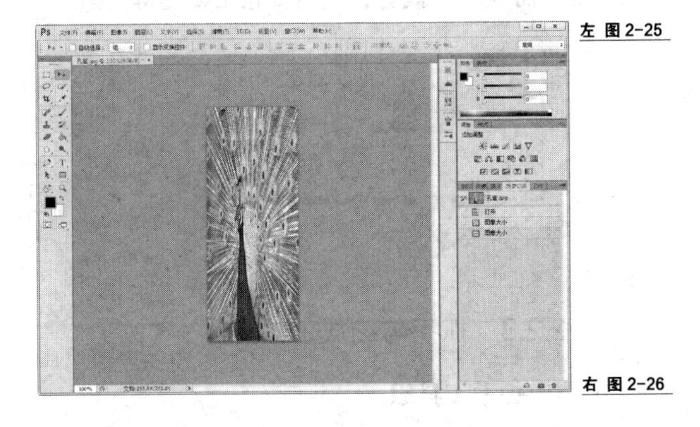

左 图2-25

右 图2-26

（5）关闭“孔雀.jpg”文件后重新打开本书“配套光盘\第 2 章\孔雀.jpg”文件，执行“图像”—“图像旋转”—“垂直翻转画布”命令，如图 2-27 所示。

（6）最终效果如图 2-28 所示。除了垂直翻转和水平翻转外，还可以按照各种设定好的角度旋转画布，此外，还可以通过选择“任意角度”对画面旋转任意角度。

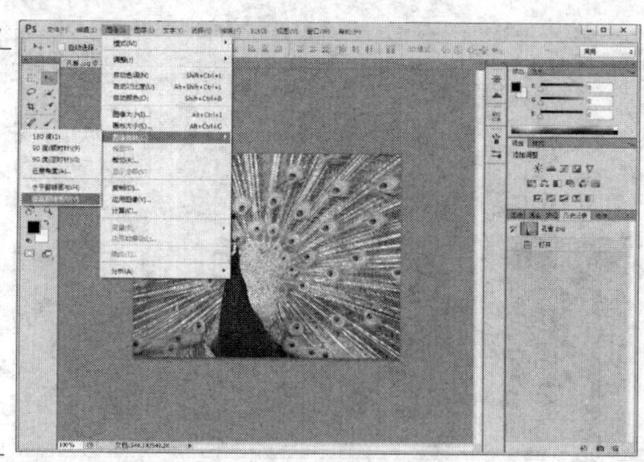

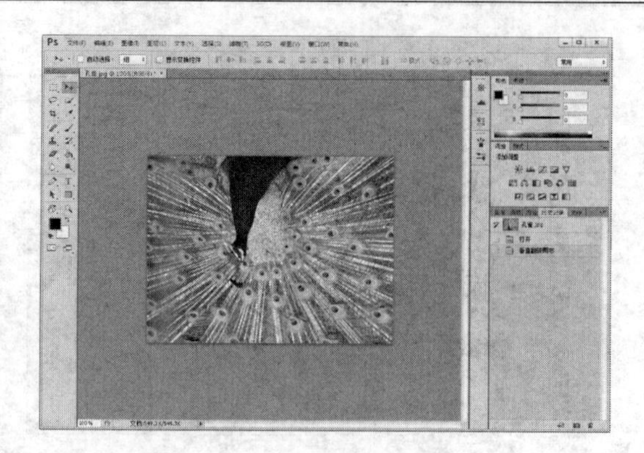

左 图 2-27

右 图 2-28

## 2.2.2 裁剪工具

使用裁剪工具可剪切图像，并重新设置图像的大小。裁剪工具选项栏如图 2-29 所示。

图 2-29

（1）打开本书“配套光盘\第 2 章\裁剪.jpg”文件，如图 2-30 所示。

（2）选择裁剪工具，在图中用鼠标拖拉出裁剪区间，只保留沙发和茶几，可以拖动裁剪框边上的节点对裁剪框进行调节，以达到预定效果，如图 2-31 所示。

左 图 2-30

右 图 2-31

（3）在裁剪框内双击鼠标或按键盘上的 Enter 键进行剪切，最终效果如图 2-32 所示。如果需要取消裁剪，只需要按 Esc 键即可。

图 2-32

## 2.2.3 抓手与缩放工具

### 1. 抓手工具组

抓手工具组包括抓手工具和旋转视图工具。抓手工具可以在图像窗口中移动整个画布，在图像被放大时可以使用抓手工具移动图像。同时在任何工具被选择的情况下，只要按住空格键，工具会自动转变为抓手工具。当使用套索等工具对放大后的图像进行精确选择时，按住空格键即可自动将套索等工具转变为抓手工具，这样可以方便选取操作。

旋转视图工具只针对 OpenGL 文件起作用，在建筑与室内等工程应用领域完全用不上，这里就略过不讲了。

选择抓手工具后其选项栏如图 2-33 所示。

滚动所有窗口 实际像素 适合屏幕 填充屏幕 打印尺寸

图 2-33

（1）打开本书“配套光盘\第 2 章\抓手.jpg”文件，如图 2-34 所示。

图 2-34

（2）选择抓手工具，单击抓手选项栏中的 实际像素 按钮，则画面以实际像素显示，图片变大，如图 2-35 所示。此时可以使用抓手工具任意移动画面，如图 2-36 所示。

左 图 2-35

右 图 2-36

## 2. 缩放工具

缩放工具可以对图像进行放大和缩小。选择并单击图像时，对图像进行放大处理；同时按住 Alt 键单击，则将缩小图像。

（1）打开本书“配套光盘\第 2 章\抓手.jpg”文件。

（2）使用在图像上单击，则将以单击的点为中心，放大图像，如图 2-37 所示。

（3）按住鼠标左键使用缩放工具在图像上局部框选，松开鼠标后即将所选区域放大，如图 2-38 所示。

（4）不断地放大图像，当图片左下角的状态栏中数值变为“3200%”时，图像已经放至最大，如图 2-39 所示。

图 2-37

图 2-38

（5）按住 Alt 键，缩放图标变为，此时在图像上单击可以缩小图像显示，如图 2-40 所示。一直按住 Alt 键单击可以将图像缩小至一个小点。

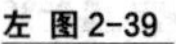
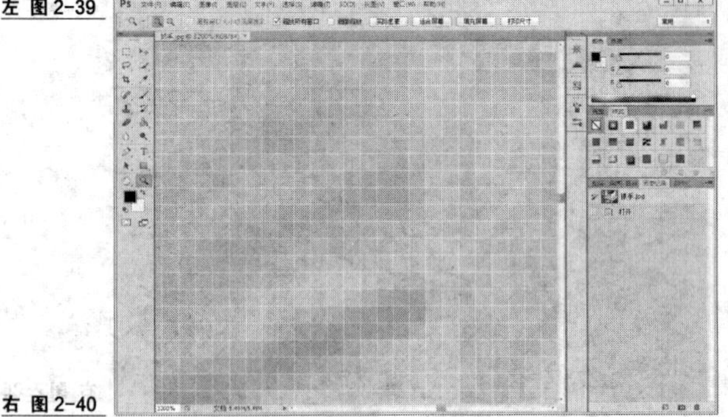

左 图 2-39

右 图 2-40

## 2.2.4　设置颜色

颜色设置是 Photoshop 处理图片的重要内容，利用工具箱中的前景色和背景色图标可以设置前景色和背景色，置于上方的小色块决定前景色，置于下方的小色块决定背景色。

（1）用鼠标单击“设置前景色”图标，即可打开“拾色器”对话框，如果需要选择不同色系，可以在竖条色系中任意单击，再在色区任意方位单击，即可选择不同颜色设置为前景色，如图 2-41 所示。

（2）单击“确定”按钮后，可以发现前景色色块已经变成了蓝色。按键盘上的 X 键可切换前景色与背景色的颜色。单击工具箱下方的或按 D 键可以将前景色与背景变为默认的黑白色。

（3）除了单击选择颜色，还可以在拾色器中输入数值确定精确的颜色，例如，将 RGB 颜色分别设置为 200、100、50，设置后的颜色如图 2-42 所示。

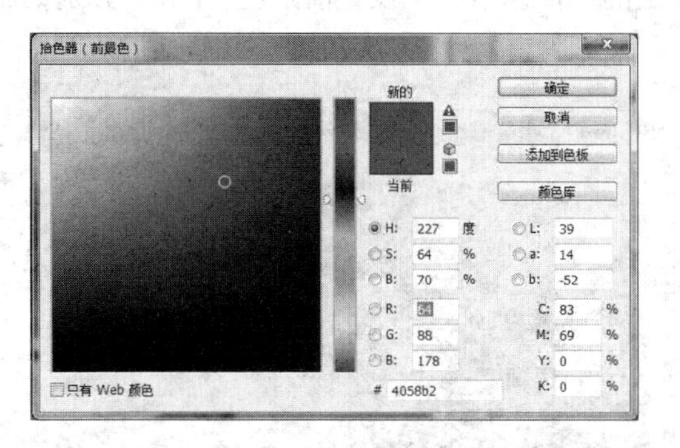


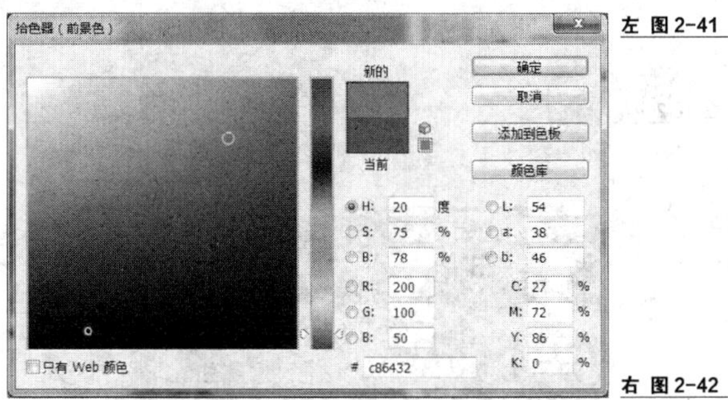


左 图 2-41

右 图 2-42

（4）在 Photoshop 中图像的颜色可以任意设置，但是有很多的颜色是现实中不能印刷出来的，在拾色器中将 RGB 颜色设置为 82、69、175，此时可以发现在拾色器右侧红线标注区域内出现了警告三角形，如图 2-43 所示。

（5）此时在警告三角形下方将出现一个能够打印又与所选颜色最为接近的一个色块，如图 2-44 所示的黄色标注区域。此时只要单击该颜色块，即可得到一个既能打印又与所选蓝色最接近的颜色。

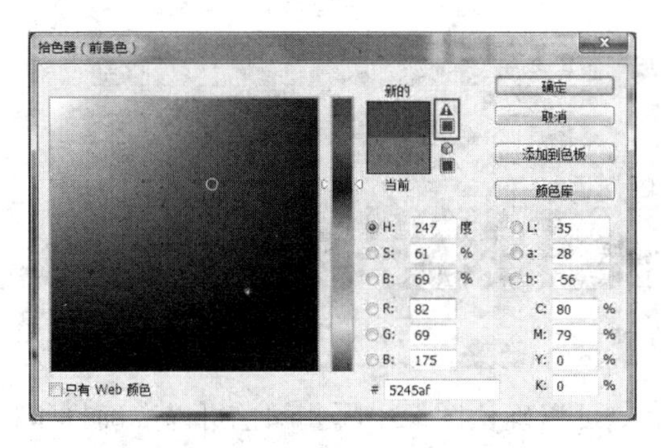


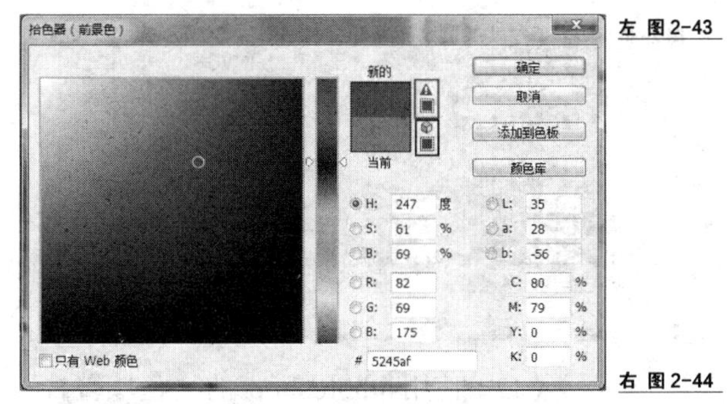


左 图 2-43

右 图 2-44

（6）除了可以通过工具栏颜色块设置颜色，还可以通过“颜色”调板进行设置。“颜色”调板设置颜色的方法和工具栏设置方法一样，这里就不重复了，“颜色”调板如图 2-45 所示。

（7）单击“颜色”调板右上角的倒三角按钮，在弹出的菜单中还可以设置不同的色谱，如图 2-46 所示。

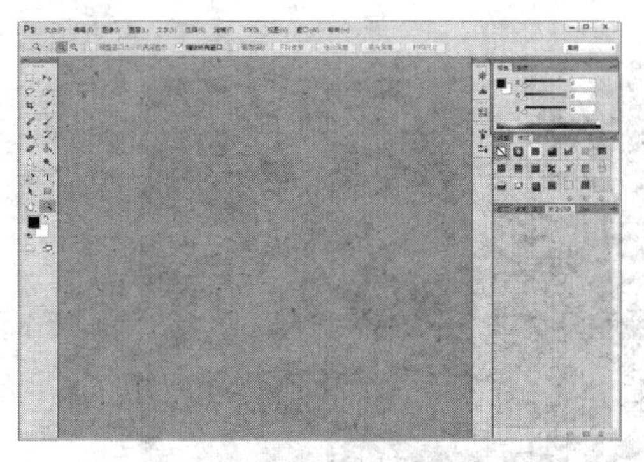

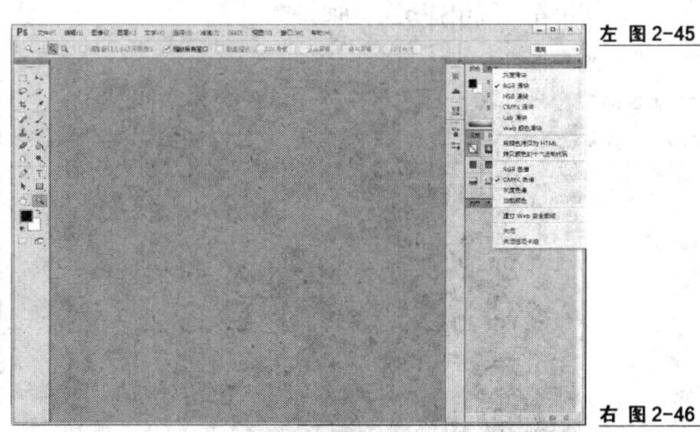

左 图 2-45

右 图 2-46

（8）单击颜色调板旁边的“色板”调板，即可通过“色板”调板选择颜色，还可以在“色板”调板中存储一些经常使用的颜色。“色板”调板如图 2-47 所示。

（9）单击“设置前景色”小色块，在弹出的“拾色器”中设置前景色，RGB 分别如图 2-48 所示。

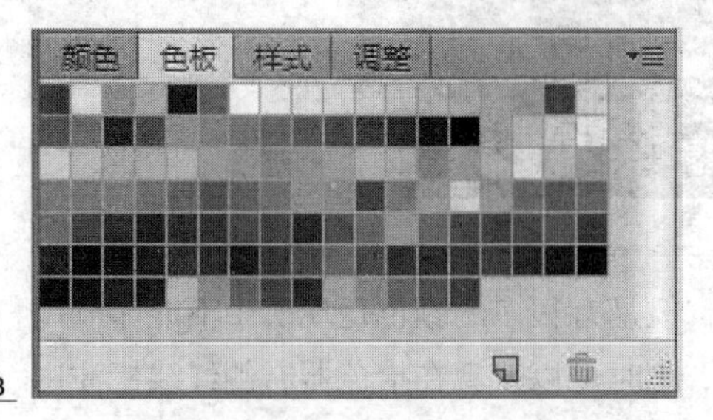


左 图 2-47

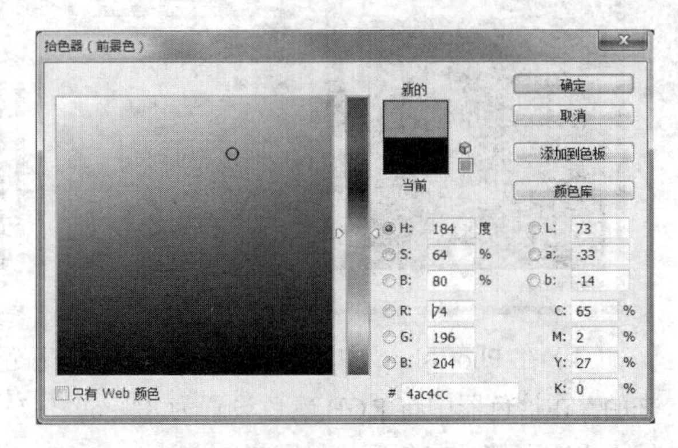


右 图 2-48

（10）单击“色板”调板底部的“创建前景色的新色板” 按钮，即将新设置的前景色添加到“色板”调板中，如图 2-49 所示。

（11）按住鼠标左键拖动刚才新建的小色板到“删除色板” 按钮上，即可将所选色板删除，如图 2-50 所示。

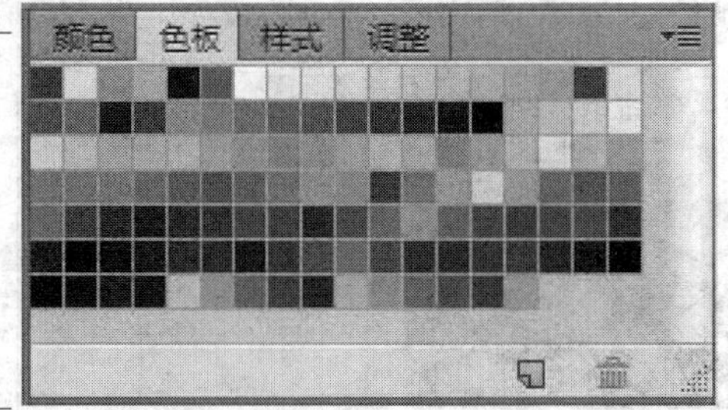


左 图 2-49

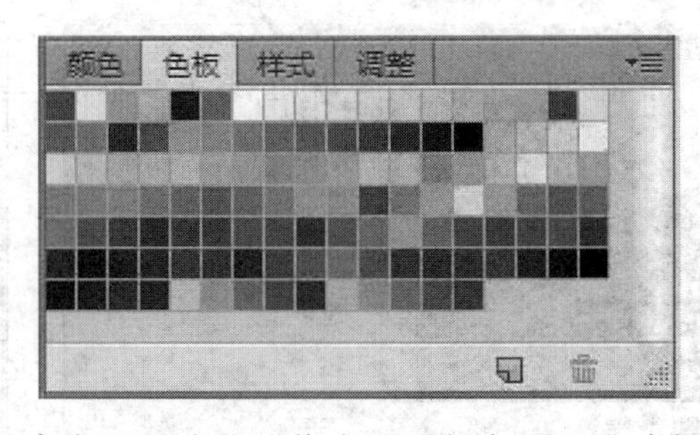


右 图 2-50

（12）使用 Photoshop 的“色域警告”命令可以确认图像中哪些颜色可以准确打印，哪些不能准确打印。通过该命令可以先确认自己的图片在打印之后，会不会与在计算机中看到的图片有过大的颜色出入。打开“配套光盘\第 2 章\色域警告.jpg”文件，如图 2-51 所示。

（13）单击“视图”—“色域警告”命令，会自动将打印机不能精确打印的颜色转化为灰色，如图 2-52 所示。

左 图 2-51

右 图 2-52

## 2.2.5 单位与标尺

Photoshop 并不是一个可以精确绘图的软件，所以需要绘制精确的平立面图和施工图时仍需采用可以实现精确制图的 AutoCAD 软件。但是 Photoshop 仍然具有一定的把握图像尺寸的功能。

（1）打开“配套光盘\第 2 章\标尺.jpg”文件，如图 2-53 所示。

（2）单击“视图”菜单下的“标尺”命令，打开标尺。默认情况下，标尺出现在当前图像的顶部和左部，如图 2-54 所示。

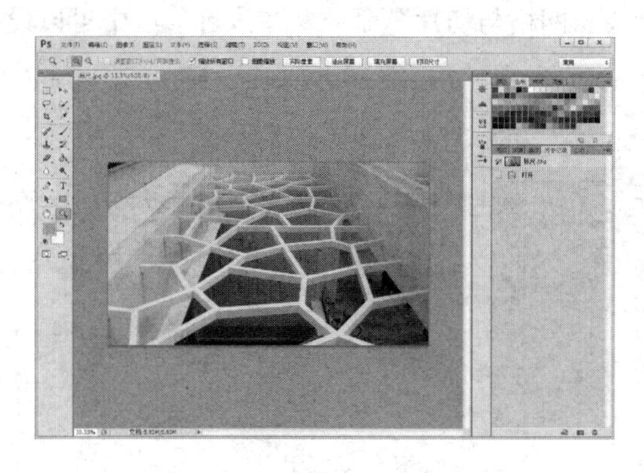

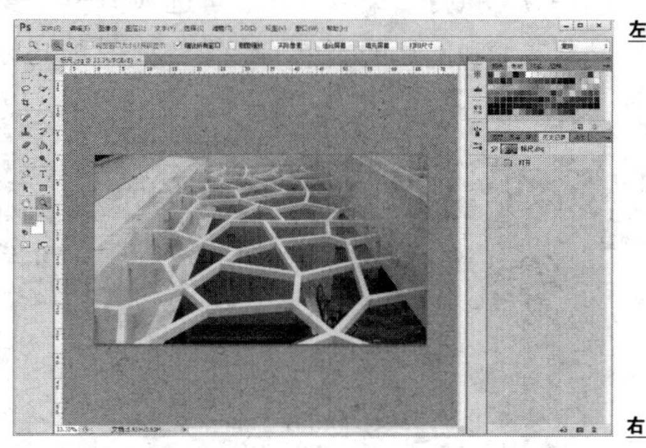

左 图 2-53

右 图 2-54

（3）在标尺栏上双击或者单击菜单栏中的“编辑”—“首选项”—“单位与标尺”命令，即可打开“首选项”对话框，如图 2-55 所示。在此可设置标尺的“单位”“列尺寸”等参数。

（4）除了标尺外，还可以通过参考线来精确定位。在标尺栏上按住鼠标左键拖动即可创建参考线，也可以通过“视图”—“新建参考线”命令打开“新建参考线”对话框，如图 2-56 所示。在对话框中选择“水平”为创建水平方向参考线，选择“垂直”为创建垂直方向参考线。在垂直和水平方向各创建一条“位置”为“5 厘米”的参考线，如图 2-57 所示。

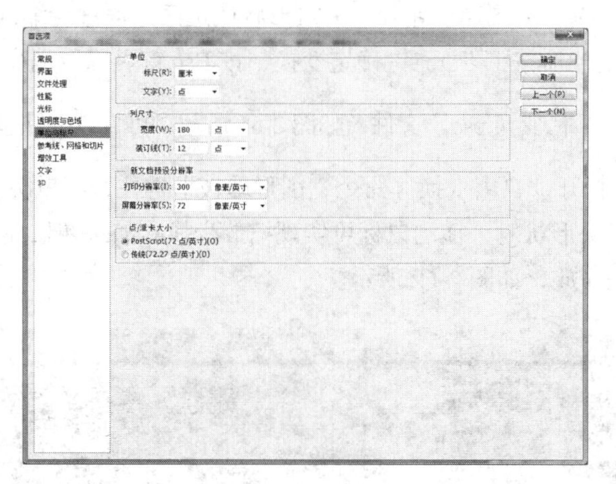


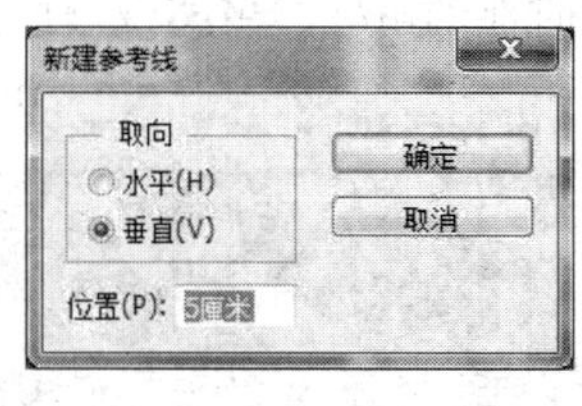


左 图 2-55

右 图 2-56

（5）选择移动工具，将光标放在参考线上，当光标变为箭头状时即可拖动参考线，将竖向参考线拖至单位“30”处，接着将横向参考线拖出标尺栏之外即可将横向参考线删除，如图 2-58 所示。

（6）执行“视图”—“显示”—“网格”命令，图像上将显示网格，如图 2-59 所示。

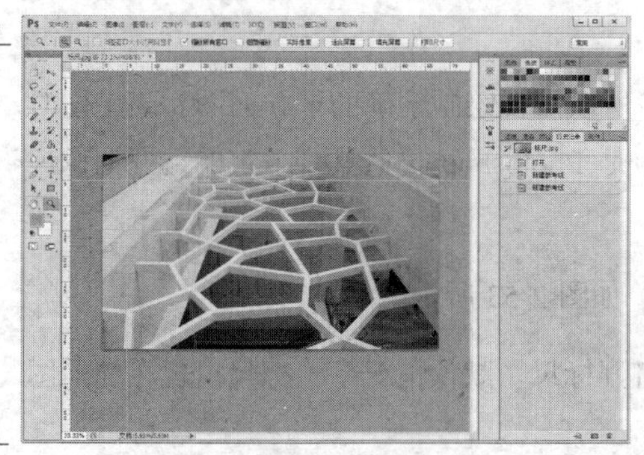
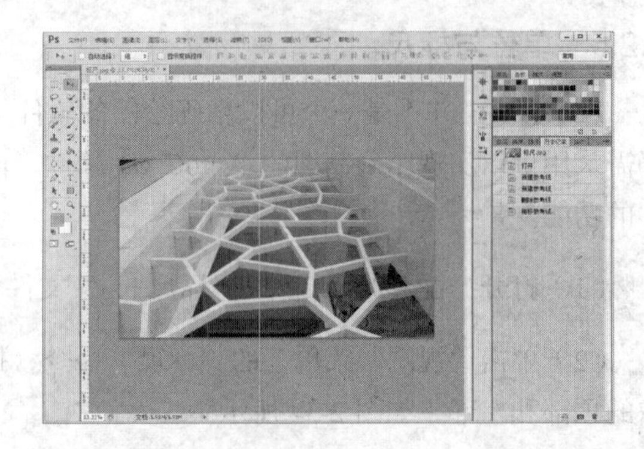

左 图2-57
右 图2-58

（7）执行“编辑”—“首选项”—“参考线、网格与切片”命令，在该首选项中可以设置参考线和网格的颜色等参数，如图2-60所示。

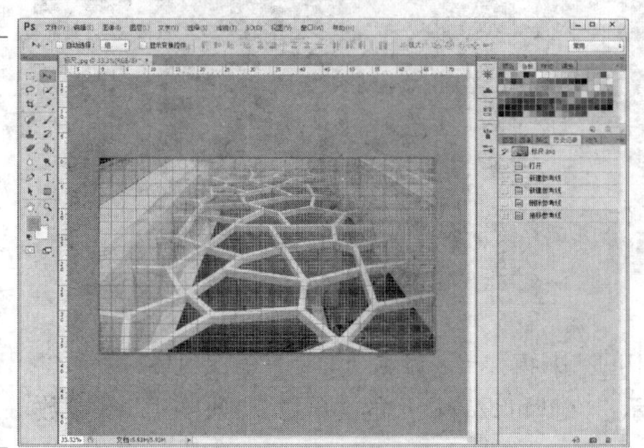
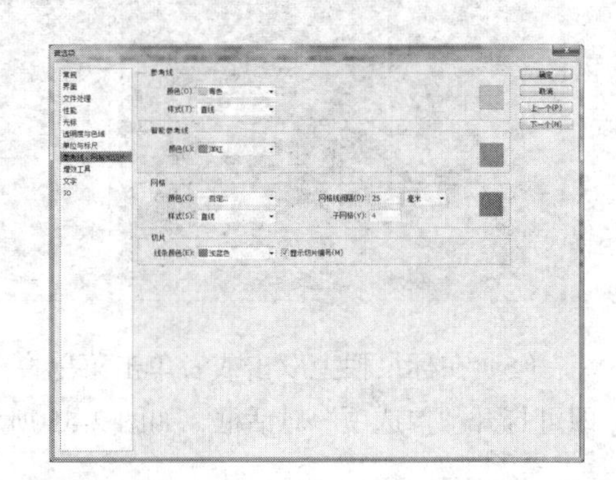

左 图2-59
右 图2-60

## 2.2.6 图像的变换

图像进行变换可以采用“编辑”菜单下的“变换”或者“自由变换”命令。“变换”和“自由变换”命令可对图层、选区内图层、路径、矢量形状或选区边框进行缩放或旋转变换，其默认快捷键为 Ctrl + T。变换后按下 Enter 键确定变换，按 Esc 键可以取消变换。

（1）打开“配套光盘\第2章\变换.psd”文件，如图2-61所示，可见该文件包含两个图层。

（2）按 Ctrl + T 组合键打开“自由变换”命令，图形即被框选住，将鼠标光标移到定界边框的四周，当它变为双箭头形状时，拖动鼠标可实现缩放变换。如果在按住 Shift 键的同时拖动鼠标，可实现等比例缩放，如图2-62所示。

左 图2-61
右 图2-62

（3）当鼠标光标移动到定界边框的四个角外，变为弯曲双向箭头时可实现旋转变换。按住 Shift 键，则按每次 15°旋转，如图 2-63 所示。

（4）旋转实际是以定界边框中心位置的圆点为原点进行的，只需将该原点移至定界框外，即可实现非对称旋转，此时旋转效果如图 2-64 所示。

左 图 2-63

右 图 2-64

（5）鼠标移动到定界边框上，单击鼠标右键，选择其中的“斜切”命令，此时可将物体进行斜切处理，如图 2-65 所示。如果选择其中的“扭曲”命令，则可对图像进行任意的扭曲，如图 2-66 所示。如果选择“透视”命令，则可以用透视角度对图像进行变换，如图 2-67 所示。

左 图 2-65

右 图 2-66

（6）如果选择“变形”命令，该命令含有 12 个控制节点，可以调整节点对图形进行任意的形状变形，如图 2-68 所示。

左 图 2-67

右 图 2-68

（7）除了采用“自由变换”命令外，还可以通过编辑菜单中的“变换”命令进行变换操作，如图 2-69 所示。在“变换”菜单下可以对图像进行以上所有操作，并可以对图像进行水平、垂直翻转，图2-70即垂直翻转的效果。

左 图2-69

右 图2-70

## 2.2.7 窗口屏幕模式

Photoshop CS6提供3种屏幕模式，分别为“标准屏幕模式”“带有菜单栏的全屏模式”和“全屏模式”。按F键可以在3个模式中切换。

（1）打开“配套光盘\第2章\屏幕.jpg”文件，如图2-71所示。这是默认的标准屏幕模式，该模式适合于平常的操作。

（2）按F键可将目前的“标准屏幕模式”切换为“带有菜单栏的全屏模式”，如图2-72所示。

左 图2-71

右 图2-72

（3）再次按下F键可将“带有菜单栏的全屏模式”切换为“全屏模式”，如图2-73所示。此种模式适合于观察图像效果。

（4）在屏幕的黑色区域单击鼠标右键，选择“选择自定颜色”，如图2-74所示，在弹出的颜色对话框中可以选择任意颜色。

左 图2-73

右 图2-74

# 2.3 颜色模式

Photoshop 根据颜色的构成原理将颜色定义了很多模式，通过这些颜色模式可以定义和管理颜色。颜色模式是一种组织图像颜色的方法，决定图像的颜色容量和颜色混合方式。简单地说，颜色模式是一种决定用于不同用途（如是用于显示还是用于打印）的图像的颜色模型，在图像处理以前，明确图像目的（用于何种输出），从而选择相应的颜色模式是非常重要的。

单击菜单“图像”—“模式”，其中包含了各种颜色模式命令，如常见的灰度、RGB（红色、绿色、蓝色）模式、CMYK（青色、洋红、黄色、黑色）模式、双色调、索引颜色及 Lab 颜色模式等，下面依次进行介绍。

## 2.3.1 RGB 颜色模式

RGB 模式起源于有色光的三原色理论，即任何一种颜色都可以由红、绿、蓝 3 种基本颜色按照不同的比例调和而成。计算机的显示器就是通过 RGB 模式显示颜色的，它把红色、绿色和蓝色的光组合起来产生颜色。

RGB 颜色模式是一种使用最为广泛的颜色模式，它由 R（Red）红色、G（Green）绿色、B（Blue）蓝色 3 个颜色通道组成。每个通道的颜色有 8 位，含 256 种亮度级别（从 0 到 255），3 个通道合在一起，相应就能产生 1670 多万（即 $2^{24}$）种颜色。

Photoshop CS5 的 RGB 模式为彩色图像中每个像素的 RGB 分量指定一个介于 0（黑色）到 255（白色）之间的强度值，通过 RGB 内红绿蓝 3 种颜色叠加，可以产生许多不同的颜色。

（1）启动 Photoshop CS5，执行“文件”—“打开”命令，打开“配套光盘\第 2 章\RGB.jpg”文件，如图 2-75 所示。

（2）执行“编辑”—“首选项”—“界面”命令，如图 2-76 所示。

左 图 2-75

右 图 2-76

（3）在打开的“首选项”对话框的“界面”—“常规”选项组中勾选“用彩色显示通道”复选框，如图 2-77 所示。单击“确定”按钮，将“首选项”对话框关闭。

（4）打开“通道”调板，选中其中的绿色通道，效果如图 2-78 所示。

注意：在操作完成该步骤后需要再次取消选取“用彩色显示通道”复选框，因为在后面的操作中并不需要这样的显示效果。

左 图 2-77

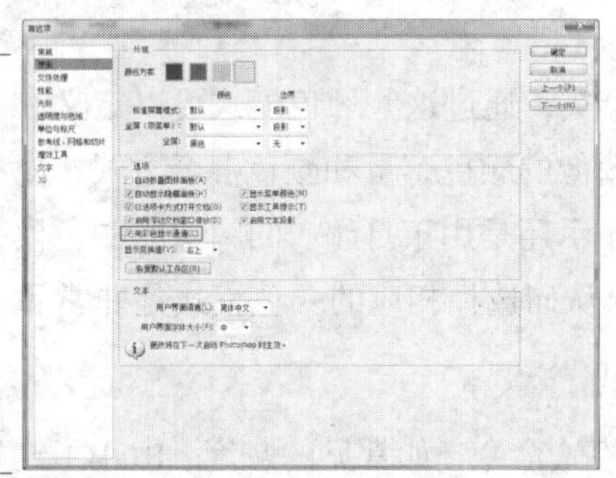

右 图 2-78

## 2.3.2　CMYK 颜色模式

CMYK 颜色模式是一种基于印刷油墨的颜色模式，其将青色、洋红色、黄色和黑色的油墨组合起来调配出各种颜色用于打印。

和现实中的印刷一样，CMYK 颜色模式具有 Cyan（青）、Magenta（洋红）、Yellow（黄色）、Black（黑）4 个颜色通道，因为 RGB 颜色模式中的 B 代表蓝色，为了不和 B 发生冲突，所以用 K 来表示黑色。CMYK 颜色模式每个通道的颜色也是 8 位，有 256 种亮度级别（0～100%），4 个通道组合使得每个像素具有 32 位的颜色容量，在理论上能产生 2 的 32 次方种颜色。虽然 CMYK 颜色模式也能产生许多种颜色，但它的颜色表现能力并不如 RGB 颜色模式。如果最终作品需要打印，应使用 CMYK 模式查看效果。如果使用 RGB 模式查看，则不能准确查看出最后印刷作品的色彩显示。

（1）启动 Photoshop CS5，执行“文件”—“打开”命令，打开“配套光盘\第 2 章\CMYK.jpg”文件，如图 2-79 所示，该文件本身为 RGB 模式。

（2）单击菜单“图像”—“模式”—“CMYK 颜色”命令，在弹出的对话框中单击“确定”按钮，最终效果如图 2-80 所示。

左 图 2-79

右 图 2-80

（3）从对比中可以看出，CMYK 颜色模式与 RGB 颜色模式相比颜色纯度不高，比较灰暗。

（4）依次单击通道调板中的每个 CMYK 通道，效果如图 2-81 所示。

图 2-81

## 2.3.3 灰度模式

“灰度”模式由黑白灰三色构成，类似于黑白照片的图像效果。灰度模式在图像中使用不同的灰度级。在 8 位图像中，最多有 256 级灰度。灰度图像中的每个像素都有一个 0～255 之间的灰度值，其中 0 值代表黑色，255 值代表白色。

将彩色图像转换为灰度模式时，灰度图像反映的是原彩色图像的亮度关系，即每个像素的灰阶（色度）对应着原像素的亮度。

（1）执行“文件”—“打开”命令，打开本书“配套光盘\第 2 章\灰度.jpg”文件，如图 2-82 所示。

（2）执行“图像”—“模式”—“灰度”命令，打开“信息”对话框，单击“扔掉”按钮即可将图像转换为“灰度”模式，如图 2-83 所示。

左 图 2-82

右 图 2-83

## 2.3.4 Lab 颜色模式

Lab 颜色模式具有明度、a、b 3 个通道，其中“明度”通道表现了图像的明暗度，其范围是 0～100；a 通道和 b 通道是两个专色通道，其中 a 通道范围从绿色到红色，b 通道范围从黄色到蓝色。Lab 颜色模式具有最宽的色域，包括 RGB 和 CMYK 色域中的所有颜色，因此当由其他颜色模式转换为 Lab 颜色模式时，不必经过减色处理，图像也不会发生颜色失真。

在效果图制作中可以通过对明度通道进行锐化加强画面效果，下面举例说明。

（1）打开本书“配套光盘\第 2 章\Lab.jpg”文件，如图 2-84 所示。

（2）执行“图像”—“模式”—“Lab 颜色”命令，将图像由 RGB 颜色模式变为 Lab 颜色模式，如图 2-85 所示。

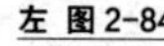

左 图2-84

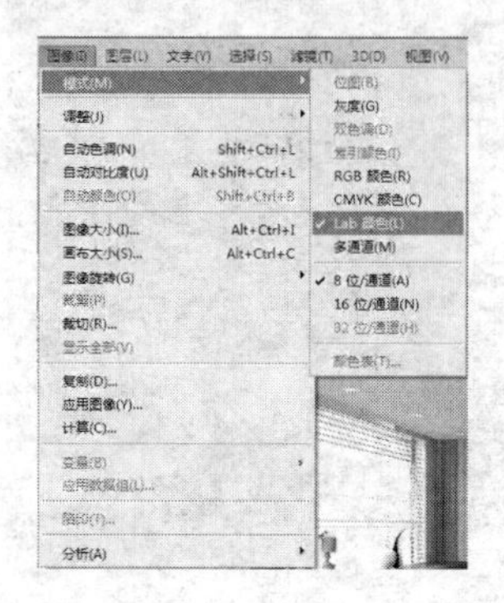


右 图2-85

（3）打开“通道”面板，选择其中的“明度”通道，图像效果如图 2-86 所示。

（4）执行“滤镜”—“锐化”—“USM 锐化”命令，如图 2-87 所示。

左 图2-86

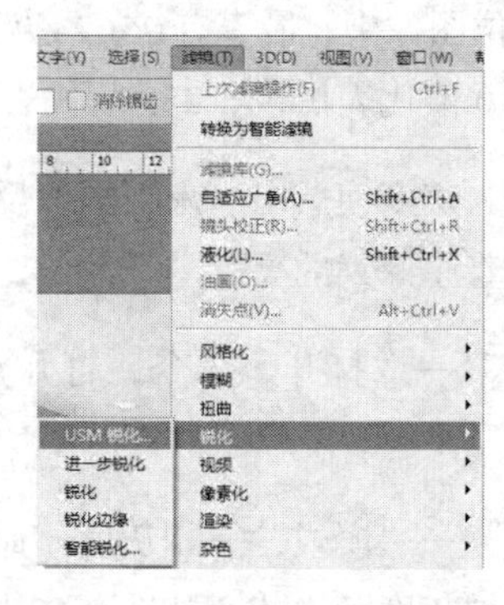


右 图2-87

（5）在弹出的“USM 锐化”参数栏中设置参数，如图 2-88 所示，设置完毕后单击“确定”按钮即可。

（6）在通道面板中单击“Lab”通道，图像效果如图 2-89 所示。

左 图2-88

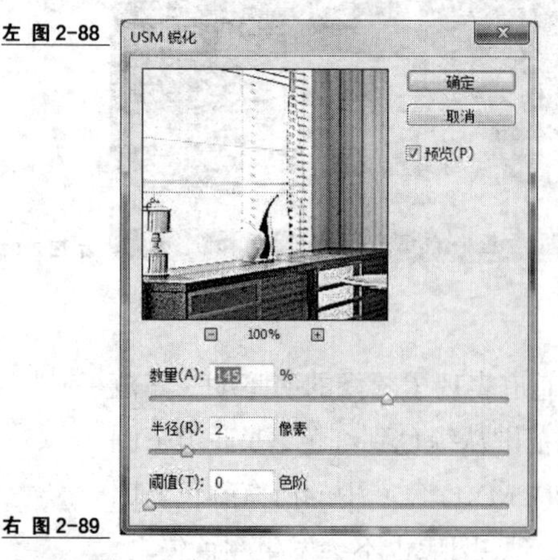

右 图2-89

（7）原图与最终效果图对比，如图 2-90 所示。

图 2-90

## 2.3.5 位图模式

位图模式每个像素的颜色只能在“黑”或是“白”中选择，图像由许多黑方块和白方块组成。只有灰度模式的图像才能转换到位图模式，其他模式的图像必须先转换为灰度模式，才能进一步被转换到位图模式。当图像转变为位图模式后，只有一个图层和一个通道，并且色彩调整、滤镜等图像调整命令全部被禁用。

（1）打开本书“配套光盘\第 2 章\位图.jpg”文件，如图 2-91 所示。

（2）执行“图像”—“模式”—“灰度”命令，打开“信息”对话框，单击“扔掉”按钮，将图像转换为灰度图像，如图 2-92 所示。

左 图 2-91

右 图 2-92

（3）执行“图像”—“模式”—“位图”命令，打开“位图”对话框，如图 2-93 所示。

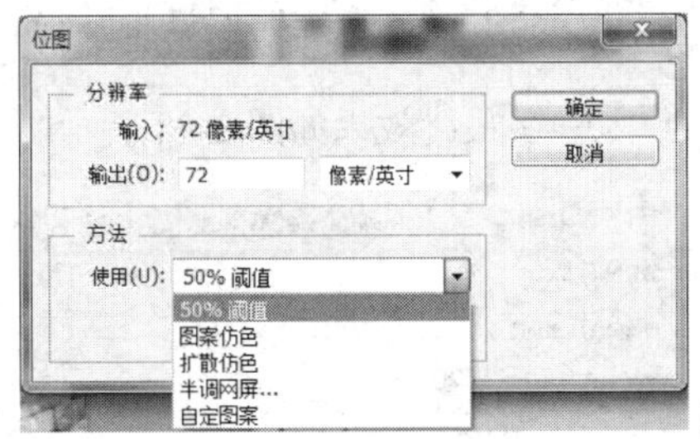


图 2-93

（4）在“输出”文本框内可以设置位图模式图像的输出分辨率。在“使用”下拉列表中共有 5 个选项。其中，“50%阈值”选项可以将图像中灰色值高于中间灰阶（128）的像素转换为白色，将低于中间灰阶的像素转换为黑色，结果产生出高对比度的黑白图像；“图案仿色”可以将灰阶组织成白色和黑色网点的几何图案进行图像的转换；“扩散仿色”可以通过扩散过程来转换图像，从而出现粒状、胶片似的纹理；“半调网屏”可以得到一种网纹的效果；“自定图案”可以根据定义的图案来减色，5 个选项的效果如图 2-94 所示。从左到右分别是“50%阈值”“图案仿色”“扩散仿色”“半调网屏”“自定图案”效果。

左 图2-94

## 2.3.6 双色调模式

“双色调”也是一种灰度图像，但是和灰度模式又有很大的区别。灰度图像虽然拥有 256 种灰度级别，但是在印刷输出时，印刷机的油墨最多只能表现出 50 种灰度。这意味着如果只用一种黑色油墨打印灰度图像，图像将非常粗糙。但是如果混合其他的彩色油墨，那么每种油墨都能产生 50 种左右的灰度级别，那么理论上至少可以表现近 5000 种灰度级别，这样就可以打印出需要的颜色，像这种将几种油墨混合打印的方法被称为“套印”。

（1）打开本书“配套光盘\第 2 章\双色调.jpg”文件，如图 2-95 所示。

（2）执行“图像”—“模式”—“灰度”命令，在弹出的“信息”对话框中，单击“扔掉”按钮，将图像转换为灰度模式，如图 2-96 所示。

左 图2-95

右 图2-96

（3）执行“图像”—“模式”—“双色调”命令，打开“双色调选项”对话框，单击“类型”选项的下拉按钮，在弹出的下拉列表中选择“双色调”选项，接着单击“油墨 2”的小色块，打开“颜色库”对话框，设置油墨的颜色为红色，如图 2-97 所示。

（4）最终效果如图 2-98 所示。

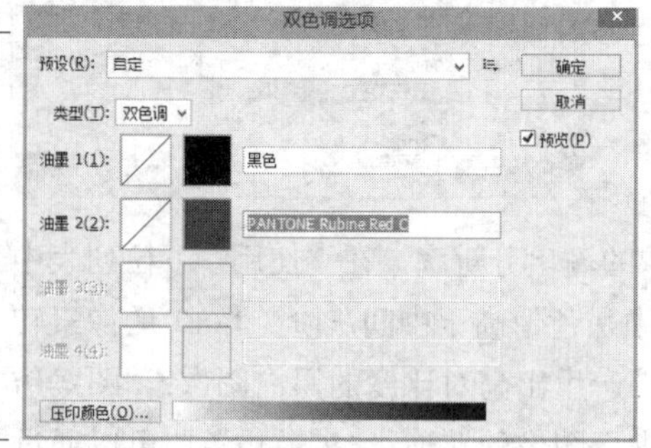


左 图2-97

右 图2-98

## 2.3.7 其他颜色模式

### 1. 索引颜色模式

索引颜色模式下图像的每个像素也具有 8 位的最大颜色容量，最多也只能有 $2^8$ 共 256 种颜色。当图像转换为索引颜色时，Photoshop 将自动创建一个颜色查找表，用以存放索引图像中的颜色。如果原图像中的某种颜色没有了，程序将自动选取最接近的一种来模仿该颜色。

索引颜色模式的最大优点是文件非常小，非常适用于网络。但是在索引颜色模式下 Photoshop 的很多命令不能激活使用。

### 2. 多通道模式

将彩色图像转变为多通道模式后，每个通道都有 256 种灰度级别。多通道模式只在特殊打印输出时用到，如转换双色调以 ScitexCT 格式打印。

## 课堂练习——加大窗户的尺寸

（练习知识要点）使用变换工具将图片中的窗户进行加大处理，如图 2-99 所示。

（效果所在位置）配套光盘\第 2 章\课堂练习\窗户.psd。

图 2-99

## 课后习题——加大窗帘的尺寸

（习题知识要点）使用变换工具将图片中的窗帘进行加大处理，如图 2-100 所示。

（效果所在位置）配套光盘\第 2 章\课后习题\窗帘.psd。

图 2-100

# 第3章
## 创建并编辑选区

本章将主要介绍 Photoshop 软件中选区创建及编辑的方法和技巧。通过本章的学习，用户可以根据不同的需要采用不同的工具制作选区并编辑选区。

**学习目标**

◈ 掌握规则选区的创建
◈ 掌握不规则选区的创建
◈ 掌握选区的编辑

选区的创建是 Photoshop 最为重要也是功能最为强大的一项操作。要修改一个物体首先要选中该物体，而 Photoshop 在选择上有着比其他软件更为强大的功能。Photoshop 提供了很多种工具和命令用于选择，并可使用各种编辑命令对选区进行调整和修改。

## 3.1 规则选区的制作

选区可以分为规则选区和不规则选区，分别针对规则的对象和不规则的对象。规则选区选框工具共有 4 种：矩形选框工具、椭圆选框工具、单行选框工具和单列选框工具，如图 3-1 所示。默认选项为矩形选框工具。下面我们就对这些工具一一进行介绍。

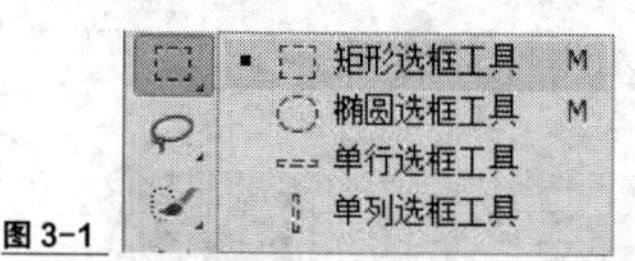

图 3-1

### 3.1.1 矩形选框工具

使用矩形选框工具可以用鼠标在图像上拉出矩形选框。如果按住 Shift 键则可拉出一个正方形的选框。选中矩形选框工具后，其选项栏如图 3-2 所示。

图 3-2

矩形选框工具选项栏包括修改选择方式、羽化、样式（从左到右）。

**1. 修改选择方式**

修改选择方式主要分为新选区、增加到选区、从选区减去、与选区交叉 4 种方式。的作用是去掉旧的选择区域，选择新的区域；的作用是在原有选择区域的基础上，增加新的选择区域，作用相当于数学中的并集；的作用是在原有选择区域中，减去新的选择区域与旧的选择区域相交的部分，作用相当于数学中的补集；的作用是将原有选择区域与新创建选区相交的部分作为最终的选择区域保留，作用相当于数学中的交集。

（1）单击“文件”—“新建”命令，新建一个文件，参数设置如图3-3所示。

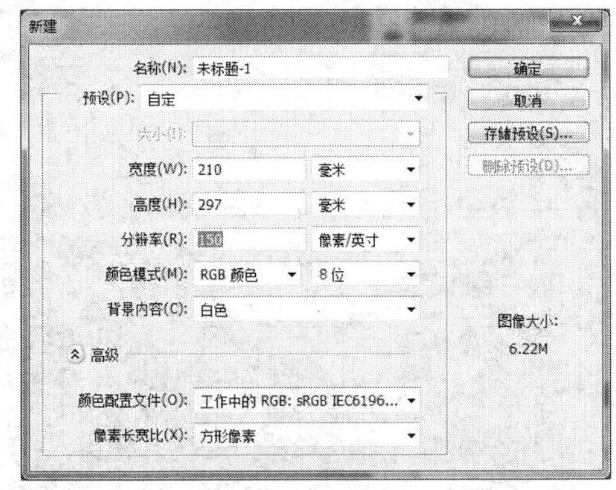


图3-3

（2）将前景色设置为绿色，按下Alt + Delete组合键将前景色填充，如图3-4所示。

图3-4

（3）在工具箱中选择工具，在视图中单击并拖动鼠标，即可绘制出矩形选区，如图3-5 所示。通常情况下，按下鼠标的那一点为选区的左上角，松开鼠标的那一点为选区的右下角。如果按住Alt键使用矩形选框工具在视图中拖动鼠标，这时按下鼠标的那一点为选区的中心点，松开鼠标的那一点为选区的右下角。

（4）单击鼠标右键，执行“取消选择”命令取消选区，快捷方式为Ctrl + D组合键。然后按下Shift键绘制正方形的选区，如图3-6所示。将鼠标光标放在选区中，当十字光标呈箭头带虚线形时，单击并拖动鼠标，可以调整选区的位置。同时也可以利用键盘上的方向键对选区的位置进行调整，按键一次可以将选区移动1像素，非常适用于精确移动选区位置。

（5）单击工作界面右下角“图层”调板底部的“创建新图层”按钮，新建“图层1”，然后将前景色设置为暗红色，按Alt + Delete组合键填充前景色，如图3-7所示。

（6）选择“矩形选框”工具，并在选项栏中单击“新选区”按钮。在图像上绘制时，可以发现当新建一个选区时旧选区自动消失。

左 图3-5

右 图3-6

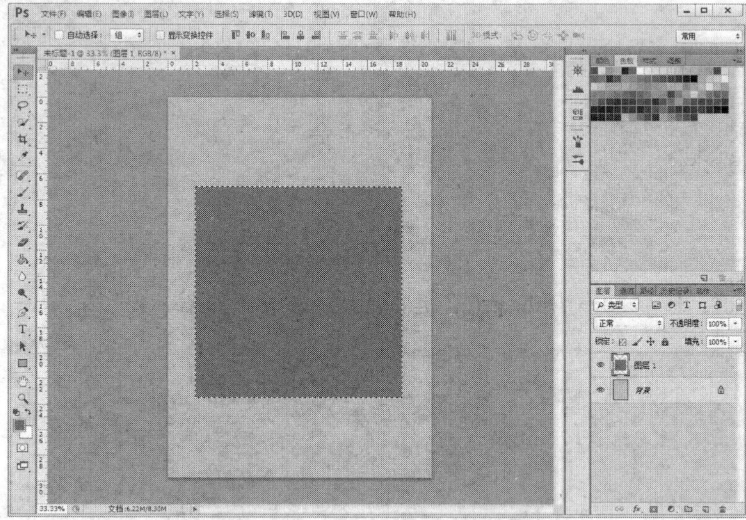

图3-7

（7）依次选择“增加到选区”按钮、“从选区减去”按钮、“与选区交叉”按钮，最终效果如图3-8～图3-10所示。

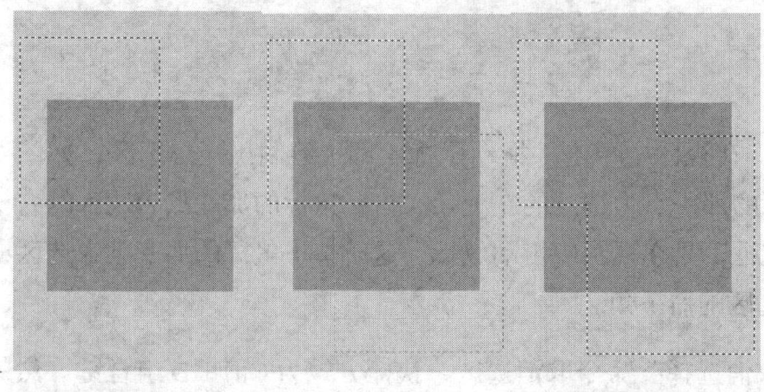

图3-8

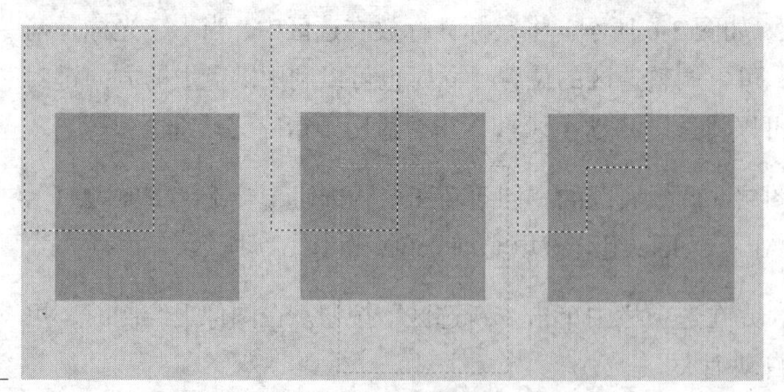

图3-9

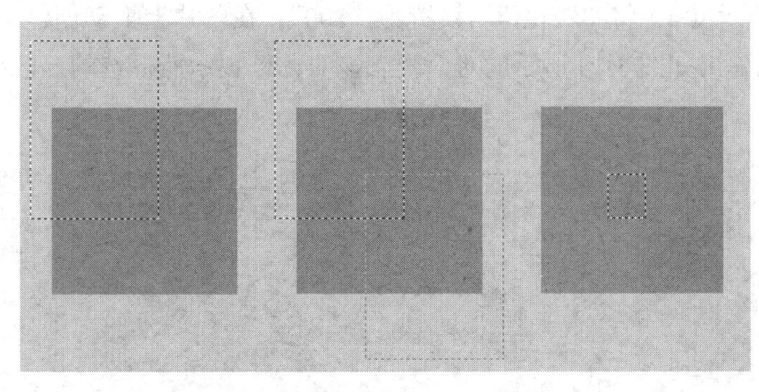

图 3-10

## 2. 羽化

羽化可以柔化选择区域的边界，也就是使选择区域边界产生一个过渡区域以便于和其他图像相互融合。羽化值取值范围为 0～255 像素，数值越大选区羽化效果越明显。在很多工具选项栏中都有“羽化”参数，作用一样，在后面的章节中就不重复讲解了。

（1）单击“文件”—“新建”命令，新建一个文件，参数设置如图 3-11 所示。

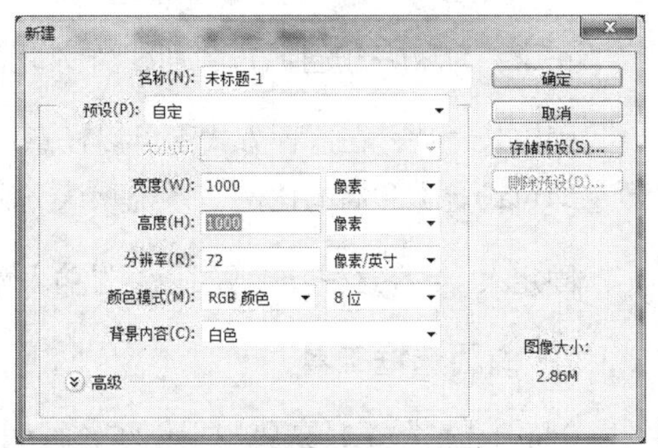


图 3-11

（2）设置“羽化值”为“0”，创建一个矩形选框。保持选区的浮动状态，单击“图层”调板底部的“创建新图层” 按钮，新建“图层 1”。将前景色设置为灰色，按下 Alt + Delete 组合键填充，最终效果如图 3-12 所示，然后按 Ctrl + D 组合键取消选区。

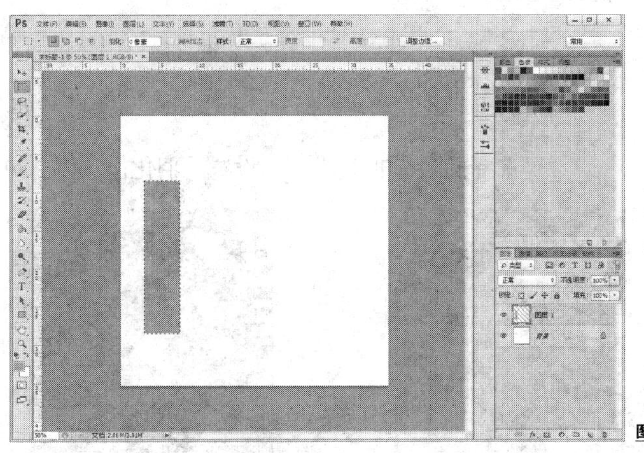

图 3-12

（3）将“羽化值”分别设置为“10”和“30”，用与上一个步骤同样的方法创建出两个矩形选框并各新建一个图层用同样的前景色填充，最终效果如图 3-13 所示。

（4）将“羽化值”设置为“200”，在图片上拖动创建一个差不多大小的矩形选框，结果弹出如图 3-14 所示的对话框。该对话框提示所框选的选区小于羽化的像素，所以不可显示。

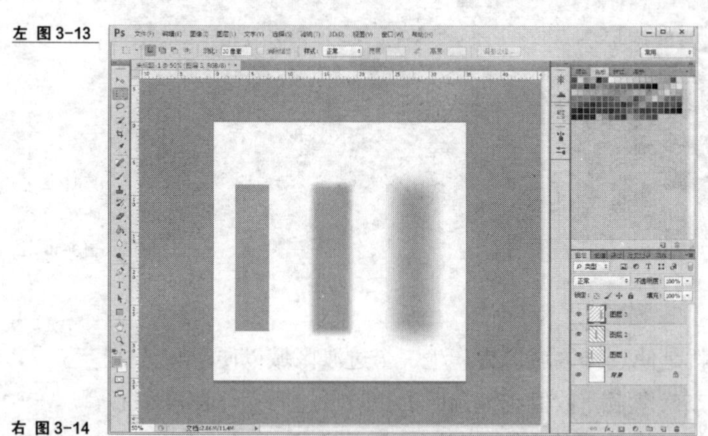

左 图 3-13
右 图 3-14

### 3. 样式

样式用来规定矩形选框的形状。样式下拉菜单中有 3 个选项。

正常：为默认的选择方式，也是最常用的方式。在这种方式下，可以用鼠标拉出任意矩形。

固定长宽比：在这种方式下可以任意设定矩形宽和高的比例。在其数值框中输入相应的数字即可设定宽和高的比例，系统默认宽和高的比例值为 1:1。

固定大小：在这种方式下可以通过输入宽和高的数值，精确地确定矩形的大小，单位为像素。

## 3.1.2 椭圆选框工具

“椭圆选框”工具主要用于创建各种椭圆形选区，按下 Shift 键可以绘制圆形选区。“椭圆选框”工具和“矩形选框”工具创建选区的方法完全相同。“椭圆选框”工具的选项栏如图 3-15 所示。从图中可见“椭圆选框”工具和“矩形选框”工具命令几乎完全一样，只是增加了“消除锯齿”一项。“消除锯齿”被激活后可以使圆形的边框比较平滑，平时使用时保持勾选默认状态即可。

图 3-15

（1）打开“配套光盘\第 3 章\椭圆.jpg”文件，如图 3-16 所示。

（2）选择椭圆选框工具，设置“羽化值”为“80”，在孩子的身上框选，如图 3-17 所示。

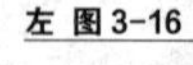

左 图 3-16
右 图 3-17

（3）按 Ctrl + C 组合键复制选框内的内容。

（4）打开“配套光盘\第 3 章\底纹.jpg”文件，如图 3-18 所示。

（5）按 Ctrl + V 组合键粘贴刚才复制的内容，并移动到合适的位置，效果如图 3-19 所示。从图中可以看出，羽化后的图像可以更好地和其他图像融合。后期的效果图修改中也会采用羽化技法融合几个独立的图像。

左 图 3-18

右 图 3-19

## 3.1.3 单行、单列选框工具

### 1. 单行选框工具

单行选框工具可以用鼠标在图层单击，拉出一条横向的一个像素的选框。其选项栏中只有选择方式可选，用法和矩形选框相同，羽化只能为“0”像素，样式不可选。

### 2. 单列选框工具

单列选框工具可以用鼠标在图层单击，拉出一条竖向的一个像素的选框。其选项栏内容与用法与单列选框的完全相同。

# 3.2 不规则选区的制作

不规则选区指的是没有规则形状的选区。在实际的操作中，大多数图像都是不规则的，很少出现规则的圆形或者方形，所以要选择这些不规则选区，必须采用一些能够选择不规则形体的工具和命令，下面就一一进行讲解。

## 3.2.1 套索、多边形套索、磁性套索工具

套索工具组可用来徒手描绘不规则物体的外框，从而得到选区。它包含 3 种工具：套索工具、多边形套索工具和磁性套索工具。

### 1. 套索工具

套索工具是一种鼠标自由绘制选区的工具。选中套索工具，将鼠标移到图像上后即可拖动鼠标选取所需要的范围。如果选取的曲线终点与起点未重合，则 Photoshop 会自动封闭为完整的曲线。按住 Alt 键在起点处与终点处单击，可绘制直线。

选取区套索工具后，其选项栏如图 3-20 所示。

图 3-20

套索工具的选项栏包括修改选择方式、羽化、消除锯齿，其内容和用法与选框工具相同，这里就不重复介绍了。

（1）打开“配套光盘\第 3 章\草地.jpg”文件，如图 3-21 所示。

（2）打开“配套光盘\第 3 章\路面.psd”文件，如图 3-22 所示。

左 图 3-21

右 图 3-22

（3）使用套索工具框选其中的一条路面，如图 3-23 所示。

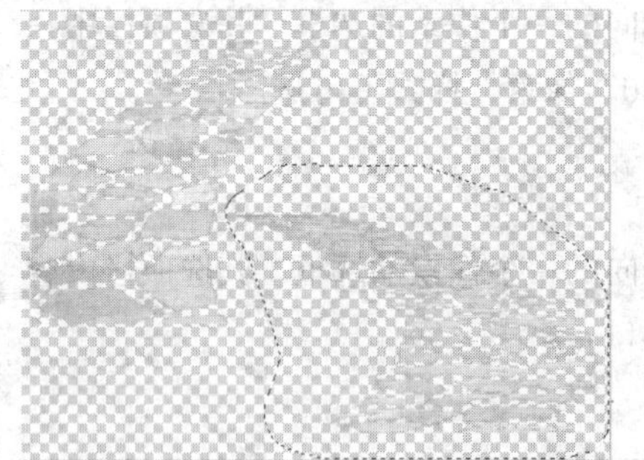

图 3-23

（4）按 Ctrl + C 组合键复制，选择“草地.jpg”文件，然后按 Ctrl + V 组合键粘贴，效果如图 3-24 所示。

图 3-24

（5）按 Ctrl + T 组合键命令，对路面进行大小的变换，并移动到合适的位置上，如图 3-25 所示。

（6）再用同样的方法复制另外一个路面，粘贴、调整后最终效果如图 3-26 所示。

左 图3-25

右 图3-26

## 2. 多边形套索工具

多边形套索工具是一种靠鼠标单击一个个节点绘制选区的工具。在实际中，如果需要建立精确选区，很少使用套索工具而更多地是使用多边形套索工具。

选中后，将鼠标移到图像处单击即可，如果选择出现错误，按 Delete 键可清除最近所画的线段。

多边形套索工具选项栏与套索工具完全相同，这里就不再介绍了。

（1）打开“配套光盘\第 3 章\中信.jpg”文件，如图 3-27 所示。

（2）选择，在中信建筑外轮廓上单击，最终将所有的点连接在一起，中间如果需要加选或者减选时，按住 Shift 键或 Alt 键即可进行加选和减选，最终选择效果如图 3-28 所示。

左 图3-27

右 图3-28

## 3. 磁性套索工具

磁性套索工具是一种具有可自动识别边缘的套索工具，针对颜色区分比较大的物体特别管用。选中后，鼠标光标移到图像上单击选取起点，然后沿物体边缘移动鼠标光标（无须按住鼠标），当回到起点时光标右下角会出现一个小圆圈，表示选择区域已封闭，再单击鼠标即完成操作。在选取过程中也可以单击鼠标以增加连接点。按 Delete 键则可清除最近所画的线段。

磁性套索工具的选项栏如图 3-29 所示。磁性套索工具选项栏与套索工具相比，增加了宽度、频率、对比度、钢笔压力等参数。

图 3-29

◈ 宽度：用于设置磁性套索工具在选取时的探查距离，数值越大探查范围越广。

◈ 对比度：用来设置套索的敏感度。可输入 1%～100%之间的数值，数值越大选取越精确。

◈ 频率：用来确定套索连接点的连接速率。可输入 1～100 之间的数值，数值越大选取外框节点越多。

◈ 钢笔压力：用来设定绘图板的笔刷压力。只有安装了绘图仪和驱动程序才可使用。当此项被选，则钢笔的压力增加，从而使套索的宽度变细。

（1）打开“配套光盘\第 3 章\小鸭.tif”文件。

（2）选择磁性套索工具，在选项栏上将“频率”设置为“20”，选择图片中的鸭子，之后将“频率”设置为“99”，再次选择，最终对比效果如图 3-30 所示。

图 3-30

## 3.2.2　魔棒、快速选择工具

魔棒和快速选择工具是非常重要的常用工具，其作用原理都是通过单击选择颜色，从而选择与单击处相一致的全部颜色，所以如果被选图片颜色过于丰富则不适用该工具组。

### 1. 魔棒工具

魔棒工具可以用来选择颜色相同或相近的整片的色块，从而达到快速选择物体的效果。魔棒工具选项栏如图 3-31 所示。

图 3-31

选项栏包括修改选取方式、取样大小、容差、消除锯齿、连续、对所有图层取样选项。其中修改选取方式和消除锯齿在前面的工具中已有详细的讲解，这里就不重复了。

◈ 容差：数值越小选取的颜色越精确，数值越大选取的颜色范围越大，但精度会下降。简单点说，如果需要选择的颜色和单击选择处颜色非常相似，可以将容差改小。如果需要选择和单击选择处颜色大致相同区域，则可以将容差改大。“容差”选项中可输入 0～255 的数值，系统默认数值为“32”。

（1）打开“配套光盘\第 3 章\祈福.jpg”文件。

（2）选择魔棒工具，在选项栏中将“容差”改为“10”，单击选择图片中的红色贴纸，效果如图 3-32 所示。

（3）将选项栏中的“容差”改为“80”，再次点选同一位置，选区范围如图 3-33 所示。可见选取的红色范围变广了。

左 图 3-32

右 图 3-33

◈ 连续：勾选“连续”选项后，只能选择色彩相近的连续区域；不勾选“连续”选项，将选择图像上所有色彩相近的区域。

（4）保持选项栏中的“容差”值为“80”，分别采用不勾选“连续”和勾选“连续”的方式单击选择图片，最终效果对比如图 3-34 所示（左图为没有勾选“连续”选项效果，右图为勾选了“连续”选项效果）。从图 3-34 中可以发现勾选了“连续”选项后，选择的范围小很多，只有那些红色连接在一起的区域才被选中，而红色被其他颜色断开的区域则不会选中。如果不勾选“连续”选项，则不管红色有没有被其他颜色断开都可以选中。

图 3-34

◈ 对所有图层取样：勾选此项后，可以选择所有可见图层。如果不勾选，魔术棒只能在应用图层起作用。

（5）按 Ctrl + D 组合键取消选择，接着打开“配套光盘\第 3 章\祈福树.jpg”文件。

（6）按 Ctrl + A 组合键全选“祈福树.jpg”文件，接着按 Ctrl+C 组合键复制。

（7）选择“祈福.jpg”文件，按 Ctrl + V 组合键粘贴，这时可以发现多了一个“图层 1”。使用移动工具将“祈福树.jpg”文件移动到合适的位置上，如图 3-35 所示。

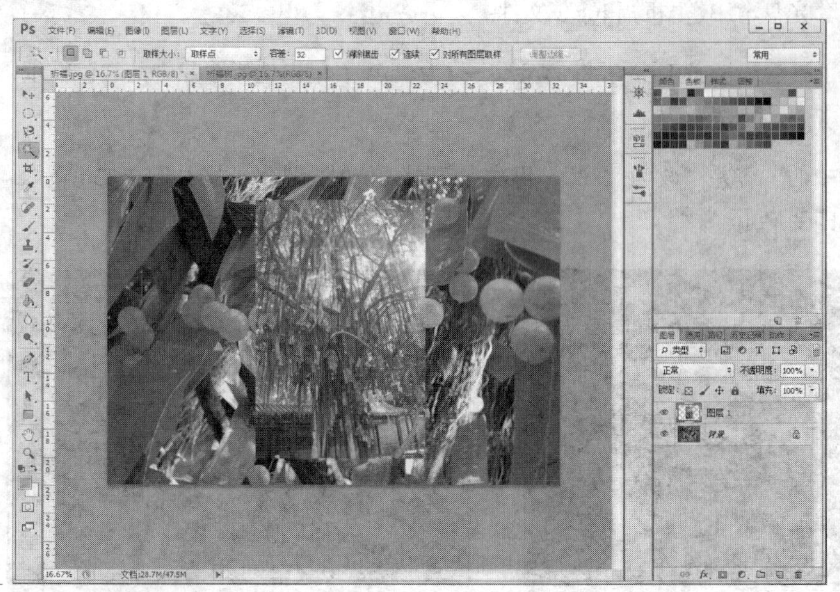

图 3-35

（8）在魔棒选项栏中勾选“对所有图层取样”选项，接着单击选择红色，此时可见上下两个图层中的红色区域全部被选中，如图 3-36 所示。

图 3-36

## 2. 快速选择工具

快速选择工具可以根据拖动鼠标范围内的相似颜色来选择物体。

（1）打开“配套光盘\第 3 章\快速选择.jpg”文件，如图 3-37 所示。

（2）选择“快速选择工具”，单击图片中的红色枕头部分，可适当在红色枕头中拖动，选择红色枕头，如图 3-38 所示。

（3）在“图层”调板中单击新建一个“图层 1”，将“前景色”改为“绿色”，按下 Alt + Delete 组合键填充到选择区域内，如图 3-39 所示。

（4）在“图层”调板中将“正常”模式改为“颜色”模式，最终将红色枕头改为绿色，如图 3-40 所示。

左 图 3-37

右 图 3-38

图 3-39

图 3-40

### 3.2.3 色彩范围命令

“色彩范围”命令也是一个用于制作选区的命令，“色彩范围”命令可以根据图片中颜色的分布生成选区。

（1）打开“配套光盘\第 3 章\色彩范围.jpg”文件，如图 3-41 所示。从图中可见如果要选择其中的粉红色墙面采用套索或者魔术棒均不适用。

（2）这时，可以在“选择”菜单中单击“色彩范围”命令，打开如图 3-42 所示的“色彩范围”对话框。此时工具自动变为“吸管工具”。

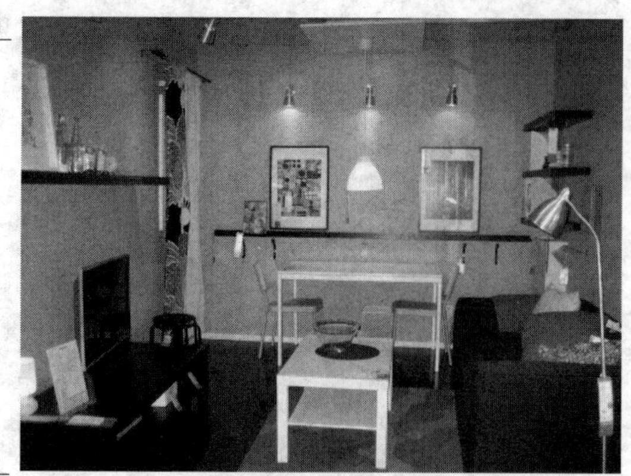

左 图3-41
右 图3-42

（3）使用“吸管工具”在粉红色墙面上单击，此时“色彩范围”对话框如图3-43所示，其中的白色区域代表被选择的区域。

（4）将“颜色容差”值设置为“155”，此时可见对话框中的白色区域变得更多了，图片中的粉红色基本上都被选中了，如图3-44所示。单击“确定”按钮后，粉红色墙面即被选中。

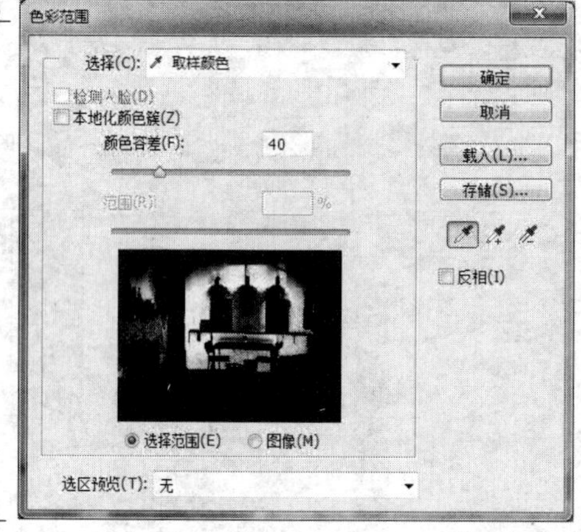

左 图3-43
右 图3-44

（5）在“图层”调板中单击 新建一个“图层1”，将“前景色”改为“蓝色”，按下Alt+Delete组合键填充到选择区域内，如图3-45所示。

（6）在“图层”调板中将“正常”模式改为“颜色”模式，按Ctrl+D组合键取消选择后的最终效果如图3-46所示。

通过以上范例可以理解色彩范围的作用，下面将一一讲解色彩范围选项栏的各项参数。

◈ 选择：确定建立选区的方式。用吸管工具可以选择颜色样本来获得选区；选择下拉框中的样本颜色也可直接选择一种单色或基于图片的高光、中间调和阴影来选择选区。

◈ 颜色容差：和魔棒的容差参数作用相同，也是用于识别采集样本的颜色与周围背景色的颜色差异大小，数值越大选区范围越大，反之亦然。

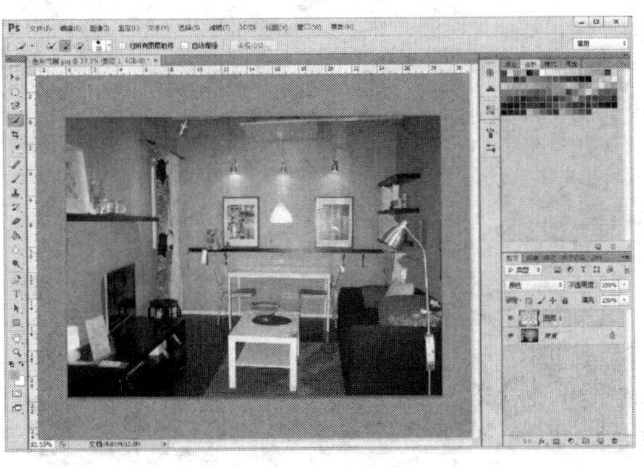

左 图3-45

右 图3-46

◈ 选择范围/图像：确定预览区域中显示的是选择区域还是原始图像。

◈ 选区预览：在图片中预览选区，有无预览、灰度预览、黑色杂边、白色杂边和快速蒙版 5 种选择。

◈ 反向：反向建立选区。

## 3.3 选区的编辑

在 Photoshop 中有很多的工具和命令可以创建选区，但是有时选区创建后，还必须根据实际需要进行适当的编辑。

### 3.3.1 移动、全选、取消、反选选区

◈ 移动选区：在魔术棒、快速选择、框选工具组和套索工具组被选择的状态下，可以自由地移动选区。但是如果当前工具为移动工具，则不仅会移动选区，还会将选区中的图像移动。

全选、取消选区、反选选区的命令均在“选择”菜单中，下面一一进行介绍。

◈ “全选”命令的作用是将一个图层全部选定，选区与画布大小相同。这种选择方式通常在要对整个图层进行复制时使用，快捷键为 Ctrl+A。

◈ “取消选择”命令的作用是取消图层中的所有选区，快捷键为 Ctrl+D。

◈ “重新选择”命令的作用是恢复最近一次建立的选区。

◈ “反选”命令，在图层中反向建立选区。简单地说就是现在选择的区域取消选择，而没有选择区域被选中。

（1）打开“配套光盘\第 3 章\建筑.jpg”文件，如图 3-47 所示。

（2）打开“配套光盘\第 3 章\半棵树.jpg”文件，按 Ctrl+A 组合键全选，接着按 Ctrl+C 组合键复制，如图 3-48 所示。

左 图3-47

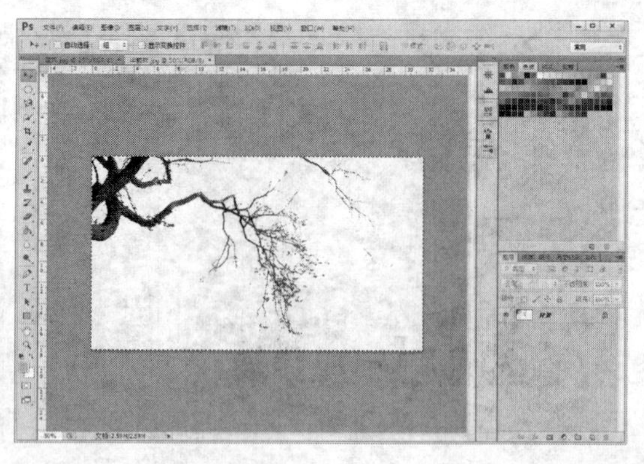
右 图3-48

（3）选择“建筑.jpg”文件，按 Ctrl+V 组合键粘贴，并移动到合适的位置上，如图 3-49 所示。

（4）选择“魔棒工具”，单击“图层 1”的白色区域，单击鼠标右键，从弹出的菜单中选择“选取相似”选项，按键盘上的 Delete 键删除刚才所选的白色区域，效果如图 3-50 所示。

左 图3-49

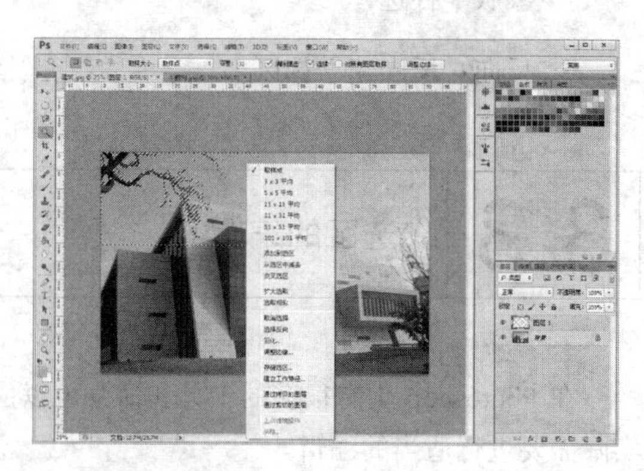
右 图3-50

（5）下面试试反选的作用。按 Ctrl+Z 组合键取消刚才删除的步骤，在魔棒工具被选中的状态下，单击鼠标右键，从弹出的菜单中选择“选择反向”选项（快捷方式为 Ctrl+Shift+I），得到选区如图 3-51 所示。

（6）按键盘上的 Delete 键删除反选后的区域，此时效果如图 3-52 所示。

左 图3-51

右 图3-52

（7）保持魔术棒选择状态，将魔术棒放进白色区域中，魔棒图标变为虚线三角箭头，此时即可自由移动选区，如图 3-53 所示。

（8）按 Ctrl+Z 组合键取消刚才移动的步骤，选择移动工具，将鼠标放入白色区域中，向右下角移动，最终效果如图 3-54 所示。从图中可见不仅选区被移动，选区中的图像也被移动了。

左 图3-53

右 图3-54

### 3.3.2 边界、平滑、扩展、收缩、羽化选区

单击“选择”菜单，执行其中的“修改”命令可以对选区进行边界、平滑、扩展、收缩、羽化编辑等操作。

- 边界：建立一个新的选区框来替换已有选区。
- 平滑：可平滑选区。
- 扩展：扩大选区范围。
- 收缩：减小选区范围。
- 羽化：羽化选区可以对选区边缘进行柔化。在之前的选框工具组中已经详细讲解了它的具体使用方法和作用。不同的是使用选框工具羽化必须事先设定好羽化数值，而修改时的羽化则可以先制作好选区（包括任何不规则的选区）之后再羽化。

（1）打开“配套光盘\第 3 章\效果图.jpg”文件，如图 3-55 所示。

（2）按 Ctrl+A 组合键全选，单击“选择”菜单—“修改”—“边界”命令，在弹出的“边界选区”对话框中将“宽度”设置为“50”，得出边界选区如图 3-56 所示。

左 图3-55

右 图3-56

（3）按两次 Ctrl+Shift+I 组合键反选选区，将“前景色”设置为“黑色”并按下 Alt+Delete 组合键填充，效果如图 3-57 所示。图中出现一圈具有柔和边界的黑框，效果图被衬托得更为美观。

（4）按 Ctrl+Z 组合键取消刚才填充“黑色”的步骤，单击“选择”菜单—“修改”—“平滑”命令，在弹出的对话框中将“取样半径”设置为“50”，得到的选区如图 3-58 所示。从图中可见选区变得圆滑了。

左 图3-57

右 图3-58

（5）按下 Alt+Delete 组合键填充为黑色，效果如图 3-59 所示。可以看出边界四角变得圆滑了。

（6）按 Ctrl+Alt+Z 组合键两次将操作步骤回复到步骤（3）反选选区的边界效果。单击“选择”菜单—“修改”—“扩展”命令，在弹出的对话框中将“扩展量”设置为“50”，如图 3-60 所示。

左 图3-59

右 图3-60

（7）按下 Alt+Delete 组合键填充为“黑色”，效果如图 3-61 所示。

（8）按 Ctrl+Alt+Z 组合键两次将操作步骤恢复到步骤（3）反选选区的边界效果。单击“选择”菜单—“修改”—“收缩”命令，在弹出的对话框中将“收缩量”设置为“5”，如图 3-62 所示，从图中可见选区缩小了。

左 图3-61

右 图3-62

（9）按下 Alt+Delete 组合键填充为“黑色”，效果如图 3-63 所示。

（10）按 Ctrl+Alt+Z 组合键两次将操作步骤恢复到步骤（3）反选选区的边界效果。单击“选择”菜单—“修改”—“羽化”命令，在弹出的对话框中将“羽化半径”设置为“100”，如图 3-64 所示。

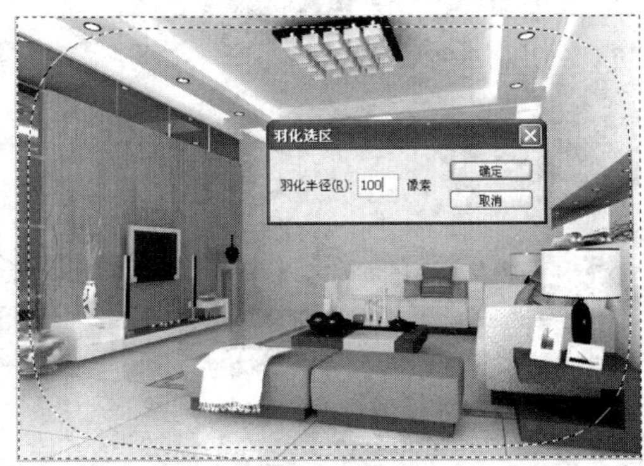


左 图3-63

右 图3-64

（11）按下 Alt+Delete 组合键填充为“黑色”，按 Ctrl+D 组合键取消选择，最终效果如图 3-65 所示。

图3-65

### 3.3.3 填充与描边操作

填充与描边操作是 Photoshop 的一个最基本的操作，实际上在之前的很多范例中我们已经多次用到了填充命令。在“编辑”菜单下可以找到“填充”和“描边”命令。

填充作用是填充颜色，快捷方式为按下 Alt+Delete 组合键或者 Alt+Backspace 组合键填充前景色，按下 Ctrl+Delete 组合键或者 Ctrl+Backspace 组合键则可填充背景色。描边的作用是在线框周边描上细边。

（1）打开“配套光盘\第 3 章\室内.jpg”文件，如图 3-66 所示。

（2）单击“图层”调板上的“新建图层”按钮，新建一个“图层 1”。并将前景色设置为“绿色”。最后在图片底部使用“矩形选框工具”框选，如图 3-67 所示。

（3）单击“编辑”菜单的“填充”命令，弹出“填充”对话框，设置不透明度为“50%”，最后单击“确定”按钮即可，如图 3-68 所示。不透明度可以控制填充颜色的透明度，数值越小颜色越透明。

（4）填充完毕前景色的效果如图 3-69 所示。

（5）将前景色设置为“红色”，单击“编辑”菜单中的“描边”命令，弹出“描边”对话框，设置如图 3-70 所示。

左 图 3-66

右 图 3-67

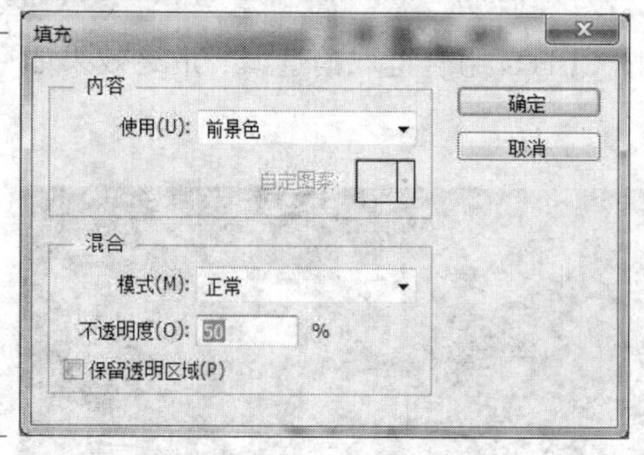

左 图 3-68

右 图 3-69

（6）最终效果如图 3-71 所示，其中颜色栏可以作为标签栏，在其中可以写上设计者和设计公司名称等信息。

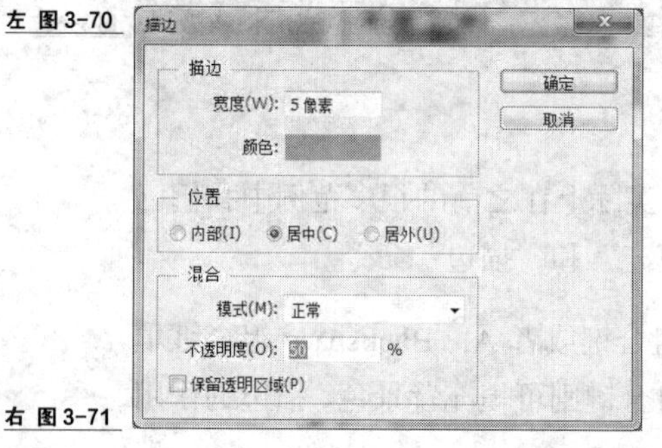

左 图 3-70

右 图 3-71

### 3.3.4　变换、保存、载入选择区域

“变换选区”命令可以实现对选区进行缩放、旋转等自由变换操作。“载入/存储选区”命令则可将选区进行保存，保存后可在后面的操作中随时载入选区。在 Photoshop 中如果需要建立一个新的选区时，旧的选区就会消失。基于这个特点，在很多时候需要将创建的选区存储起来，并且可以在随后的操作中随时将其重新载入。选区的存储是通过建立新的 Alpha 通道来实现的。下面就通过一个范例来学习选区的变换、保存和载入。

（1）打开“配套光盘\第 3 章\装饰画.jpg”文件，如图 3-72 所示。

（2）使用“矩形选框工具”，框选墙面上的装饰画；单击“选择”菜单，选择其中的“存储选区”命令，在弹出的“存储选区”对话框中将名称定为“123”，如图 3-73 所示。

左 图3-72

右 图3-73

（3）单击“通道”调板，可见通道调板上多了一个“123”的 Alpha 通道，如图 3-74 所示。

（4）单击“选择”菜单中的“载入选区”命令，弹出“载入选区”对话框，单击“确定”按钮后，刚才创建的矩形选框选区出现在原位置上，如图 3-75 所示。

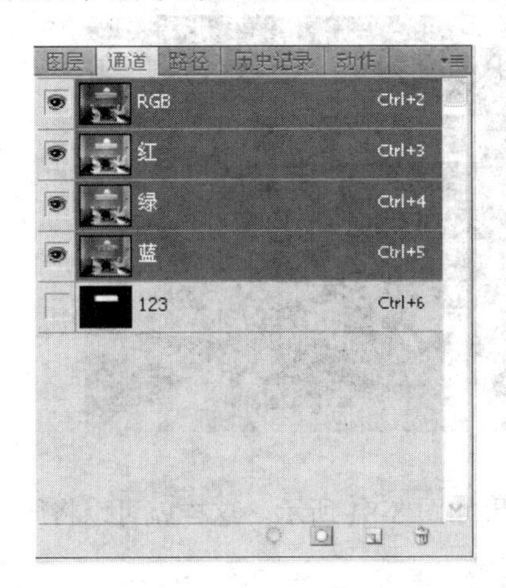

左 图3-74

右 图3-75

（5）新建“图层 1”，并将选区填充为“白色”，如图 3-76 所示。

（6）取消选择后，再次新建一个“图层 2”，在白色区域中使用“矩形选框工具”框选一个小矩形，并填充为“黑色”，如图 3-77 所示。

左 图3-76

右 图3-77

（7）使用上述方法创建出 4 个矩形，并填充为“黑色”，在中间位置留出一个矩形不填充任何颜色，如图 3-78 所示。

（8）单击“选择”菜单—“变换选区”命令，此时选区上会出现一个类似于使用变换命令一样的选框，如图 3-79 所示。其具体使用方法也和变换命令类似。

左 图3-78

右 图3-79

（9）单击鼠标右键，选择其中的旋转命令，将该选区大致旋转 45°，如图 3-80 所示。

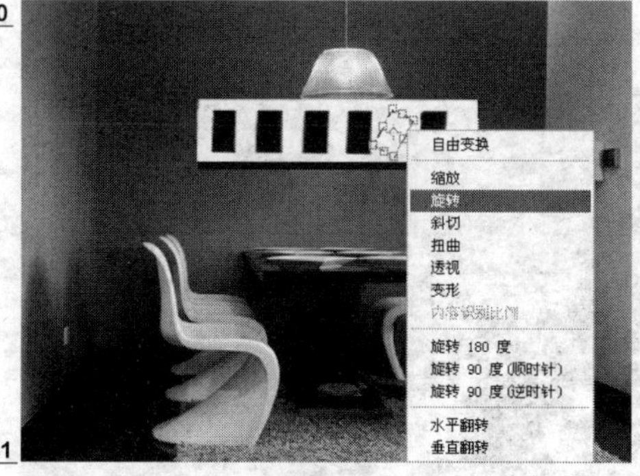

左 图3-80

右 图3-81

（10）单击“编辑”菜单—“描边”命令，最终效果如图 3-81 所示。这样就可以将原来的装饰画改为目前较为流行的带有平面构成元素的无框画。

在“选择”菜单下还有两个较为常用的命令，分别是“扩大选区”和“选取相似”命令。“扩大选区”命令可将选区扩大至邻近的具有相似颜色的像素区域。而“选取相似”命令则可将选区扩大至图中任何具有相似颜色的像素区域。其用法都相对简单，只需要用魔棒工具在任意画面中单击并选中相应目标，然后单击选中“扩大选区”和“选取相似”命令即可试验出其具体作用，在这里就不举例说明了。

### 3.3.5 图像变换在实际中的运用

图像变换在后期中的运用常见于制作倒影，以增强画面的真实性。

图 3-82 所示的图像由于水面缺乏倒影，使得整个画面不够真实，下面使用变换功能制作倒影效果。

（1）打开“配套光盘\第 3 章\倒影.jpg”文件，如图 3-82 所示。

（2）单击工具箱中的“矩形选框工具”，将水面以外的区域进行框选，按 Ctrl+J 组合键，将选区内的内容进行拷贝，得到“图层 1”，如图 3-83 所示。

左 图 3-82

右 图 3-83

（3）按 Ctrl+T 组合键，调用变换命令，单击鼠标右键，选择“垂直翻转”命令，如图 3-84 所示。

（4）按 Enter 键，应用变换，使用“移动工具”将图像移动至合适的位置，如图 3-85 所示。

左 图 3-84

右 图 3-85

（5）单击“滤镜”菜单—“模糊”—“动感模糊”命令，在弹出的对话框中将“角度”设置为“90”，“距离”设置为“23”，如图 3-86 所示。

（6）设置图层的“不透明度”为“35%”，最终效果如图 3-87 所示。

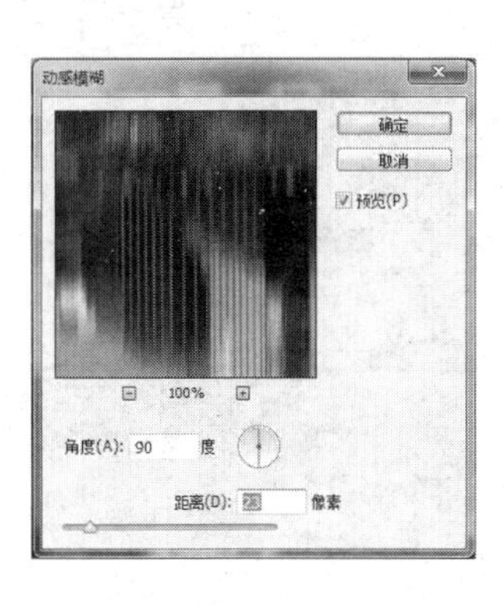

左 图 3-86

右 图 3-87

## 课堂练习——改变窗外背景

（练习知识要点）使用选择工具选取窗外背景部分，并替换为天空，如图 3-88 所示。

（效果所在位置）配套光盘\第 3 章\课堂练习\窗外背景.psd。

图 3-88

## 课后习题——改变天空背景

（习题知识要点）使用选择工具选取白色背景部分，并替换为天空，如图 3-89 所示。

（效果所在位置）配套光盘\第 3 章\课后习题\最终效果.psd。

图 3-89

# 第4章
## 绘图与图像修饰

本章将主要介绍 Photoshop CS6 绘图与图像修饰工具，包括绘图工具和历史记录应用两大类工具。通过对本章的学习，读者可以快速掌握绘图与图像修饰工具，有助于更快、更准确地处理图像。

**学习目标**

- ◈ 掌握绘图与图像修饰工具的使用
- ◈ 掌握历史记录调板的使用
- ◈ 掌握历史记录画笔及历史记录艺术画笔的使用

绘图与图像修饰工具是 Photoshop 工具中最为常用的一类工具，可以通过绘图与图像修饰工具完成图形的绘制和图像的修改。

## 4.1 吸管工具

吸管工具是常用的取色工具，可以通过吸管工具选择需要的颜色。

（1）打开“配套光盘\第 4 章\吸管.jpg”文件。

（2）选择工具栏中的吸管工具，在图像的黄色墙面乳胶漆处单击，前景色立刻会转换成为单击位置的黄色乳胶漆颜色，如图 4-1 所示。如果按住 Alt 键的同时使用吸管工具单击图像颜色，则可以将背景色变为单击选择处的颜色。

图 4-1

# 4.2 画笔、铅笔工具

画笔、铅笔工具是直接采用鼠标或者绘图仪进行绘画的工具，和现实中的毛笔与铅笔作用相似。无论是画笔还是铅笔工具，其参数预设通常都在画笔调板中进行。画笔调板可以用来选择笔尖和设置画笔的大小和硬度等参数，以便创造出各种需要的绘画效果。

## 4.2.1 画笔工具

执行“窗口”—“画笔”命令（快捷键 F5），可以打开画笔调板，如图 4-2 所示。还可以单击“画笔”选项栏右侧的▾图标，打开画笔下拉调板，如图 4-3 所示。

图 4-2 的画笔调板主要由 3 个部分组成，左侧参数控制画笔的属性，右侧确定画笔属性的具体参数，最下方为画笔效果预览图，可以直接预览画笔的效果。

单击右侧顶部的下拉小三角▾，还可以打开如图 4-4 所示的下拉框，从中可以选择 Photoshop 软件已经预置好的各种画笔笔尖。

左 图4-2

中 图4-3

右 图4-4

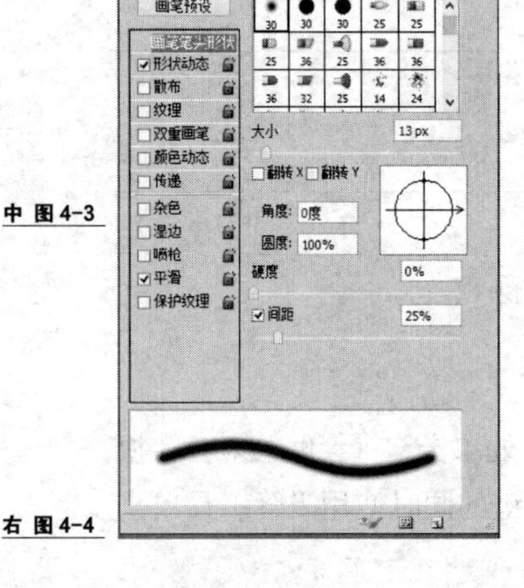


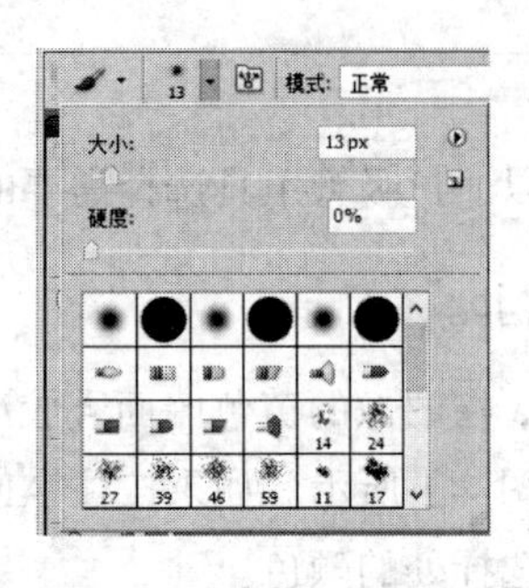


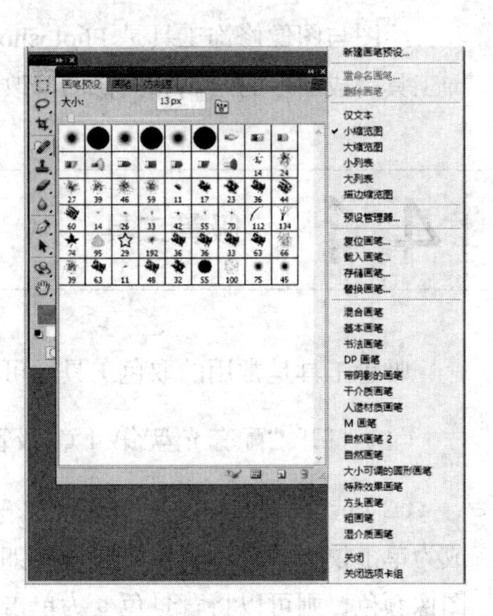


### 画笔笔尖形状

画笔笔尖形状参数可以控制画笔的大小、硬度、间距、角度和圆度等属性。选中“画笔笔尖形状”选项，接着选择其中的枫叶形状画笔，设置“画笔笔尖调板”参数如图 4-5 所示。

- ◈ 大小：大小可以控制画笔的直径大小，范围 1～2500px。在数值框中输入数值或调节滑块，可以设置画笔的大小，数值越大，画笔也越大。不同画笔大小绘制的效果如图 4-6 所示（左侧为直径 20，右侧为直径 50）。
- ◈ 翻转 *X*、翻转 *Y*：可以将画笔对应 *X* 轴或者 *Y* 轴进行翻转。
- ◈ 角度：在“角度”数值框中输入数值，可以设置画笔旋转的角度，不同角度效果如

图 4-7 所示（上侧角度为 0°，下侧角度为 45°）。

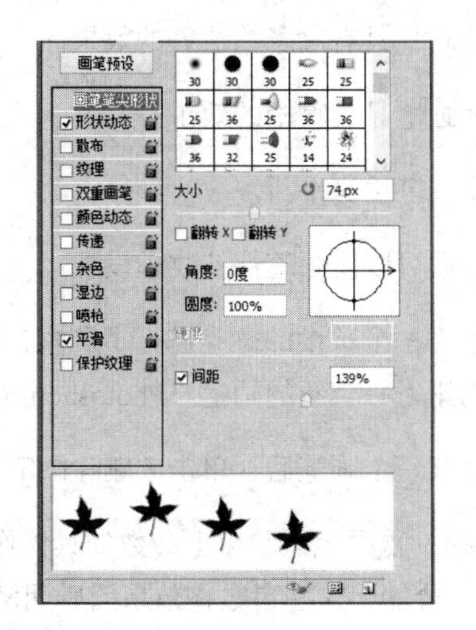


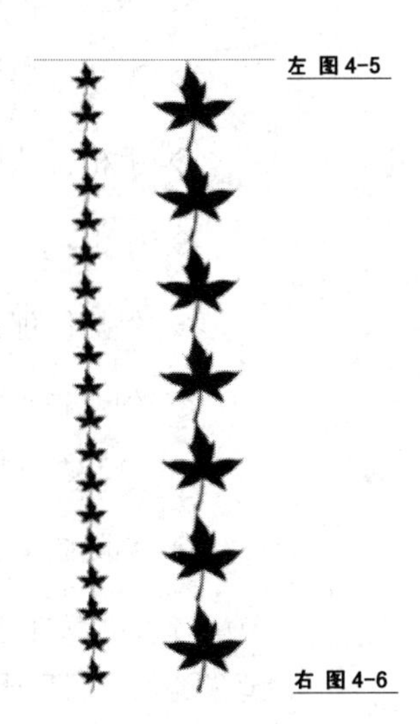

左 图 4-5

右 图 4-6

◈ 圆度：在“圆度”数值框中输入数值可以控制画笔长短轴的比例，不同圆度效果如图 4-8 所示（上侧圆度为 0%，下侧圆度为 50%）。

左 图 4-7

右 图 4-8

◈ 硬度：控制画笔的硬度。数值越大，边缘越清晰；数值越小，边缘越柔和。因为枫叶画笔无法调整硬度，可以选择圆形画笔进行测试，不同硬度效果如图 4-9 所示（上侧硬度为 0%，下侧硬度为 100%）。

◈ 间距：控制画笔描边中两个画笔笔迹之间的距离，可在“间距”数值输入框中输入数值或调节滑块，数值越大间距越大，不同间距效果如图 4-10 所示（上侧间距为 1%，下侧间距为 85%）。

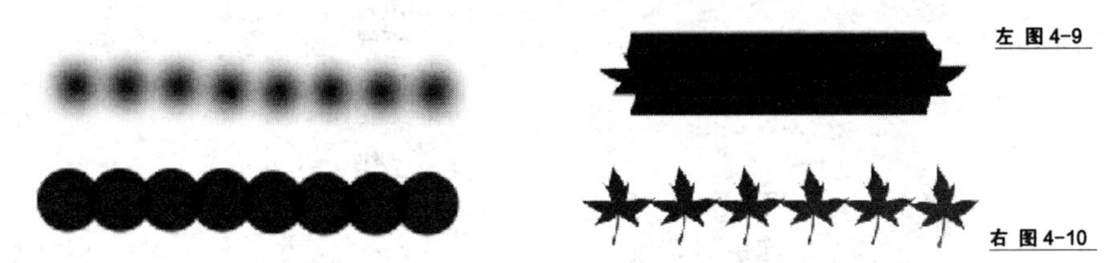

左 图 4-9

右 图 4-10

画笔调板其他参数简要介绍如下。

◈ 形状动态：形状动态主要用于编辑画笔在绘制时的变化情况。

◈ 散布：散布主要用于设定在绘制时画笔标记的数目和分布。

◈ 纹理：纹理主要用于设定画笔和图案纹理的混合方式。

◈ 双重画笔：双重画笔主要用于创造两种画笔混合的效果。

◈ 颜色动态：颜色动态主要用于设定画笔的色彩性质。

◈ 杂色：杂色主要用于为画笔边缘添加毛刺效果。

◈ 湿边：湿边可以使画笔具有水彩笔渲染的效果。

◈ 喷枪：喷枪可以使画笔具有喷枪的效果。

◈ 平滑：平滑可以使画笔边缘平滑。

◈ 保护纹理：保护纹理可以使画笔保持纹理设置。

◈ 创建新画笔：如果对一个预设的画笔进行了调整，可单击“创建新画笔”按钮，将修改后的画笔创建为一个新的画笔。Photoshop 将自动保存该新建画笔。

◈ 删除画笔：选择任意一个画笔后，单击“删除画笔”按钮，可将其删除。

读者可以自己任意选择一款画笔试验以上参数的具体作用，其设置与“画笔笔尖形状”设置类似，而且比较直观，再加上这些参数在效果图后期修改中通常不会用到，限于篇幅这里就不一一举例说明了。

画笔工具和我们用的毛笔类似，不同的只是 Photoshop 中的画笔必须用鼠标绘制。如果需要精确绘制图形，也可以在计算机上连接专门的绘图笔进行绘制。

选择画笔工具，在画面单击并拖曳鼠标即可用前景色绘制线条。选择画笔工具后将出现如图 4-11 所示画笔选项栏。

图 4-11

单击“画笔”选项栏右侧的选项，打开画笔下拉调板，如图 4-12 所示。其主直径和硬度等参数设置和画笔笔尖形状中参数设置一样，作用也一样，这里就不再重复了。单击右侧小三角按钮，弹出如图 4-13 所示参数栏。

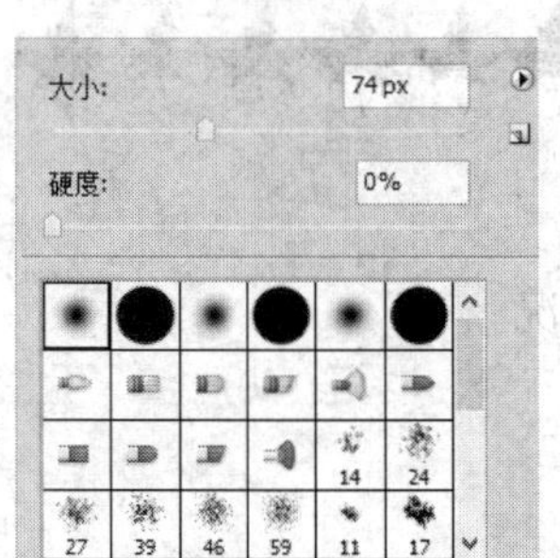

左 图 4-12


右 图 4-13

参数栏包括以下选项。

◈ 新建画笔预设：为设置好的新画笔命名。

◈ 重命名画笔：为所选画笔重新命名。

◈ 删除画笔：删除选中的画笔。

◈ 仅文本、小缩览图、大缩览图、小列表、大列表、描边缩览图：默认显示方式为“小缩略图”，显示画笔预览效果和大小。若觉得缩览图小，可选择“大缩览图”；选择纯文本，只显示画笔名称和大小，其他各种方式也有各自不同的画笔显示形式。

◈ 预设管理器：设定画笔工具的预置。

◈ 复位画笔：“复位画笔”可以将画笔面板还原为安装 Photoshop 时的默认状态。

◈ 载入画笔：调入储存的画笔。网上目前有很多的画笔可供下载，使用“载入画笔”可以将这些非 Photoshop 软件自带的外部画笔载入。

◈ 存储画笔：可以将自己创建的画笔储存备用。

◈ 替换画笔：载入画笔，替代当前的画笔。

◈ 混合画笔、基本画笔、书画画笔、DP 画笔、带阴影的画笔、干介质画笔、人造材质画笔、M 画笔、自然画笔、大小可调的圆形画笔、特殊效果画笔、方头画笔、粗画笔、湿介质画笔：以上画笔都是 Photoshop 自带的画笔类型，可以单击其中任何一种，弹出如图 4-14 所示对话框.。单击“确定”按钮将以目前选择的画笔替换默认的画笔，单击“追加”按钮则在默认画笔的基础下添加所选画笔。

◈ 模式：单击模式右侧的下拉框，弹出如图 4-15 所示参数栏。这些参数都是各种不同的混合模式。混合模式是效果图修改中常用的参数命令，作用是将两个不同的图像以不同的方式混合在一起。每种不同的混合模式都能得出不同的效果。具体应用将在图层的混合模式中详细讲解，这里就不重复了。

◈ 不透明度：用于设置画笔的不透明度，不透明度数值越小在绘制时得到的颜色就越淡，如图 4-16 所示（左边不透明度为 100%，中间不透明度为 50%，右边不透明度为 10%）。

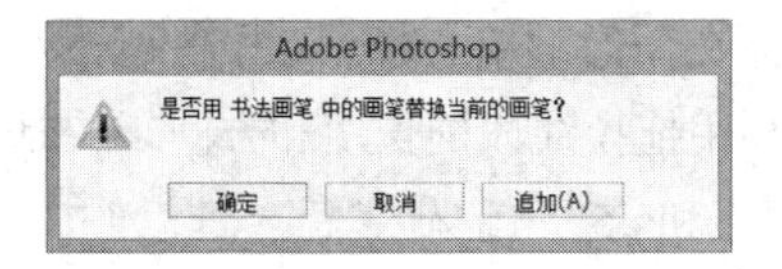


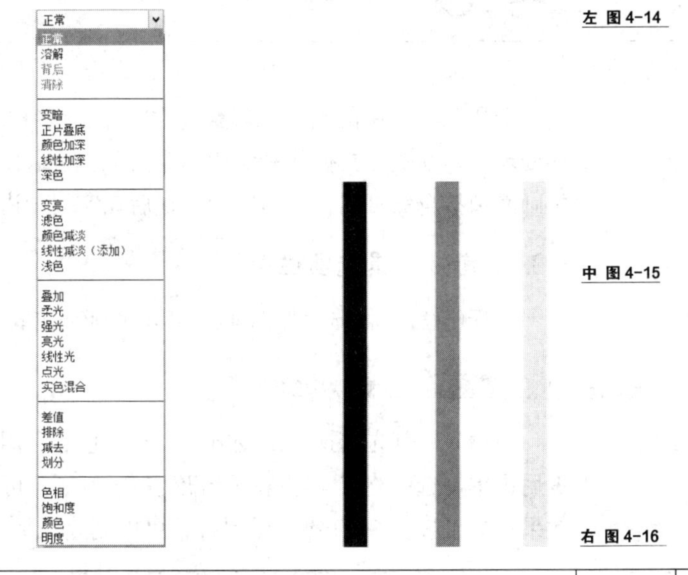


左 图 4-14

中 图 4-15

右 图 4-16

◈ 流量：“流量”选项用于设定每个画笔点的色彩浓度百分数，作用如图 4-17 所示（上边流量为 100%，中间流量为 50%，下边流量为 1%）。

图 4-17

### 4.2.2 铅笔工具

铅笔工具的使用方法和画笔相同。它与画笔工具的区别在于：画笔工具可以绘制带有柔边效果的线条，而铅笔工具只能绘制硬边线条。由于铅笔工具不支持消除锯齿功能，因此，绘制的倾斜边缘会带有明显的锯齿，如图 4-18 所示（左侧为画笔绘制，右侧为铅笔绘制）。

图 4-18

铅笔工具选项栏中的参数和画笔选项栏参数基本一样，只是多了一个“自动抹除”参数，铅笔工具选项栏如图 4-19 所示。

13 模式: 正常 不透明度: 100% 自动抹除

图 4-19

勾选“自动抹除”选项后，当在前景色绘制的线条上重新绘制时，会自动以背景色替换前景色。

## 4.3 渐变、油漆桶工具

选择工具栏中的渐变工具，可以创建多种颜色逐渐混合的渐变效果。在效果图的后期处理中，渐变工具往往和蒙版命令搭配在一起来制作天空、草地和水面的柔和过渡效果，使画面衔接自然真实，具体应用会在后期实战中讲解。

### 4.3.1 渐变工具选项栏

选择后，将出现如图 4-20 所示的渐变工具选项栏。

模式: 正常 不透明度: 100% 反向 仿色 透明区域

图 4-20

使用时，首先选择好渐变方式和渐变色彩，用鼠标在图像上单击起点，按住鼠标左键拖曳后再单击选中终点，这样一个渐变就做好了。可以利用拖拉线段的长度和方向来控制渐变效果。如果按住 Shift 键拖动鼠标，可以创建水平、垂直和 45° 角的渐变。

### 1. 渐变颜色条

渐变颜色条中的“ ”显示了当前的渐变颜色。单击它右侧的按钮，可以打开如图4-21所示调板，在调板中可以选择Photoshop预设好的渐变。如果直接单击该渐变颜色条，则可以打开“渐变编辑器”对话框，如图4-22所示。

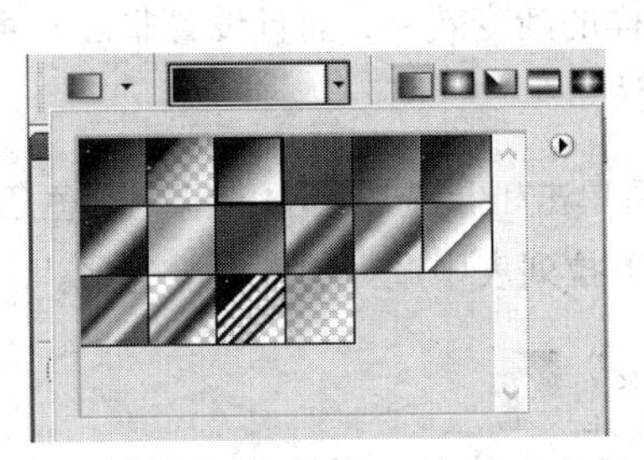

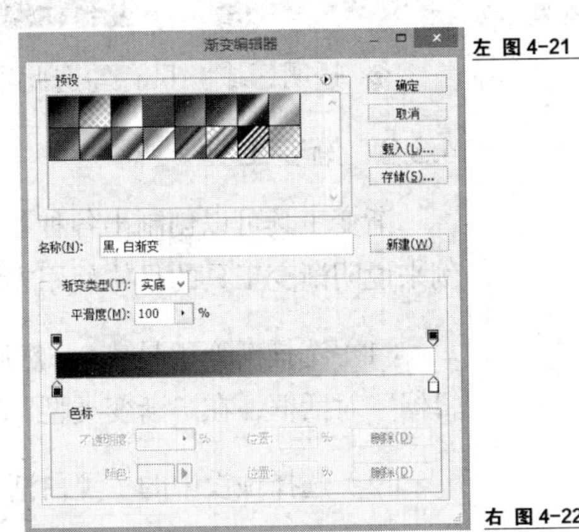


左 图4-21

右 图4-22

### 2. 渐变类型

◈ 线性渐变：可创建以直线从起点到终点的渐变。

◈ 径向渐变：可创建以圆形图案从起点到终点的渐变。

◈ 角度渐变：可创建围绕起点的逆时针方式渐变。

◈ 对称渐变：可创建对称式的线性渐变。

◈ 菱形渐变：以菱形方式从起点向外渐变，终点定义为菱形的一个渐变。

图4-23所示分别为5种类型的渐变效果，从左到右分别为线性渐变、径向渐变、角度渐变、对称渐变、菱形渐变。

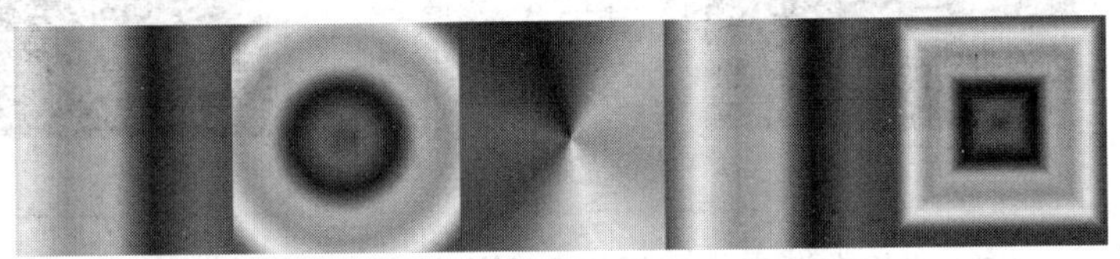

图4-23

### 3. 渐变工具选项栏中的其他选项

◈ 模式：用来设置应用渐变时的混合模式，与“画笔”选项栏中混合模式的作用相同。

◈ 不透明度：用来设置渐变效果的不透明度。

◈ 反向：勾选该项，可以反转渐变中的颜色顺序。图4-24所示为未勾选“反向”时创建的渐变，图4-25所示为勾选“反向”后创建的渐变。

◈ 仿色：勾选该项后，Photoshop将使用一种称为“仿色”的处理技术在渐变工具填充的各颜色之间进行平滑过渡，以防止出现颜色过渡过程中的间断现象。选择该项可以使渐变中的过渡色变得平滑，打印效果更加平滑，该项默认为勾选。

左 图4-24

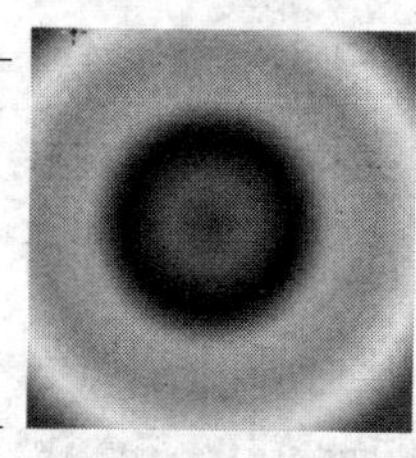

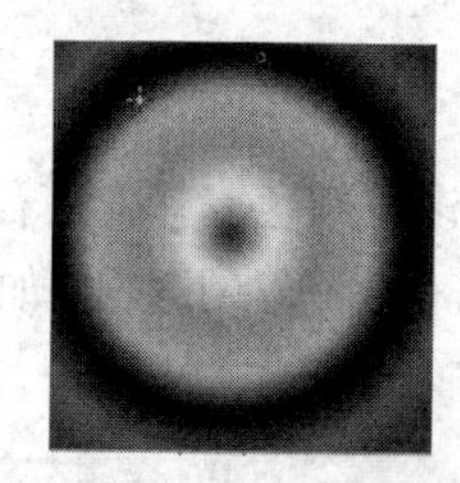

右 图4-25

◈ 透明区域：只有勾选此项，不透明度的渐变设定才会生效。

### 4.3.2　渐变工具

渐变工具可以创制出各种各样的渐变效果，而且设置非常方便和简单，下面就以一个范例来说明渐变工具的具体使用方法。

（1）选择渐变工具，然后单击工具选项栏中的渐变颜色条，打开“渐变编辑器”对话框，在“渐变类型”下拉列表中选择“实底”选项。

（2）选择预设中的“黑白渐变”。

（3）用鼠标左键单击色标，色标上方的三角形自动变黑，这表示该色标处于选择状态。现在就可以对色标的颜色进行设置了，这时颜色：变为可选，单击，即可在弹出的“拾色器”对话框中设置颜色，如图 4-26 所示。

（4）单击渐变轴下方右侧的色标，用同样的方式选择结束点的渐变颜色为黄色，如图 4-27 所示。

左 图4-26

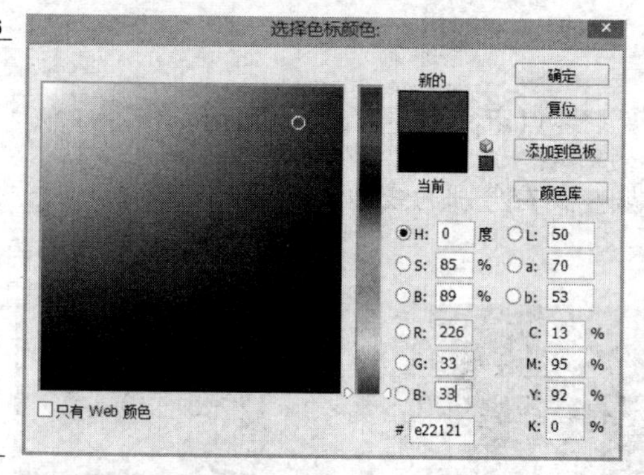


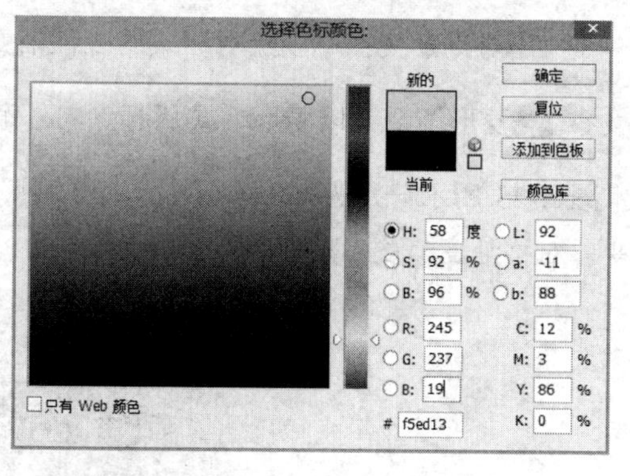


右 图4-27

（5）要想在渐变的中间加入不同的颜色，只需在渐变轴下方单击，即自动生成一个色标，依照同样的方法设置不同的颜色，如图 4-28 所示。

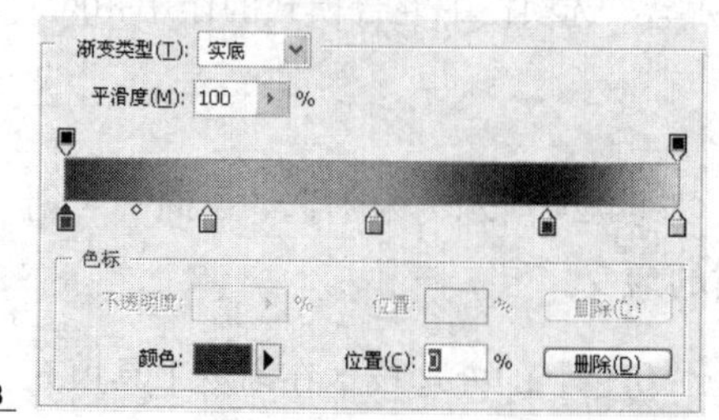


图4-28

（6）单击任意一个色标，可以使用鼠标在渐变轴上拖动改变色标的位置，也可以在“位置”数值框中输入数字，范围是“0%～100%”。0%为渐变轴的最左端，100%为最右端。

◈ 单击色标后，两个渐变色标之间会出现菱形图标◇，拖曳菱形图标可以调整色标两侧颜色的混合位置。菱形图标可以用于控制两个颜色间过渡的急缓程度，菱形图标越靠近某一种颜色，则其渐变越急促，否则就会越缓和。

◈ 选择一个色标后，单击“删除”按钮，或者用鼠标左键按住色标向上或向下拖动可以删除该色标。

（7）新建一个文件，选择，按住 Shift 键从左端拉到右端，最终效果如图 4-29 所示。

（8）在“渐变编辑器”对话框的“渐变类型”下拉列表中选择“杂色”选项。“杂色”选项可以使得渐变随机分布指定的颜色范围内的所有颜色，相比实色渐变颜色更加丰富。

（9）将“平滑度”的百分比设置为 100%。“平滑度”是用来控制渐变中的两个色带之间的转换方式，该值越小，颜色的过渡越平滑，最终杂色渐变效果如图 4-30 所示。

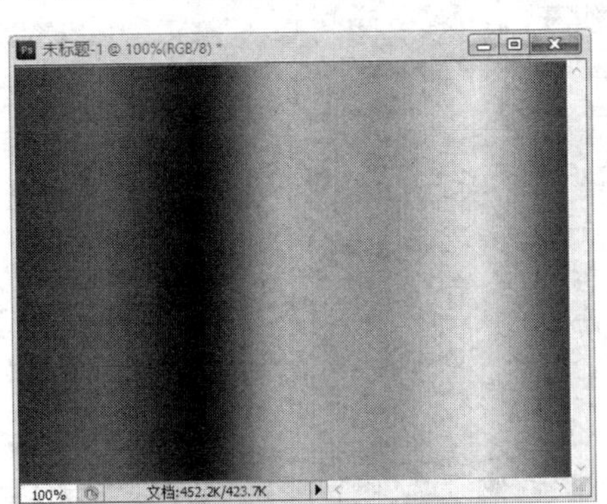


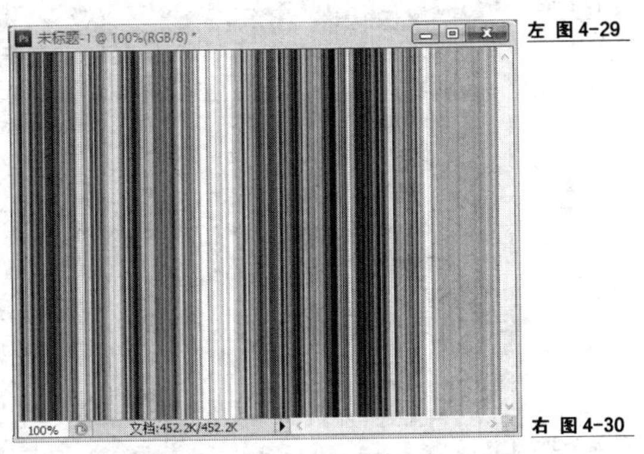


左 图 4-29

右 图 4-30

（10）单击“随机化”按钮，Photoshop 会自动随机生成不同的渐变，如图 4-31 所示。

图 4-31

（11）重新将模式改为“实底”，单击位于渐变条上方的色标。此色标为不透明度色标，选择这个色标后，“不透明度”选项自动变为可用状态，如图 4-32 所示。

◈ 不透明度底色标可以使色标所在位置的渐变呈现透明状态。但在使用前需要确认选项栏的“透明区域”为勾选状态。

（12）将起点处的不透明度色标改为 0%，终点处的不透明色标改为 100%，如图 4-33 所示。

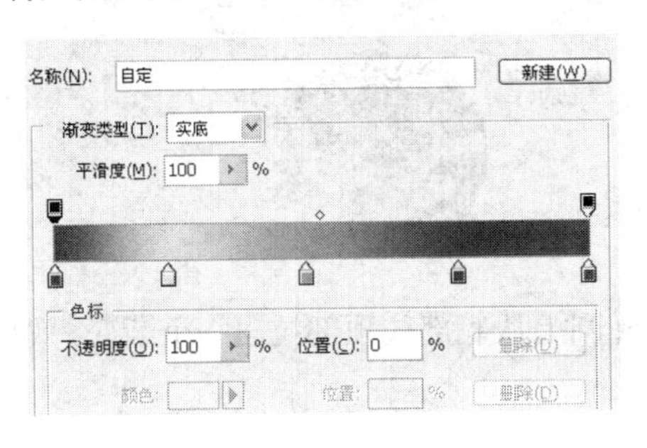


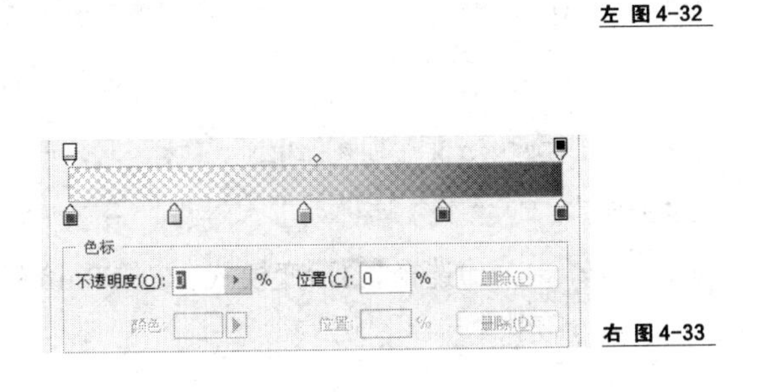


左 图 4-32

右 图 4-33

◈ 拖动不透明度色标，或者在“位置”文本框中输入数值，可以调整色标的位置。

◈ 拖动菱形图标，可以调整该图标一侧颜色与另一侧透明色的混合位置。

下面通过一个实例来学习渐变工具的具体应用。

（1）单击“文件”—“新建”命令，在弹出的对话框中将“预设”选择为“国际标准纸张”，“大小”选择为“A4”，“分辨率”设置为“72”（当修改分辨率，“预设”项会变为自定），颜色模式选择为“RGB”，具体设置如图 4-34 所示。

（2）将前景色设置为浅蓝色，按 Alt + Backspace 组合键将文件底色填充为浅蓝色。

（3）单击新建一个图层，选择椭圆选框工具，按住 Shift 键在文件中绘制一个圆，如图 4-35 所示。

左 图 4-34

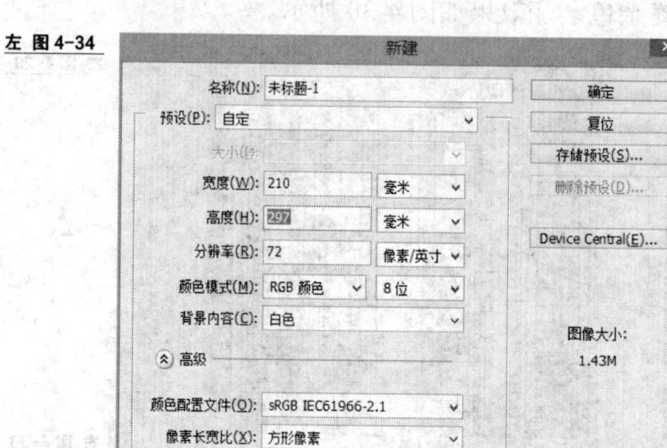


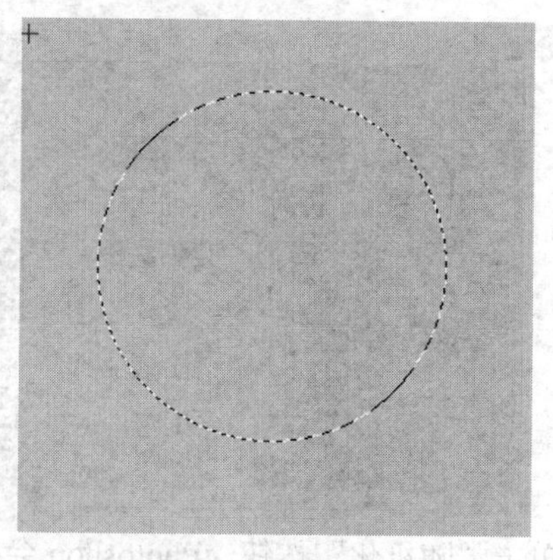

右 图 4-35

（4）选择渐变工具，在“渐变编辑器”中设置颜色，如图 4-36 所示。

（5）选择径向渐变模式，从圆形接近底部的 45° 角左右斜向上拉出渐变，效果如图 4-37 所示。

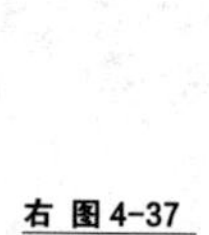

左 图 4-36

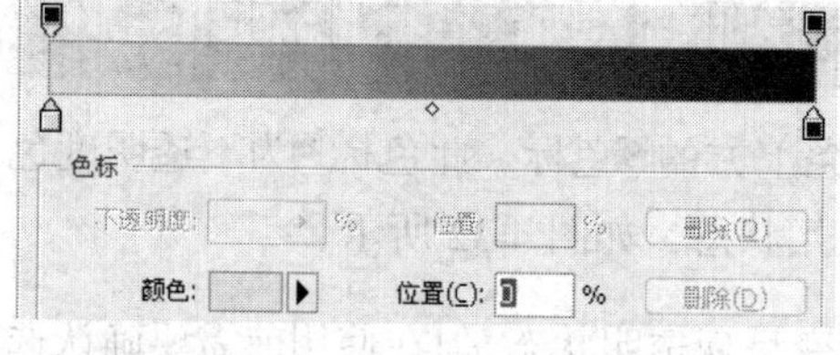


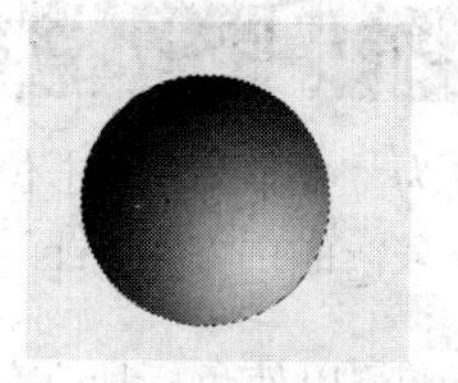

右 图 4-37

（6）单击再新建一个图层，将渐变设置为透明到白色的渐变，如图 4-38 所示。

（7）选择椭圆选框工具在刚才绘制的圆上绘制一个椭圆，形状如图 4-39 所示。

左 图 4-38

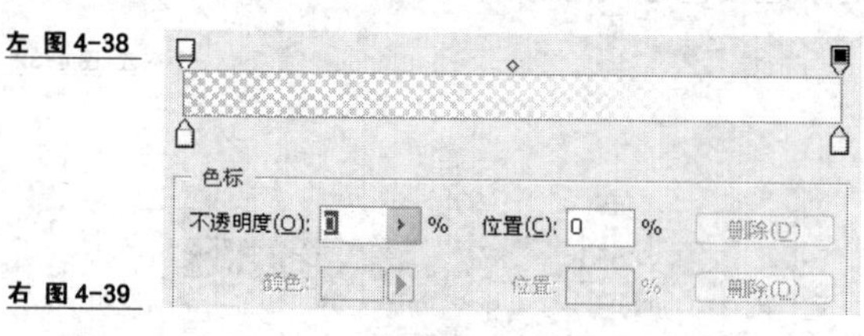

右 图 4-39

（8）选择渐变模式，按住 Shift 键在椭圆上从底部往顶部拉出一个渐变，效果如图 4-40 所示。

（9）单击 再新建一个图层，在圆形的底部绘制一个椭圆，填充为黑色后取消选择。

（10）将阴影图层拖动至蓝色背景图层之上，其他图层之下。

（11）单击“滤镜”—“高斯模糊”命令，设置“高斯模糊”数值为“28”，最终效果如图 4-41 所示。

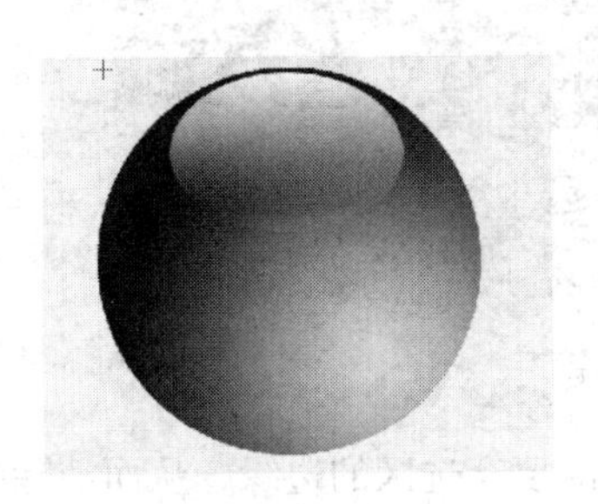

左 图 4-40

右 图 4-41

### 4.3.3 油漆桶工具

油漆桶工具 可以在图像中填充前景色或图案。如果创建了选区，可填充所选区域，如果没有创建选区，则填充与鼠标单击点颜色相近的区域。图 4-42 所示为油漆桶工具的选项栏。

图 4-42

（1）打开“配套光盘\第 4 章\油漆桶.jpg 文件”，如图 4-43 所示。

（2）将前景色设置为红色，选择油漆桶工具，然后单击图片中的白色区域，效果如图 4-44 所示。

左 图 4-43

右 图 4-44

（3）在选项栏中将“前景”改为“图案”，并在右侧下拉框中选择“黄色木纹图案”，如图 4-45 所示。

（4）单击图 4-44 中的红色，效果如图 4-46 所示。

油漆桶工具选项栏的参数如下。

◈ 模式/不透明度：用来设置填充效果的混合模式和不透明度。

◈ 容差：用来定义可填充的像素与鼠标单击处颜色的相似程度。低容差会填充与单击处像素非常相似的像素；高容差则填充更大范围像素，只要是与单击点像素有点相似的颜色都会被填充。

左 图 4-45

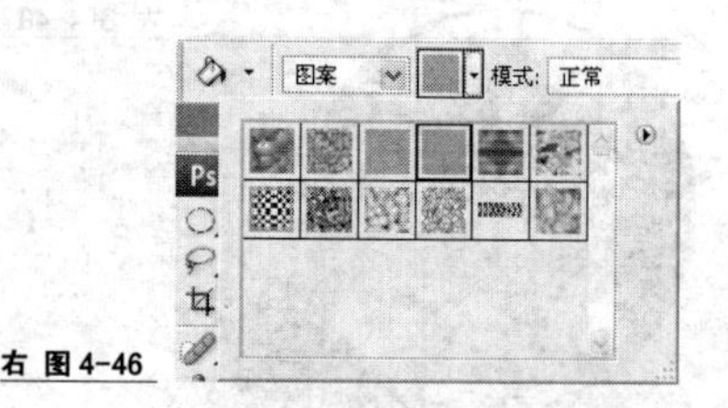

右 图 4-46

◈ 消除锯齿：勾选该项，可平滑填充选区的边缘，从而消除锯齿。

◈ 连续的：勾选该选项，只填充与鼠标单击处相连接的像素；取消选择，则不管相似像素是否连接，均会填充图像中所有相似的像素。如图 4-47 所示，左侧为勾选“连续的”选项效果，右侧为没有勾选“连续的”选项效果。从中可以看出，勾选了“连续的”选项，字母中的白色因为被字母围合而没有被填充上。而没有勾选“连续的”则所有的白色区域都被木纹图案填充。

图 4-47

◈ 所有图层：勾选该项，将对所有可见图层中的颜色填充像素，所有在容差范围内的像素，不论它是否位于当前图层都会被填充；取消勾选时，只填充当前图层。

## 4.4 移动工具

在室内外效果图的后期处理过程中，经常需要将配景素材添加到效果图场景中，这时就会用到移动工具。移动工具主要用于图像、图层或选择区域的移动，使用它可以完成图像的移动、排列、组合和复制等操作。移动工具的使用方法非常简单，按鼠标左键拖曳鼠标即可移动图像。

移动工具选项栏如图 4-48 所示。

图 4-48

（1）打开“配套光盘\第 4 章\移动.jpg”文件，如图 4-49 所示。

（2）选择移动工具，单击图片并按住鼠标左键移动，弹出如图 4-50 所示的对话框。

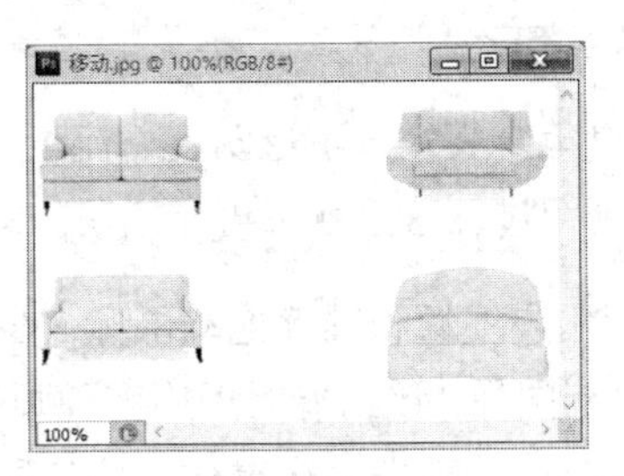

左 图 4-49

右 图 4-50

在 Photoshop 中打开图片的默认状态为锁定。这时如果使用移动工具在背景图层中执行拖动，将会弹出如图 4-50 所示的提示对话框，以提示用户图层被锁定，无法被移动。只有双击图层右侧的图标，解锁后才可以移动。

（3）选择矩形选框工具，选中右边两个沙发，如图 4-51 所示。

（4）使用移动工具向左拖动，效果如图 4-52 所示。

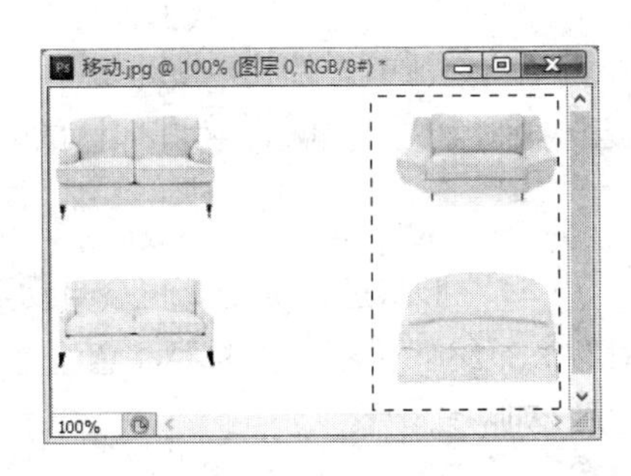


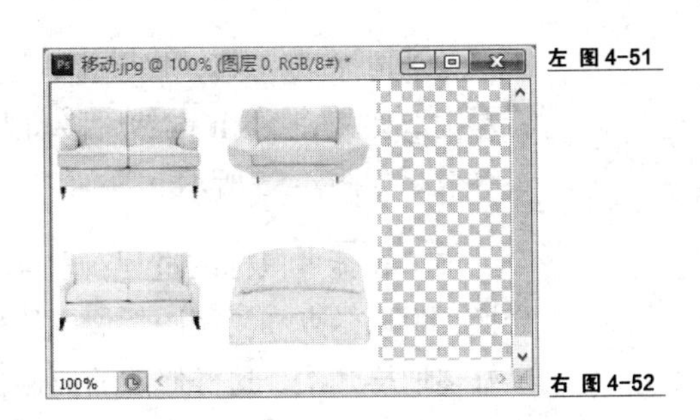


左 图 4-51

右 图 4-52

（5）如果按住 Alt 键同时移动图像，则在移动的同时可以复制图像。

如果在背景图层移动选择区域，则使用移动工具能够移动选择区域内部的图像，并显示出背景颜色。

◈ 自动选择图层：勾选“自动选择”选项，可以不使用图层面板，直接在图像中选择任何图层，在图层多的情况下可以大幅度提高制作效率。

在有多个图层的情况下，选择移动工具后，按键盘上的方向键可做每次 1 个像素的移动。按住 Shift 键再按键盘上的方向键可做每次 10 个像素的移动。

## 4.5 仿制图章、图案图章工具

图章工具可以对图像的局部进行仿制或用图案填充，并使仿制的部分与图片完美地结合。图章工具包括两个，一个是仿制图章工具，用于复制图像；另一个是图案图章工具，用于图案填充。在效果图后期修改中使用较多的是仿制图章工具。

## 4.5.1 仿制图章工具

单击按钮，选择仿制图章工具，其选项栏如图 4-53 所示。

图 4-53

仿制图章工具的选项栏包括画笔、模式、不透明度、流量、对齐、样本等参数。画笔、模式、不透明度、流量已在前面介绍过，这里就不再介绍了。

- ◈ 对齐：选中此项后，不管用户停顿和继续拖动鼠标多少次，每次拖曳鼠标都将接着上一次的操作结果继续复制图像，该功能对于用多种画笔复制一张图像是很有用的。而取消勾选“对齐”选项时，每拖曳一次鼠标（按住鼠标左键到释放鼠标左键为一次），都将重新开始复制图像，该操作适用于多次复制同一图像。
- ◈ 当前图层：仿制图章只对当前图层取样，选择“用于所有图层”选项时，可以对所有图层中的图像进行取样。

（1）打开“配套光盘\第 4 章\仿制图章.jpg”文件，如图 4-54 所示。建筑物上方有一些树叶影响了视觉效果，这时可以使用仿制图章工具将树叶从画面中去除。

（2）选择工具，将“画笔”大小设置为“120”，按住 Alt 键在树叶周边的天空单击鼠标左键取样，松开 Alt 键然后移动光标至树叶上，拖曳鼠标，树叶即被鼠标取样处图像取代，最终效果如图 4-55 所示。

（3）在拖曳鼠标的过程，取样点（以“+”形状进行标记）也会自动随着鼠标的移动而变换，但取样点和复制图像位置的相对距离始终保持不变。需要注意的是，在处理过程中，最好多取样几次，这样修改的痕迹会比较不明显。

（4）采用仿制图章可以去除物体，同样可以增加物体。重新打开“配套光盘\第 4 章\仿制图章.jpg”文件，选择工具，将“画笔”大小设置为“250”，在最顶部的树叶处按住 Alt 键单击取样，接着在取样处下部拖动鼠标，树叶即被复制，如图 4-56 所示。

左 图 4-54

中 图 4-55

右 图 4-56

## 4.5.2 图案图章工具

单击工具后，出现如图 4-57 所示图案图章工具选项栏。

图 4-57

图案图章选项栏参数和仿制图章差不多，其中画笔、模式、不透明度、流量、对齐的用途和使用方法同仿制图章一样，这里就不再详细介绍了。

◈ 图案：在这里可以选择用户所要复制的图案。单击右侧下拉小方块会出现图案调板，里面储存着 Photoshop 已经定义好的图案，也可以自己定义图案。

◈ 印象派效果：勾选此选项后，复制出来的图像会有一种印象派绘画的感觉。

（1）打开“配套光盘\第 4 章\图案图章.jpg”文件，如图 4-58 所示。

（2）使用图案图章工具时首先要定义图案，先选择矩形框选工具，在图片上确定需要定义的图案，如图 4-59 所示。

左 图 4-58

右 图 4-59

（3）在“编辑”菜单下选择“定义图案”命令，在随后弹出的对话框中为图案命名为“CXJ”。

（4）单击下拉框，从中选择刚才定义好的 CXJ图案。

（5）选择工具，按 Ctrl + D 组合键取消选择后，在图片中拖动鼠标涂抹，最终效果如图 4-60 所示。

图 4-60

# 4.6 橡皮擦、背景橡皮擦、魔术橡皮擦工具

橡皮擦工具就是擦除图像颜色的工具，包括橡皮擦工具、背景橡皮擦工具、魔术橡皮擦工具 3 个工具。

## 4.6.1 橡皮擦工具

橡皮擦工具的使用方法很简单，和画笔的用法一样，只需选中橡皮擦工具，按住鼠标左键在图像上拖动即可。橡皮擦工具选项栏如图 4-61 所示。

图 4-61

橡皮擦工具选项栏包括画笔、模式、不透明度、流量、抹到历史记录等参数。

◈ 模式：可以选择擦除方式，包括画笔、铅笔、块。不同模式在擦除效果上有些不同。选择“画笔”选项，被擦除区域的边缘非常柔和；选择“铅笔”选项，擦除区域的边缘非常锐利；选择“块”选项，将以块的方式擦除，块擦除区域的边缘也非常锐利。

◈ 抹到历史记录：勾选该复选框后，其作用等同于历史记录画笔。

利用橡皮擦工具可以擦除图像像素，使擦除部位显示背景色或透明度。当橡皮擦工具作用的图层为背景层时，作用相当于使用背景色的画笔；当作用于普通图层时，擦除后变为透明。

（1）打开“配套光盘\第 4 章\橡皮擦.jpg”文件，将背景色改为红色，选择工具，在图像上涂抹，效果如图 4-62 所示。

（2）双击图 4-63 上的标志。在弹出的如图 4-64 所示的对话框中单击“确定”按钮，这样就对背景图层进行了解锁，背景图层即转化为了普通图层。

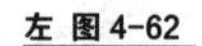

左 图 4-62

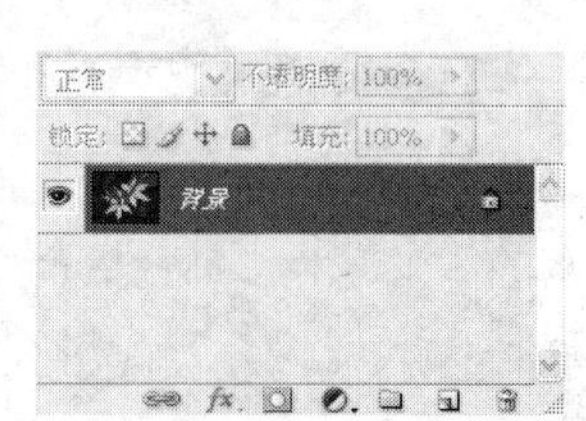


右 图 4-63

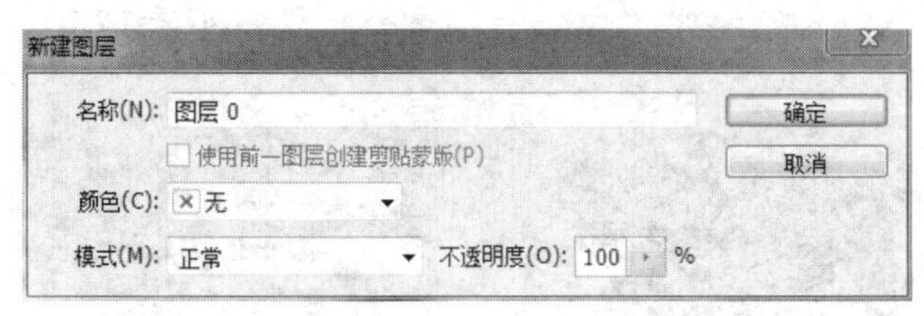


图 4-64

（3）此时图层锁定标志已经不见了，原来的背景也转变为了“图层 0”，如图 4-65 所示。

（4）选择工具在图像上涂抹，效果如图 4-66 所示。

左 图 4-65

右 图 4-66

## 4.6.2 背景橡皮擦工具

背景橡皮擦可以不经解锁，直接擦除背景图层，使之变成透明。背景橡皮擦用于选取一些有背景的图像非常方便。选择工具，背景橡皮擦选项栏如图 4-67 所示。

画笔: 13 限制: 连续 容差: 50% □保护前景色

图 4-67

背景橡皮擦工具选项栏包括画笔、限制、容差、保护前景色、取样等参数。

◈ 容差：可以通过输入数值进行调节。数值越低，擦除得越精确，擦除的范围越接近标本色。大的容差则会把其他不需要擦除的颜色擦成半透明的。

◈ 保护前景色：使画面中和前景色相同的颜色像素不被擦除。

（1）打开“配套光盘\第 4 章\背景橡皮擦.jpg”文件，将“画笔”调大至“120”，“容差”调整为“10%”，选择工具从白色区域开始擦除，最终效果如图 4-68 所示。擦除背景的树可直接用于效果图中，而没有擦除背景的树是不能直接用于效果图修改的。

（2）重新打开“配套光盘\第 4 章\背景橡皮擦.jpg”文件，将“容差”值调整为“50%”，选择工具从白色区域开始擦除，最终效果如图 4-69 所示。从图中可见，容差值调大后除了必须擦除的白色背景，树的一部分也被擦成了半透明的。

（3）重新打开“配套光盘\第 4 章\背景橡皮擦.jpg”文件，将“容差”值调整为“50%”，勾选“保护前景色”选项，将前景色设置为“白色”，再次擦除，得到效果如图 4-70 所示。从图 4-70 中可以看出，白色背景区域完全没有擦除，反而是树木被擦除了。

左 图 4-68
中 图 4-69
右 图 4-70

### 4.6.3　魔术橡皮擦工具

魔术橡皮擦工具是将魔术棒和橡皮擦作用整合在一起的工具，可以在选择相同颜色的像素的同时擦除这些像素。

选择工具，魔术橡皮擦工具选项栏如图 4-71 所示。

容差: 32　☑消除锯齿　☑连续　☐对所有图层取样　不透明度: 100%

图 4-71

魔术橡皮擦工具的使用和魔术棒相似，只需选择工具，然后在图像上单击需要擦除的颜色，它会自动擦除颜色相近的区域。

（1）打开“配套光盘\第 4 章\魔术橡皮擦.jpg”文件，如图 4-72 所示。

（2）选择工具，将“容差”调整为“32”，单击蓝天的部分，蓝天即被擦除。如果有剩余蓝天还可以多单击一次，最终效果如图 4-73 所示。

左 图 4-72
右 图 4-73

## 4.7　模糊、锐化、涂抹工具

模糊、锐化、涂抹工具是分别对图像进行模糊化、清晰化和变形化处理的工具，下面将一一对它们进行介绍。

### 4.7.1 模糊工具

模糊工具顾名思义就是一种通过画笔使图像变模糊的工具。它的工作原理是降低像素之间的反差，使画面出现一种朦胧化的效果。在效果图修改中可以起到突出主体，弱化其他部分的作用。模糊工具选项栏如图 4-74 所示。

图 4-74

◈ 强度：在数值框中输入数值或拖动滑块，可以设置模糊程度，数值越大模糊效果越明显。

◈ 对所有图层取样：可以使模糊效果作用于所有图层的可见部分。

（1）打开“配套光盘\第 4 章\模糊.jpg”文件，如图 4-75 所示。

（2）选择 工具，在选项栏中将“画笔”设置为“150”，“强度”保持为默认的“50%”，对画面中除了桌子以外的物体进行涂抹，根据透视的原则还可以对空间靠里面的物体多涂抹几次，靠外面的物体少涂抹几次，最终效果如图 4-76 所示。这样就可以很好地突出桌子附近的主体地位。

左 图 4-75

右 图 4-76

### 4.7.2 锐化工具

锐化工具的作用刚好与模糊工具相反，它是一种使图像色彩锐化的工具，也就是增大像素间的反差，得到一种边缘清晰的效果。在效果图修改中可以采用锐化工具对一些金属材料的物体边缘进行锐化处理，使得金属物体质感显得更为精致。但是需要注意的是，锐化工具不能使用过度，过度会出现彩色马赛克的现象。锐化工具选项栏如图 4-77 所示。

图 4-77

锐化工具选项栏参数和模糊一样，这里就不再重复了。

（1）打开“配套光盘\第 4 章\锐化.jpg”文件，如图 4-78 所示。

（2）选择 工具，将“画笔”大小设置为“110”，“强度”设置为“25%”，涂抹画面中的金属物体，最终效果如图 4-79 所示。从图中可以看出金属的质感被加强了。

左 图 4-78

右 图 4-79

### 4.7.3 涂抹工具

涂抹工具使用时可以使笔触周围的像素随笔触一起移动，得出一种变异的效果，在实际效果图修改中该工具应用较少。涂抹工具选项栏如图 4-80 所示。

图 4-80

模式：正常 强度：50% □对所有图层取样 □手指绘画

◇ 手指绘画：勾选此项后，可以设定涂抹的色彩，涂抹时将以前景色改变图像的效果，如果未勾选该复选框，则会通过拖动来改变图像的像素分布情况。

（1）打开“配套光盘\第 4 章\涂抹.jpg”文件，如图 4-81 所示。

（2）选择工具，设定“画笔”大小为“100”，对象牙顶部进行涂抹处理，最终效果如图 4-82 所示。

（3）重新打开“配套光盘\第 4 章\涂抹.jpg”文件，勾选手指绘画，将前景色设置为“黄色”，使用涂抹工具对树叶进行涂抹，最终效果如图 4-83 所示。

左 图 4-81

中 图 4-82

右 图 4-83

## 4.8 修复画笔、修补工具、污点修复画笔及红眼工具

修复画笔、修补工具、污点修复画笔及红眼工具都是用于修饰图像的工具，该类工具经常被用于修复和修改照片。

## 4.8.1 修复画笔

修复画笔工具和仿制图章工具在作用和用法上有许多相似的地方，但是仿制图章工具只是对画面的一种单纯复制，而修复画笔工具不仅会复制并且还有一种融合的效果。修复画笔工具选项栏如图 4-84 所示。

图 4-84

◈ 源：可以选择取样和图案两个方案。

（1）打开“配套光盘\第 4 章\修复画笔.jpg”文件

（2）选择 工具，按住 Alt 键对画面中间的荷叶进行取样，然后在荷叶旁边的池水中拖曳并进行复制，得出效果如图 4-85 所示。

（3）选择 工具，按住 Alt 键对中间的荷叶进行取样，同样进行复制，得出效果如图 4-86 所示。从这两个效果中可以看出，使用 进行的复制只是单纯的复制，复制的痕迹比较明显。而使用 工具进行的复制则明显有一种荷叶和池水相互融合的效果，效果显得更为真实。

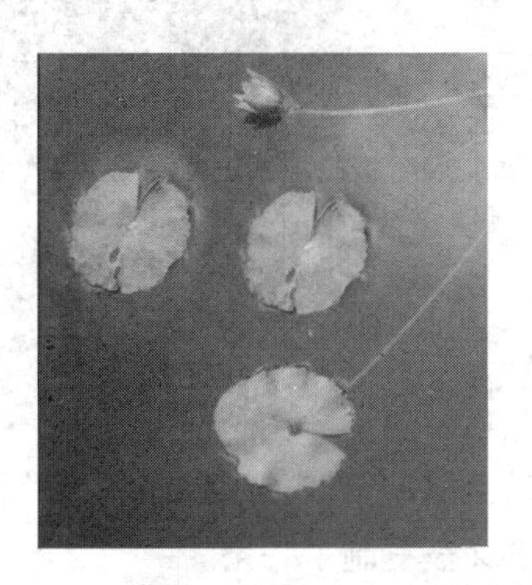

左 图 4-85

右 图 4-86

（4）修复画笔常被用于照片的编辑处理，它独有的功能对于修复照片中的瑕疵以及皱纹等非常有效。打开“配套光盘\第 4 章\修复画笔 2.jpg”文件，如图 4-87 所示。从图中可以看出照片人物眼角有不少的鱼尾纹和笑纹，使用修复画笔工具可以很快捷地消除这些皱纹。

（5）将“画笔”大小调为“15～20”，按住 Alt 键在皱纹的周边取样。为了取得逼真的效果，取样不要怕麻烦，要根据需要多取样，最好是在每个不同的皱纹周边分别取样。

（6）取样后，在皱纹处单击拖动消除皱纹，最终效果如图 4-88 所示。

左 图 4-87

右 图 4-88

## 4.8.2 修补工具

修补工具可以说和修复画笔工具的作用是完全一样的，不同的只是修复画笔是使用画笔来进行图像修复，而修补工具则是通过选区来进行图像修复的。修补工具的选项栏如图 4-89 所示。

修补：⊙源 ○目标 □透明 使用图案

图 4-89

◈ 源：以取样区域的像素取代选择区域的像素。

◈ 目标：以选择区域的像素替换取样区域的像素。

（1）打开“配套光盘\第 4 章\修补工具 3.jpg”文件，如图 4-90 所示。

（2）选择工具，选择目标单击，然后选取人物额头处皱纹，如图 4-91 所示。

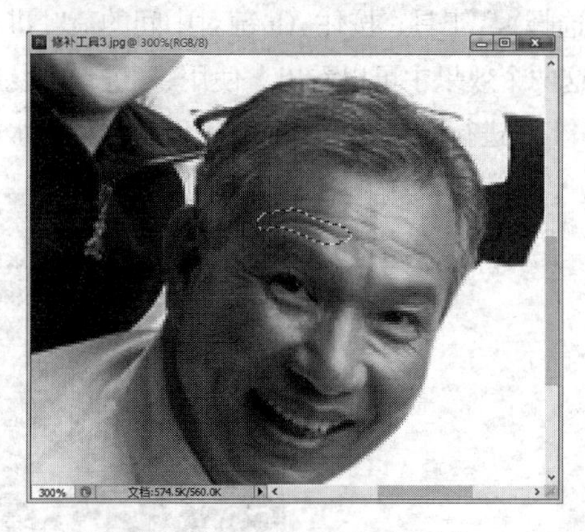


左 图 4-90

右 图 4-91

（3）按住鼠标左键拖动选区向上移动至两条皱纹之间，最后效果如图 4-92 所示。从图中可以看出，之前选取的额头皱纹又被复制了一条。

（4）重新打开“配套光盘\第 4 章\修补工具 3.jpg”文件，选择工具，选择“源”单选按钮，选取同一位置的额头皱纹，向上移动至两条皱纹之间，最终效果如图 4-93 所示。从图中可以看出，额头上的那条皱纹已经被取样的部分没有皱纹的皮肤所取代。

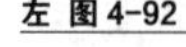

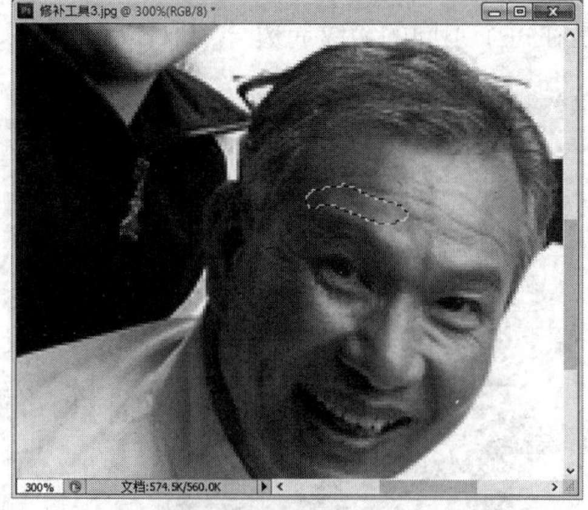


修补工具3.jpg @ 300%(RGB/8) *
300%
文档:574.5K/560.0K

左 图 4-92

右 图 4-93

## 4.8.3 污点修复画笔

污点修复画笔相当于橡皮图章和普通修复画笔的综合作用。它不需要定义采样点，可以自动匹配对象，在想要消除的地方涂抹就可以了，可以很方便地去除场景中不需要的物体。

（1）打开“配套光盘\第 4 章\污点修复画笔.jpg”文件，如图 4-94 所示。画面中的两个灯塔显得有点突兀，这种情况就可以采用污点修复画笔进行处理。

（2）选择工具，将“画笔”大小设置为“100”左右，先后在两个灯塔处按住鼠标左键涂抹，最终效果如图 4-95 所示。

左 图 4-94

右 图 4-95

### 4.8.4 红眼工具

红眼工具是专门针对数码相机拍照所产生的眼睛部分发红问题开发的一个工具。数码相机在设计上，较着重于轻薄短小、携带方便的考量上，因此“镜头”与“闪光灯”常常靠得很近，也就容易产生“红眼”的现象。

红眼工具的使用很方便，只需要放大眼睛部分，使用红眼工具在红色部分框选即可消除红眼。

## 4.9 其他工具

这些工具在 Photoshop 中应用较少，有些甚至完全不会用到，因而将它们归为一类，在这里进行简要介绍。

### 4.9.1 颜色替换工具

颜色替换工具能够使用前景色替换图像中的颜色，与“图像-调整-替换颜色”命令的作用非常类似，不同的只是操作的方法不一样。在效果图修改中常用到的是“图像-调整-替换颜色”命令，不过因为颜色替换工具可以自由地涂抹替换颜色，所以也有一些应用。

颜色替换工具的原理是用前景色替换图像中指定的像素。使用方法很简单，选择好前景色后，在图像中需要更改颜色的地方涂抹。在图像中涂抹时，起笔（第一个单击的）像素颜色将作为基准色，基准色将自动替换为前景色，不同的绘图模式会产生不同的替换效果，常用的模式为“颜色”。

选择后，其选项栏如图 4-96 所示。

图 4-96

◈ 模式：用来设置替换的内容，包括“色相”“饱和度”“颜色”和“明度”。默认为“颜色”，选择该选项时，表示可以同时替换“色相”“饱和度”和“明度”。

◈ 取样：用来设置颜色的取样方式。“连续”按钮在拖曳鼠标时可连续对颜色取样；“一次”按钮只替换包含第一次单击的颜色区域中的目标颜色；“背景色板”按钮只替换包含当前背景色的区域。

◈ 限制：“连续”方式将在涂抹过程中不断以鼠标所在位置的像素颜色作为基准色，决定被替换的范围。“不连续”方式将替换鼠标所到之处的颜色。“查找边缘”方式将重点替换位于色彩区域之间的边缘部分。

（1）打开“配套光盘\第 4 章\颜色替换.jpg”文件，如图 4-97 所示。

（2）将前景色改为“黄色”，RGB 数值分别为“219”“212”和“12”，选择工具，在画面中的白墙进行连续涂抹，很容易就将原有的白色乳胶漆墙面换为黄色乳胶漆墙面，最终效果如图 4-98 所示。

左 图 4-97

右 图 4-98

## 4.9.2　切片工具、切片选择工具

切片工具在 Photoshop CS3 之前是单独一个工具组，在 Photoshop CS4 之后归入裁剪工具组中。裁剪工具之前已经讲解过，这里只讲解切片工具。

切片工具包括切片工具和切片选择工具，是针对网页设计制作的专门工具。通常来说，网页越小下载和更新的速度越快。在不影响网页页面质量的情况下，为了使得网页变小，最好的办法就是减小网页中图片的大小。而采用切片工具切图是目前最为主流的一种做法。考虑到切片工具和本书介绍的专业内容完全无关，限于篇幅，这里就不再介绍了。

## 4.9.3　颜色取样器工具

使用颜色取样器工具可以在图像中定位 4 个取样点，4 个取样点处的颜色出现在“信息”面板中，并分别被命名为“#1”“#2”“#3”“#4”，如图 4-99 所示。

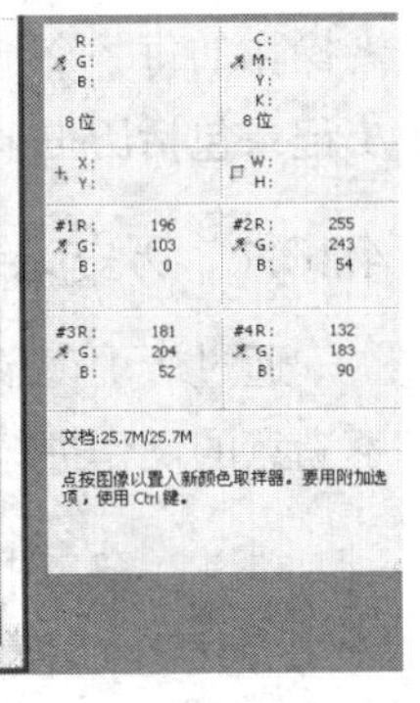


图 4-99

用鼠标拖曳取样点，可以改变取样点的位置。如果想删除取样点，只需用鼠标将其拖出画面即可。

### 4.9.4 标尺工具、计数工具

标尺工具是用于测量两点之间的距离和角度的工具。

（1）打开“配套光盘\第 4 章\标尺工具.jpg”文件。

（2）选择标尺工具，可以在建筑物的顶部拉出一条直线，单击后就确定了一条线段；然后按 Alt 键创建第二条测量线，如图 4-100 所示。

（3）单击“窗口”—“信息”命令，打开“信息”调板。从图 4-101 所示的“信息”调板中可以看出，该建筑透视测量角度为“130°”，其中一条线长度为“32.87”，另外一条为“43.41”。

左 图 4-100

R:
G:
B:
8位
A: 130.0°
L1: 32.87
L2: 43.41
X:
Y:
W:
H:
文档:22.8M/22.8M
单击并拖动以创建标尺。要用附加选项，使用 Shift。

右 图 4-101

计数工具则可以对图像中的对象计数，使用方法很简单，只需要使用计数工具单击图像，Photoshop 将自动跟踪单击次数。计数的数目将显示在项目上和“计数工具”选项栏中。

### 4.9.5 注释工具

注释工具可以给图片增加注释。注释工具的使用很简单，只需要使用工具在图片上单击，即可在弹出的对话框中输入相关的图片文字说明。

## 4.10 历史记录的应用

历史记录是 Photoshop 软件中最为常用的一个特色功能。Photoshop 软件会自动记录使用者操作的每一个步骤，当使用者发现操作错误时，可以方便地退回到没有出错的那一步。历史记录包括历史记录调板、历史记录画笔工具和历史记录艺术画笔工具。

### 4.10.1 历史记录调板

通过历史记录调板，使用者可以随心所欲地对图像进行编辑，并可以随时对制作过程中不满意的操作进行删除或者恢复到从前。

（1）在窗口中选择“历史记录”选项，即可打开“历史记录”调板，在默认的情况下，“历史记录”调板呈灰色显示，并且上面没有任何记录。

（2）打开“配套光盘\第4章\历史记录调板.jpg”文件，如图4-102所示。

（3）选择工具，将画面中的照相记录和顶部的暗部阴影裁剪掉，最终效果如图4-103所示。

左 图4-102

右 图4-103

（4）选择工具，在石头上取样进行复制，最终效果如图4-104所示。

（5）这时的“历史记录”调板如图4-105所示，从中可以看出，刚才操作的每个步骤都被如实记录下来了。

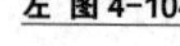
左 图4-104

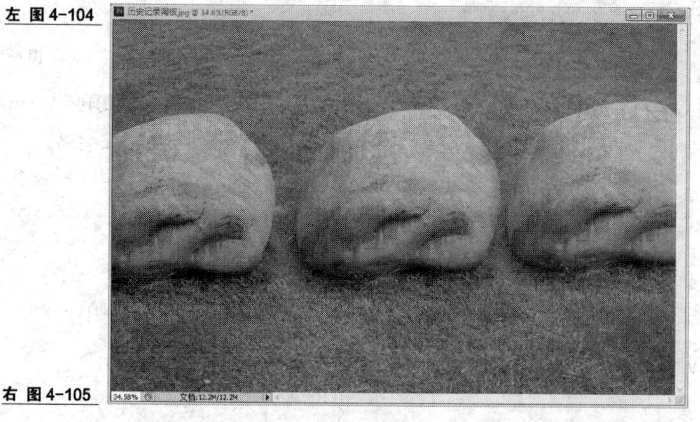

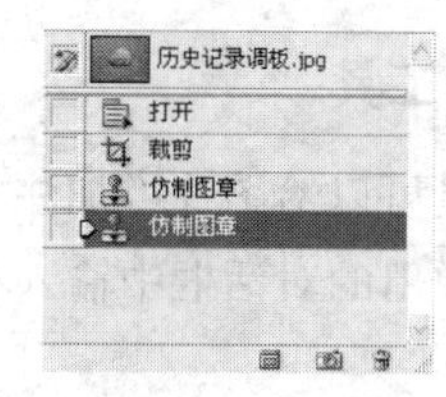


右 图4-105

（6）在“历史记录”调板中单击选中其中任意一步，画面将退回至选中的步骤阶段。如果直接单击“打开”，画面将还原至如图4-102所示画面。

### 4.10.2 历史记录画笔及历史记录艺术画笔工具

历史记录画笔和历史记录艺术画笔都可以局部还原操作步骤，其中历史记录画笔的作用和“历史记录”调板基本一样，是一种纯粹的操作步骤还原工具，而历史记录艺术画笔在还原的同时还会制作一些特殊化的效果。

### 1. 历史记录画笔

历史记录画笔工具和“历史记录”调板作用类似，不同的是历史记录画笔同时还具有画笔的性质，可以局部还原操作，将图像恢复到编辑过程中某一状态。比如，如果某一步操作错误，在“历史记录”调板中单击会直接还原至上一步，而用历史记录画笔工具则需要局部地还原回上一步。

历史记录画笔选项栏包括画笔、模式、不透明度和流量，其用途和使用方法同前，这里就不再介绍了。

（1）打开“配套光盘\第 4 章\历史记录画笔.jpg”文件，如图 4-106 所示。

（2）单击“滤镜”—模糊—“径向模糊”命令，设置参数，如图 4-107 所示。

左 图4-106

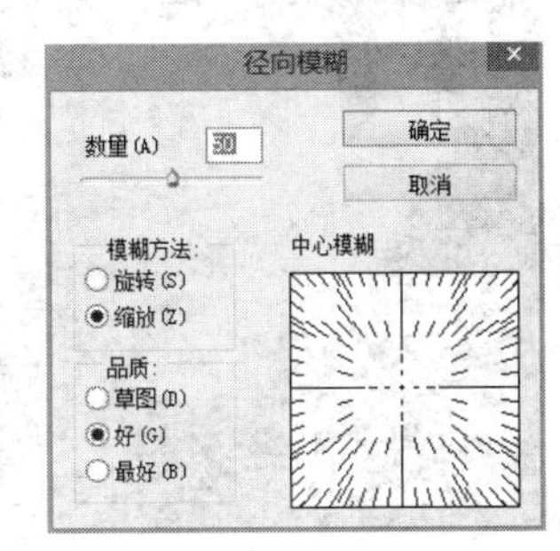


右 图4-107

（3）径向模糊效果如图 4-108 所示。

（4）选择历史记录画笔工具，在图像中心处的建筑部分进行涂抹，效果如图 4-109 所示。从图中可看出，该建筑已经还原为径向模糊步骤还未操作之前原有的画面效果，但是周边环境仍然是一种径向模糊效果。

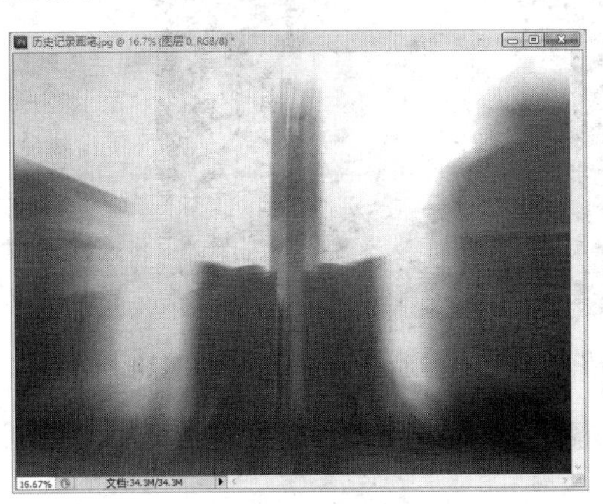

左 图4-108

右 图4-109

## 2. 历史记录艺术画笔

历史记录艺术画笔可以在还原的同时制作出一种艺术画笔的效果，其使用方法和历史记录画笔相同。选择工具，其选项栏如图 4-110 所示，其中画笔、模式、不透明度同前，这里就不再详细介绍了。

图 4-110

- 样式：可以选择一种样式来控制画笔描边的形状，确定不同艺术化的绘画风格，主要包括“绷紧短”“绷紧中”“绷紧长”“松散中等”“松散长”“轻涂”“紧绷卷曲”“紧绷卷曲长”“松散卷曲”和“松散卷曲长”。
- 区域：用来设置描边覆盖的区域，该值越高，覆盖的区域越广，描边也就越多。
- 容差：用于确定哪些区域可以应用描边，低容差可将描边应用于更大范围的区域，高容差则将描边限定在与源状态颜色明显不同的区域。

（1）打开“配套光盘\第 4 章\历史记录艺术画笔.jpg”文件，如图 4-111 所示。

（2）将前景色改为“绿色”，按住 Alt + Backspace 组合键填充，效果如图 4-112 所示。

左 图 4-111

右 图 4-112

（3）选择样式为“绷紧短”对画面的花朵部分进行涂抹，效果如图 4-113 所示。

（4）在“历史记录”调板中选择填充步骤，使得画面回到如图 4-112 所示的填充阶段。

左 图 4-113

右 图 4-114

（5）选择样式为“绷紧长”再次对画面的花朵部分进行涂抹，效果如图 4-114 所示。

（6）接着分别选择“松散中等”“轻涂”“紧绷卷曲”“松散卷曲”用同样方法对画面进行涂抹，效果如图 4-115～图 4-118 所示。

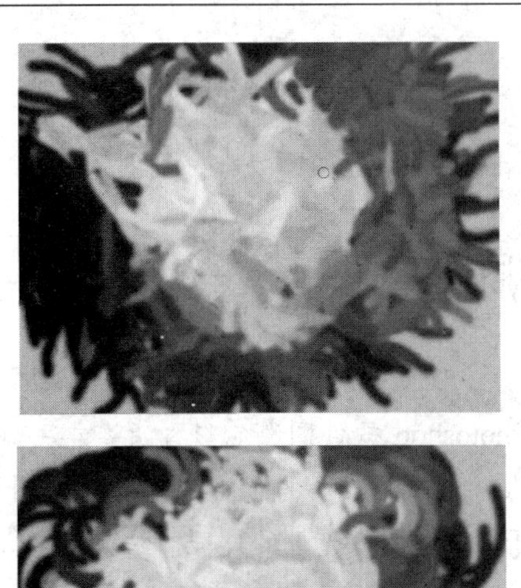

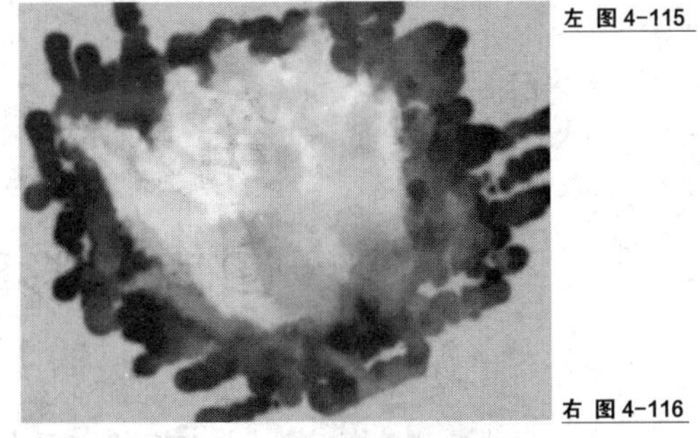

左 图 4-115

右 图 4-116

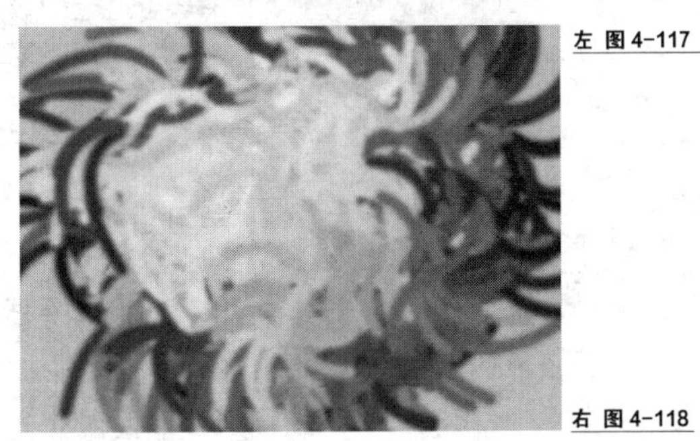

左 图 4-117

右 图 4-118

## 课堂练习——使用吸管及颜色替换工具统一色调

（练习知识要点）使用吸管及颜色替换工具统一色调，如图 4-119 所示。

（效果所在位置）配套光盘\第 4 章\课堂练习\最终效果.JPG。

图 4-119

## 课后习题——改变天花板颜色

（练习知识要点）使用吸管及颜色替换工具改变原图的天花板颜色，如图 4-120 所示。

（效果所在位置）配套光盘\第 4 章\课后习题\天花板.JPG。

图 4-120

# 第5章
# 图像色彩的调整

本章将主要介绍 Photoshop 软件图像色彩的调整方法和技巧。通过学习本章，可以根据不同的需要采用不同的色彩调整工具对图像的色彩和色调进行调整，此外，还可以掌握图像光效的处理方法。

**学习目标**

◈ 掌握图像色彩调整工具的应用

◈ 掌握调整图像颜色的方法和技巧

◈ 掌握图像光效的处理

色彩的调整命令是 Photoshop 的核心内容，包括了图像色彩调整工具和色阶、曲线等 20 余种调整命令。这些色彩调整工具和命令是对图像进行颜色和光效调整时不可或缺的法宝，对于效果图修改而言尤为重要，因为一张效果图的好坏往往就是取决于其颜色和光效的感觉。

## 5.1 图像色彩调整工具

图像色彩调整工具主要包括 3 种：控制颜色深度的减淡工具、加深工具和控制色彩饱和度（即纯度）的海绵工具，下面我们就一一进行介绍。

### 5.1.1 减淡工具

减淡工具和加深工具主要用于改变图像的亮调与暗调。与胶片曝光显影后，经过部分暗化和亮化，来达到改善曝光效果原理相同。

减淡工具选项栏主要包括画笔、范围、曝光度等参数，如图 5-1 所示。

图 5-1



◈ 画笔：画笔的作用之前讲解过，这里不重复了。

◈ 范围：控制减淡的范围。选中“暗调”后则作用于图像的暗调区域；选中“中间调后”则作用于图像的中间调区域；选中“高光”后则作用于图像的亮调区域。

◈ 曝光度：调整处理时图像的曝光强度。建议使用时先把曝光度的值设置小一些。

（1）打开“配套光盘\第 5 章\减淡.jpg”文件，如图 5-2 所示。从图中可以看出该效果图的亮部，即窗口位置及受暗藏灯带和筒灯照射范围的亮度明显不足。

（2）选择工具，在选项栏中将“画笔”调整为“200”，“范围”选择“中间调”，“曝光度”为“50%”，在窗口和窗帘及左侧筒灯照射的区域涂抹，最终效果如图 5-3 所示。注意涂抹时必须拖曳鼠标从上至下一下一下涂抹，切忌在画面上不停地拖曳鼠标涂抹，那样容易造成亮度不均匀。

左 图5-2

右 图5-3

（3）将“范围”选择“高光”，“曝光度”为“25%”，在灯带高光处涂抹，效果如图 5-4 所示。

（4）将“范围”选择“暗调”，“曝光度”为“50%”，在图像中的暗处涂抹，效果如图 5-5 所示。

左 图5-4

右 图5-5

### 5.1.2 加深工具

加深工具作用刚好和减淡工具相反，减淡工具作用是提亮图像，而加深工具则是使图像变暗。加深工具选项栏也和减淡工具相同。

（1）打开“配套光盘\第 5 章\加深.jpg”文件，如图 5-6 所示。

（2）选择工具，在选项栏中将“画笔”调整为“200”，“范围”选择“中间调”，“曝光度”为“25%”，根据真实光效应该出现的效果，在图像中的暗部进行涂抹，最终效果如图 5-7 所示。从图中可见，加强暗部后，整个建筑显得比较厚重。

左 图5-6

右 图5-7

### 5.1.3 海绵工具

海绵工具是一种调整图像色彩饱和度的工具，可以提高或降低色彩的饱和度。饱和度相当于色彩中的纯度概念。色彩的纯度越高，颜色越艳，但是过高的纯度也会造成画面过花的感觉。

海绵工具的选项栏包括画笔、流量和模式等，如图 5-8 所示。

图 5-8

◈ 画笔：作用和之前所讲画笔一致。

◈ 流量：控制降低或者提高饱和度的强度，“流量”越大作用越明显，默认为“50%”。

◈ 模式：有“降低饱和度”和“饱和（提高色彩饱和度）”两种。

（1）打开“配套光盘\第 5 章\海绵.jpg”文件，如图 5-9 所示。从图中可以看出电视背景墙部分颜色较灰，应该提高饱和度。而沙发部分颜色过艳，应该降低饱和度。

（2）选择工具，在选项栏中将“画笔”调整为“150”，“模式”选择“降低饱和度”，“流量”为“25%”，在沙发颜色过艳处涂抹；接着将“模式”选择为“饱和”，在电视背景墙颜色较灰处涂抹，最终效果如图 5-10 所示。

左 图 5-9

右 图 5-10

## 5.2 调整命令

单击“图像”菜单下的“调整”命令，色彩的“调整”命令基本都在该菜单组下，如图 5-11 所示。下面就一一对这些色彩“调整”命令进行讲解。

图 5-11

### 5.2.1 色阶命令

“色阶”命令是通过调整图像暗调、灰色调和高光的亮度级别来校正图像的明暗、图像层次以及色调。打开“配套光盘\第 5 章\色阶.jpg”文件，单击“图像”—“调整”—“色阶”命令，打开“色阶”对话框，如图 5-12 所示。

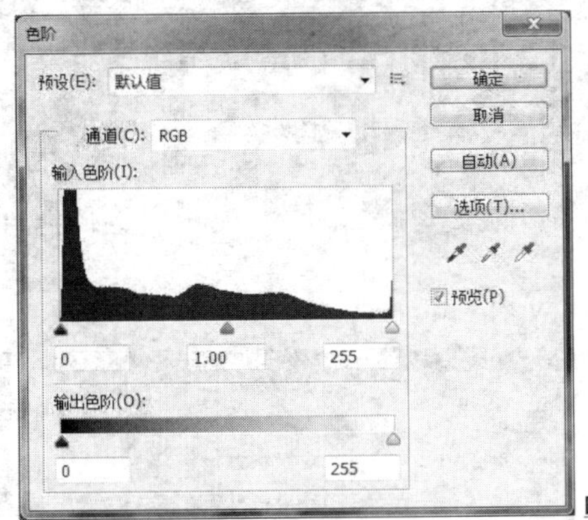


图 5-12

◈ 通道：选择是对整个图像（RGB）还是对单独某个颜色通道图像（R、G、B）进行作用。如果是修改图像中的红色区域，那就可以只选择红色通道来调整图像中红色的分布。

◈ 输入色阶：通过柱状图的方式显示明暗灰。从其柱状图分析，柱状图左侧的暗调部分非常多，而灰色调和高光相对较少，因此图像给人的感觉比较暗。拖动黑、灰、白 3 个色阶滑块，分别调整图像的暗调、灰色调和高光。位于柱状图最左边的黑色滑块其亮度级别为 0，拖动它向右移动，则位于其左边的所有像素的亮度级别都将变为 0，图像将变暗；位于柱状图最右边的白色滑块其亮度级别为 255，拖动它向左移动，在位于其右边的所以像素的亮度级别都将变为 255，图像将变亮；位于柱状图中间的灰色滑块其亮度级别为 50%的纯白，即中性灰，左右拖动可将图像中原本较暗的点或原本较亮的点定为中性灰，改变图像的对比度。

◈ 输出色阶：改变图像的亮度范围。如拖动黑色滑块向右移动到 10，则图像会以输入色阶中亮度值为 10 的像素为其最暗像素，图像变亮；向左拖动白色滑块至 250，则输出图像会以输入色阶中亮度值为 250 的像素为其最亮像素，图像变暗。

◈ 除了可以拖动色阶中的小滑块调整明暗之外，还可以利用“色阶”对话框中的“吸管工具” 调整图像的明暗。3 个吸管从左到右分别是“设置黑场”“设置灰场”“设置白场”吸管。

（1）打开“配套光盘\第 5 章\色阶修改.jpg”文件，如图 5-13 所示。

（2）单击“图像”—“调整”—“色阶”命令（快捷键为 Ctrl + L），弹出“色阶”对话框，如图 5-14 所示。

（3）拖动小滑块重新设置色阶，如图 5-15 所示。

（4）最终效果如图 5-16 所示。从图中可见，通过刚才的操作大幅加强了暗部，局部提高了亮部，整体效果对比之前增强了很多，光影显得非常的艺术化。

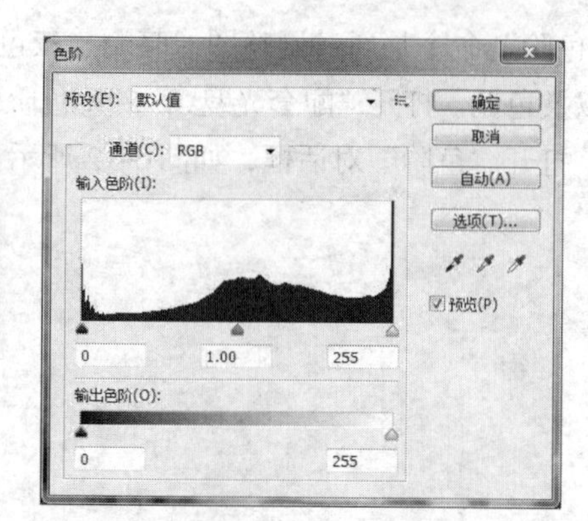


左 图5-13

右 图5-14

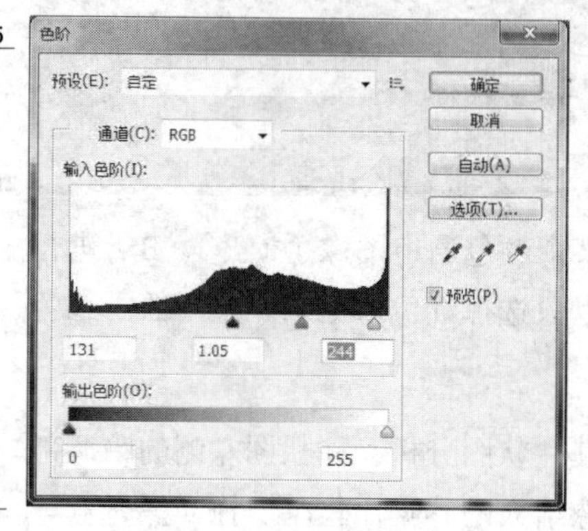

左 图5-15

右 图5-16

（5）打开“配套光盘\第 5 章\色阶黑白场.jpg”文件，如图 5-17 所示。

（6）按下 Ctrl + L 组合键打开“色阶”对话框，选择“设置黑场”吸管，在图像的最暗处单击一下，接着选择“设置白场”吸管，在图像最亮处单击一下，之后单击“确定”按钮，效果如图 5-18 所示。可以看到图像由原先灰蒙蒙的感觉转变为层次分明。

左 图5-17

右 图5-18

（7）选择“通道”中的“红”通道，拖动滑块设置色阶参数，如图 5-19 所示。

（8）从图 5-20 中可以看出红颜色减少了，图的色调偏绿。

（9）接着选择“蓝”通道，拖动滑块设置色阶参数，如图 5-21 所示。

（10）从图 5-22 中可以看到整体图像呈现蓝色调。

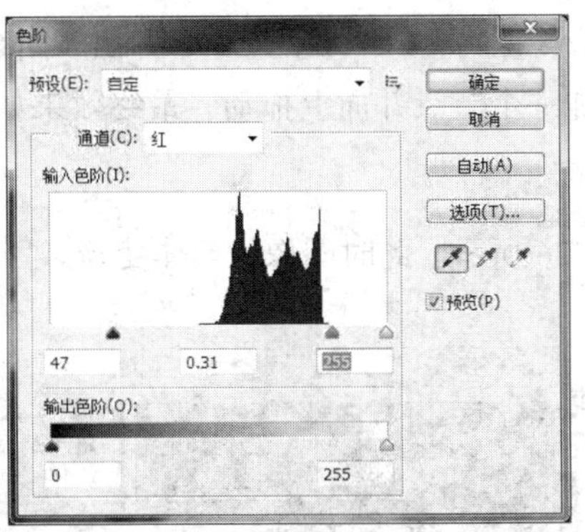

左 图5-19

右 图5-20

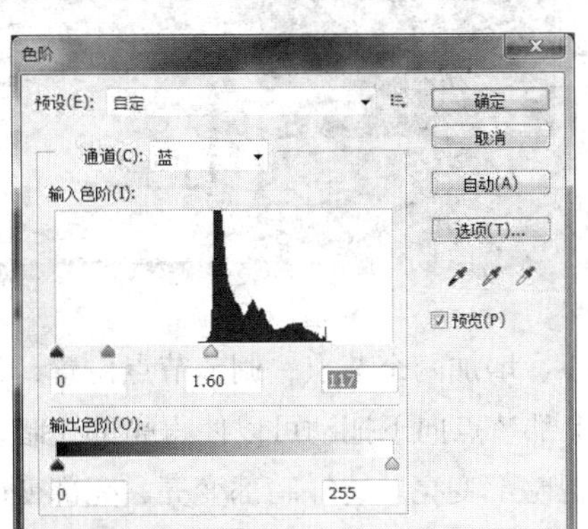

左 图5-21

右 图5-22

## 5.2.2 曲线命令

“曲线”命令和“色阶”命令作用一样，同样是调节图像的明暗和色调。与“色阶”命令不同，“曲线”命令是通过控制曲线的形状来调节明暗和色调的。打开“配套光盘\第5章\曲线.jpg”文件，执行“图像”—“调整”—“曲线”命令，弹出“曲线”对话框如图5-23所示。

◈ 通道：选择是对整个图像（RGB）还是对单独某个颜色通道图像（R、G、B）进行作用。如果是修改图像中的蓝色区域，那就可以只选择蓝色通道来调整图像中蓝色的分布。

◈ 坐标图：默认的曲线形状是一条从下到上的45°斜线，调节并改变曲线的形状即可改变像素的输入和输出色阶，从而调节图像的明暗和色调。

◈ 吸管图标：3个吸管从左到右分别是“设置黑场”“设置灰场”“设置白场”吸管。

（1）打开“配套光盘\第5章\曲线.jpg”文件，如图5-24所示。

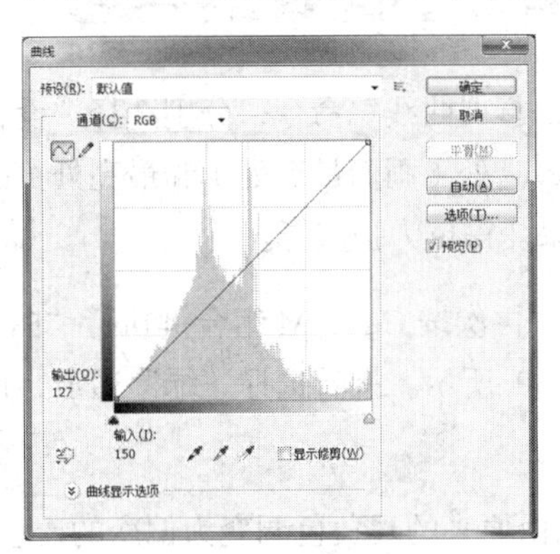

左 图5-23

右 图5-24

（2）单击“图像”—“调整”—“曲线”（快捷键为 Ctrl + M）命令，弹出“曲线”对话框，在坐标图的斜线上中点位置单击一下，增加一个节点并向上拖动，最终效果如图 5-25 所示。此时图像将整体变亮。

（3）接着将中间节点向下拖动，效果如图 5-26 所示。此时图像将整体变暗。

左 图5-25

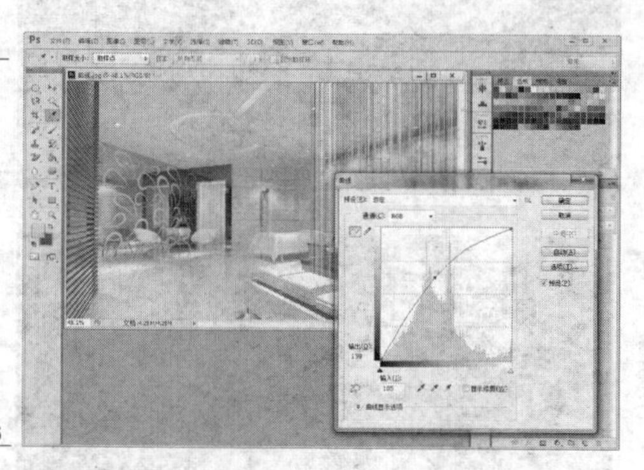

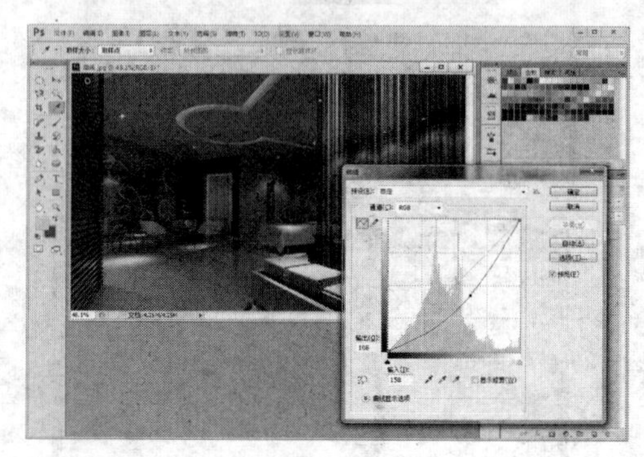

右 图5-26

（4）在斜线上中间节点的上下方各单击一下，增加两个节点，调节节点位置，最终效果如图 5-27 所示。上部节点可以控制亮部，将上部节点向下拖动可以使得亮部变暗；下部节点可以控制暗部，将下部节点向上拖动可以使得暗部变亮。这样暗部变亮，亮部变暗，整体就呈现反差效果。

（5）再次调整节点位置，中间节点略微向上，因为中间节点控制整体明暗，将其向上拖动可以使得整体色调变亮。再将上部节点向上拖动，将下部节点向下拖动，这样可以使得亮部更亮而暗部更暗，得到强对比效果，如图 5-28 所示。

左 图5-27

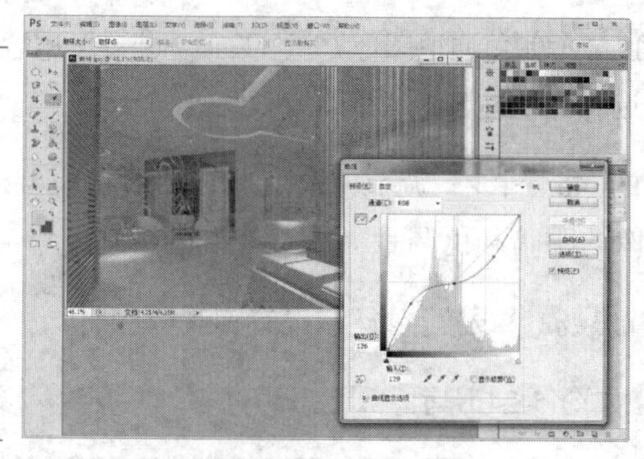

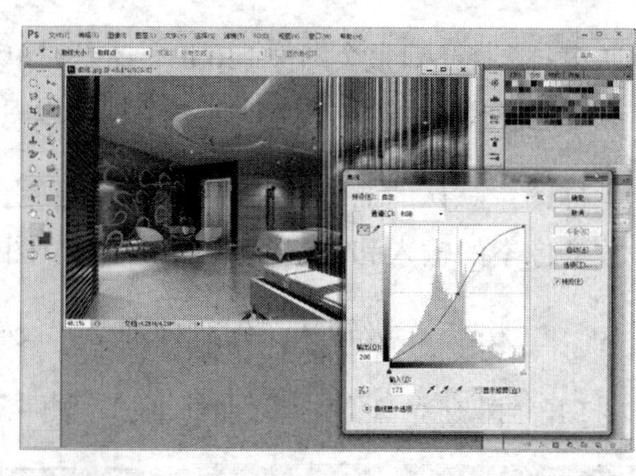

右 图5-28

（6）单击“确定”按钮，再次按 Ctrl + M 组合键执行“曲线”命令，分别选择“设置黑场”吸管和“设置白场”吸管，然后分别单击图像中最暗处（画面最黑处）和最亮处（画面最白处），最终效果如图 5-29 所示。可见画面对比效果变得更为强烈了。

（7）单击“取消”按钮，取消刚才黑白场的操作。再次按 Ctrl + M 组合键执行“曲线”命令，选择“蓝”通道，调整曲线，设置参数如图 5-30 所示。接着选择“绿”通道，设置参数如图 5-31 所示。

（8）最终效果如图 5-32 所示。此时可以看出画面由原来的暖黄色调变为偏冷的蓝色调。

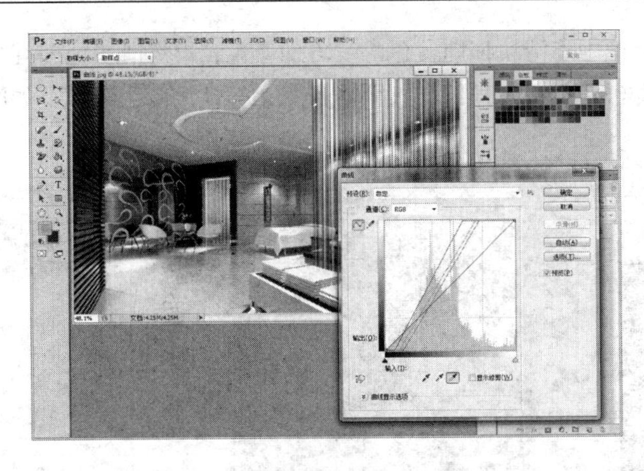

左 图5-29

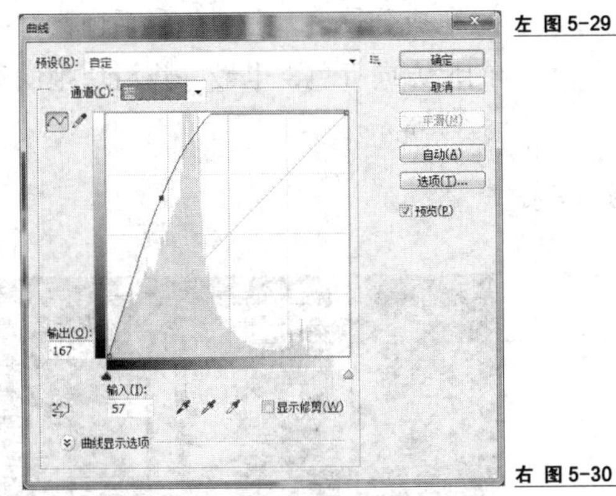


右 图5-30

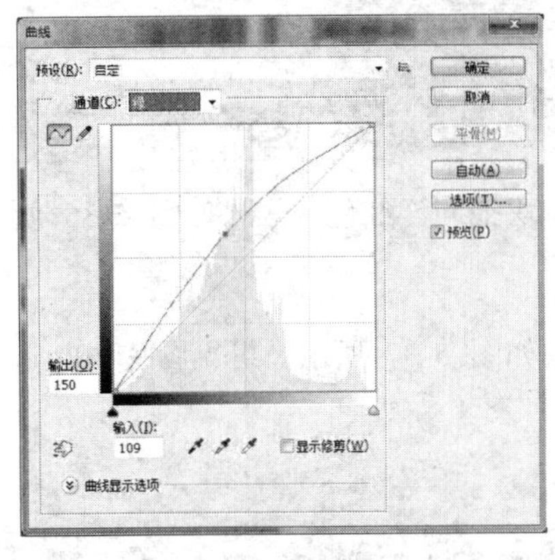


左 图5-31

右 图5-32

## 5.2.3　色彩平衡命令

“色彩平衡”命令可以调节图像的色调，还可以分别在暗调区、灰色区和高光区进行色彩的调整。“色彩平衡”对话框如图5-33所示。

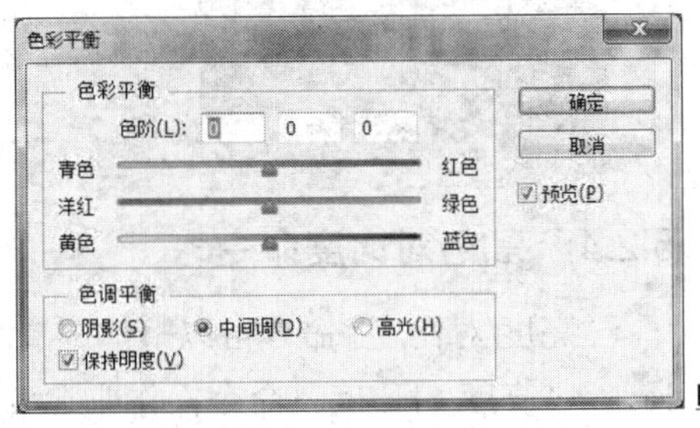


图5-33

- ◇ 色彩平衡：从上到下3个滑块分别对应青/红、洋红/绿、黄/蓝3组互补色。平衡色彩时，首先分析图像中哪种颜色成分过重，然后将其滑块移向该颜色的互补色一方，加重其互补色的成分从而达到减弱该颜色的目的。
- ◇ 色调平衡：可选择调节阴影、中间调、高光的色彩平衡。
- ◇ 保持明度：在平衡色彩时保持图像中相应色调区的图像亮度不变，通常保持默认的勾选状态即可。

（1）打开“配套光盘\第5章\色彩平衡.jpg”文件，如图5-34所示。

（2）单击“图像”—“调整”—“色彩平衡”（快捷键为Ctrl + B）命令，从图中可见黄、红色成分较多，在“色彩平衡”对话框中将滑块拖向黄色的反方向蓝色，再将滑块拖向红色的反方向青色，也最好将滑块拖向洋红色的反方向绿色，此时可见整体色调变为绿色，如图5-35所示。

左 图5-34

右 图5-35

（3）选择“色调平衡”选区中的“高光”选项，将滑块拖向洋红色，效果如图5-36所示。可见图片中的亮部区域变成洋红色。

（4）接着选择“阴影”选项，将滑块拖向红色，效果如图5-37所示。可见图片中的暗部区域变为了红色。

左 图5-36

右 图5-37

### 5.2.4 亮度/对比度命令

“亮度/对比度”命令可以整体调节图像的亮度和对比度。“亮度/对比度”对话框如图5-38所示。“亮度/对比度”命令操作非常简单，将滑块向右拖动可以加强亮度和对比度，向左拖动可以降低亮度和对比度。

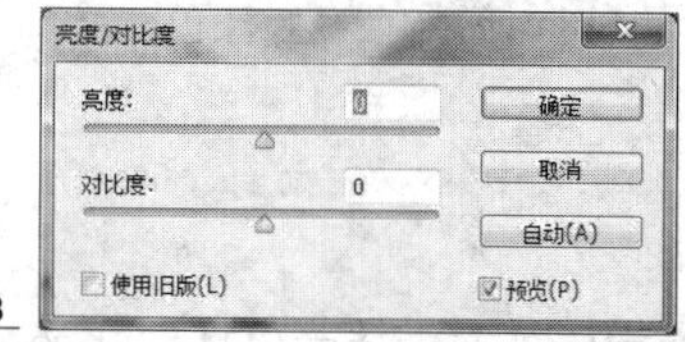


图5-38

（1）打开“配套光盘\第5章\酒店.jpg”文件，如图5-39所示。

（2）单击“图像”—“调整”—“亮度/对比度”命令，将亮度滑块向右拖动，效果如图5-40所示。从图中可见图片的整体亮度提高了。

左 图5-39

右 图5-40

（3）接着向右拖动对比度滑块，加强图片对比度，参数设置如图 5-41 所示。

（4）单击“确定”按钮后执行“亮度/对比度”命令，此时可见图片中的亮部变得更亮了，而暗部也同时变得更暗了，两者之间的对比加强，效果更为强烈，最终效果如图 5-42 所示。

左 图5-41

右 图5-42

## 5.2.5 色相/饱和度命令

“色相/饱和度”命令可以调节全图或某个单色通道的颜色属性，包括“色相”“饱和度”和“亮度”。色相即物体的固有色，也就是物体本来的颜色；饱和度即颜色的纯度，饱和度数值越大颜色越纯，饱和度数值越小，颜色纯度越低；亮度指的是颜色的明暗度。“色相/饱和度”对话框如图 5-43 所示。

◈ 编辑：在下拉框中可以选择编辑全图还是修改某一颜色通道的颜色属性。

◈ 色相：通过拖动滑块或输入数值来调节色相。

◈ 饱和度：通过拖动滑块或输入数值来调节饱和度。

◈ 明度：通过拖动滑块或输入数值来调节亮度。

◈ 着色：勾选后可将图像转变为单色调图像。

（1）打开“配套光盘\第 5 章\客厅.jpg”文件，如图 5-44 所示，可见该图的问题主要是色调过红，亮度不够，饱和度也有些不足。

左 图5-43

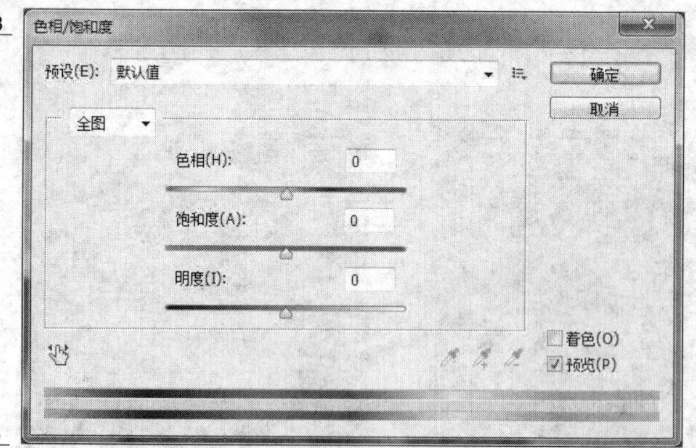

右 图5-44

（2）单击“图像”—“调整”—“色相/饱和度”命令（快捷键为 Ctrl + U），弹出“色相/饱和度”对话框，调整参数如图 5-45 所示。

（3）调整后效果如图 5-46 所示。

左 图5-45

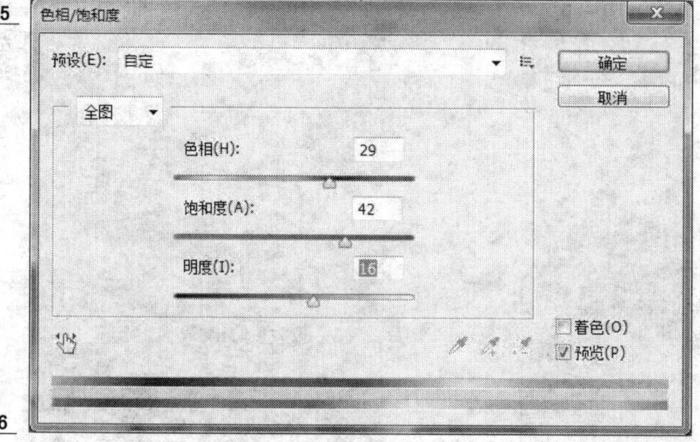

右 图5-46

（4）接着选择“红色”，并调整“色相”，具体参数设置如图 5-47 所示。

（5）最终效果如图 5-48 所示。从图中可见红色区域的颜色转变为绿色，但是图中其他颜色并没有太大变化。

左 图5-47

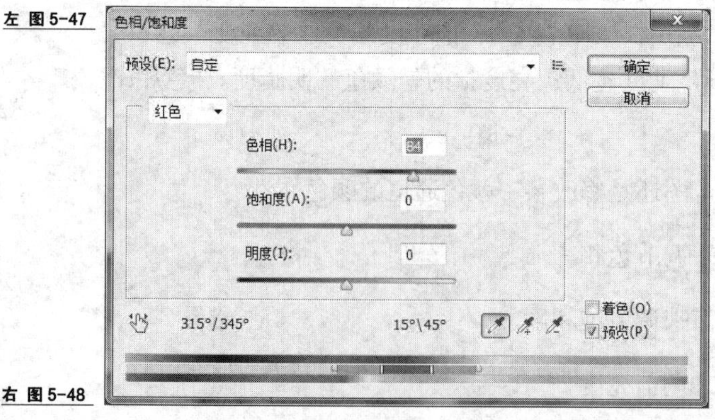

右 图5-48

（6）勾选“着色”选项，此时图片变为单色图像。调整“色相/饱和度”参数，具体设置如图 5-49 所示。

（7）单色效果如图 5-50 所示。

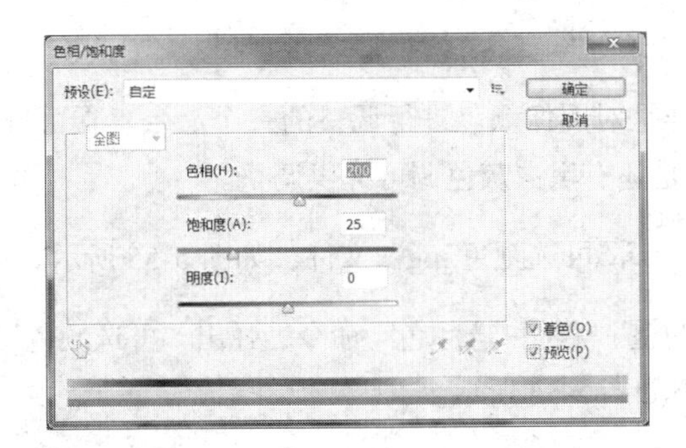

左 图5-49

右 图5-50

## 5.2.6 替换颜色命令

“替换颜色”命令可以利用吸管工具来指定图像中的颜色，然后通过调节指定颜色的“色相”“饱和度”和“亮度”来实现替换图像中指定颜色的目的。“替换颜色”命令的使用方法和“色彩平衡”命令的使用方法基本相同，只是多了一些“色相”“饱和度”和“亮度”参数调整，可以将“替换颜色”命令理解为“色彩平衡”命令和“色相/饱和度”命令的综合体。

（1）打开“配套光盘\第5章\替换颜色.jpg”文件，如图5-51所示。

（2）单击“图像”—“调整”—“替换颜色”命令，弹出“替换颜色”对话框，如图5-52所示。

左 图5-51

右 图5-52

（3）选择其中的“吸管工具”，设置“颜色容差”值为“200”，单击图片中的黄色墙面，再单击“结果”上的小色块，选择为“蓝色”，参数设置如图5-53所示。

（4）最终效果如图5-54所示。这样就将原来的黄色墙面替换为了蓝色墙面。

左 图5-53

右 图5-54

### 5.2.7 可选颜色命令

“可选颜色”命令也同样是对图像颜色进行调整的一个命令。在可选颜色中提供了很多种颜色供选择，此外难得的是还有黑白灰色调可提供调整。

（1）打开“配套光盘\第 5 章\可选颜色.jpg”文件，如图 5-55 所示。

（2）单击“图像”—“调整”—“可选颜色”命令，弹出“可选颜色”对话框，选择“颜色”中的“黄色”，参数调整如图 5-56 所示。

左 图 5-55

右 图 5-56

（3）接着选择“颜色”中的“中性色”，参数调整如图 5-57 所示。

（4）最终效果如图 5-58 所示。

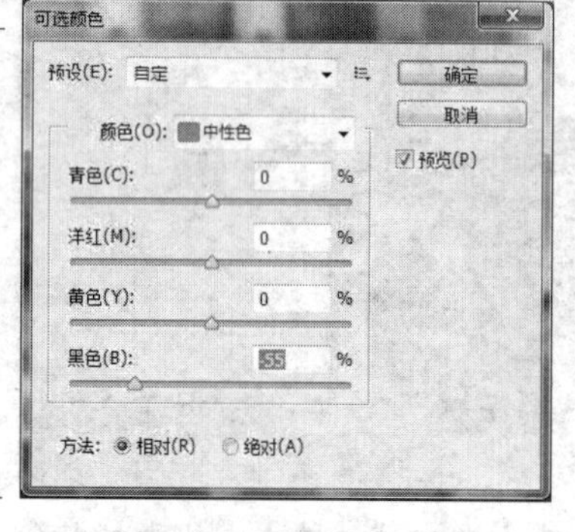

左 图 5-57

右 图 5-58

### 5.2.8 照片滤镜命令

“照片滤镜”命令相当于在照相机镜头前加一个滤光镜后的照片效果，可以达到改变图片色调的作用。“照片滤镜”命令参数如下。

◈ 滤镜：在下拉列表中可以选择一种滤镜效果，选择后会出现一个色块显示滤镜的色调。

◈ 颜色：选择后可以在拾色器中自定义需要的色调。

◈ 浓度：确定加入色调的浓度。

（1）打开“配套光盘\第 5 章\照片滤镜.jpg”文件，如图 5-59 所示。

（2）单击“图像”—“调整”—“照片滤镜”命令，弹出“照片滤镜”对话框，将“浓度”设置为 55，如图 5-60 所示。接着选择不同的滤镜，最终效果如图 5-61 所示。

左 图5-59

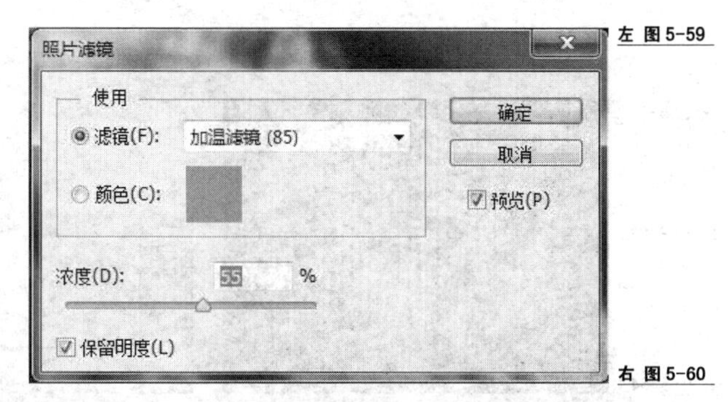


右 图5-60

图5-61

### 5.2.9 阴影/高光命令

"阴影/高光"命令可以针对阴影和高光进行专门的调整，其参数介绍如下。

◈ 数量：增大阴影的数值，将会加亮图像的阴影区；增大高光数值，则会降低图像高光区的亮度。

◈ 显示更多选项：勾选"显示更多选项"则会打开更多的选项。

◈ 色调宽度：控制需要调整的阴影区和高光区的色调范围。较小的数值将会把调整局限在阴影区的最暗色调范围或高光区的最亮色调范围，而当色调宽度数值增大时，将对更多的阴影区或高光区产生作用。

◈ 半径：控制确定阴影区和高光区范围的边界尺寸，值越大作用的范围也越大。

◈ 颜色校正：校正图像被修改过的区域，并且颜色校正的强弱取决于修改区域的数值，修改越大，作用强度越大。

◈ 中间调对比度：调节图像中不受影响的中间色调的对比度，从而与修改后的阴影和高光更协调。

◈ 修剪黑色/修剪白色：决定阴影区或高光区中多少像素被修剪为纯黑或纯白，可以加强画面的对比度。

（1）打开"配套光盘\第5章\夜景.jpg"文件，如图5-62所示。

（2）单击"图像"—"调整"—"阴影/高光"命令，弹出"阴影/高光"对话框，设置如图5-63所示。

（3）此时效果如图5-64所示，可见图中的阴影（暗部）被提亮了。

（4）接着调整"高光"的设置为"50"，如图5-65所示。

（5）调整高光后的效果如图5-66所示，从图中可见亮部变暗了。此时效果为暗部提亮，亮部变暗，整体效果较为平衡。

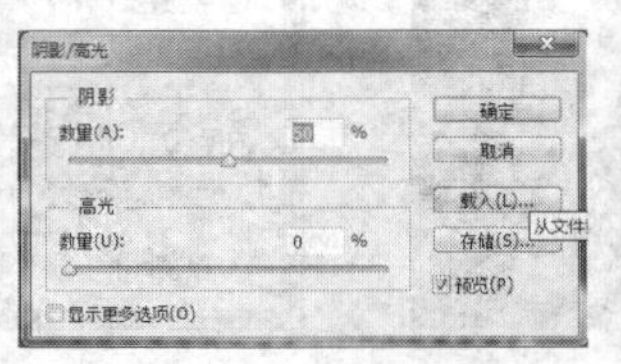

左 图 5-62
中 图 5-63
右 图 5-64

（6）勾选“显示更多选项”复选框，此时“阴影/高光”对话框如图 5-67 所示。

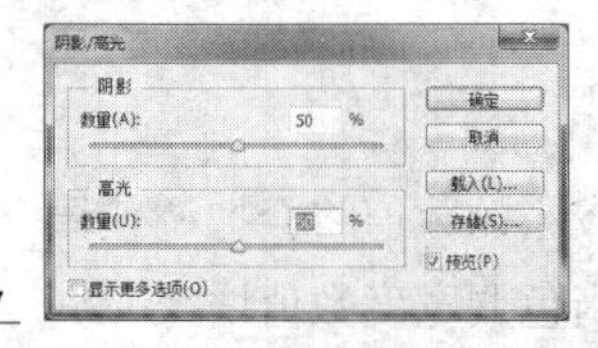

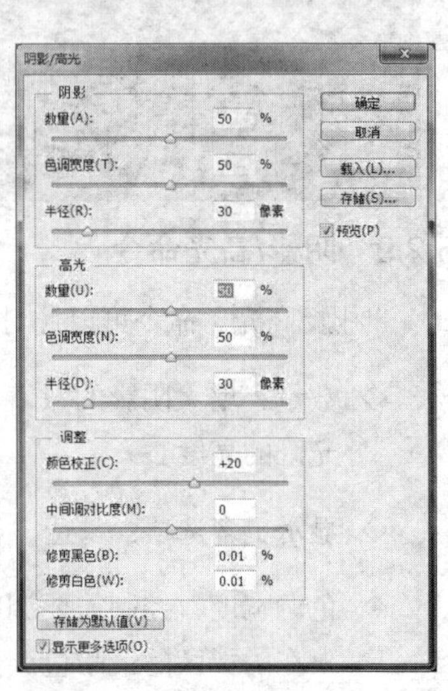


左 图 5-65
中 图 5-66
右 图 5-67

（7）调整“颜色校正”为“70”，此时暗部色调蓝色加深，再将“中间调对比度”调整为“40”，此时画面明暗的对比度加强，如图 5-68 所示。

（8）最终效果如图 5-69 所示。

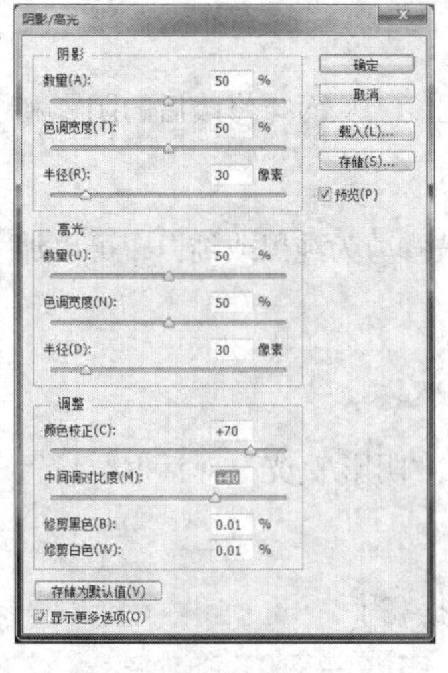

左 图 5-68
右 图 5-69

### 5.2.10　匹配颜色命令

“匹配颜色”命令可以将一幅图像（源图像）的颜色匹配给另一幅图像（目标图像）。比如，可以将彩霞满天的天空匹配到建筑效果图中，那么建筑效果图也会呈现出彩霞满天的效果。除了在两幅图片之间匹配颜色以外，“匹配颜色”命令还可以在同一幅图片的多个图层之间匹配颜色。

“匹配颜色”对话框参数如下。

◈ 目标：显示当前工作图像的名称和当前活动图层的名称以及色彩模式。

◈ 应用调整时忽略选区：当在目标图像中建立选区后，则该选项会被激活，勾选后，则忽略选区，将颜色匹配作用到整个图像中。

◈ 图像选项：匹配颜色后，可进一步对目标图像或图层的颜色明亮度（相当于亮度）、颜色强度（相当于饱和度）和渐隐（减弱匹配效果）进行设置。

◈ 中和：可中和源图像和目标图像的颜色，然后将中和后的颜色应用到目标图像中。

◈ 源：下拉列表显示的是当前打开的所有文件，从中选择一幅图片作为源图片。

◈ 图层：下拉列表显示的是当前工作图像的所有图层，当需要在图层间匹配颜色时，可从中选择一个图层作为源图层。

◈ 载入统计数据/存储统计数据：载入或存储需要用来匹配的源图像或图层的颜色数据。

（1）打开“配套光盘\第 5 章\目标.jpg、源 1.jpg、源 2.jpg”3 个文件，如图 5-70 所示。

图 5-70

（2）选择“目标.jpg”文件，单击“图像”—“调整”—“匹配颜色”命令，弹出“匹配颜色”对话框，如图 5-71 所示。

（3）在“源”下拉列表中选择“源 1”文件，即晚霞满天的天空，此时效果如图 5-72 所示。从图中可见“源 1”文件布满了整个目标文件。

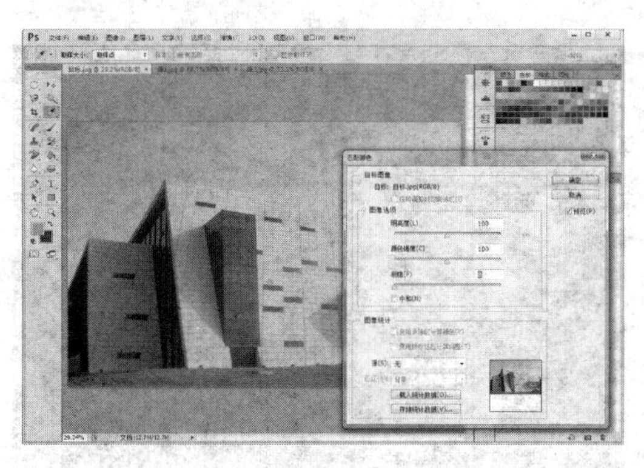

左 图 5-71

右 图 5-72

（4）在“源”下拉列表中选择“源 2”文件，即蓝天白云的天空，此时效果如图 5-73 所示。从图中可见“源 2”文件布满了整个目标文件。

（5）拖动“渐隐”滑块至“50”，此时匹配颜色的效果只剩下一半，如图 5-74 所示。如果将“渐隐”滑块拖至“100”，则匹配颜色效果完全消失，图片变为原始的效果。

左 图 5-73

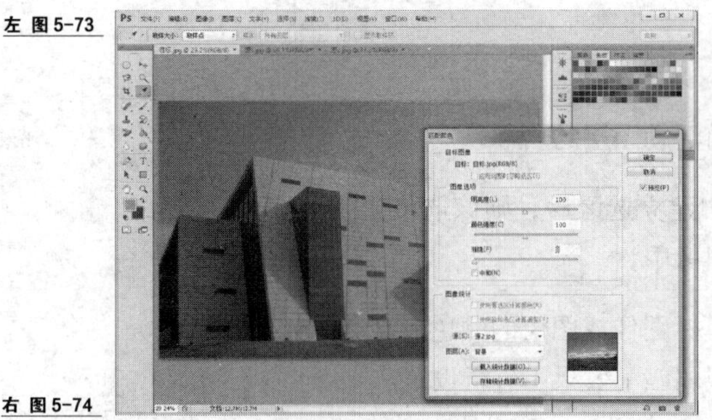

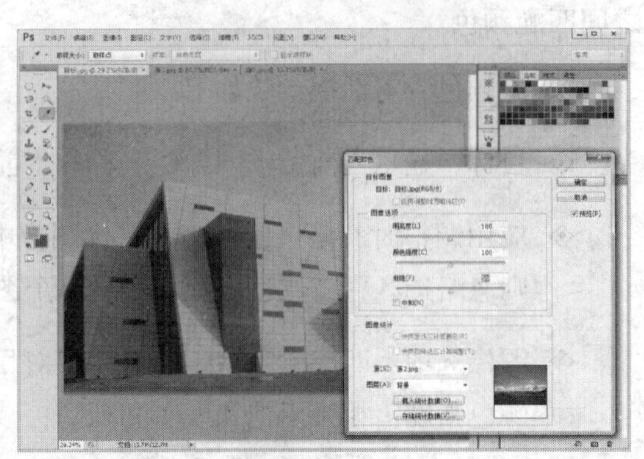

右 图 5-74

## 5.2.11 变化命令

“变化”命令提供缩略图作参考，可以较为直观地调节图像或选区的色彩和亮度，相当于使用调色板调颜料，需要加点红就加点红，需要加点黄就加点黄，非常直观。

“变化”对话框参数如下。

◈ 原稿/当前挑选：显示原始图像效果和调整后的图像效果。

◈ 加深绿色/黄色/青色/红色/蓝色/洋红色：提供 3 对互补色，单击其中某个即可为图像添加对应色彩。若想减弱该色彩，可单击其互补色。

◈ 较亮/较暗：单击可加亮图像或减暗图像。

◈ 阴影/中间色调/高光/饱和度：可以选择要调整的色调区，分别对应图像的暗部、灰部、亮部和纯度。

◈ 精细/粗糙：确定调整强度，越靠近精细调整的强度越小，越靠近粗糙强度越大。

（1）打开“配套光盘\第 5 章\变化.jpg”文件。单击“图像”—“调整”—“变化“命令，弹出“变化”对话框，分别单击“加深黄色”“加深红色”“较亮”各一次，如图 5-75 所示。

（2）调整变化后效果如图 5-76 所示。

左 图 5-75

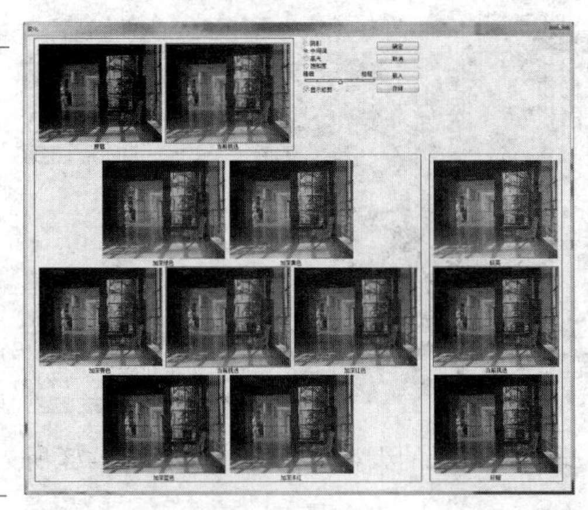

右 图 5-76

## 5.2.12 黑白、去色命令

“黑白”命令是在 Photoshop CS4 中新增的命令。使用“黑白”命令可以将图像中的颜色丢弃，使图像呈黑白照片或单色效果。此外，还可以通过“黑白”命令调整图像的明暗度。而“去色”命令则是单纯地将彩色颜色信息丢弃，得到一种黑白照片效果。除了“黑白”和“去色”之外，还可以通过“图像”菜单模式中的“灰度”完成黑白艺术照片效果。

（1）打开“配套光盘\第 5 章\风景.jpg”文件，如图 5-77 所示。

（2）单击“图像”—“调整”—“黑白”命令，弹出“黑白”对话框，此时图片自动变为黑白照片效果，如图 5-78 所示。

左 图 5-77

右 图 5-78

（3）设置“蓝色”为“120”，此时蓝色天空变亮了（拖动颜色滑块可以使图像根据原图颜色的分布调整明暗），如图 5-79 所示。

（4）接着勾选“黑白”对话框中的“色调”复选框，调整“色相”和“饱和度”滑块，效果如图 5-80 所示。此作用相当于“色相/饱和度”命令中的“着色”。

左 图 5-79

右 图 5-80

（5）重新打开“配套光盘\第 5 章\风景.jpg”文件。先后选择“黑白”“去色”和“灰度”模式，得出黑白艺术效果，如图 5-81 所示。可以看出采用“灰度”模式得出的效果黑白层次保留得最好，其次是“黑白”得出的效果，而“去色”层次丢失比较严重。

图 5-81

### 5.2.13 曝光度命令

曝光是一种效果图处理中不好的现象。新手往往调整亮度过高，因此画面出现曝光。但是曝光也不是绝对无用的，只要曝光出现在合适的位置，如阳光普照的窗口，反而会形成一个强对比效果，而且适度的曝光也符合真实的效果。

（1）打开“配套光盘\第5章\室内.jpg”文件，如图5-82所示。

（2）单击“图像”—“调整”—“曝光度”命令，弹出“曝光度”对话框，调整参数如图5-83所示。

左 图5-82

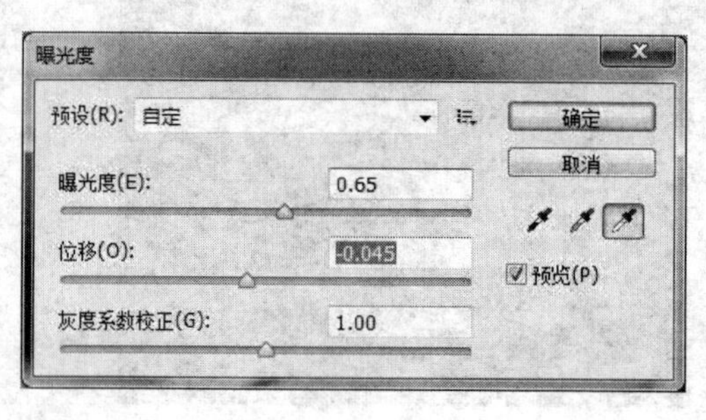


右 图5-83

（3）调整曝光度参数后最终效果如图5-84所示。

图5-84

### 5.2.14 自然饱和度命令

“自然饱和度”命令是在Photoshop CS4中新增的命令，在作用上和“色相/饱和度”类似，但是“自然饱和度”命令在效果上更为细腻，且会智能地处理图像中不够饱和的部分和忽略足够饱和度的颜色，非常适合初学者使用。

（1）打开“配套光盘\第5章\夜景效果图.jpg”文件，如图5-85所示。

（2）单击“图像”—“调整”—“自然饱和度”命令，设置“自然饱和度”参数如图5-86所示。

（3）最终效果如图5-87所示，可见图片中需要增加饱和度的地方饱和度才会增加，不需要增加饱和度的地方饱和度完全没有增加。

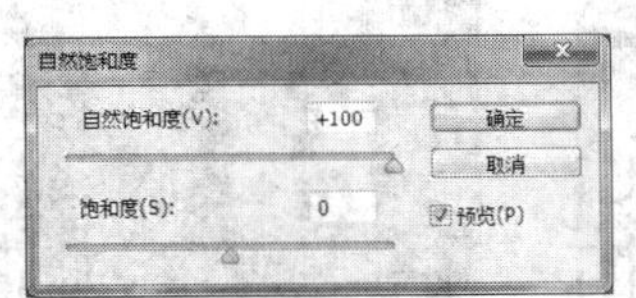

左 图5-85

中 图5-86

右 图5-87

## 5.2.15 通道混合器命令

“通道混合器”命令可以通过控制当前各颜色通道的成分来改变某一颜色通道的输出颜色。该命令不但可以创建高品质的单色调图像，还可以创建用一般方法不容易实现的特殊黑白效果。

“通道混合器”对话框参数如下。

◈ 输出通道：选择要调整何种单色通道的颜色。

◈ 源通道：调节各单色通道颜色。

◈ 常数：调节输出通道颜色的不透明度。

◈ 单色：保留各通道的亮度信息，将相同的设置应用于输出通道，创建特殊黑白效果。

（1）打开“配套光盘\第5章\通道混色.jpg”文件，如图5-88所示。

（2）单击“图像”—“调整”—“通道混合器”命令，弹出“通道混合器”对话框，设置“红”通道参数如图5-89所示。

左 图5-88

右 图5-89

（3）设置“绿”通道参数如图5-90所示，设置“蓝”通道参数如图5-91所示，3个通道设置后效果如图5-92所示。

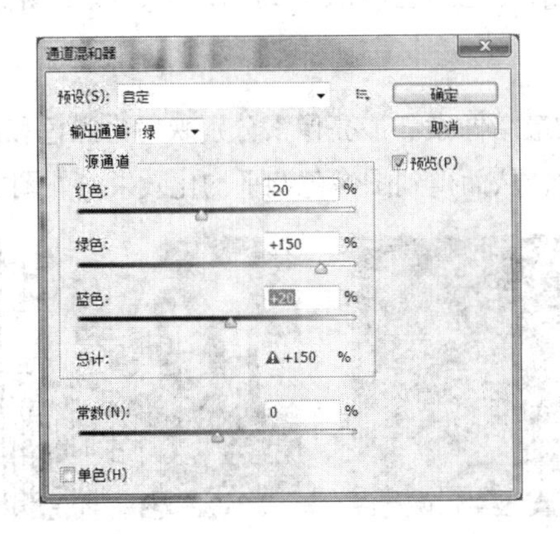


左 图5-90

右 图5-91

（4）最后将“蓝”通道的常数设置为“−20”，最终效果如图 5-93 所示。

左 图 5-92

右 图 5-93

### 5.2.16 其他调整命令

除了上述常用的调整命令外，Photoshop CS5 还有 5 个调整命令，分别是反相、色调分离、阈值、渐变映射和色调均化。这 5 个命令因为不常用，所以归类到一起讲解。

◈ 反相：反相可以得到一种原始照片的负片效果，如果是黑白艺术照片，使用反相命令将会把黑的变成白的，白的变成黑的，反相效果如图 5-94 所示。

◈ 色调分离：色调分离会指定图像中每个颜色通道的色调级（即亮度值）数目，然后将像素映射为与之最接近的一种色调。在 RGB 颜色图像中指定两种色调级，就能得到 6 种颜色，即两种亮度的红、两种亮度的绿和两种亮度的蓝，如图 5-95 所示。

左 图 5-94

右 图 5-95

◈ 阈值：设定阈值可将图像中亮度超过阈值的像素转换为纯白，将亮度低于阈值的像素转变为纯黑。不同于黑白艺术效果，阈值得出的效果没有灰色，只是纯正的黑白效果，如图 5-96 所示。

◈ 渐变映射：渐变映射可以把一组渐变色的色阶映射到图像上，改变图像颜色，效果如图 5-97 所示。

◈ 色调均化：色调均化可以将图像的最暗像素和最亮像素分别映射为黑色和白色，然后将各亮度级别均匀分配给其他各像素，从而得到图像色调平均化效果，如图 5-98 所示。

左 图 5-96

中 图 5-97

右 图 5-98

下面以一个范例来应用以上这些在效果图修改中不常用的命令，制作一个类似于插画的效果。

（1）打开“配套光盘\第5章\效果图.jpg”文件，如图5-99所示。

（2）在“图层”调板中拖动“背景”图层至 ，复制一个“背景 副本”图层，如图5-100所示。

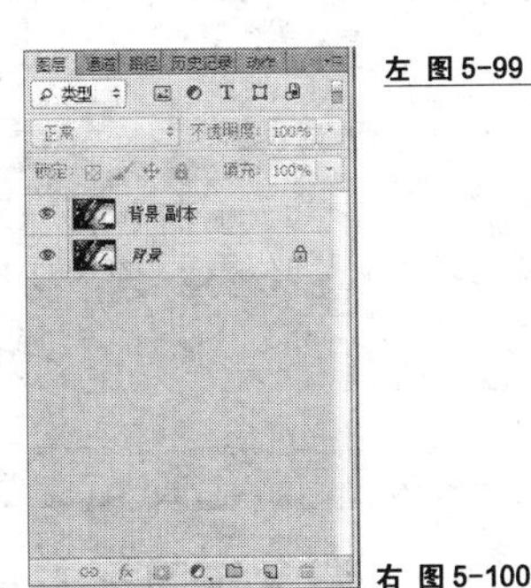


左 图5-99

右 图5-100

（3）选择“背景 副本”图层，单击“图像”—“调整”—“阈值”命令，设置“阈值色阶”为“128”，完成一个纯黑白的效果，如图5-101所示。

（4）在图层调板中将“图层混合模式”改为“变亮”，并将图层调板上的“不透明度”改为“30%”，如图5-102所示。

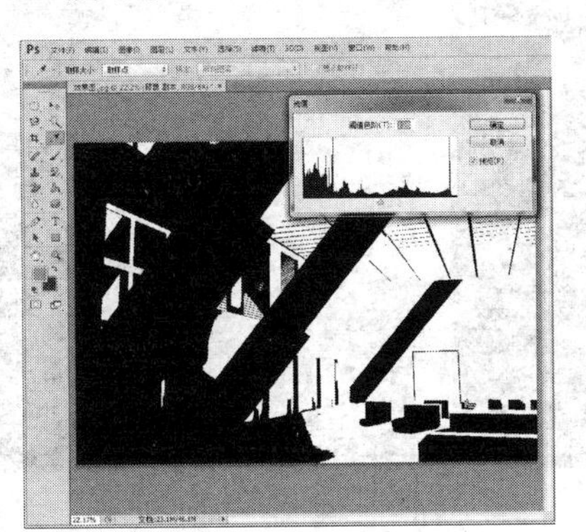

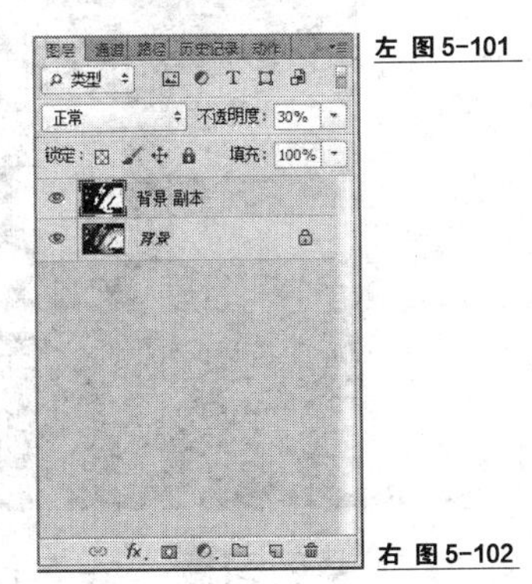


左 图5-101

右 图5-102

（5）再次在图层调板中拖动“背景”图层至 ，复制一个“背景 副本2”图层，并将其拖动至“背景 副本”图层顶部，如图5-103所示。

（6）选择“背景 副本2”图层，单击“图像”—“调整”—“色调分离”命令，设置“色阶”为“4”，如图5-104所示。

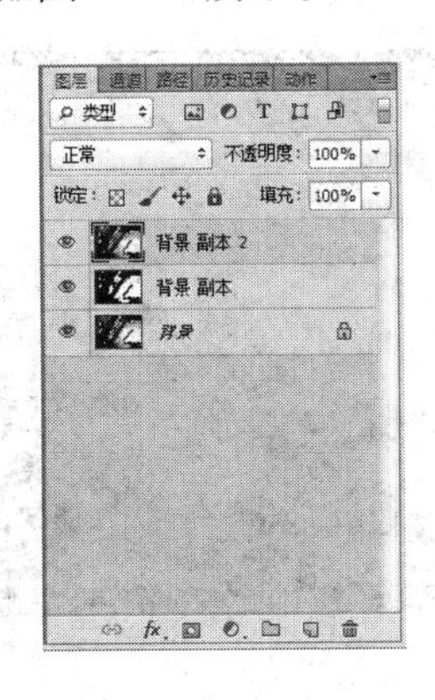


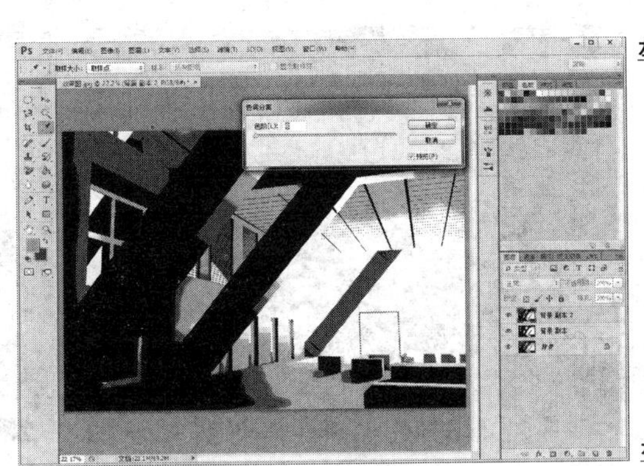

左 图5-103

右 图5-104

（7）单击“图像”—“调整”—“渐变映射”命令，单击渐变条，将渐变色改为如图 5-105 所示颜色。

（8）最终插画效果如图 5-106 所示。

左 图 5-105

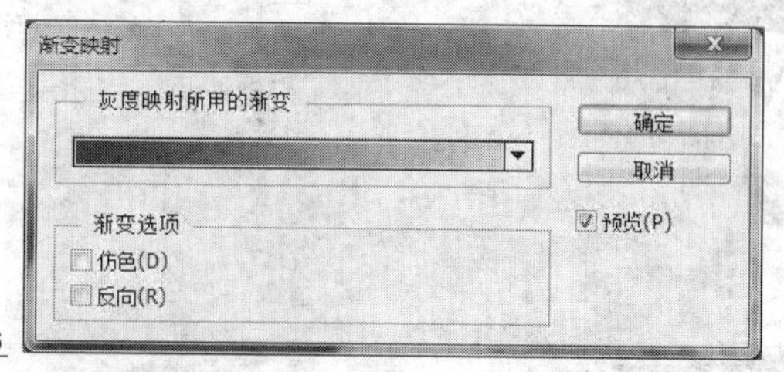

右 图 5-106

## 课堂练习——经理室色彩调整

（练习知识要点）使用各种色彩调整工具进行经理室效果图调整，如图 5-107 所示。

（效果所在位置）配套光盘\第 5 章\课堂练习\经理室.jpg。

图 5-107

## 课后习题——客厅夜景修改

（习题知识要点）使用各种色彩调整工具对客厅夜景进行修改，最终完成夜景的氛围，如图 5-108 所示。

（效果所在位置）配套光盘\第 5 章\课后习题\客厅夜景效果.jpg。

图 5-108

# 第6章 图层应用

本章将主要介绍 Photoshop 软件图层的应用方法。通过本章的学习，读者可以掌握图层的基本概念、图层应用的方法、图层样式的应用、图层混合模式的应用以及智能对象和 3D、视频图层的应用。

**学习目标**

◈ 掌握图层的应用
◈ 掌握图层样式的应用
◈ 掌握图层混合模式的应用
◈ 掌握 3D 图层

图层是 Photoshop 中的一个重要内容，也是构成图像的重要元素。掌握好图层的概念及其应用知识才能真正掌握好 Photoshop 软件，才能真正学好效果图的修改。其实在以前的学习中已经使用过图层，而本章将详细讲解图层的具体内容。

## 6.1 图层基本概念

图层可以理解为一张张完全透明的纸，将这些图层叠加即可得到需要的图像，如图 6-1 所示。在效果图后期修改中，往往使用 3ds Max 建立基本模型，之后将树、路面、家具等图片拖入原图中，树、路面、家具等图片就会形成一个个图层，这些图层全面叠加在一起，就完成了一个效果图的组合。

在 Photoshop 中共有 4 种图层类型，分别是普通图层、文本图层、调整图层和背景图层，如图 6-2 所示，从上至下分别为调整图层、普通图层、文本图层和背景图层，下面分别对其进行介绍。

◈ 普通图层：单击 ，这时新建的图层即为普通图层，是最常用的图层。新建的普通图层是透明的，可以在其上添加图像、编辑图像，并可将它随意移动到任意位置上。

◈ 文本图层：当使用工具箱中的文本工具进行打字操作时，系统会自动地新建一个图层，这个图层就是文本图层。关于文本工具的使用将在后续章节中详细讲解。

◈ 调整图层：单击“图层”调板下的 、和 fx、按钮可以建立调整和图层样式图层。调整图层不是一个存放图像的图层，它主要用来控制图像的调整、图层样式参数信息。当前图像调整的各个命令均只能对当前图层起作用，但是通过 建立的调整图层则可以对该图层以下的所有图层起作用。

左 图6-1

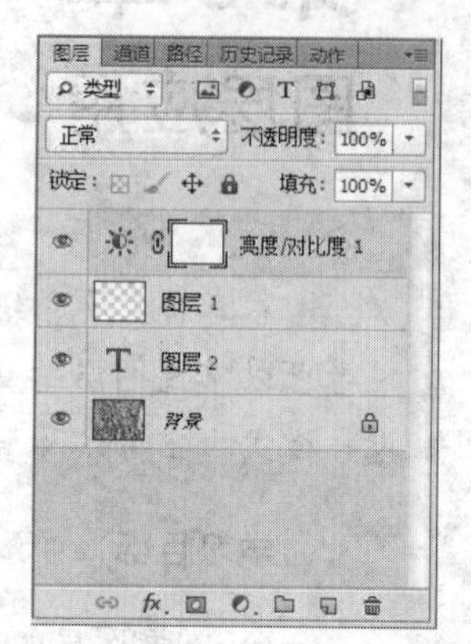


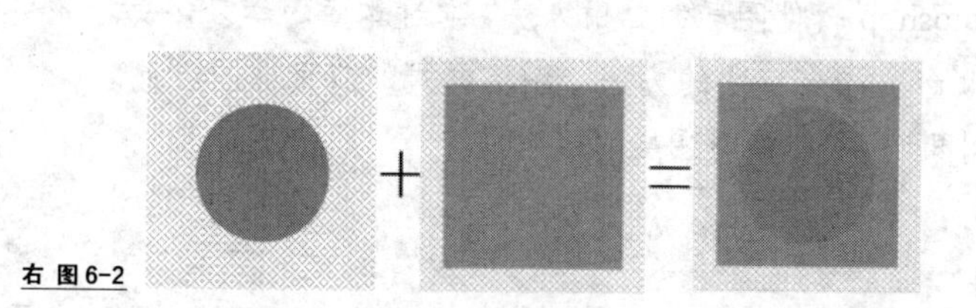

右 图6-2

◇ 背景图层：背景图层是一种不透明的图层。新建文件时会自动以背景色的颜色来显示的图层定义为背景图层。当打开图片时，系统将会自动将该图像定义为一个背景图层。

## 6.2 图层基本操作

图层的基本操作是学习 Photoshop 软件的基本功，除了可以在“图层”菜单下找到相应的图层操作命令外，图层的基本操作几乎都可以在“图层”调板上完成。

### 6.2.1 图层调板

在“图层”调板中可以完成诸如新建图层（图层组）、删除图层、设置图层属性、添加图层样式、图层的调整编辑等操作。

（1）启动 Photoshop CS6，执行“文件”—“打开”命令，打开“配套光盘\第 6 章\小区.tif”文件，如图 6-3 所示。

（2）如果“图层”调板没有显示，那么执行“窗口”—“图层”命令即可打开“图层”调板，如图 6-4 所示。

左 图6-3

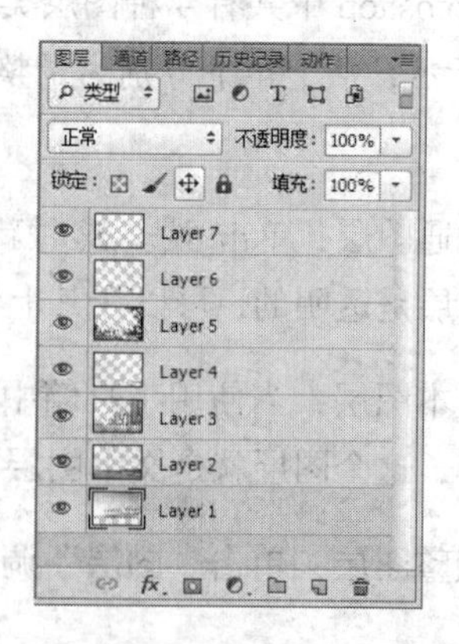


右 图6-4

（3）单击“图层”调板右侧的 按钮，在弹出的菜单中选择“面板选项”命令，打开“图层面板选项”对话框，设置如图 6-5 所示。

（4）“图层面板选项”对话框可以对“图层”调板的外观进行调整，调整后的效果如图 6-6 所示，可见缩览图变大了。

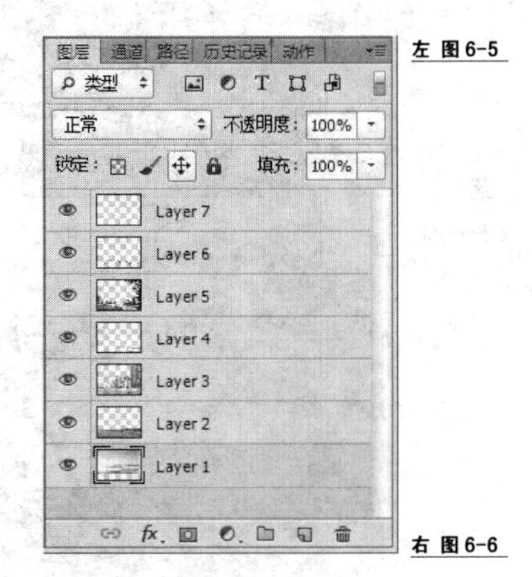


左 图 6-5

右 图 6-6

（5）每个图层都可以在视图中隐藏或显示。在“图层”调板的左侧可以看到每个图层都有一个“眼睛”图标。单击“Layer3”左侧的“眼睛”图标，此时该图层包含的建筑就从图片中消失了。再次单击又可重新显示“Layer3”中的建筑，如图 6-7 所示。

（6）按住 Alt 键单击“眼睛”图标则可只显示单击的图层，其他图层眼睛消失。按住 Alt 键单击“Layer3”左侧的“眼睛”图标，如图 6-8 所示。再依次单击各个图层前的“眼睛”图标即可重新显示各个图层。

左 图 6-7

右 图 6-8

（7）对图像进行编辑时，必须先选择图层。例如，要修改天空的颜色，则必须先选择天空所在的图层“Layer1”，此时“Layer1”图层呈蓝色显示，如图 6-9 所示。

（8）此时选择移动工具 ，即可单独拖动天空，如图 6-10 所示。

（9）如果要同时选择两个以上的图层修改，只需要按住 Ctrl 键单击各个图层，就可以同时选择多个图层，如图 6-11 所示。

（10）如果图层特别多，需要选择多个图层时，可以按住 Shift 键同时单击上下两个图层，则上下两个图层之间的所有图层都会被选中，如图 6-12 所示。

左 图6-9

右 图6-10

左 图6-11

右 图6-12

（11）快速选择图层的办法是使用“移动”工具，在视图相应的位置右击，在弹出的快捷菜单中选择第 1 个选项即可。例如，需要选择湖水，只需要将移动工具放置在水面上单击鼠标右键，从弹出的对话框中选择第 1 个选项“Layer5”即可，此时在“图层”调板中将自动选择“Layer5”图层，如图 6-13 所示。

（12）如果图层非常多，最好是给图层命名，命名的方法是用鼠标在图层名称上双击，即可给图层重新起名。例如，使用鼠标双击“Layer1”，在“图层名称”栏中输入“天空”即可。

（13）按住 Ctrl 键的同时选择“天空”图层和“Layer3”图层，执行“图层”—“链接图层”命令，此时这两个图层旁边都出现了链接图标。这就意味着“天空”图层中的天空和“Layer3”图层中的建筑链接在了一起，移动时会同时移动。执行“图层”—“选择链接图层”命令，则可将链接在一起的图层同时选中，如图 6-14 所示。

左 图6-13

右 图6-14

（14）选择“移动”工具，在工具选项栏中勾选“自动选择”选项，然后在视图中单击，即可快速选择单击处的图层。这也是选择图层最快的方法。

### 6.2.2 创建、复制图层

创建图层的方法很简单，只需要单击“图层”调板的 按钮即可创建一个新图层。新建的图层即为普通图层。如果选择文本工具在图片中单击，则可新建一个文本图层。至于复制图层，只需要将图层拖曳至新建图层图标 上即可复制图层。下面通过一个范例来掌握图层的作用以及创建、复制图层的方法。

（1）执行“文件”—“新建”命令，打开“新建”对话框，设置参数如图 6-15 所示。

（2）选择椭圆选框工具 ，按住 Shift 键绘制一个圆，接着单击 按钮新建一个“图层1”，如图 6-16 所示。

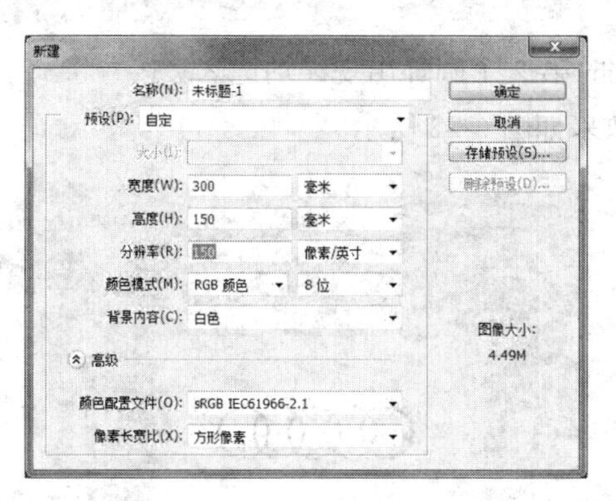


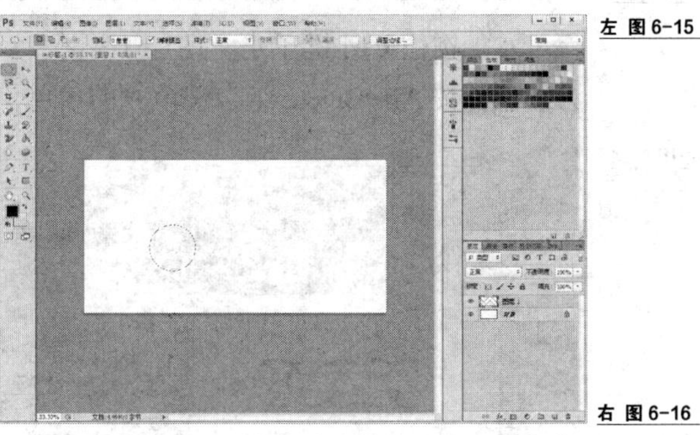

左 图 6-15

右 图 6-16

（3）将前景色设置为“黑色”，单击“编辑”—“描边”命令，将“宽度”设为“20”，“位置”设为“居中”，如图 6-17 所示。单击“确定”按钮对图形描边。

（4）按下 Ctrl+D 组合键取消选择，接着拖曳“图层 1”至 图标上，复制出一个“图层 1 副本”，如图 6-18 所示。

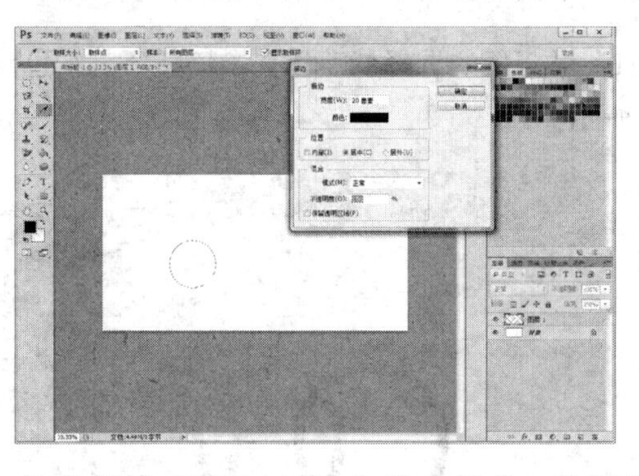

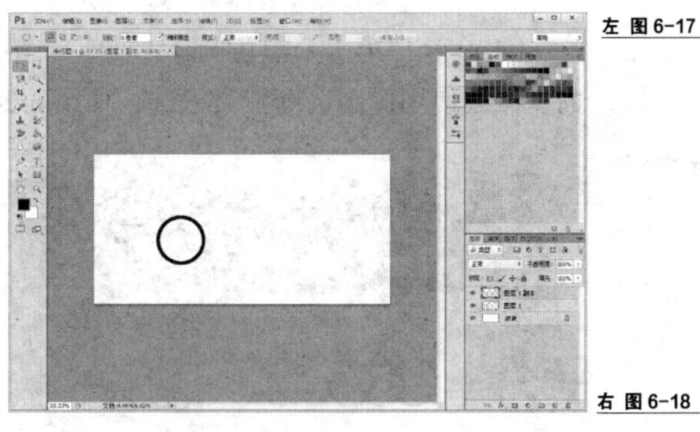

左 图 6-17

右 图 6-18

（5）保持“图层 1 副本”选中状态，选择移动工具，勾选移动选项栏中的“自动选择”选项，移动圆环如图 6-19 所示。也可以在需要移动的圆环上单击鼠标右键，从弹出的参数栏中选择第 1 个选项，即可选择图层并移动。

（6）用同样的方法复制 3 个圆环，并移动到合适的位置上，如图 6-20 所示。如果按住 Alt 键的同时使用移动工具拖动圆环可快速复制圆环，图层也相应增加。通过上述步骤的操作，读者应该可以很清楚地了解，要移动哪个圆环，就必须先选择该圆环所在的图层。

（7）现在将第 2 个圆环的颜色改为红色。在第 2 个圆环上单击鼠标右键，选择第 1 个选项，此时第2个圆环所在的“图层1副本”被选中，如图6-21所示。

左 图6-19

右 图6-20

（8）按住Ctrl键单击“图层1副本”，此时第2个圆环出现浮动选区。接着将前景色改为红色，按Alt+Delete组合键填充前景色，效果如图6-22所示。

左 图6-21

右 图6-22

（9）按下Ctrl+D组合键取消选择后，用同样的方法修改其他圆环的颜色，效果如图6-23所示。此时可以发现圆环是一个搭在一个上面，下面需要将一个个圆环相互扣在一起。

（10）选择第1个黑色圆环，此时“图层1”呈蓝色的选择状态，在黑色圆环与红色圆环的交接处使用椭圆选框工具框选，如图6-24所示。

左 图6-23

右 图6-24

（11）按下Ctrl+C组合键复制，接着按下Ctrl+V组合键粘贴，多出一个“图层2”，此时被椭圆选框工具框选的黑色圆环部分被复制，如图6-25所示。

（12）按住鼠标左键将“图层2”拖曳至“图层”调板的最上部（快捷键为Ctrl+Shift+】），然后移动被复制的部分黑色圆环覆盖在红色圆环上即可，如图6-26所示。此时可见两个圆环已经扣在一起了。

左 图6-25

右 图6-26

（13）选择红色圆环所在图层，框选红色和蓝色圆环相交的部分，按下 Ctrl+J 组合键（作用为选择当前图层复制并粘贴），创建一个新的“图层 3”，最后按下【Ctrl+Shift+】组合键将“图层 3”拖动到“图层 2”下面（或最顶部）即可，如图 6-27 所示。

（14）用同样的方法将各个圆环相扣，最终效果如图 6-28 所示。通过这个范例，可以掌握图层的具体应用以及各个图层相互之间的关系。

左 图6-27

右 图6-28

除了可以单击图标创建新图层外，还可以通过单击“图层”菜单—“新建”—“图层”命令创建新图层，也可以通过“图层”菜单下的“复制图层”命令复制图层。

此外，在“图层”调板最底部的是在新建文件时自动创建的背景图层，背景图层总是在“图层”调板的最底层。背景图层最右侧有一个标志，代表其被锁定。锁定的背景图层是不可以调整图层顺序，也不可复制的。双击标志，在弹出的对话框中单击“确定”按钮后即可解锁，解锁后的背景图层才可以进行调整位置、复制等操作。

### 6.2.3 填充、调整图层

调整图层和填充图层是较为特殊的图层，在这些图层中包含一个“图像调整”命令或“图像填充”命令。使用调整图层和填充图层，可以随时对图层中包含的“调整”或“填充”命令进行重新设置，从而得到合适的效果。

（1）打开“配套光盘\第 6 章\手绘.jpg”文件，如图 6-29 所示。

（2）单击“图层”菜单—“新建填充图层”命令，在弹出的菜单中选择“纯色”选项，如图 6-30 所示。

左 图 6-29

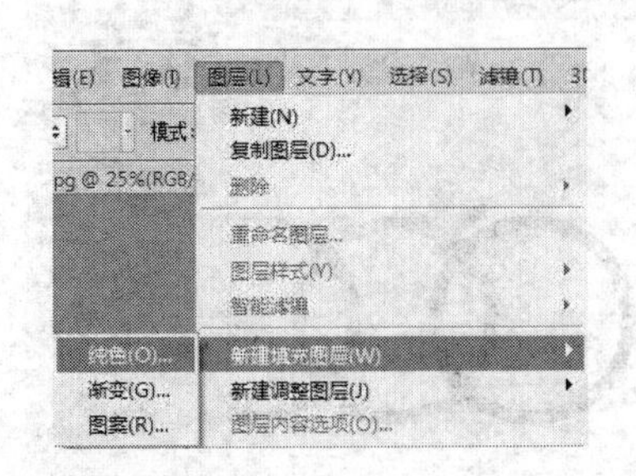


右 图 6-30

（3）在弹出的“新建图层”对话框中，设置参数如图 6-31 所示。

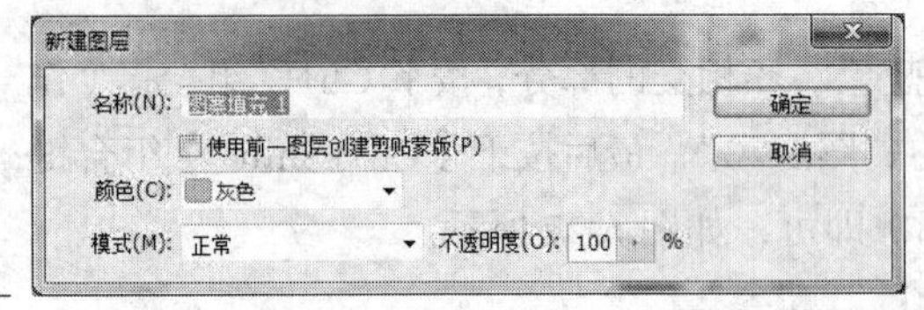


图 6-31

（4）单击“确定”按钮后，从“拾色器”对话框中选择“黄灰色”，“图层”调板出现了一个新的填充图层，如图 6-32 所示。

（5）单击“确定”按钮后，选择新创建的填充图层，将其“混合模式”改为“颜色”，此时可见原本白底的手绘作品变成一种古旧纸的单色效果，如图 6-33 所示。

左 图 6-32

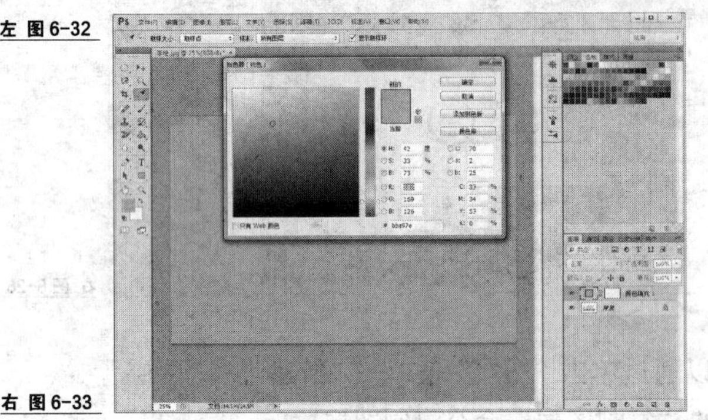

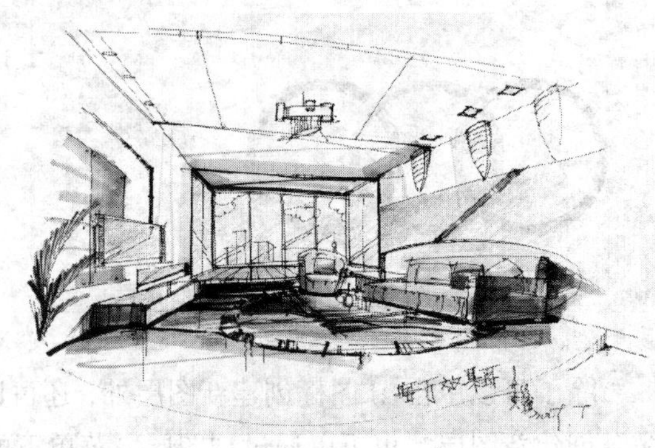

右 图 6-33

（6）填充图层可以用纯色、渐变或图案填充图层，填充内容只出现在该图层，对其他图层不会产生影响，且方便随时修改。单击“填充图层”前的小色块，在弹出的“拾色器”对话框中重新选择一种颜色，单击“确定”按钮后效果再次发生改变，如图 6-34 所示。

（7）单击图标，从中选择“色相/饱和度”命令，此时会自动弹出“调整”调板，而“图层”调板自动缩小并放置在底部。“调整”调板上的参数设置（与“图像”菜单的“色相/饱和度”命令的用法和作用相同）如图 6-35 所示。

（8）双击“图层”标题栏，将“图层”调板重新打开，此时可见又增加了一个调整图层，如图 6-36 所示。

（9）最终效果如图 6-37 所示。

（10）除了单击图标选择调整命令外，还可以通过单击“图层”—“新建调整图层”命令，从弹出的菜单中选择需要的调整命令。单击“图层”—“新建调整图层”—“亮度/

对比度”命令，如图 6-38 所示。

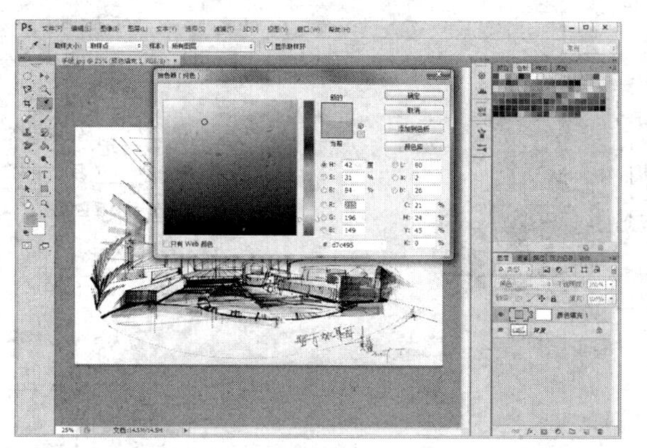

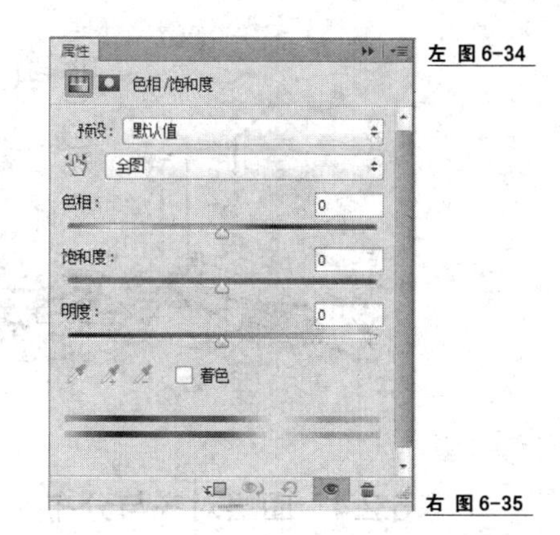


左 图 6-34

右 图 6-35

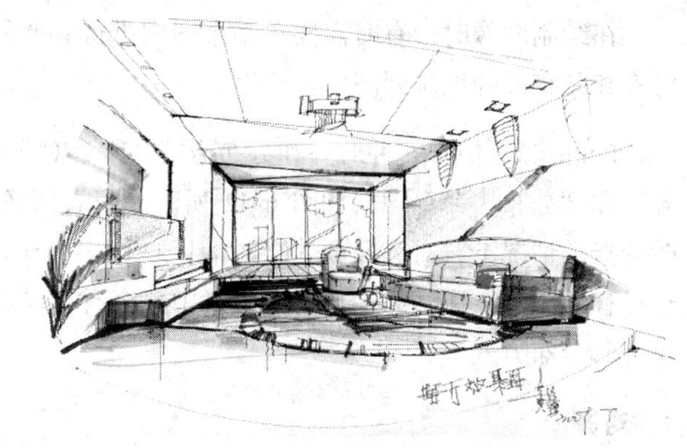

左 图 6-36

右 图 6-37

（11）在弹出的对话框中单击“确定”按钮，创建一个新的“亮度/对比度”调整图层，参数设置如图 6-39 所示。

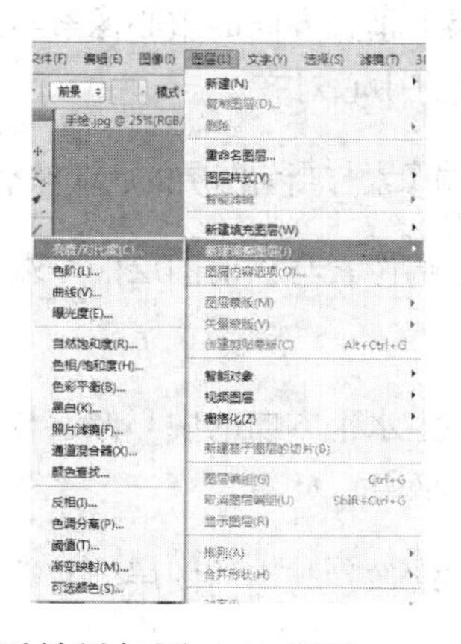

左 图 6-38

右 图 6-39

（12）调整“亮度/对比度”后效果如图 6-40 所示。

（13）为了便于管理图层，可以将同一类型的图层归入一个图层组，图层组和图层的操作方法基本一样，可以像处理图层一样查看、选择、复制、移动、设置混合模式、更改图层组顺序和设置不透明度等。同时选择“亮度/对比度”和“色相/饱和度”调整图层，之后单击“图层”—“图层编组”命令，此时“亮度/对比度”和“色相/饱和度”调整图层自动编为组 1，编组后的图层只需要单击其前面的三角形，即可重新打开组内的图层，如图 6-41 所示。

左 图6-40

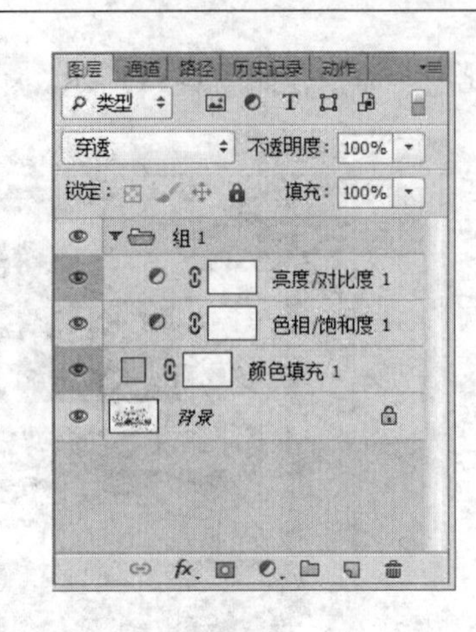


右 图6-41

## 6.2.4 图层对齐与分布

在绘制图像时，有时需要对多个图像进行必要的排列。在 Photoshop 中可以通过图层的对齐和分布准确地排列图像。

Photoshop 中有 6 种对齐和分布方式，所有对齐和分布方式均在菜单栏“图层”下的“对齐”和“分布”命令中，如图 6-42 所示。只有图像具有多个图层，且有 2 个以上图层被同时选择的情况下，对齐命令才会激活；3 个以上图层被同时选择，分布命令才会激活。如果选择移动工具，在移动工具的选项栏中也会有相应的按钮，而且作用相同。下面将一一讲解对齐和分布方式。

### 1. 对齐

◈ 顶边：可将选择图层的顶层像素与当前图层的顶层像素对齐，或与选区边框的顶边对齐。

◈ 垂直居中：可将选择图层上垂直方向的重心像素与当前图层上垂直方向的重心像素对齐，或与选区边框的垂直中心对齐。

◈ 底边：可将选择图层的底端像素与当前图层的底端像素对齐，或与选区边框的底边对齐。

◈ 左边：可将选择图层的左端像素与当前图层的左端像素对齐，或与选区边框的左边对齐。

◈ 水平居中：可将选择图层上水平方向的中心像素与当前图层上水平方向的中心像素对齐，或与选区边框的水平中心对齐。

◈ 右边：可将选择图层的右端像素与当前图层的右端像素对齐，或与选区边框的右边对齐。

### 2. 分布

分布是将图层之间的间隔均匀地分布，在 Photoshop 中提供了 6 种分布方式。

◈ 顶边：从每个图层的顶端像素开始，间隔均匀地分布选择的图层。

◈ 垂直居中：从每个图层的垂直居中像素开始，间隔均匀地分布选择的图层。

◈ 底边：从每个图层的底部像素开始，间隔均匀地分布选择的图层。

◈ 左边：从每个图层的左边像素开始，间隔均匀地分布选择的图层。

◈ 水平居中：从每个图层的水平中心像素开始，间隔均匀地分布选择的图层。

◈ 右边：从每个图层的右边像素开始，间隔均匀地分布选择的图层。

（1）打开“配套光盘\第 6 章\水晶.tif”文件，如图 6-43 所示。

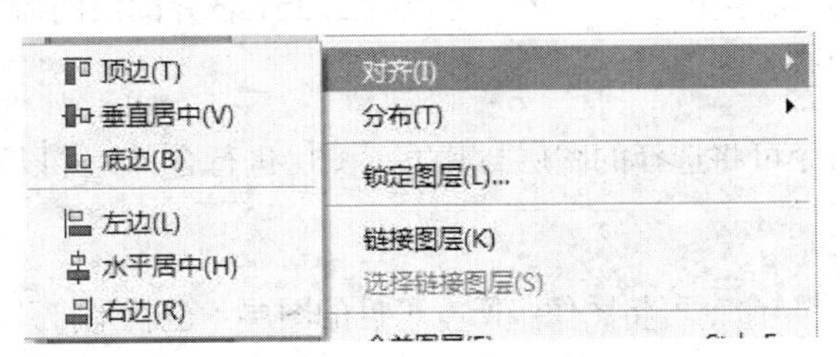


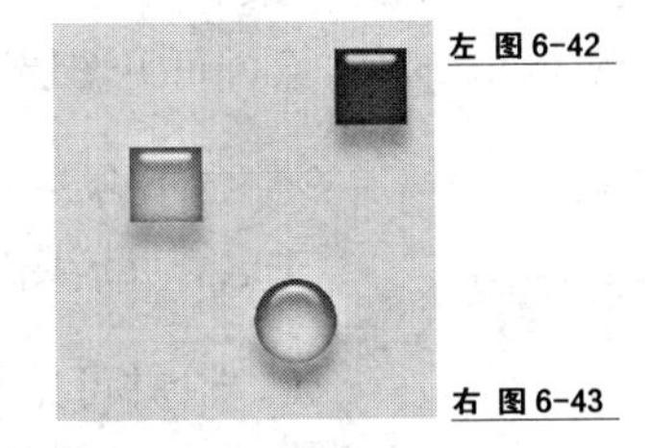

左 图 6-42

右 图 6-43

（2）按下 Ctrl 键的同时选择“图层 2”（包含蓝色水晶）、“图层 3”（包含红色水晶），分别单击移动选项栏中的按钮，最终效果如图 6-44 所示（注意每次操作完毕都需要重新打开文件或者按下 F12 键将图像恢复到初始状态）。从图中可见 2 个方形水晶从左至右分别以顶边、垂直居中、底边、左边、水平居中、右边方式对齐。

图 6-44

（3）按下 Ctrl 键的同时选择图层 1（包含蓝色水晶）、图层 2、图层 3，分别单击移动选项栏中的按钮，最终效果如图 6-45 所示。从图中可见，当选择 3 个物体时，3 个物体从左至右也分别以顶边、垂直居中、底边、左边、水平居中、右边方式对齐。

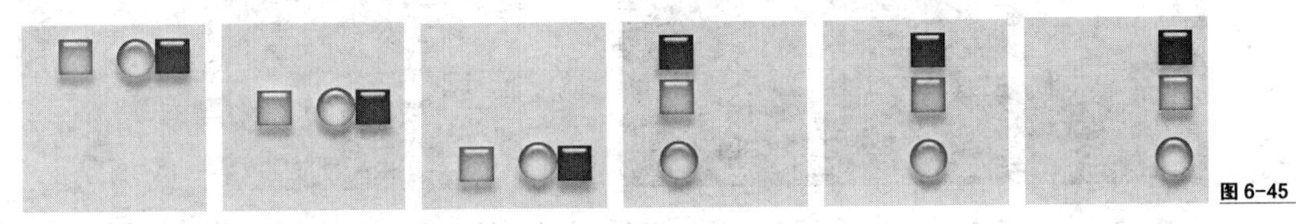

图 6-45

（4）在文件中使用矩形选框工具框选一个区域，如图 6-46 所示。

（5）再次同时选择 3 个物体，单击移动工具选项栏中的“垂直居中”按钮，此时效果如图 6-47 所示。可见 3 个物体在选框内垂直居中对齐。

左 图 6-46

右 图 6-47

（6）按下 F12 键将图像恢复到初始状态。再次选择 3 个物体，此时可见按钮被激活，依次单击，可见物体只是稍微移动。

## 6.2.5　合并、删除图层

当图像编辑完毕后可以将图层合并，在效果图修改中往往也会在最后将所有图层合并，再进行最后的色调调整。在“图层”菜单下可以找到 3 个合并图层的命令，分别是“向下合并”“合并可见图层”“合并图像”。

◈ “向下合并”命令可将选择的图层与其下一图层进行合并，并以下一层图层的名称命名合并后图层。

◈ “合并可见图层”命令可将图像中所有可见的图层（也就是打开了眼睛的图层）合并为一个图层，而不可见的图层则不会合并。合并后图层名称以当前图层的名称命名。

◈ “合并图像”命令可将图像中所有图层合并。

（1）打开“配套光盘\第 6 章\小区.tif”文件，如图 6-48 所示。

（2）选择“Layer7”图层，单击“图层”菜单下的“向下合并”命令，即可将“Layer7”图层与“Layer6”图层合并，并以“Layer6”命名合并后的图层，如图 6-49 所示。此时大雁和行人图像合并到一起了，移动大雁，行人也会跟随移动。

左 图6-48

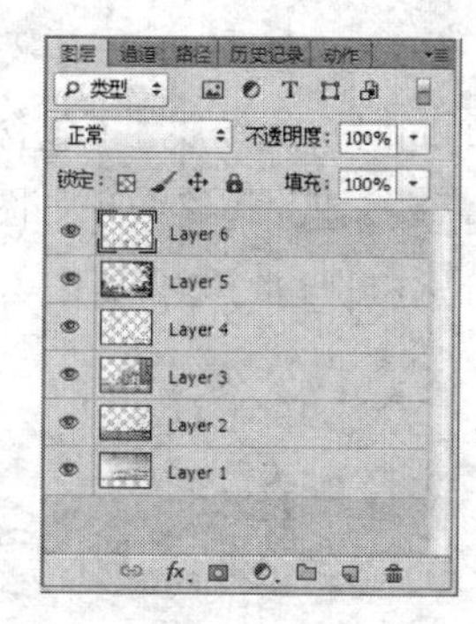


右 图6-49

（3）关闭“Layer1”图层和“Layer3”图层前的“眼睛”图标，单击“图层”菜单下的“合并可见图层”命令，此时所有打开眼睛的图层均自动合并，如图 6-50 所示。此时除了 Layer1 图层中的天空和 Layer3 图层中的建筑外，其余图层自动合并。

（4）再次打开“Layer1”图层和“Layer3”图层前的“眼睛”图标，单击“图层”菜单下的“拼合图像”命令，则所有图层均合并，此时图层自动转为“背景”图层，如图 6-51 所示。

左 图6-50

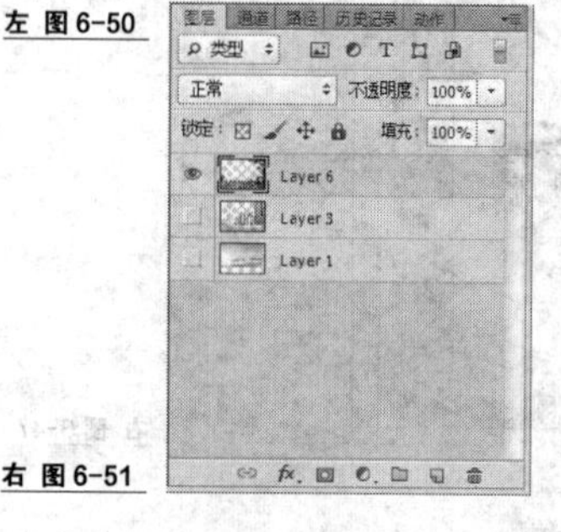

右 图6-51

（5）按下 F12 键将图像恢复到初始状态，如图 6-52 所示。

（6）按住鼠标左键，拖曳“Layer3”图层至图标删除“Layer3”图层，最终效果如图 6-53 所示。可见“Layer3”图层中的建筑已被删除。此外还可以选择任一图层，然后单击“图层”菜单—“删除”—“图层”命令删除所选图层。

左 图6-52

右 图6-53

# 6.3 图层的混合模式

图层混合模式主要用于制作两个或两个以上图层的混合的效果，不同的图层的混合模式决定当前图层的像素如何与图像中的下层像素进行混合。灵活运用各种图层混合模式可以获得非常出色的效果。在效果图修改中，采用混合模式能够起到极大的作用，尤其在光色的调整和材质的调整上作用尤为明显。

系统默认的图层混合模式为正常模式，也就是图像原始状态。单击“图层”面板中的图层混合模式下拉列表菜单，可以从中选择各种不同的混合模式，如图 6-54 所示。需要注意的是只有具有两个或两个以上图层，混合模式才能使用，下面将对各种混合模式命令一一进行介绍。

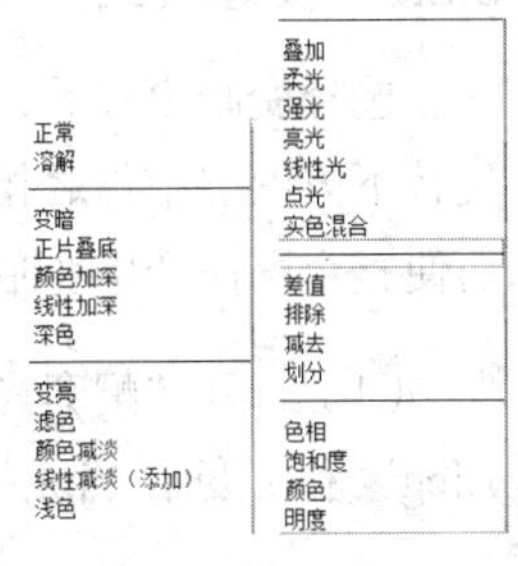


图6-54

## 6.3.1 溶解模式

溶解模式的作用是随机消失部分图像的像素，消失的部分可以显示背景内容，从而形成了 2 个图层交融的效果。当图层中的图像出现透明像素，将会依据图像中透明像素数量显示出颗粒化效果。选择该项，上下图层间的混合与叠加关系依据上方图层的“不透明度”而定。如果上方图层的“不透明度”为 100%，则完全覆盖下方图层。如果“不透明度”值降低，下方图层的显示效果将越来越清晰。

（1）打开“配套光盘\第 6 章\溶解 1.jpg、溶解 2.jpg”文件，使用移动工具选中“溶解 1.jpg”和“溶解 2.jpg”文件标题栏向下拖曳，如图 6-55 所示。

（2）用移动工具将“溶解 2.jpg”移动至“溶解 1.jpg”，将“溶解 2.jpg”关闭，如图 6-56 所示。

左 图6-55

右 图6-56

（3）选择“图层 1”，将混合模式改为“溶解”，并设置“不透明度”为“50%”，如图 6-57 所示。溶解后效果如图 6-58 所示。

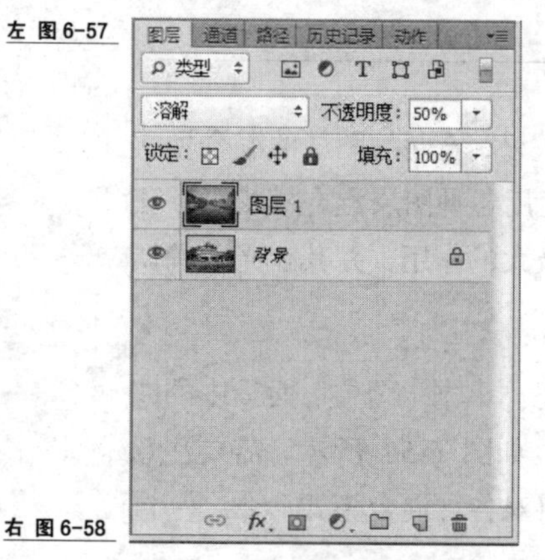

左 图6-57

右 图6-58

## 6.3.2 变暗模式

选择变暗模式后，Photoshop 会对上下两层的像素进行比较，以上方图层中较暗的像素代替下方图层中与之相对应的较亮像素，图层中亮的像素被替换，而较暗的像素不改变，从而使整个图像产生变暗的效果。

（1）打开“配套光盘\第 6 章\变暗 1.jpg、变暗 2.jpg”文件，使用移动工具选中“变暗 1.jpg”和“变暗 2.jpg”文件标题栏向下拖曳，如图 6-59 所示。

（2）用移动工具将“变暗 2.jpg”移动至“变暗 1.jpg”，将“变暗 2.jpg”关闭，如图 6-60 所示。

（3）选择裁剪工具，裁剪掉多余的部分，如图 6-61 所示。

（4）设置混合模式如图 6-62 所示。

（5）最终效果如图 6-63 所示，可见原图中的白色区域被黄色纹理取代。

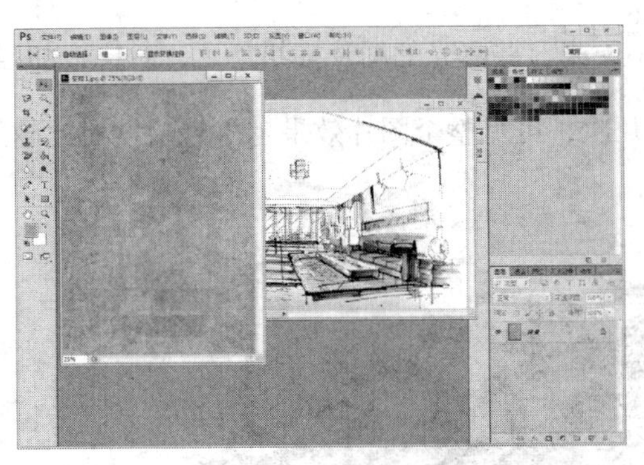

左 图 6-59

右 图 6-60

左 图 6-61

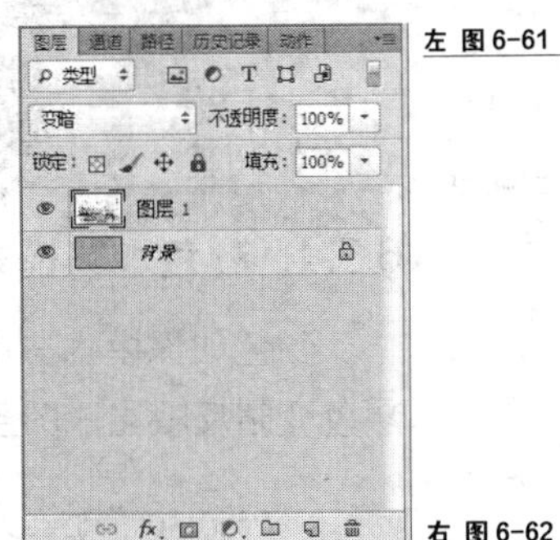


右 图 6-62

图 6-63

### 6.3.3 正片叠底模式

选择正片叠底模式时最终得到的颜色比上下两个图层的颜色都要暗一点，在这个模式中，黑色和任何颜色混合之后还是黑色。而任何颜色和白色混合，颜色不会改变。正片叠底的特点决定它可以很好地纠正图片的曝光效果。

（1）打开“配套光盘\第 6 章\正片叠底.jpg”文件，如图 6-64 所示。

（2）将“背景”图层拖曳至“图层”调板的“创建新图层”按钮 上，得到“背景 副本”图层，将其“混合模式”改为“正片叠底”，如图 6-65 所示。

左 图 6-64

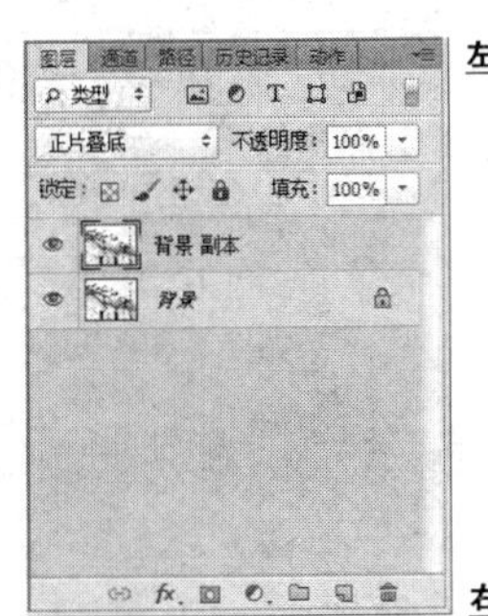


右 图 6-65

（3）最终效果如图6-66所示，可见图中原来有些曝光的图片被纠正了，对比也加强了。

（4）选择“背景 副本”图层，多复制几次，可见整个图片效果越来越暗，对比越发强烈，如图6-67所示。

左 图6-66

右 图6-67

## 6.3.4 颜色加深模式

颜色加深模式与正片叠底模式效果类似，可以使图层的亮度降低、色彩加深，将底层的颜色变暗反映当前图层的颜色，与白色混合后不产生变化。

（1）打开“配套光盘\第6章\颜色加深1.jpg、颜色加深2.jpg、颜色加深3.jpg”文件，如图6-68所示。

（2）将颜色加深1.jpg、颜色加深2.jpg移至颜色加深3.jpg文件中，并调整位置和大小如图6-69所示。

左 图6-68

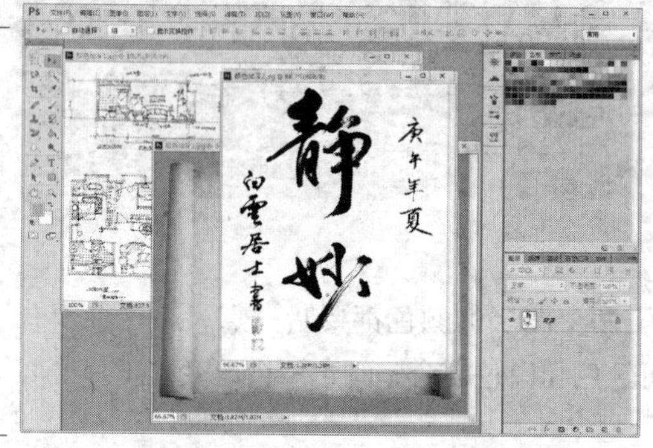

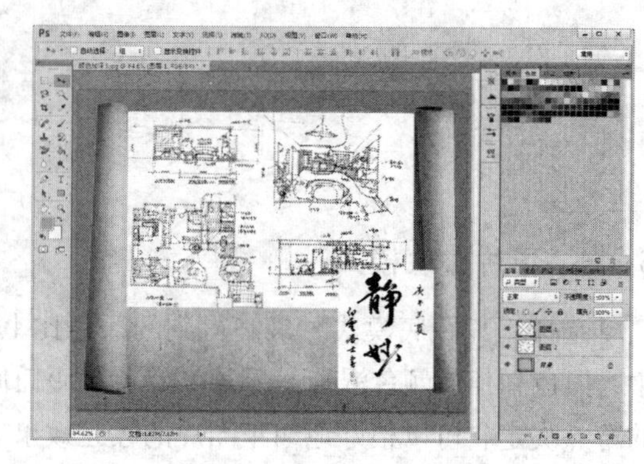

右 图6-69

（3）将“图层1”和“图层2”的“混合模式”全部改为“颜色加深”，如图6-70所示。

（4）更改模式后的效果如图6-71所示。

左 图6-70

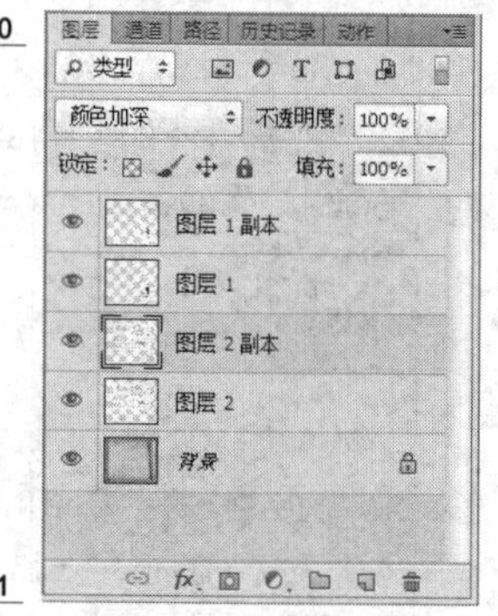


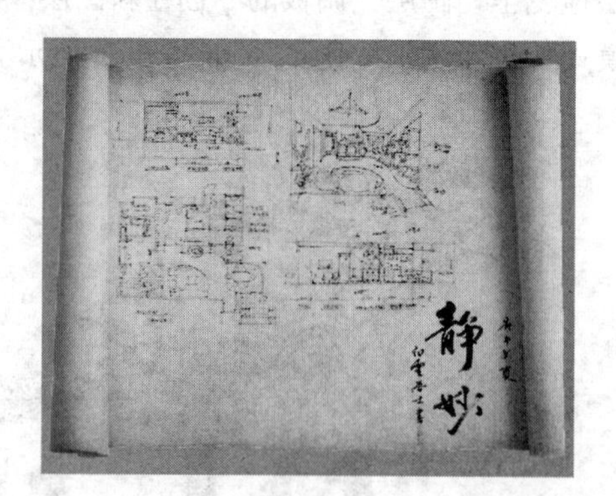

右 图6-71

（5）将“图层 1”和“图层 2”各复制 1 次，如图 6-72 所示。

（6）复制后效果如图 6-73 所示，可见整体效果加深了。

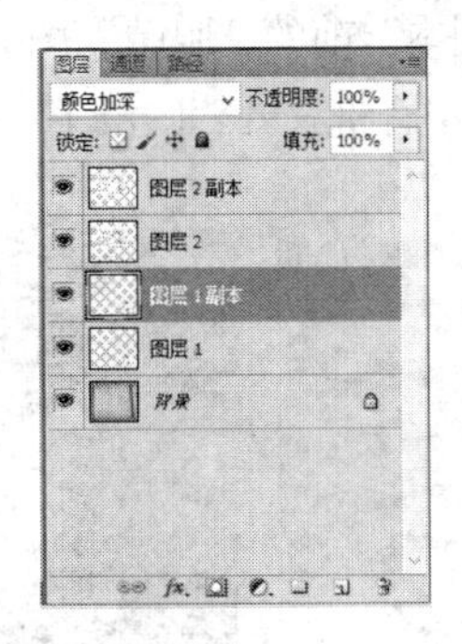


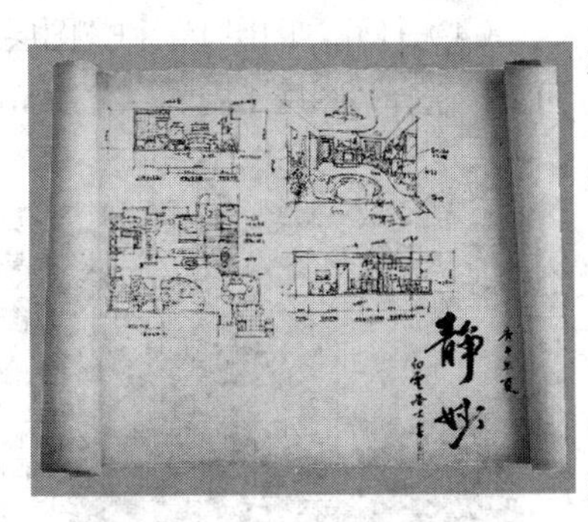

左 图 6-72

右 图 6-73

## 6.3.5 线性加深模式

使用线性加深模式减小底层的颜色亮度从而反映当前图层的颜色，与白色混合后不产生变化，其作用和颜色加深类似。

（1）打开“配套光盘\第 6 章\线性加深.psd”文件，如图 6-74 所示。

（2）将“图层 1”改为“线性加深”模式，最终效果如图 6-75 所示。

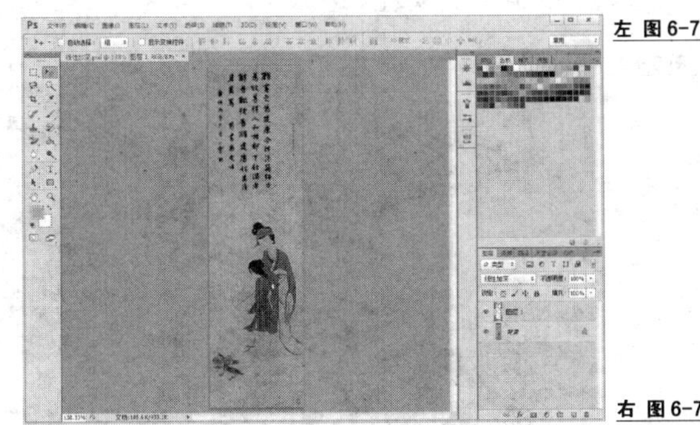

左 图 6-74

右 图 6-75

## 6.3.6 深色模式

使用深色模式将当前图层和底层颜色相比较，将两个图层中相对较暗的像素创建为结果色。

（1）打开“配套光盘\第 6 章\深色.psd”文件，如图 6-76 所示。

（2）选择“图层 1”，按住 Alt 键并移动得到一个“图层 1 副本”，调整副本的位置和大小，结果如图 6-77 所示。

左 图 6-76

右 图 6-77

（3）单击“图层 1”和“图层 1 副本”前的“眼睛”图标，关闭眼睛，使其处于不可见状态，使用套索工具选择“台灯”，如图 6-78 所示。

（4）打开“图层 1”和“图层 1 副本”前的“眼睛”图标，使“图层 1”和“图层 1 副本”可见。选择“图层 1 副本”，按 Ctrl+E 组合键合并“图层 1”和“图层 1 副本”，如图 6-79 所示。

左 图 6-78

右 图 6-79

（5）选择“图层 1”按 Ctrl+Shift+I 组合键反选，接着按 Delete 键删除反选部分内容，如图 6-80 所示。

（6）将“图层 1”的混合模式改为“深色”，效果如图 6-81 所示，可以看到台灯灯罩被笼罩了一层纹理。

左 图 6-80

右 图 6-81

## 6.3.7 变亮模式

变亮模式作用与变暗模式相反，它以上方图层中较亮像素代替下方图层中与之相对应的较暗像素，且下方图层中的较亮区域代替上方图层中的较暗区域，从而使整个图像产生变亮的效果。

（1）打开“配套光盘\第 6 章\变亮.jpg”文件，如图 6-82 所示。

（2）使用套索工具选择窗帘部分并复制粘贴出“图层 1”，如图 6-83 所示。

左 图 6-82

右 图 6-83

（3）使用移动工具将窗帘拖至床后靠背墙部分，按 Ctrl+T 组合键对图像进行变换，先使用“透视”功能，将图形变换成为如图 6-84 所示形状，接着再次单击鼠标右键选择“扭曲”命令，调整窗帘如图 6-85 所示。

左 图 6-84

右 图 6-85

（4）关闭“图层 1”的“眼睛”图标，使“图层 1”不可见，然后使用“套索工具”选择床后靠背墙部分，如图 6-86 所示。

（5）按 Ctrl+Shift+I 组合键反选，单击“图层 1”的“眼睛”图标使之可见，接着按 Delete 键删除反选部分内容，如图 6-87 所示。

左 图 6-86

右 图 6-87

（6）将“图层 1”的“混合模式”改为“变亮”，如图 6-88 所示。从图中可以看出，变亮后的效果只有暗藏灯光处隐约可见，其余部分没有变化。这是因为底部图层中只有暗藏灯光比窗帘更亮些。

（7）选择“背景”图层，再选择“画笔”工具，先用“黑色”在窗帘处涂抹，发现画面没有任何变化。接着再用“白色”画笔涂抹，此时白色显示出来，如图 6-89 所示。通过这个范例读者应该能够较好地理解变亮模式的作用了。

左 图 6-88

右 图 6-89

### 6.3.8 滤色模式

滤色模式是正片叠底模式的逆运算，混合后得出较亮的颜色。如果复制同一图层并对处于上方的图层应用“滤色”模式，可以加亮图像。在增亮图像的同时使图像具有梦幻般的效果。

（1）打开“配套光盘\第 6 章\滤色.jpg”文件，如图 6-90 所示。

（2）拖动“背景”图层，复制一个“背景 副本”图层，如图 6-91 所示。

（3）选择“背景 副本”图层，单击“滤镜”—“模糊”—“高斯模糊”命令，在弹出的“高斯模糊”对话框中将“半径”参数设置为“35”，如图 6-92 所示。

（4）将“背景 副本”图层模式改为“滤色”，效果如图 6-93 所示。从图中可见不仅整体图像变亮了，而且图像有了一种梦幻的效果。

左 图 6-90

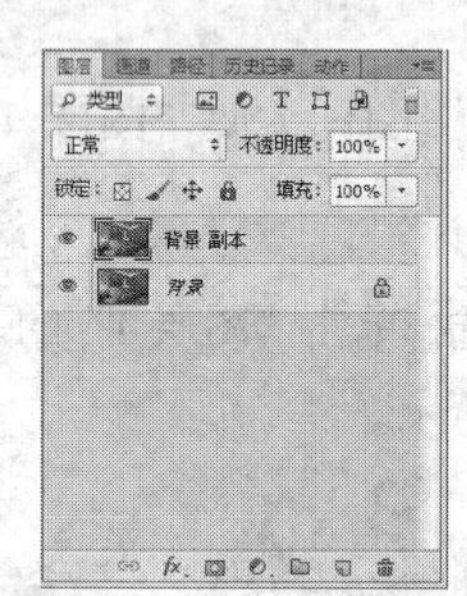


右 图 6-91

左 图 6-92

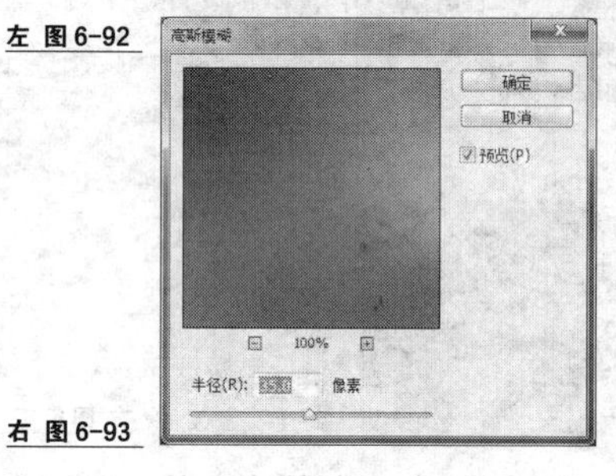

右 图 6-93

### 6.3.9 颜色减淡模式

颜色减淡模式的原理为上方图层的像素值与下方图层像素值采取一定的算法相加，颜色减淡模式的效果比滤色模式的效果更加明显。

（1）打开“配套光盘\第 6 章\颜色减淡.psd”文件，如图 6-94 所示。

（2）将“图层 1”改为“颜色减淡”模式，效果如图 6-95 所示。

左 图 6-94

右 图 6-95

### 6.3.10 线性减淡模式

线性减淡模式会加亮所有通道的基色，并通过降低其他颜色的亮度来反映混合颜色，此模式对于黑色无效。

（1）打开“配套光盘\第6章\线性减淡.jpg”文件，如图6-96所示。

（2）拖曳“背景”图层至 图标上，复制一个“背景 副本”图层，如图6-97所示。

（3）单击“图像”—“调整”—“反相”命令，得到的图像效果如图6-98所示。

（4）单击“滤镜”—“其他”—“最小值”命令，弹出“最小值”对话框，设置如图6-99所示。

左 图6-96

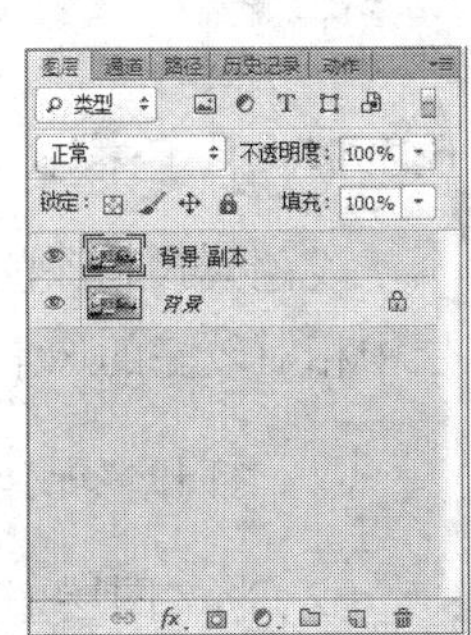


右 图6-97

左 图6-98

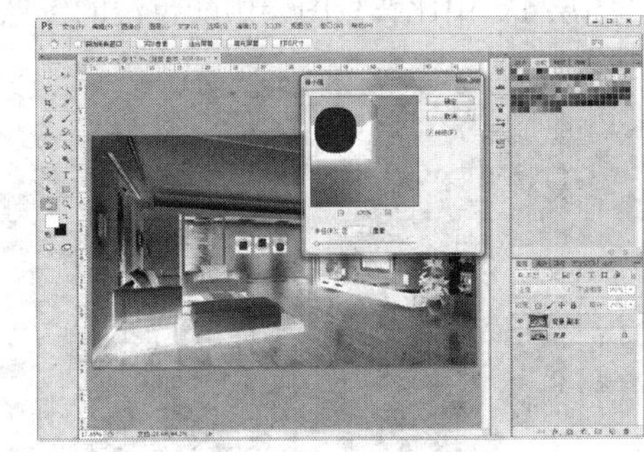

右 图6-99

（5）将图层副本混合模式设置为“线性减淡（添加）”，效果如图6-100所示。

（6）单击“图层”—“图层样式”—“混合选项”命令，弹出“图层样式”对话框（快捷方式为双击“图层”调板中图层名称后空白处），在“混合颜色带”选项中，按住Alt键单击“下一图层”黑色滑块，将其分开，如图6-101所示。

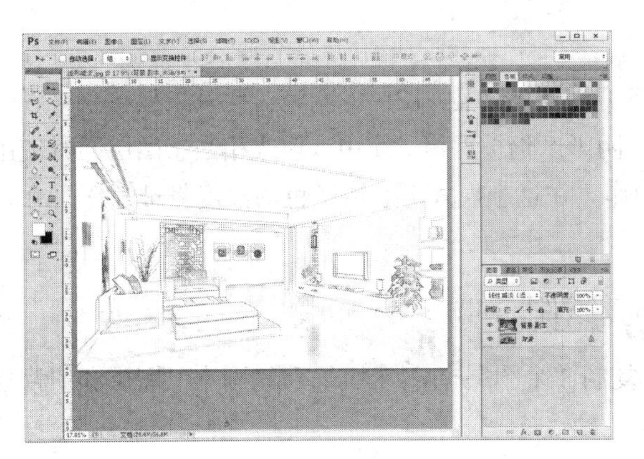

左 图6-100

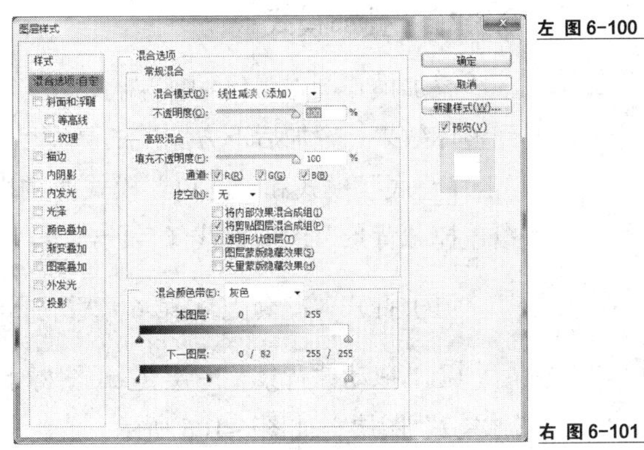


右 图6-101

（7）最终效果如图 6-102 所示。从图中可见，计算机效果图变成了手绘效果图。

图 6-102

### 6.3.11 浅色模式

浅色模式和深色模式的效果相反。使用该模式将当前图层和底层颜色相比较，将两个图层中相对较亮的像素创建为结果色。

（1）打开“配套光盘\第 6 章\浅色.psd”文件，如图 6-103 所示。

（2）将“图层 1”的混合模式改为“浅色”，最终效果如图 6-104 所示。从图中可以看出，“图层 1”中比背景图层中颜色浅的图像替换了背景图层中颜色较深的图像。

左 图 1-103

右 图 1-104

### 6.3.12 叠加模式

叠加模式图像最终的效果将取决于下方图层，但上方图层的明暗对比效果也将直接影响到整体效果，叠加后下方图层的亮度区与阴影区仍被保留。使用该模式相当于图层同时使用“正片叠底”模式和“滤色”模式两种操作。在这个模式下底层颜色的深度将被加深，并且覆盖掉“背景”图层上浅颜色的部分。

（1）打开“配套光盘\第 6 章\叠加.jpg”文件，如图 6-105 所示。

（2）拖动“背景”图层至 图标上复制 2 个图层，分别为“背景 副本”图层和“背景 副本 2”图层，如图 6-106 所示。

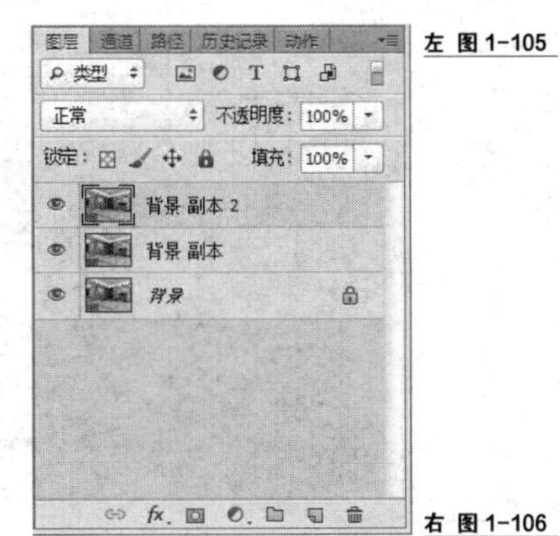


左 图 1-105 右 图 1-106

（3）选择“背景 副本 2”图层，单击“滤镜”—“模糊”—“高斯模糊”命令，弹出“高斯模糊”对话框，设置“半径”参数为“10”，设置完毕单击“确定”按钮即可，如图 6-107 所示。接着单击“滤镜”—“滤镜库”—“艺术效果”—“水彩”命令，弹出“水彩”对话框，设置如图 6-108 所示。

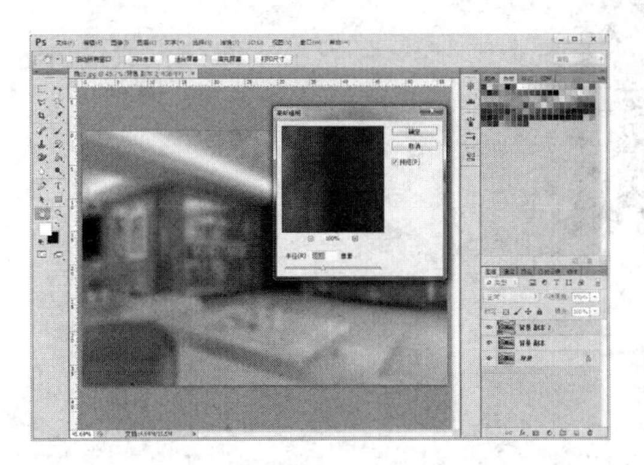

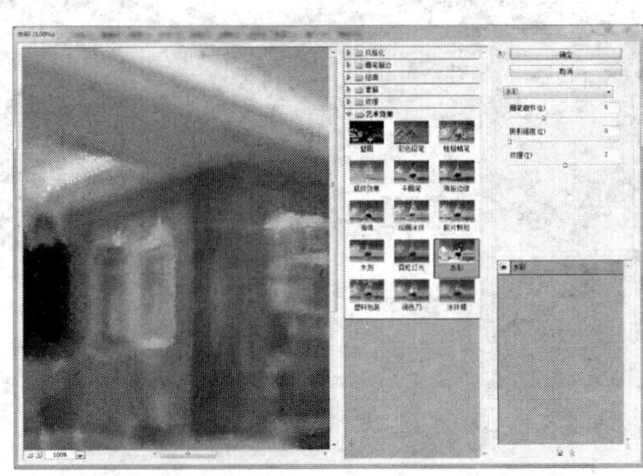

左 图 6-107 右 图 6-108

（4）选择“背景 副本”图层，单击“滤镜”—“模糊”—“高斯模糊”命令，弹出“高斯模糊”对话框，设置“半径”参数为“3.0”，设置完毕单击“确定”按钮即可，如图 6-109 所示。

（5）将“背景 副本”和“背景 副本 2”图层混合模式全部改为“叠加”，效果如图 6-110 所示。

左 图 6-109 右 图 6-110

（6）单击 图标新建一个“图层 1”，并将“图层 1”置于“图层”面板的顶端。将前景色 RGB 设置为“115，138，70”的绿色，并填充到“图层 1”中，如图 6-111 所示。

（7）单击“滤镜”—“滤镜库”—“纹理”—“纹理化”命令，弹出“纹理化”对话框，设置纹理化参数如图 6-112 所示。

左 图 6-111

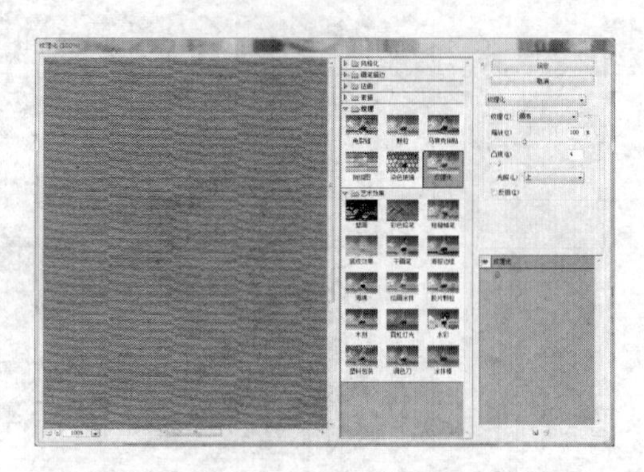

右 图 6-112

（8）将“图层 1”混合模式改为“叠加”，最终完成效果如同一幅颜色艳丽的油画，如图 6-113 所示。

图 6-113

### 6.3.13 柔光模式

柔光模式将根据上下图层的图像，使图像的颜色变亮或变暗。变化的程度取决于像素的明暗程度，如果上方图层的像素比 50%灰色亮，则图像变亮；反之，则图像变暗。

（1）打开“配套光盘\第 6 章\柔光.psd”文件，如图 6-114 所示。

（2）选择“图层 1”，拖动至 图标上复制一个“图层 1 副本”。选择“图层 1 副本”，按 Ctrl+T 组合键使用“变换”命令进行变换，如图 6-115 所示。

左 图 6-114

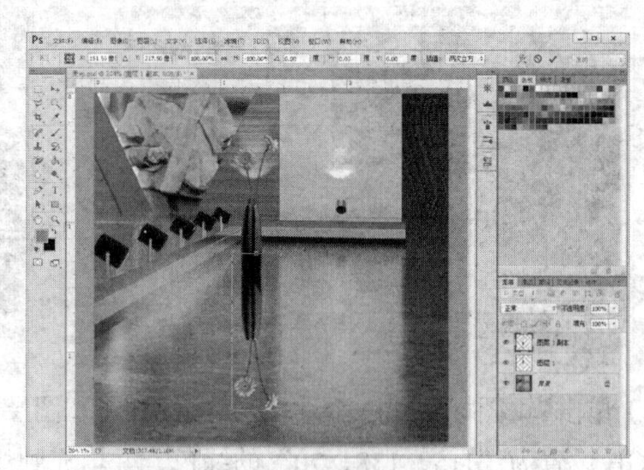

右 图 6-115

（3）将“图层 1 副本”的混合模式改为“柔光”，效果如图 6-116 所示。

（4）将“图层 1 副本”的不透明度改为“45%”，最终效果如图 6-117 所示。

左 图6-116

右 图6-117

## 6.3.14 强光模式

使用强光模式产生的效果与耀眼的聚光灯照在图像上的效果相似，它是根据当前图层的颜色使底层的颜色更为浓重或更为浅淡，这取决于当前图层上颜色的亮度。

（1）打开“配套光盘\第6章\强光.jpg”文件，如图6-118所示。

（2）单击 图标新建一个“图层1”，如图6-119所示。

左 图6-118

右 图6-119

（3）选择“渐变工具”，在渐变选项栏中单击，弹出“渐变编辑器”对话框，设置渐变色如图6-120所示。其中左边绿色的RGB值为“100，130，10”，右边暗红色RGB值为“80，50，10”。

（4）将混合模式修改为强光模式，最终效果如图6-121所示。

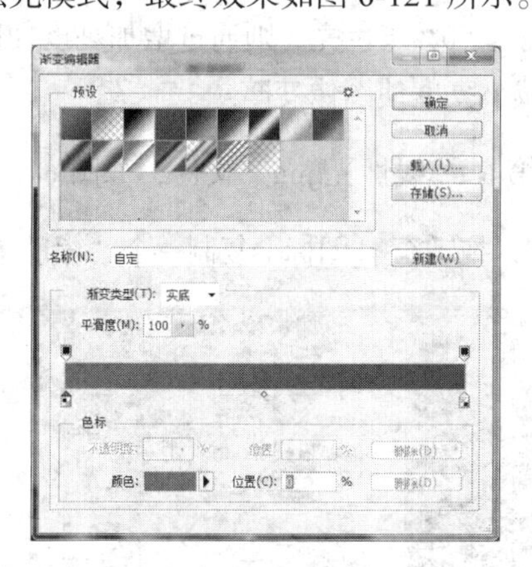

左 图6-120

右 图6-121

## 6.3.15 亮光模式

亮光模式是通过增加或减小底层的对比度来加深或减淡颜色的。如果当前图层的颜色比

50%灰色亮，则通过减小对比度使图像变亮；如果当前图层的颜色比 50%灰色暗，则通过增加对比度使图像变暗。

（1）打开“配套光盘\第 6 章\亮光.jpg”文件，如图 6-122 所示。

（2）单击 图标新建一个“图层 1”，如图 6-123 所示。

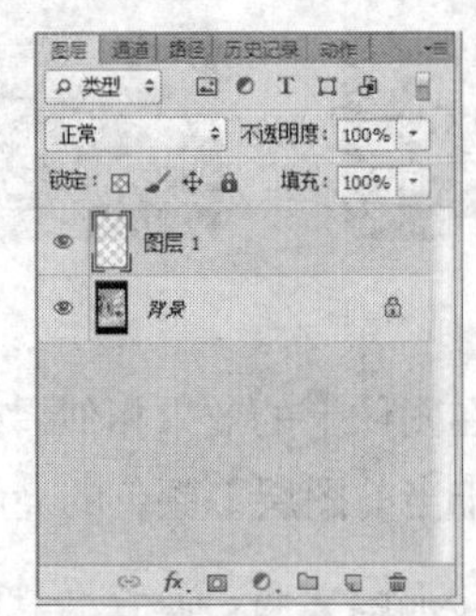


左 图 6-122
右 图 6-123

（3）分别选择“浅绿色”和“深绿色”填充，如图 6-124 所示。

（4）选择“图层 1”，将其混合模式改为“亮光”，最终效果如图 6-125 所示。

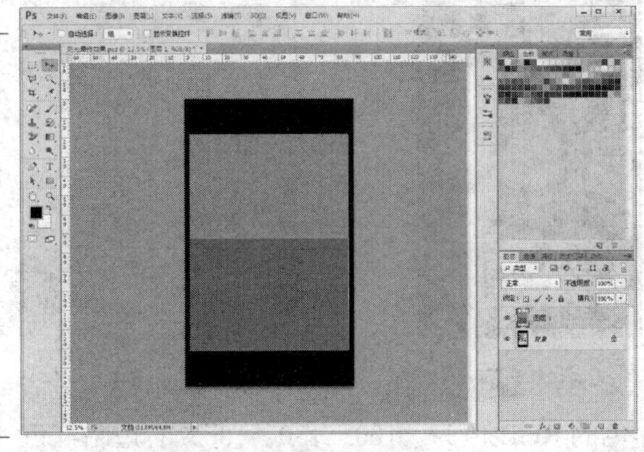

左 图 6-124
右 图 6-125

### 6.3.16　线性光模式

线性光模式是通过增加或减小底层的亮度来加深或减淡颜色的，具体取决于当前图层的颜色，如果当前图层的颜色比 50%灰色亮，则通过增加亮度使图像变亮；如果当前图层的颜色比 50%灰色暗，则通过减小亮度使图像变暗。

（1）打开“配套光盘\第 6 章\线性光.jpg”文件，如图 6-126 所示。

（2）选择“背景”图层，拖动至 图标上复制一个“背景 副本”图层，如图 6-127 所示。

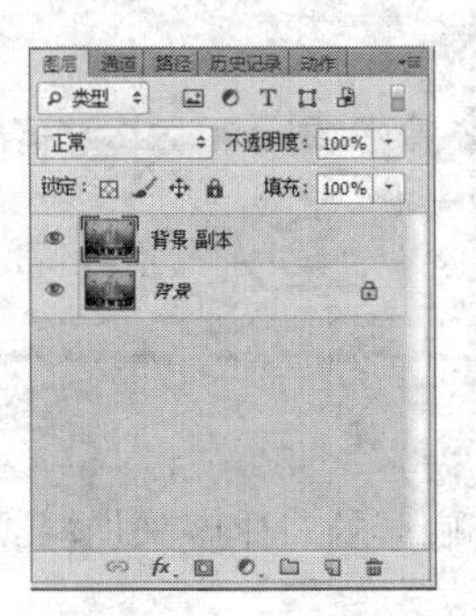


左 图 6-126
右 图 6-127

（3）单击“滤镜”—“模糊”—“高斯模糊”命令，设置如图 6-128 所示。

（4）将“背景 副本”图层模式改为“线性光”模式，最终效果如图 6-129 所示。

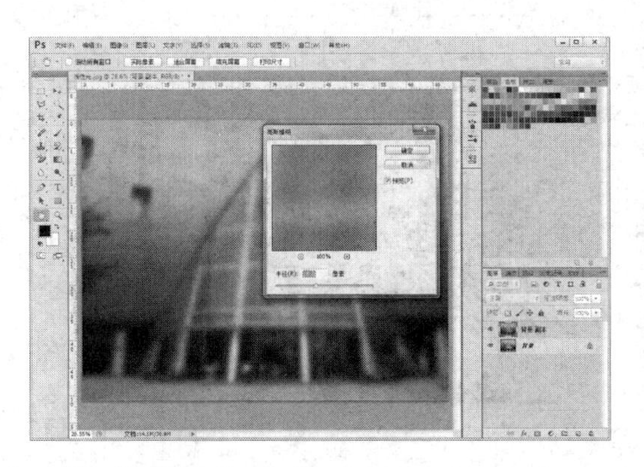

左 图 6-128

右 图 6-129

## 6.3.17 点光模式

点光模式是通过置换颜色像素来混合图像的，如果混合色比 50%灰度亮，则源图像暗的像素会被置换，而亮的像素则无变化；如果当前图层的颜色比 50%灰色暗，则替换比当前图层颜色亮的像素，而不改变暗的像素。

（1）打开“配套光盘\第 6 章\点光.psd”文件，如图 6-130 所示。

（2）选择“图层 2”，单击“滤镜”—“渲染”—“光照效果”命令，设置参数如图 6-131 所示。单击“确定”按钮后效果如图 6-132 所示。

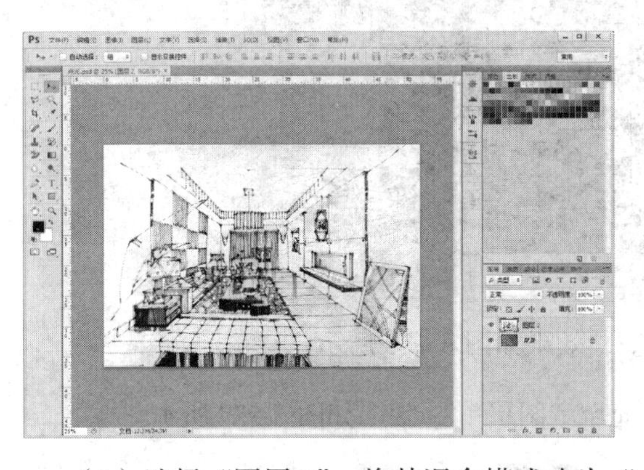

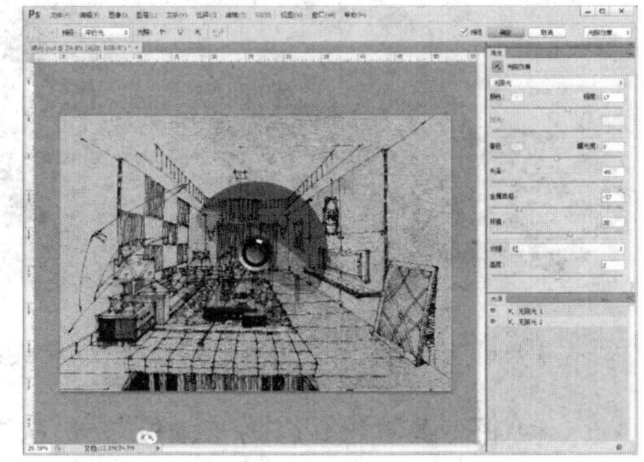

左 图 6-130

右 图 6-131

（3）选择“图层 2”，将其混合模式改为“点光”，效果如图 6-133 所示。

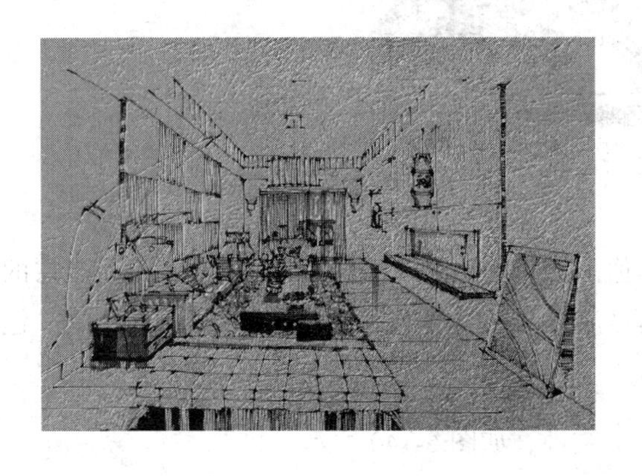

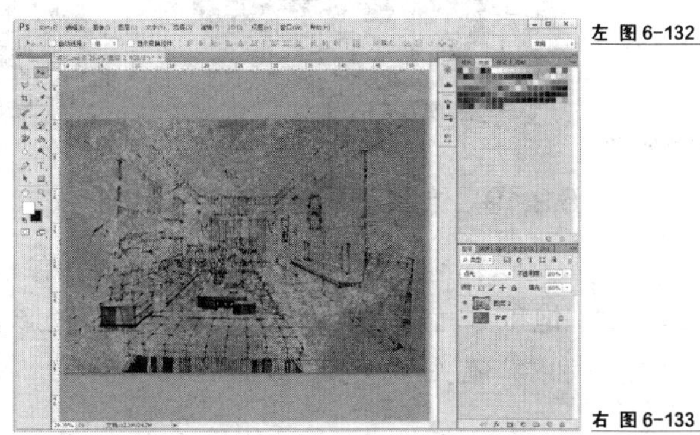

左 图 6-132

右 图 6-133

（4）选择“背景”图层，按Ctrl+M组合键打开“曲线”对话框，设置如图6-134所示，最终效果如图6-135所示。

左 图6-134

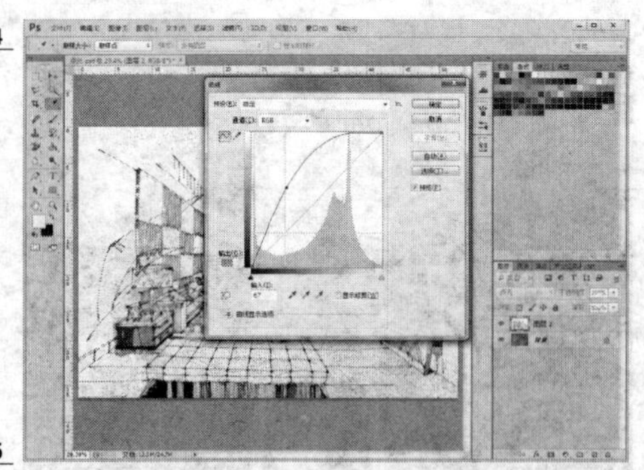

右 图6-135

## 6.3.18 实色混合模式

选择实色混合模式，最终图像的像素值由下方图层的“亮度”与“饱和度”值及上方图层的“色相”值构成，但是针对黑白灰不起作用。

（1）打开“配套光盘\第6章\色相.jpg”文件，如图6-136所示。

（2）单击 图标新建“图层1”，将“前景色”改为“蓝色”，填充入“图层1”，如图6-137所示。

左 图6-136

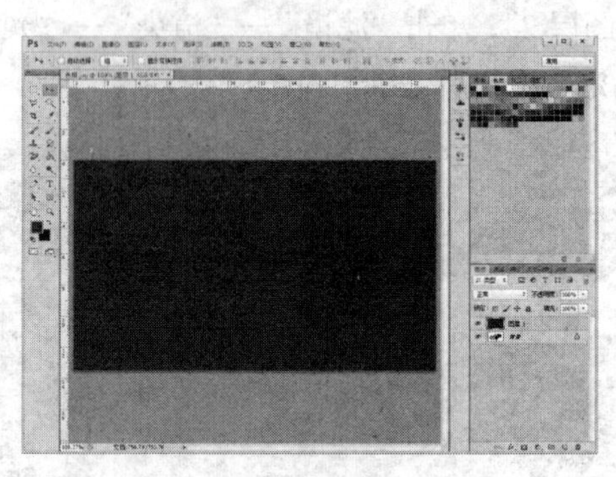

右 图6-137

（3）将“图层1”的混合模式改为“实色”，效果如图6-138所示。

（4）将“前景色”改为“绿色”，再次填充至“图层1”，效果如图6-139所示。

左 图6-138

右 图6-139

## 6.3.19 饱和度混合模式

选择饱和度混合模式，最终图像的像素值由下方图层的“亮度”和”色相”值及上层的“饱和度”值构成。“饱和度”对于图像的影响与色彩本身没有关系，但是和图像的色彩的“饱和度”有关系。

（1）打开“配套光盘\第6章\饱和度.jpg”文件，如图6-140所示。

（2）单击 图标新建“图层 1”，将“前景色”改为“纯度很高的蓝色”，填充入“图层 1”，并将“图层 1”的混合模式改为“饱和度”，效果如图 6-141 所示。

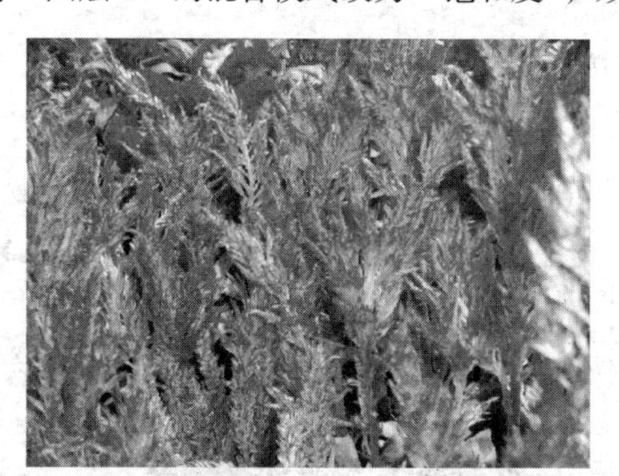

左 图 6-140

右 图 6-141

（3）接着再将“前景色”改为“比较灰的蓝色”，再次填充，效果如图 6-142 所示。

（4）将“前景色”改为“纯度很高的黄色”，再次填充，效果如图 6-143 所示。从实例中可以看出，色彩的饱和度对于饱和度模式影响很大，色彩色相本身反而是不起作用的。

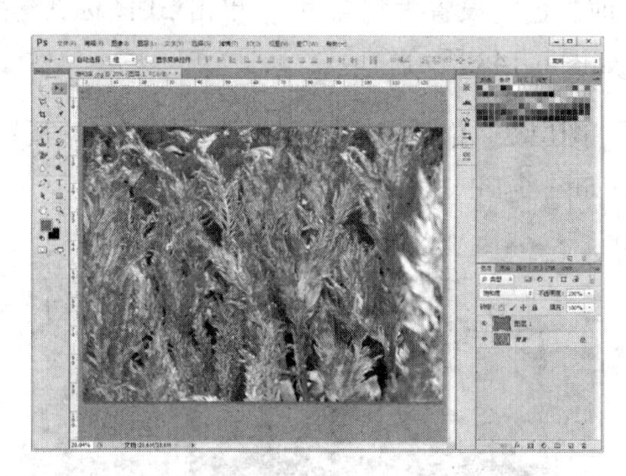

左 图 6-142

右 图 6-143

### 6.3.20 颜色混合模式

颜色混合模式是用底层颜色的亮度以及当前图层颜色的色相和饱和度创建结果色，这样可以保留图像中的灰阶。使用该模式给单色图像上色和给彩色图像着色都非常有用。

（1）打开“配套光盘\第 6 章\颜色.jpg”文件，如图 6-144 所示。

（2）选择“背景”图层，拖动至 图标上复制一个“背景 副本”图层，按 Ctrl+Shift+U 组合键去色，如图 6-145 所示。

左 图 6-144

右 图 6-145

（3）新建“图层1”，将“前景色”改为“绿色”填充入“图层1”中，并将“图层1模式”改为“颜色”，得出效果如图6-146所示。

（4）按Ctrl+A组合键全选图像，接着按Ctrl+Alt+D组合键打开“羽化”命令，设置“羽化值”为“80”，如图6-147所示。

左 图6-146

右 图6-147

（5）按Ctrl+Shift+I组合键反选，将“前景色”设置为“黑色”，单击图标新建一个“图层2”，并将黑色填充入“图层2”中，如图6-148所示。

（6）按Ctrl+D组合键取消选择，再将“图层2”拖至图标上，复制一个“图层2副本”图层，此时可见边框黑色部分加强了，如图6-149所示。

左 图6-148

右 图6-149

（7）单击“图层”调板上的创建新的调整图层按钮，从中选择“色相/饱和度”命令，设置参数如图6-150所示。

（8）最终效果如图6-151所示。

左 图6-150

右 图6-151

### 6.3.21 色相、差值、排除、明度模式

除了上述模式外，还有色相、差值、排除、明度、减去、划分 6 种混合模式。因为这 6 种模式应用较少，限于篇幅，在这里就不举例说明了。

在应用混合模式时，如果不确定用何种混合模式，可以任意选择一种，然后按键盘上的上下指针键不断变换混合模式类型，通过观察图像可以选出自己需要的效果。

◈ 色相：该模式取消了中间色的效果，混合的结果由红、绿、蓝、青、品红、黄、黑和白 8 种颜色组成。混合的颜色由底层颜色与当前图层亮度决定。

◈ 差值：该模式将底层的颜色和当前图层的颜色相互抵消，以产生一种新的颜色效果。该模式与白色混合将反转背景的颜色，与黑色混合则不产生变化。

◈ 排除：该模式可以产生一种与“差值”模式相似但对比度较低的效果。与白色混合会使底层颜色产生相反的效果，与黑色混合不产生变化。

◈ 明度：该模式用背景色的色相和饱和度以及当前图层的亮度创建结果色。

## 6.4 图层样式

利用图层样式可以对图层应用各种效果，如投影、内发光、斜面和浮雕、叠加和描边等，利用这些图层样式完成各种图像效果。当图层应用样式时，“图层”面板右侧则会出现“图层样式”图标。

选择需要添加图层样式的图层，在菜单栏中执行“图层”—“图层样式”命令，即可打开“图层样式”对话框，从中可以选择需要的样式命令。在图层名称右侧空白处 色块上双击即可快速打开“图层样式”对话框，此外单击“图层”调板下方的“添加图层样式”按钮，同样可以为图层添加图层样式效果。

### 6.4.1 “混合选项：自定”图层样式

单击“图层”，选择“图层样式”中的“混合选项”，可以打开如图 6-152 所示的对话框。该对话框中包含的命令在其他样式选项中也有，并且作用相同，在后续内容讲解中就不再重复介绍了。

◈ 常规混合：在“常规混合”选项组下方有“混合模式”和“不透明度”两个选项。这两个选项与“图层”调板中“混合模式”选项和“不透明度”选项的使用方法和作用相同。

◈ 高级混合：在该选项组中可以设置图层的“填充不透明度”、混合“通道”“挖空”选项、是否“将内部效果混合成组”、是否“将剪贴图层混合成组”、是否应用“透明形状图层”等内容。

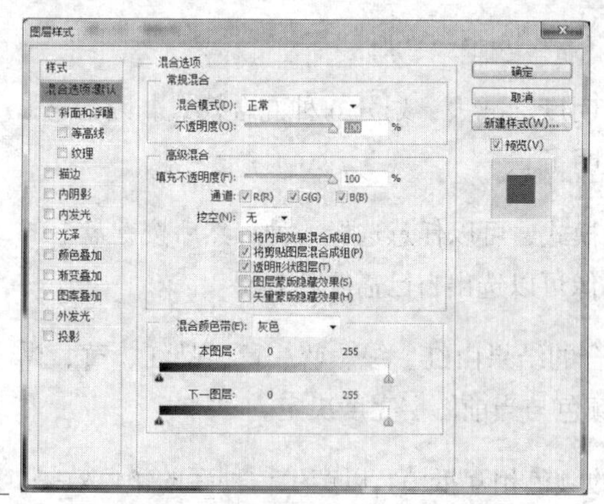

图 6-152

◈ 混合颜色带：在“混合颜色带”下拉列表中可以选择所需要的颜色通道，然后移动“本图层”或“下一图层”来调整最终图像中将显示当前图层中的哪些像素以及下面的可视图层中的哪些像素。

（1）打开“配套光盘\第6章\建筑.jpg”文件，如图 6-153 所示。

（2）双击图标，对“背景”图层进行解锁，在弹出的对话框中单击“确定”按钮，此时“背景”图层变为“图层 0”，如图 6-154 所示。

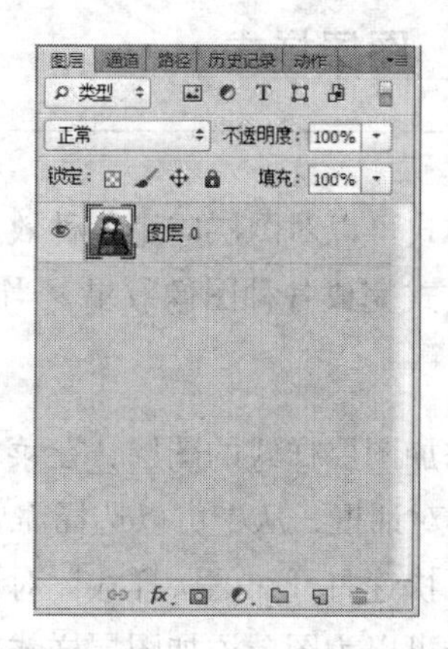

左 图 6-153

右 图 6-154

（3）双击“图层 0”的空白处，弹出“图层样式”对话框，在“混合颜色带”下拉列表中选择“蓝色”，在“本图层”中向左拖动滑块至“245”处，如图 6-155 所示。

（4）图片效果如图 6-156 所示，可见天空部分被自动删除了。

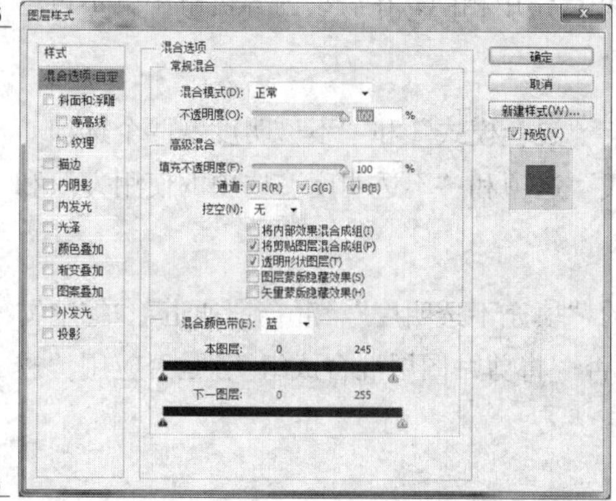

左 图 6-155

右 图 6-156

## 6.4.2 “投影”图层样式

投影样式可以给图层、文字、按钮、边框等加上投影的效果，使得画面产生立体感。所谓投影就是在图层的后面生成一个阴影，从而产生投影的视觉效果。投影是图层样式中应用最多的一种样式，其对话框如图 6-157 所示。

“投影”样式选项组主要包含“结构”和“品质”2 个选项组，下面将一一讲解其参数。

- ◈ 混合模式：在此下拉列表中，可以为投影选择不同的混合模式，从而得到不同的投影效果。
- ◈ 不透明度：通过设置一个数值来定义投影的不透明度。
- ◈ 角度：移动角度轮盘上的指针或输入数值，可以定义投影的投射方向。
- ◈ 距离：在此输入数值，可以定义投影的投射距离。
- ◈ 扩展：在此输入数值，可以增加投影的投射强度。
- ◈ 大小：此参数控制投影的柔化程度大小。
- ◈ 等高线：使用等高线可以定义图层样式效果的外观。
- ◈ 消除锯齿：勾选此复选框，可以使应用等高线后的投影更加细腻。
- ◈ 杂色：输入数值或移动滑块，可以设置为投影添加的杂色。

（1）打开“配套光盘\第 6 章\投影.jpg”文件，如图 6-158 所示。

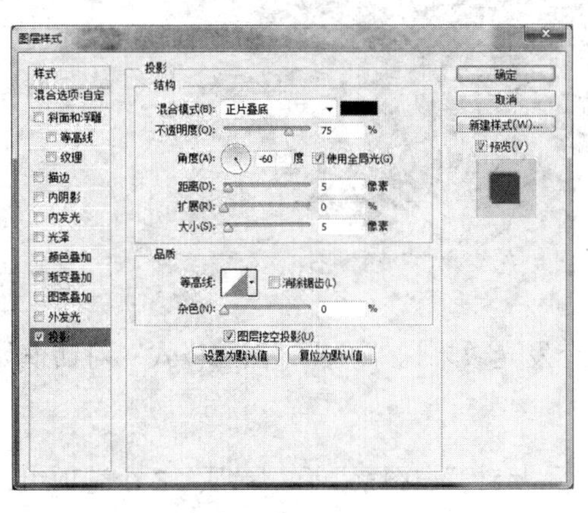


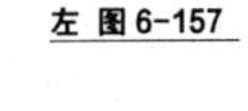
左 图 6-157

右 图 6-158

（2）选择“魔术棒”，单击图片中蓝色花朵，接着按 Ctrl+C 组合键和 Ctrl+V 组合键复制粘贴蓝色花朵，得到“图层 1”，如图 6-159 所示。

（3）双击“图层 1”名称右侧的空白处，弹出“图层样式”对话框，选择“投影”，并设置投影参数，如图 6-160 所示。

（4）调整“结构”选项组参数后投影效果如图 6-161 所示。

（5）接着在“品质”选项组中设置参数如图 6-162 所示，最终效果如图 6-163 所示。

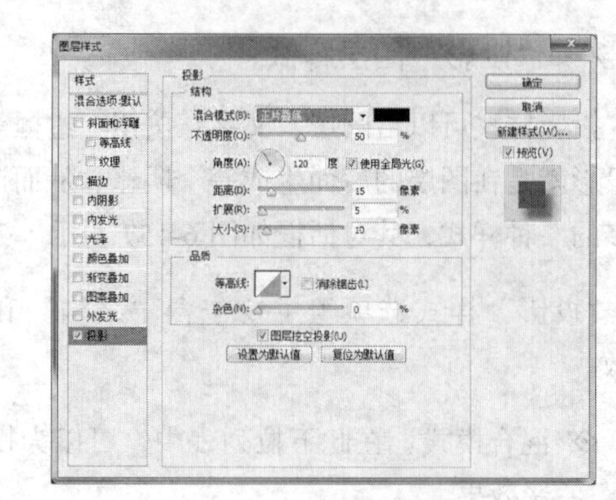


左 图 6-159

右 图 6-160

左 图 6-161

中 图 6-162

右 图 6-163

## 6.4.3　“内阴影”图层样式

“内阴影”样式可以用于制作图像的内投影，作用刚好和投影样式作用相反，它在图层边缘以内的区域产生一个图像阴影。内阴影样式参数和投影样式参数一样，作用也相同，这里就不重复了。内阴影效果如图 6-164 所示（左边为原图，右边为添加了内阴影样式的效果）。

图 6-164

## 6.4.4　“外发光”图层样式

“外发光”样式可以在图像的边缘添加一个发光效果，外发光“图层样式”对话框如图 6-165 所示。

从图 6-156 中可见，外发光样式参数包含了“结构”“图素”和“品质”3 个选项组，其中有很多参数和“投影”样式参数相同，因此在这里只讲解投影没有的参数。

◈ 发光方式：可选择两种不同的发光方式，一种为纯色光，另一种为渐变式光。

◈ 方法：可以通过下拉列表选择发光的方法。选择“柔和”选项，其发出的光线边缘会产生柔和效果；选择“精确”选项，光线则会按实际大小及扩展度显示。

◈ 范围：此项数值控制在发光中作为等高线目标的部分或范围。

（1）打开“配套光盘\第 6 章\外发光.psd”文件，如图 6-166 所示。

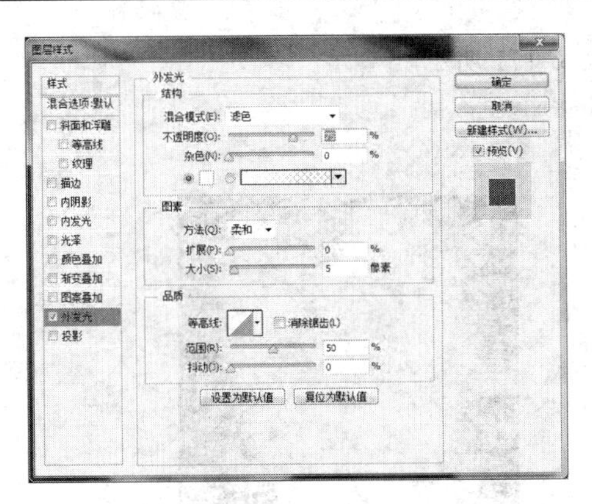


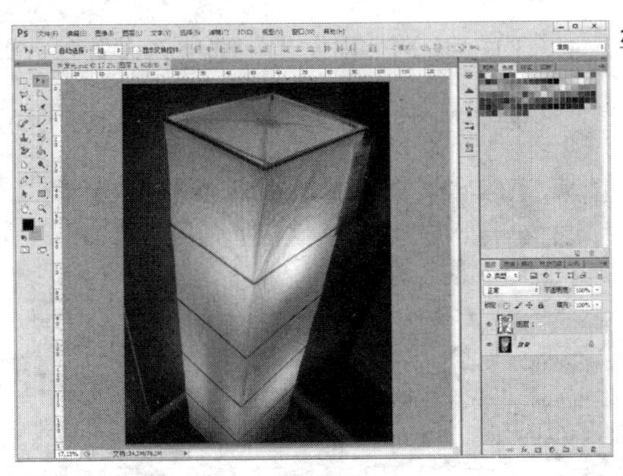

左 图 6-165

右 图 6-166

（2）双击“图层 1”名称栏右侧的空白处，在弹出的“图层样式”对话框中选择“外发光”选项，参数设置如图 6-167 所示。

（3）最终效果如图 6-168 所示。

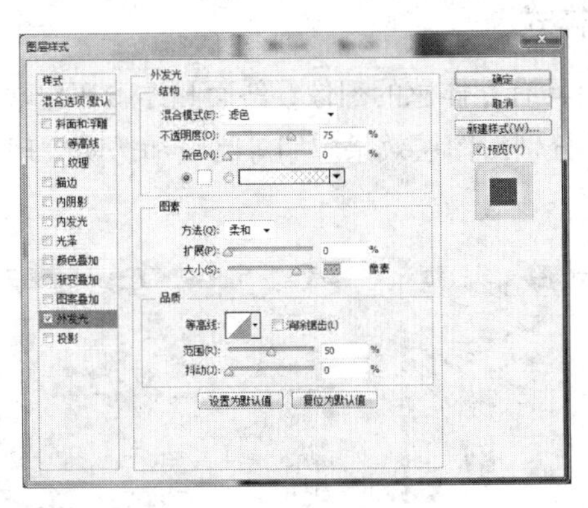

左 图 6-167

右 图 6-168

## 6.4.5 “内发光”图层样式

内发光效果可以在图像的边缘以内添加一个发光效果。内发光参数和外发光基本一样，只是在“图素”部分多了对光源位置的选择。其中“居中”作用是发光从中心开始，而“边缘”作用是发光从边缘向内进行。

（1）再次打开“配套光盘\第 6 章\外发光.psd”文件。

（2）双击“图层 1”名称栏右侧的空白处，在弹出的“图层样式”对话框中选择“外发光”选项，参数设置如图 6-169 所示。外发光效果如图 6-170 所示。

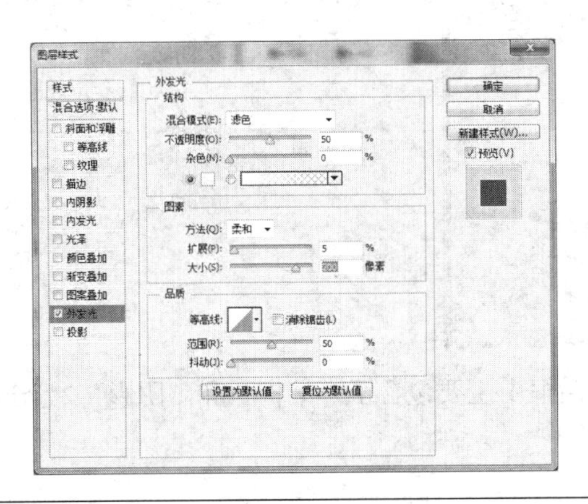

左 图 6-169

右 图 6-170

（3）接着选“内发光”选项，设置参数如图 6-171 所示。

（4）内、外发光综合效果如图 6-172 所示。

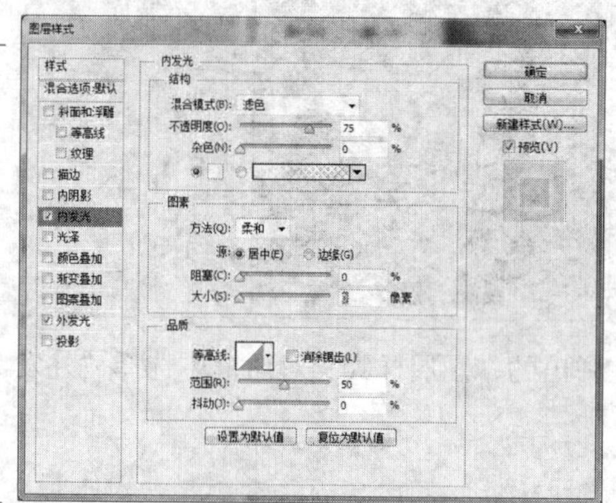

左 图 6-171

右 图 6-172

## 6.4.6 “斜面和浮雕”图层样式

斜面和浮雕效果可以制作出具有立体感的图像，斜面和浮雕还包含了“等高线”和“纹理”2 个子选项，它们的作用是分别对图层效果应用等高线和透明纹理效果。斜面和浮雕样式及其子选项栏如图 6-173 所示。

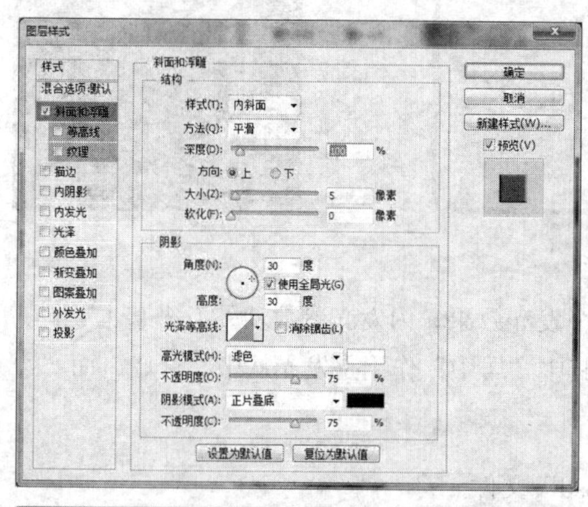


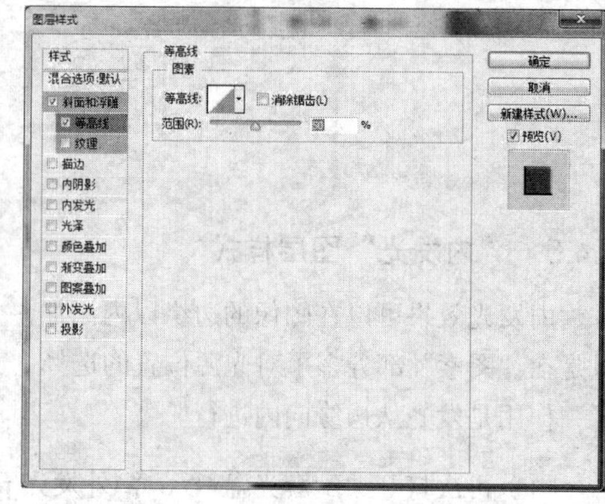


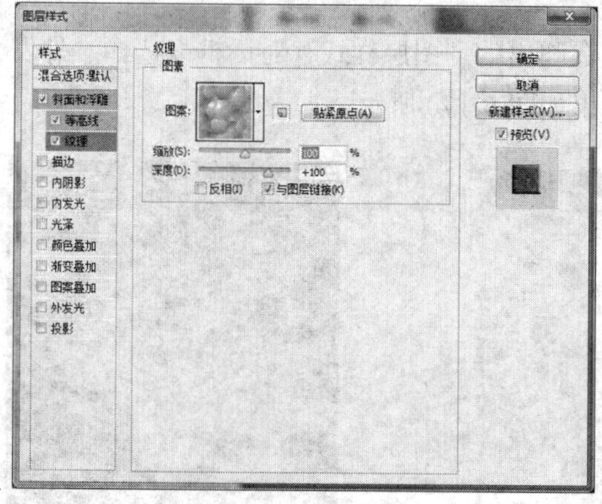


图 6-173

斜面和浮雕“图层样式”对话框中主要包含了“结构”和“阴影”2 个选项组，其主要的参数如下。

◈ 样式：可以设置效果的样式，共有“外斜面”“内斜面”“浮雕效果”“枕状浮雕”“描边浮雕”5 个选项。

◈ 方法：可以设置斜面和浮雕的方法，共有“平滑”“雕刻清晰”和“雕刻柔和”3 种不同的方法。

◈ 深度：可控制斜面和浮雕效果的深度，数值越大，则斜面和浮雕效果越明显。

◈ 方向：设置斜面和浮雕效果的方向，共有上、下两个方向。选择“上”，则斜面和浮雕效果呈现凸起状态；选择“下”，则斜面和浮雕效果呈现凹陷状态。

◈ 软化：此参数值控制斜面和浮雕效果亮部区域与暗部区域的柔和程度。

◈ 高光模式、阴影模式：可以为斜面和浮雕效果的高光和阴影部分选择不同的混合模式，从而得到不同的效果。此外，还可以单击其右侧的颜色块为高光和阴影部分选择颜色。

◈ 光泽等高线：可以选择很多预设的等高线中的一种，从而获得特别的效果。

- 等高线：该子选项包含了当前所有可用的等高线类型。
- 纹理：该子选项可以为图层内容添加透明纹理。

（1）打开“配套光盘\第 6 章\斜面与浮雕.psd”文件，如图 6-174 所示。

（2）双击“图层 1”名称栏右侧的空白处，在弹出的“图层样式”对话框中选择“斜面和浮雕”选项，参数设置如图 6-175 所示。

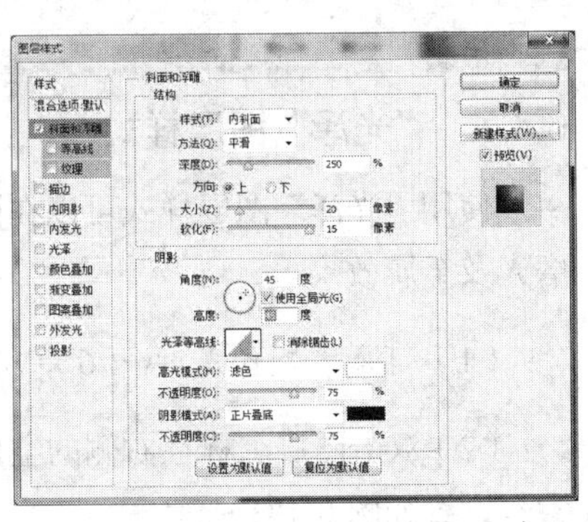


左 图 6-174

右 图 6-175

（3）设置完斜面和浮雕参数后效果如图 6-176 所示。

（4）选择“图层 1”，将其混合模式改为“明度”，效果如图 6-177 所示。

左 图 6-176

右 图 6-177

（5）选择“等高线“子选项，单击图标，在弹出的“等高线编辑器”对话框中进行如图6-178所示设置，获得效果如图6-179所示。

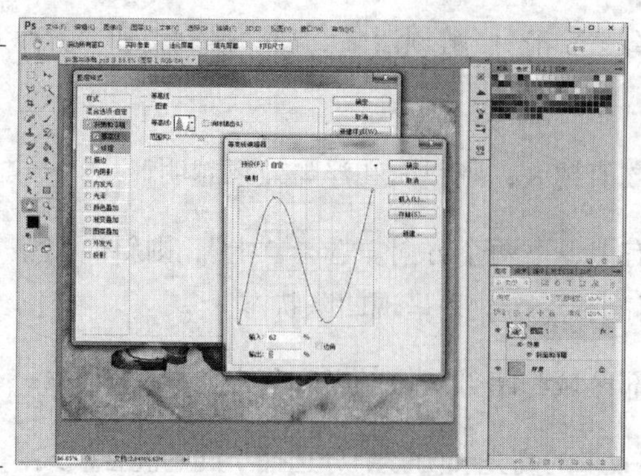

左 图6-178

右 图6-179

（6）选择“纹理”子选项，设置纹理参数如图6-180所示，最终效果如图6-181所示。

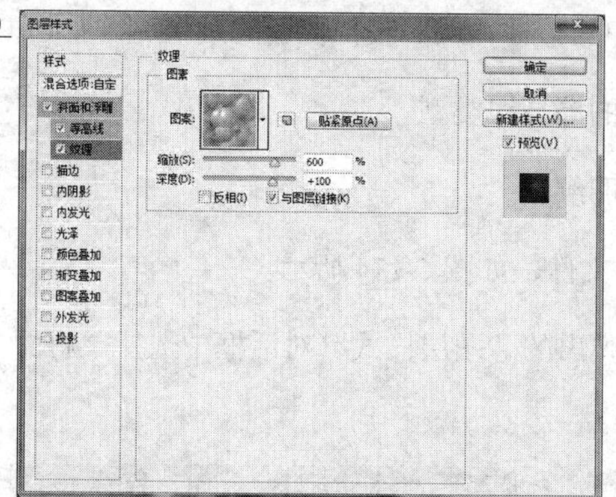


左 图6-180

右 图6-181

## 6.4.7 “光泽”图层样式

使用“光泽”图层样式可以在图层内部根据图层的形状应用投影，通常用于创建光滑的磨光及金属效果。

（1）打开“配套光盘\第6章\光泽.psd”文件，如图6-182所示。

（2）双击图层名称栏右侧的空白处，在弹出的“图层样式”对话框中选择“光泽”选项，参数设置如图6-183所示。

（3）最终效果如图6-184所示。

左 图6-182

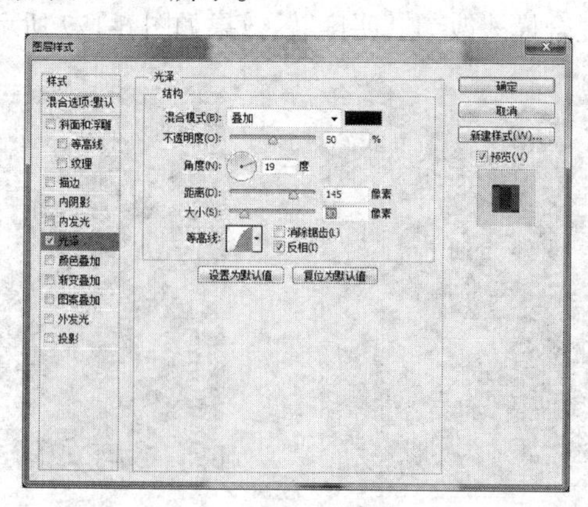


中 图6-183

右 图6-184

### 6.4.8 “颜色叠加”“渐变叠加”“图案叠加”图层样式

“颜色叠加”“渐变叠加”和“图案叠加”都是为图像添加一种叠加效果，分别为图层内容填充颜色、渐变或图案。虽然都是叠加，但其叠加的形式和效果大不相同。

（1）打开“配套光盘\第6章\叠加模式.jpg”文件，如图6-185所示。

（2）双击图层上🔒标志，在弹出的对话框中单击“确定”按钮即可将背景图层解锁。解锁后双击“图层0”名称栏右侧的空白处，在弹出的“图层样式”对话框中选择“颜色叠加”选项，参数设置如图6-186所示。

（3）添加了“颜色叠加”之后的效果如图6-187所示。

（4）取消选择“颜色叠加”效果，接着选择“渐变叠加”选项，参数设置如图6-188所示。

（5）添加了“渐变叠加”之后的效果如图6-189所示。

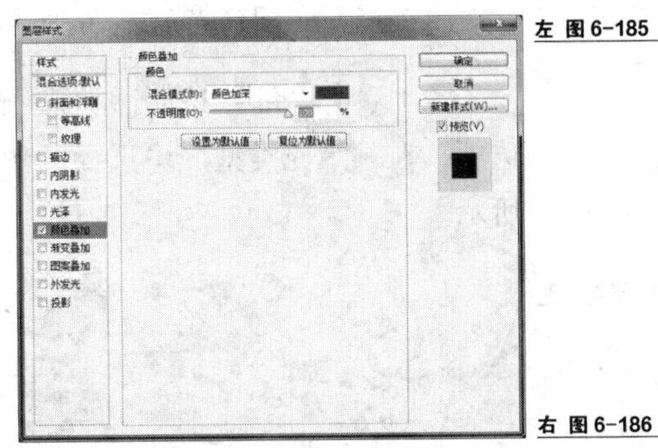


左 图6-185

右 图6-186

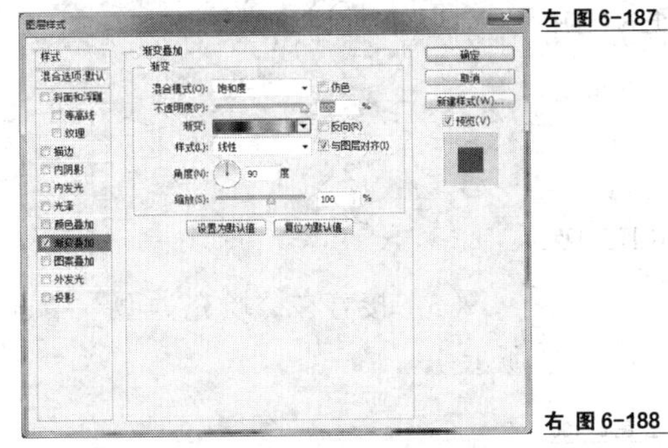


左 图6-187

右 图6-188

（6）取消选择“渐变叠加”效果，接着选择“图案叠加”选项，参数设置如图6-190所示。

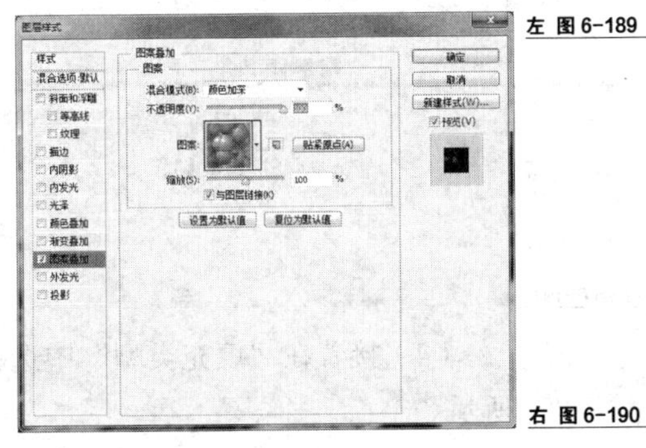


左 图6-189

右 图6-190

（7）添加了“图案叠加”之后的效果如图 6-191 所示。

（8）将“颜色叠加”“渐变叠加”“图案叠加”同时勾选后效果如图 6-192 所示。

左 图6-191

右 图6-192

## 6.4.9 “描边”图层样式

“描边”样式就是沿图像的边缘，使用颜色、渐变、图案 3 种方式勾画出图像的轮廓。

（1）打开“配套光盘\第 6 章\描边样式.psd”文件，如图 6-193 所示。

（2）双击“图层 1”名称栏右侧的空白处，在弹出的“图层样式”对话框中选择“描边”选项，在“填充类型”中选择“颜色”，参数设置如图 6-194 所示，描边后效果如图 6-195 所示。

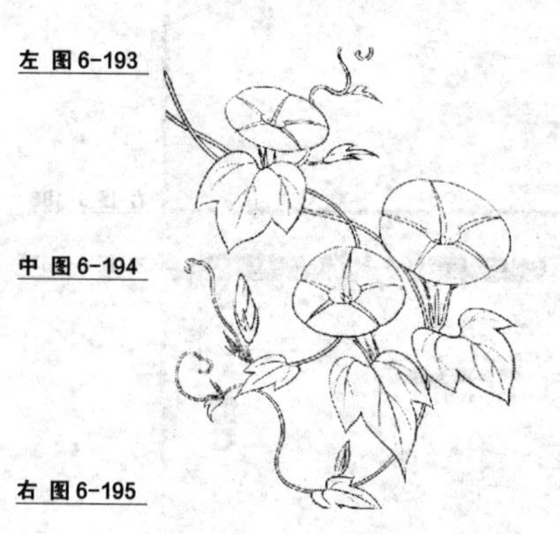

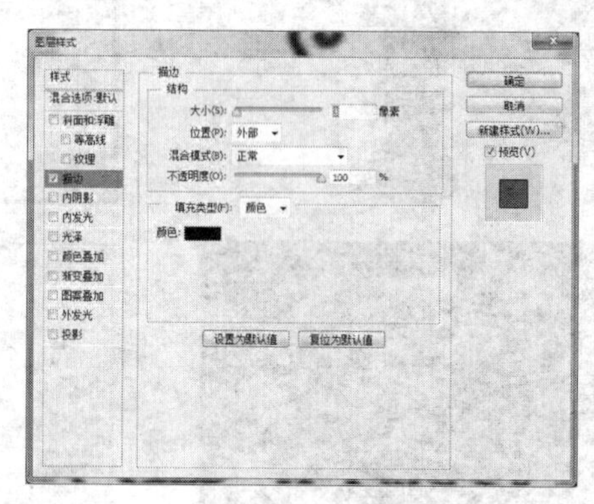

左 图6-193

中 图6-194

右 图6-195

（3）接着在“填充类型”中选择“渐变”，参数设置如图 6-196 所示，效果如图 6-197 所示。

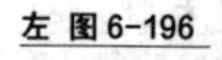

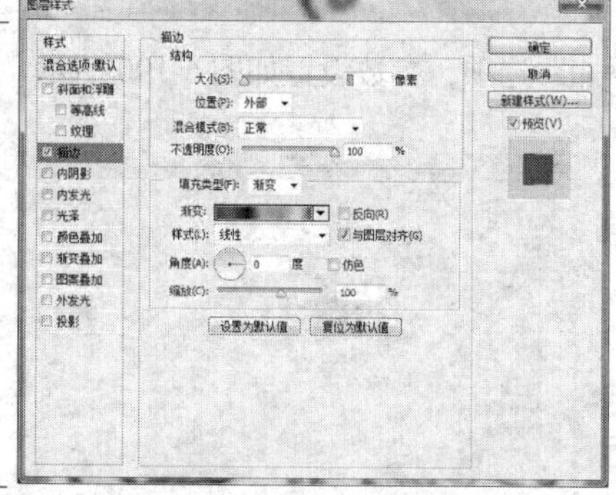

左 图6-196

右 图6-197

（4）接着在“填充类型”中选择“图案”，参数设置如图 6-198 所示，效果如图 6-199 所示。

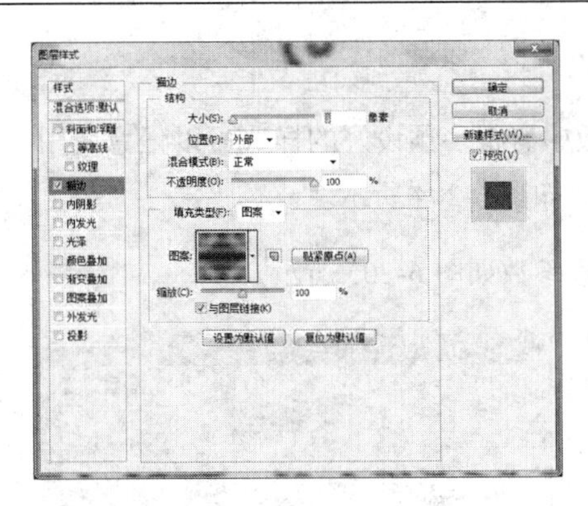


左 图6-198

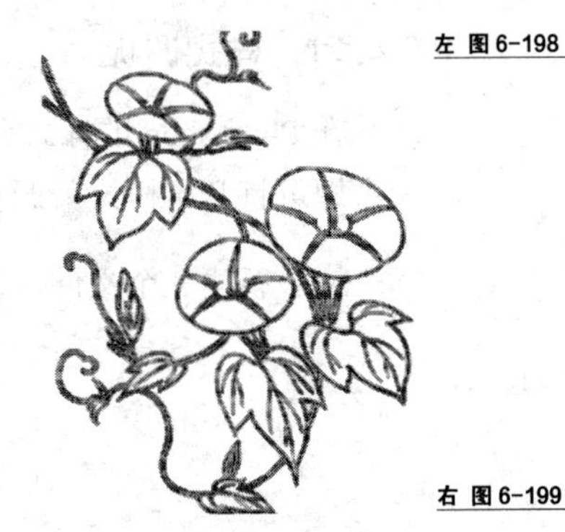

右 图6-199

## 6.4.10 复制、粘贴、删除图层样式

图层样式和图层一样，也是可以复制、粘贴和删除的，下面以一个小实例来学习图层样式的复制、粘贴和删除。

（1）打开“配套光盘\第6章\样式.psd”文件，如图6-200所示。从图中可以看出“图层1”带有图层样式，而“图层2”则没有图层样式。

（2）选择“图层1”，在图层右侧的 fx 上单击鼠标右键，选择“拷贝图层样式”命令，如图6-201所示。

（3）接着选择“图层2”，单击鼠标右键，选择“粘贴图层样式”命令，此时图层2的效果也变得与图层1一样，如图6-202所示。

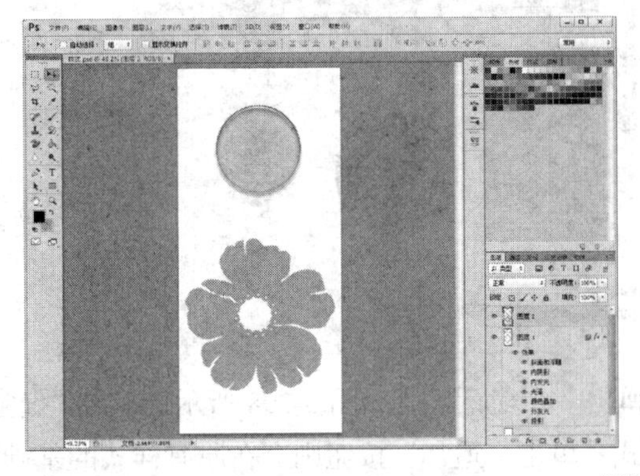

左 图6-200

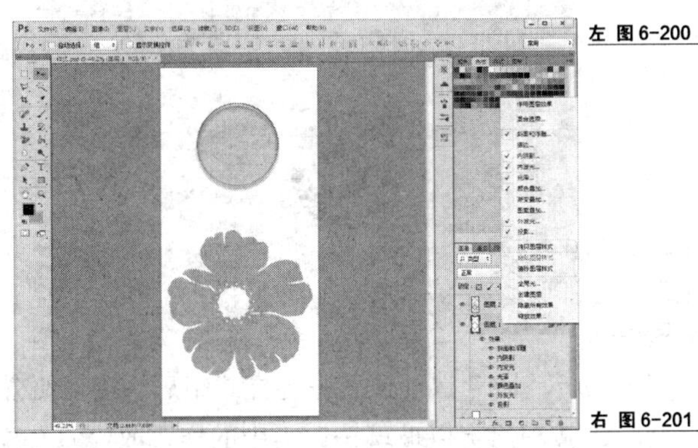

右 图6-201

（4）选择“图层1”，拖动“图层1”中的 投影 至 图标上，此时可见“图层1”的粘贴图层样式消失了，如图6-203所示。如果将 效果 拖到 图标上，则样式效果全部消失。

左 图6-202

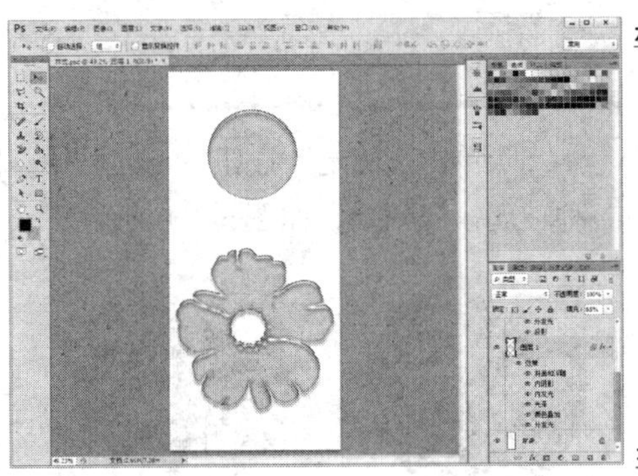

右 图6-203

### 6.4.11 样式调板

在 Photoshop 的样式调板中有很多预设好的样式可以任意调用，单击“窗口”—“样式”命令即可打开“样式”调板，如图 6-204 所示。

（1）新建一个文件，设置参数如图 6-205 所示。

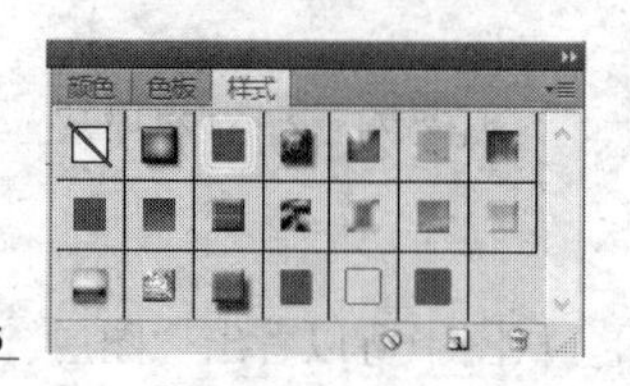


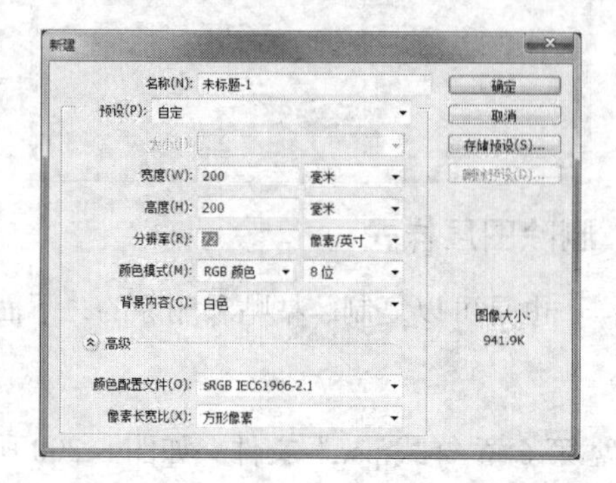


左 图 6-204

右 图 6-205

（2）按住 Shift 键绘制一个圆，新建“图层 1”，任意填充一个颜色，如图 6-206 所示。

（3）单击“样式”调板右侧的，从弹出的菜单中选择“玻璃按钮”命令，如图 6-207 所示。该菜单中全部是 Photoshop 预设好的样式组，可以从中任意选择一种样式组，即可得到该样式组中预设的样式效果。

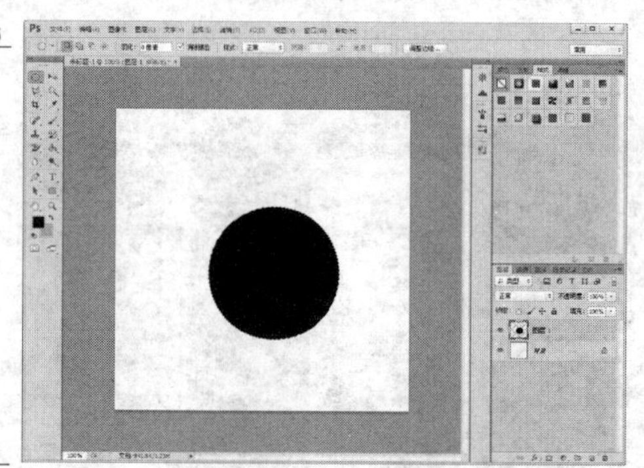

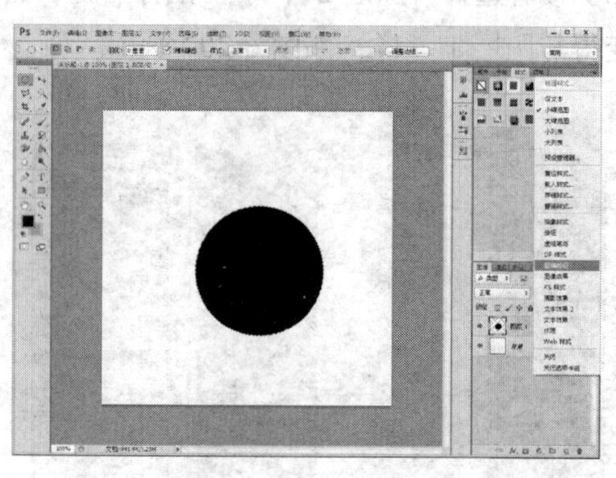

左 图 6-206

右 图 6-207

（4）选择任意一种样式组后，接着便会弹出一个对话框，如图 6-208 所示。单击“确定”按钮后会以玻璃按钮组中的样式取代原有样式，单击“追加”按钮则会在原有样式的基础上追加玻璃按钮组样式。

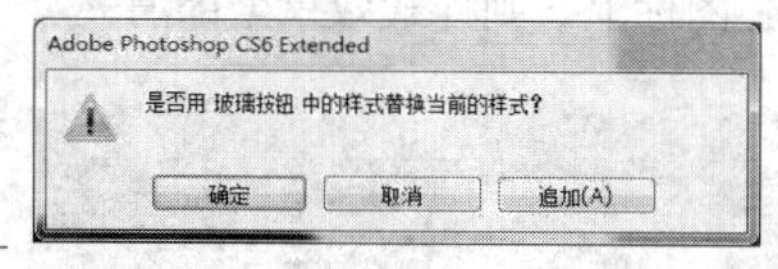


图 6-208

（5）单击“确定”按钮后，即可从“样式”调板中任意选择玻璃样式组中的样式，得出各种玻璃按钮效果，如图 6-209 所示。

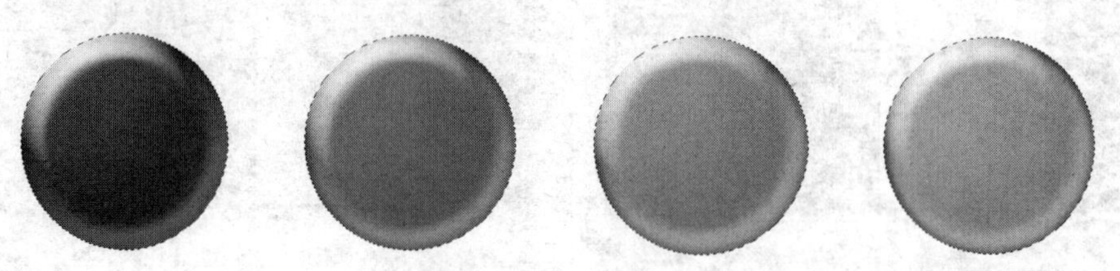

图 6-209

# 6.5 3D 图层

在 Photoshop CS5 中，增加了对三维技术的支持。在工具箱中就增加了两组三维工具和，一组是用来控制三维对象的，而另一组是用来控制摄像机的。此外，在菜单栏中新增了“3D”菜单，同时还配备了“3D”调板，不但可以使用材质进行贴图，还可以直接使用画笔在三维对象上绘画，使得 2D 和 3D 软件可以更好地配合使用。

## 6.5.1 导入及调整三维模型

在 Photoshop CS5 中，可以导入 3ds 格式的三维模型。对于建筑与室内设计专业而言，制作三维效果图的软件为 3ds Max。3ds Max 是目前国内应用最为广泛的一种三维软件，这个软件可以完成三维模型的创建，并可以存储 3ds 格式文件。

（1）执行“文件”—“打开”命令，打开“配套光盘\第 6 章\三维.3ds”文件，如图 6-210 所示。

（2）选择“3D 旋转”工具，在“3D 旋转”工具选项栏中可以设置“位置”选项的视图方式，改变查看 3D 对象的视图方向，如图 6-211 所示。此外，选择任意一个 3D 工具，在其选项栏中均有其他的 3D 工具选项，可以方便操作时切换。

左 图6-210

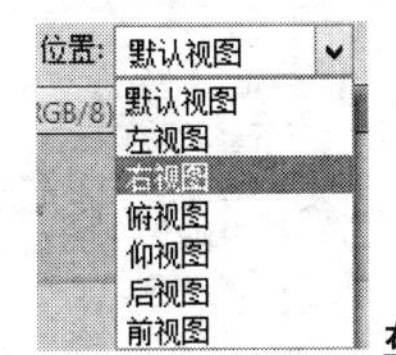


右 图6-211

（3）选择“左视图”，在三维视图中分别使用 3D 比例工具和 3D 平移工具将视图显示改为如图 6-212 所示方式。

（4）在工具选项栏的“位置”列表中选择“默认视图”选项，则可将视图变回默认打开的视图显示，如图 6-213 所示。

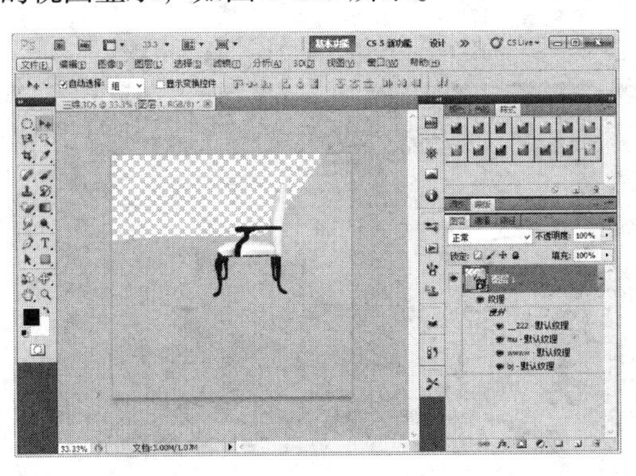

左 图6-212

右 图6-213

## 6.5.2　三维模型贴图制作

三维模型导入 Photoshop 后，可以对其原有的材质贴图进行修改，以达到真实材质的效果。在材质制作这一点上，Photoshop 和 3ds Max 的设置作用一样，下面以一个小实例来学习其应用。

（1）执行“文件”—“打开”命令，打开“配套光盘\第 6 章\三维.3ds”文件，如图 6-214 所示。

（2）执行“窗口”—“3D”命令，打开“3D”调板，如图 6-215 所示。

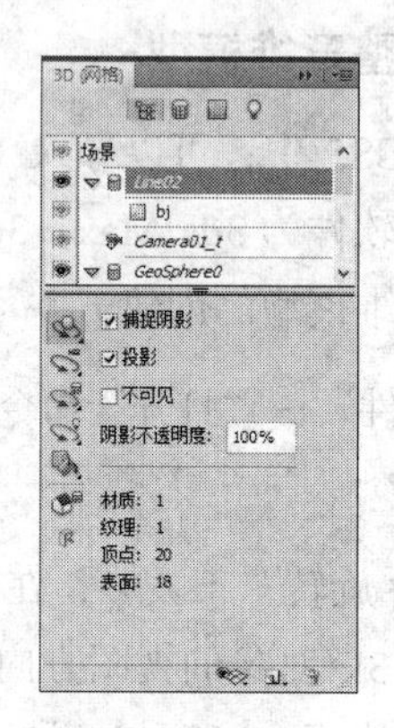


左 图 6-214
右 图 6-215

（3）单击“滤镜：整个场景”按钮，并设置参数如图 6-216 所示。接着单击“渲染设置”按钮，设置参数如图 6-217 所示。此时效果如图 6-218 所示。

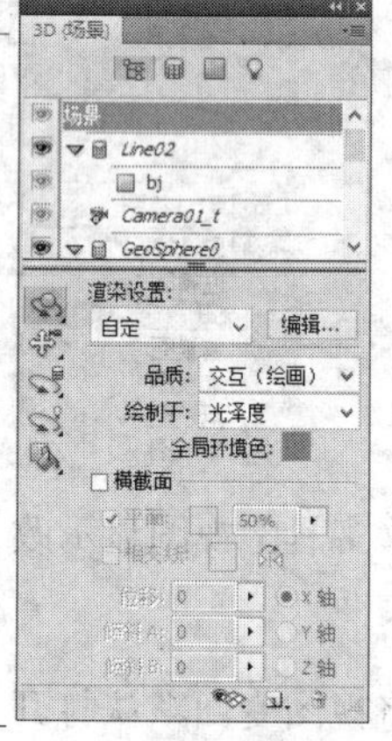


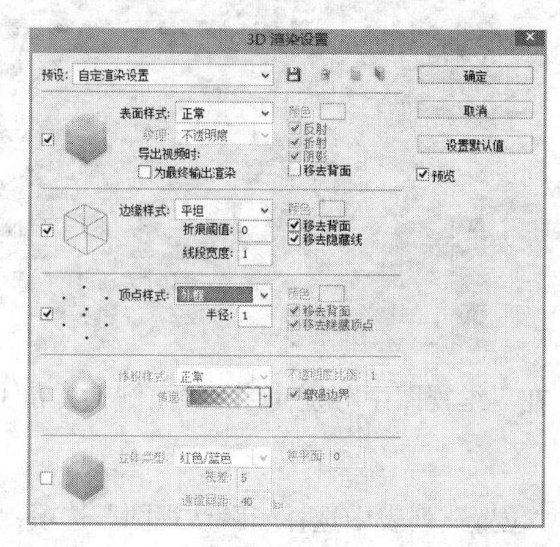


左 图 6-216
右 图 6-217

（4）再次单击“渲染设置”按钮，此时效果如图 6-219 所示。

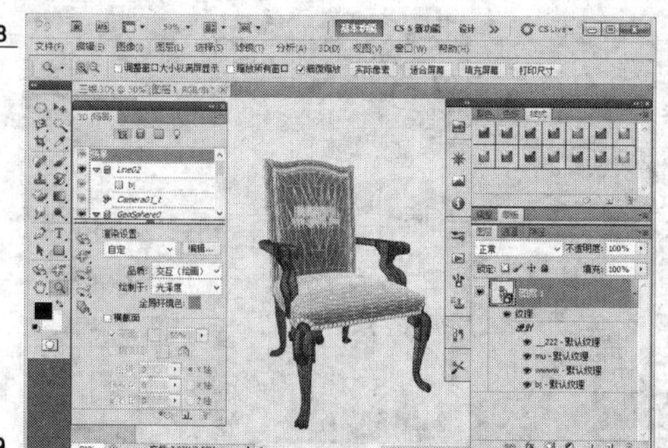

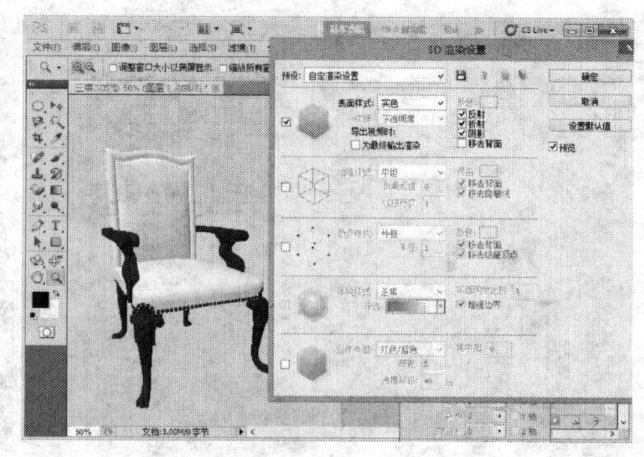

左 图 6-218
右 图 6-219

（5）单击“滤镜：光源”按钮，参数设置如图 6-220 所示。

（6）单击“滤镜：材质”按钮，选择“mu”贴图，单击按钮，在下拉列表中选择“载入纹理”，接着选择“配套光盘\第 6 章\木纹.jpg”文件，如图 6-221 所示。

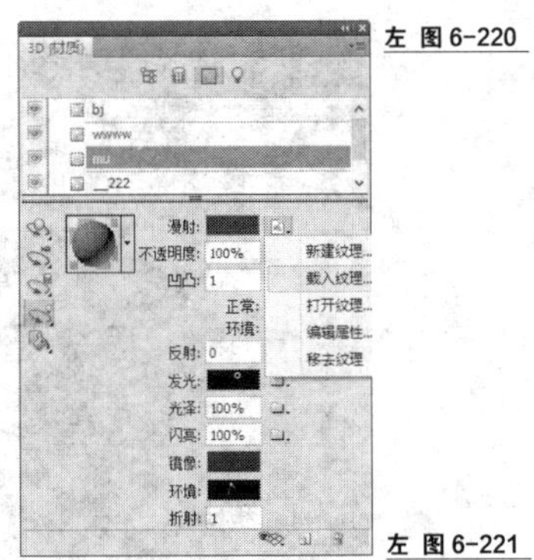

左 图 6-220

左 图 6-221

（7）选择“–222”纹理，单击按钮，在下拉列表中选择“载入纹理”选项，接着选择“配套光盘\第 6 章\布纹.jpg”文件，如图 6-222 所示。

（8）最终效果如图 6-223 所示。

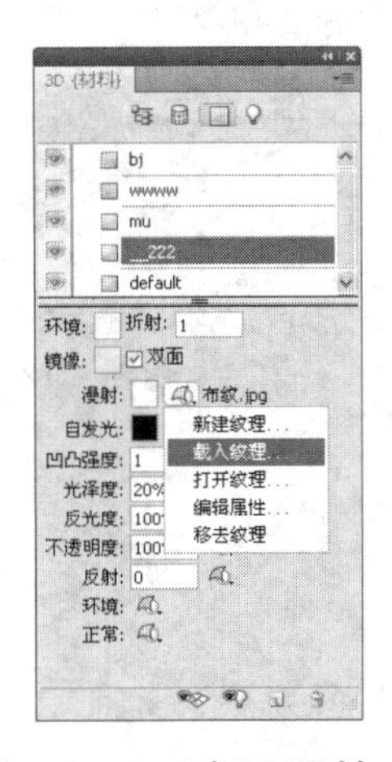

左 图 6-222

右 图 6-223

## 课堂练习——壁纸更换

（练习知识要点）使用混合模式以及色彩调整命令更换材质，最终效果如图 6-224 所示。

（效果所在位置）配套光盘\第 6 章\课后习题\壁纸更换。

图 6-224

## 课后习题——材质更换

（习题知识要点）使用混合模式以及色彩调整命令更换材质，最终效果如图 6-225 所示。

（效果所在位置）配套光盘\第 6 章\课后习题\壁纸更换。

图 6-225

# 第7章
# 路径

本章将主要介绍 Photoshop 软件路径的应用方法。通过本章的学习，读者可以掌握如何使用钢笔工具绘制路径，如何使用多边形工具绘制多边形路径和如何使用路径选择工具调整路径。

**学习目标**

◈ 掌握钢笔工具的使用
◈ 掌握多边形工具的使用
◈ 掌握路径选择工具

## 7.1 钢笔工具组

钢笔工具是一种矢量绘图的工具，关于矢量图形在前面的章节中已经介绍过了。钢笔工具最大特点就是可以精确地绘出直线或是光滑的曲线。钢笔工具组包括钢笔工具、自由钢笔工具、添加锚点工具、删除锚点工具和转换点工具。

### 7.1.1 钢笔工具

钢笔工具是最基本的路径绘画工具，使用方法很简单。

（1）新建一个文件，选中“钢笔工具”单击鼠标左键，绘出第 1 个锚点。在线段结束的位置再单击鼠标左键，定下线段的终点。这时两点间用直线连接，两个锚点都是小方块，第 1 个锚点为空心的，第 2 个为实心的，如图 7-1 所示。

（2）依次定锚点，当光标回到第 1 个锚点时，光标右下角出现一个小圆圈，单击鼠标右键得到一个封闭的路径，如图 7-2 所示。

（3）按键盘上的 Delete 键删除刚才绘制的闭合图形，再次选择“钢笔工具”，在图像上单击鼠标左键设定第 1 个锚点，注意单击鼠标后不要松开，直接向曲线延伸的方向拖曳鼠标，然后放开鼠标，得到第 1 个锚点，如图 7-3 所示。

（4）待光标达到预定的位置后，按住鼠标不放，向曲线延伸的方向拖曳鼠标，绘制下一个锚点，然后拖曳鼠标则可绘制出一段曲线，如图 7-4 所示。

左 图 7-1

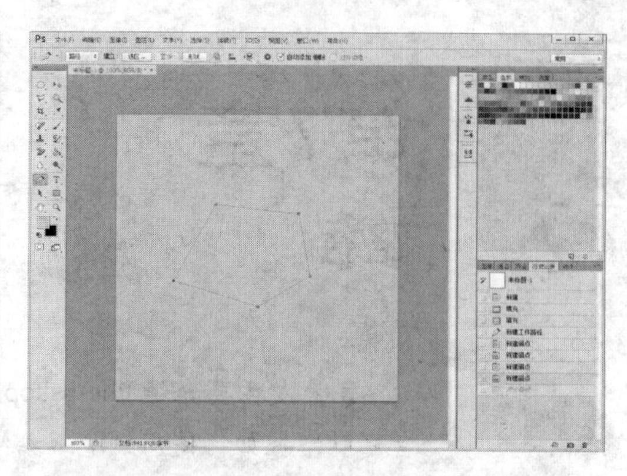

右 图 7-2

左 图 7-3

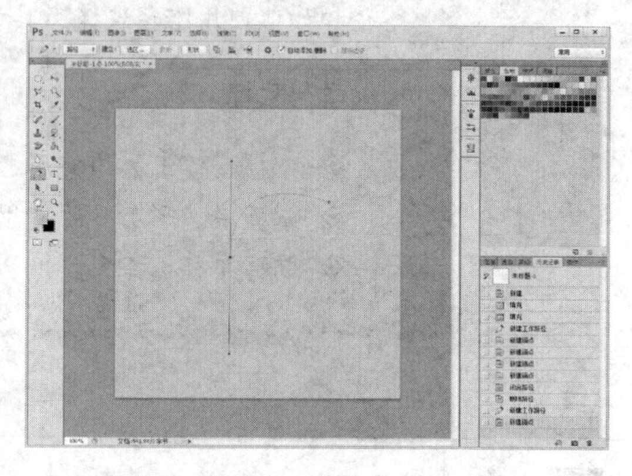

右 图 7-4

选择“钢笔工具”后，其选项栏如图 7-5 所示。通过在选项栏上的操作，就可以实现转换其他路径工具，设定其他路径工具属性的功能。

图 7-5

◈ 选择绘制方式：可以选择绘制形状图层、路径和填充像素。形状图层在绘制路径时会以前景色或者样式进行填充，同时在图层上添加一个图层蒙版；路径则只是单纯地绘制路径；填充像素则不会出现绘制路径，只是简单地以前景色填充绘制区域。

◈ 选择路径工具：可以选择 Photoshop 所有的绘制路径工具。

◈ 自动添加/删除：选择此项后，钢笔工具就具有了增加或删除锚点的功能，等于同时具备添加锚点工具和删除锚点工具的功能。当光标放在路径上时，光标右下角会出现一个小加号，单击鼠标后在单击处增加一个锚点；当光标放在锚点上时，光标右下角会出现一个小叉，单击后此锚点被删除。

◈ 修改路径方式：其使用方法在前面详细讲过，这里就不重复了。

当在选项栏中选择形状图层后，选项栏会自动增加几个选项，如图 7-6 所示，主要多了填充和描边选项。

图 7-6

◈ 填充：单击右侧小方块会出现“填充”调板，可以选择并载入需要的样式，则代表无样式。

◈ 描边：单击右侧小方块会出现“描边”调板，可以选择并载入需要的样式，☐则代表无样式具体用法和“填充”调板相同。

（1）选择“钢笔”工具，在其选项栏中选择“形状”图层☐，并在填充中选择如图7-7所示样式。

（2）绘制效果如图7-8所示。

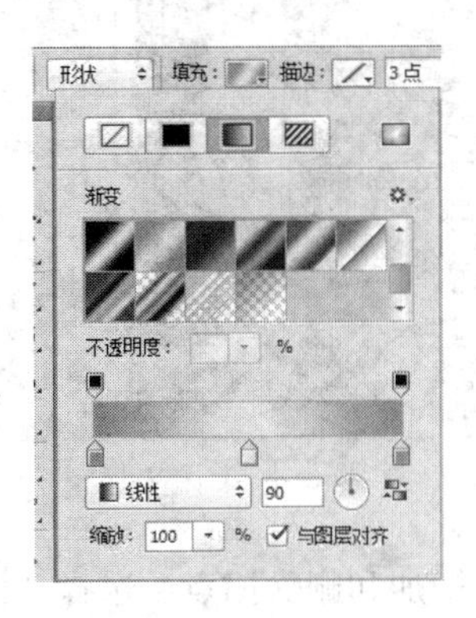

左 图7-7

右 图7-8

## 7.1.2 自由钢笔工具

钢笔工具和自由钢笔工具之间的区别就相当于多边形套索工具和套索工具。“自由钢笔”工具使用时只需按住鼠标在图像上随意拖曳即可。在拖曳时，Photoshop 会自动沿光标经过的路线生成路径和锚点。“自由钢笔”工具的选项栏如图 7-9 所示，相比“钢笔”工具多了一项“磁性的”选项。

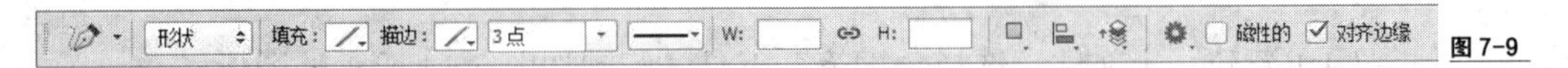


图7-9

◈ 磁性的：选中后“自由钢笔”工具变为“磁性钢笔”，光标也随之变化。“磁性钢笔”与“磁性套索”作用相似，都是自动寻找物体边缘的工具，对于颜色区分比较大的物体特别有用。

（1）打开“配套光盘\第7章\自由钢笔.jpg”文件，如图7-10所示。

（2）选择“自由钢笔”工具，然后选择路径☐，勾选“磁性的”选项，在画面中沿着荷叶拖动绘制，得到路径如图7-11所示。在绘制的过程中如果磁性捕捉出错，捕捉了错误的区域，可以按键盘上的Delete键退回，按一次退回一步。

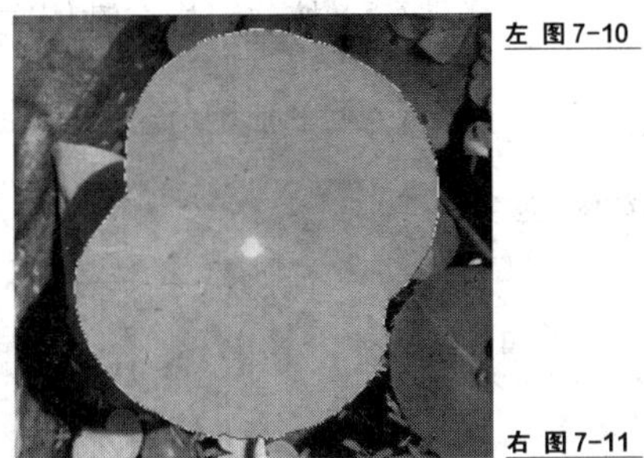

左 图7-10

右 图7-11

（3）单击“窗口”—“路径”命令，打开“路径”调板，在“路径”调板下方单击☐按钮，则可以将路径转换为浮动选区，如图7-12所示。

（4）选择“图层”调板，新建一个“图层1”，填充为“黄色”，将图层混合模式改为“色相”，效果如图7-13所示。

左 图7-12

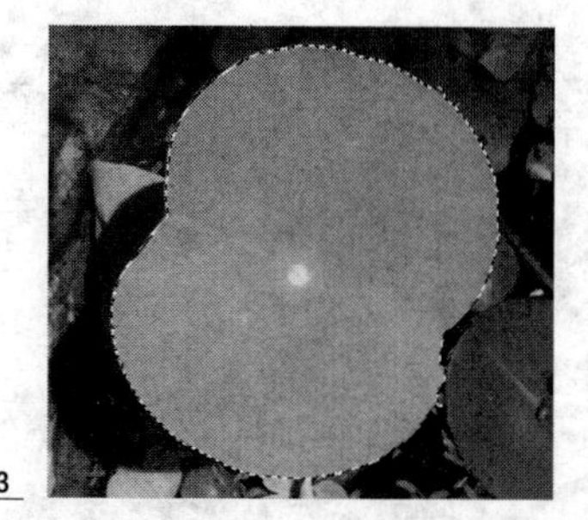

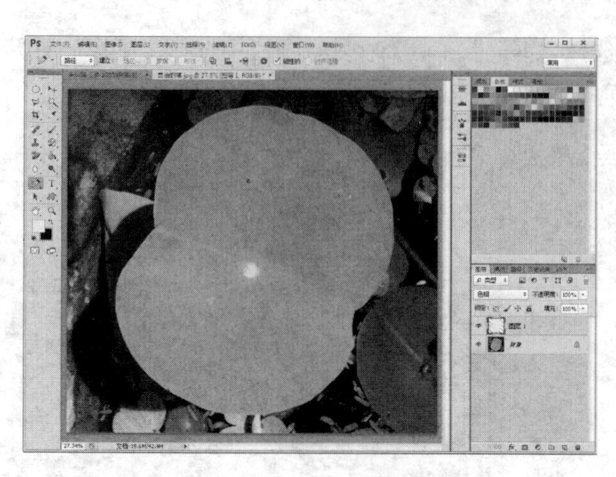

右 图7-13

### 7.1.3 添加/删除锚点工具

添加锚点工具和删除锚点工具可以从路径上增加和删除锚点。选择“添加锚点”工具，把光标放在路径上想要增加锚点的位置，然后单击鼠标左键即可。选择“删除选择”工具，把光标放在想要删除的锚点上，然后单击鼠标左键即可删除该锚点。这两个工具的使用相对简单，在这里就不再举例说明了。

### 7.1.4 转换点工具

转换点工具可以转换锚点的类型，可以将锚点在平滑点和转角点之间互相转换。

（1）新建一个文件，选择“钢笔”工具，绘制如图7-14所示的图形。

（2）选择“转换点”工具，单击上面一个锚点，则图形变成图7-15所示的形状。

左 图7-14

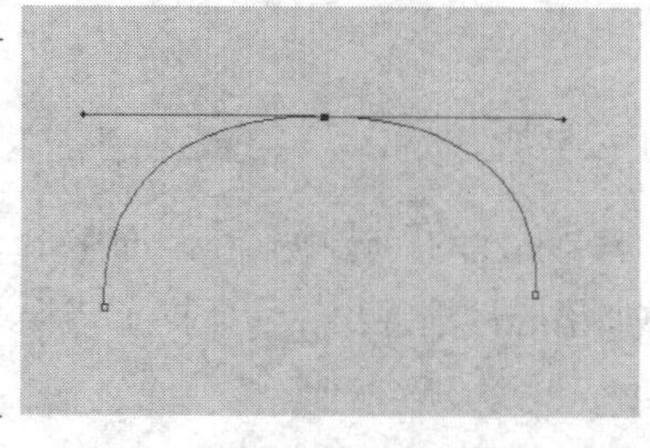

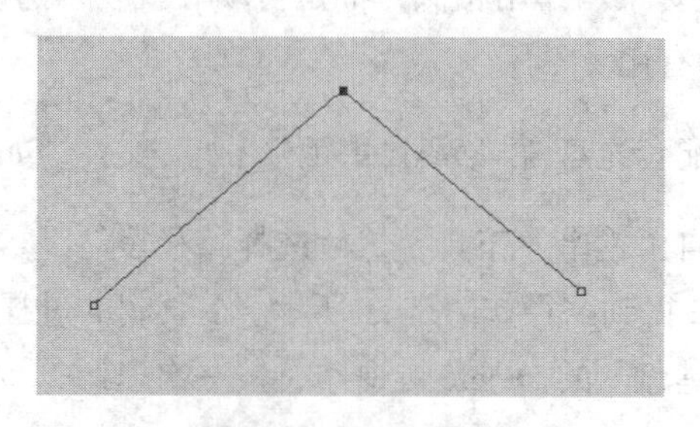

右 图7-15

（3）按住鼠标左键依次拖动3个锚点，得到效果如图7-16所示。

（4）单独调节每一个斗柄，将图形调整为如图7-17所示效果。

左 图7-16

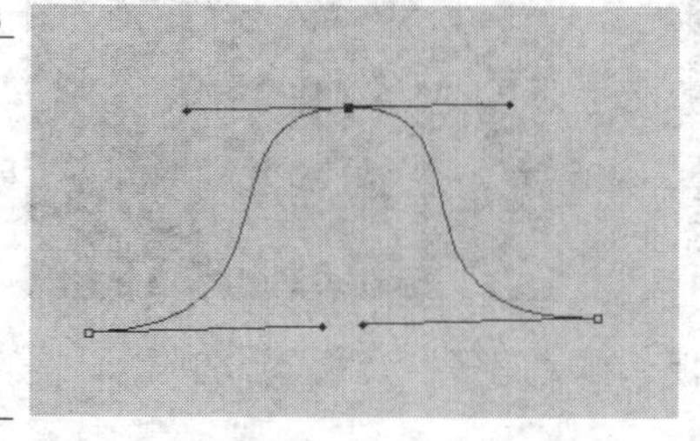

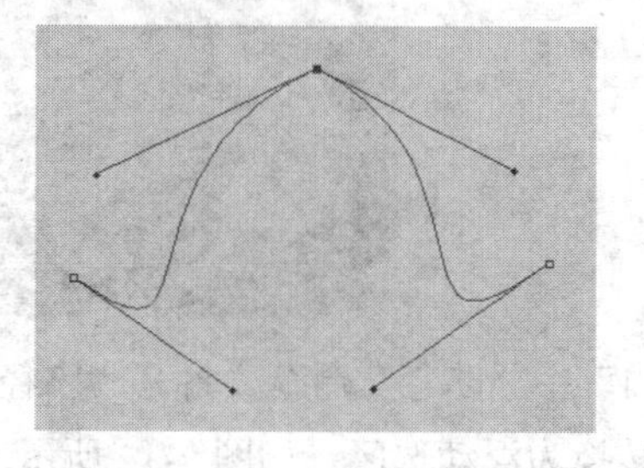

右 图7-17

# 7.2 多边形工具组

多边形工具组主要包括矩形工具、圆角矩形工具、椭圆工具、多边形工具、直线工具和自定义形状工具。用多边形工具可以绘制路径、形状图层和填充的区域。

## 7.2.1 矩形工具

使用矩形工具可以很方便地绘制出矩形或正方形。选中矩形工具后，单击鼠标左键并拖曳即可绘出所需矩形。在拖曳时如果按住 Shift 键，则会绘制出正方形。矩形工具选项栏如图 7-18 所示。从图中可以看出其选项栏参数基本在之前的工具中都详细讲解过，在这里只介绍其独有的参数。单击右侧的小方块会出现如图 7-19 所示的“自定形状选项”参数栏，下面一一进行介绍。

左 图7-18

右 图7-19

◈ 不受约束：选择该选项后图形的形状完全由光标的拖曳决定。

◈ 定义的比例：选择该选项后可以在 W 和 H 后面的数值框中输入宽度和高度的整数比例，之后可以按该输入比例绘制图形。

◈ 定义的大小：选择该选项后可以在 W 和 H 后面的数值框中输入宽度和高度的数值，之后可以按该输入数值绘制图形。

◈ 固定大小：选择该选项后可以在 W 和 H 后面的数值框输入宽度和高度的值，默认单位为厘米。

◈ 从中心：勾选此项后，拖曳矩形时光标的起点为图形的中心。

## 7.2.2 圆角矩形工具

圆角矩形工具可以绘制边角圆滑的矩形。圆角矩形工具使用方法与矩形工具相同，只需用光标在画布上拖曳即可绘制。圆角矩形工具的选项栏如图 7-20 所示，可见其参数和矩形工具选项栏相同，只是多了半径一项参数。

图7-20

◈ 半径：控制圆角矩形的边角的圆滑程度，数值越大边角越圆滑，数值为 0px 时为矩形。

## 7.2.3 椭圆工具

椭圆工具用于绘制椭圆，按住 Shift 键可以绘制出圆。椭圆工具选项栏如图 7-21 所示，用法与前相同，这里就不再介绍了。

图7-21

### 7.2.4 多边形工具

多边形工具用于绘制正多边形，绘制光标的起点为多边形的中心，而终点为多边形的一个顶点。多边形工具选项栏如图 7-22 所示，大多数参数和矩形工具一样，只是多了“边”这一项。单击倒三角其多边形选项栏如图 7-23 所示。

左 图7-22

右 图7-23

- ◈ 边：可输入所需绘制的多边形的边数，确定到底是几边形。
- ◈ 半径：多边形的半径长度，单位为 px。
- ◈ 平滑拐角：使多边形具有平滑的顶角。其多边形的边数越多越接近圆形。
- ◈ 星形：使多边形的边向中心缩进，呈星状。
- ◈ 缩进边依据：设定边缩进的程度。
- ◈ 平滑缩进：选中“星形”后此项才激活。平滑缩进可以使多边形的边平滑地向中心缩进。

### 7.2.5 直线工具

直线工具用于绘制直线或有箭头的线段。使用方法同前，如果按住 Shift 键，可以使直线的方向控制在 0°、45°和 90°3 种角度上。直线工具的选项栏参数和矩形工具一样，只是多了一个粗细参数，该参数用于设定直线的宽度，单位为像素。单击直线工具选项栏中的倒三角，可见直线工具选项栏参数如图 7-24 所示，下面一一进行讲解。

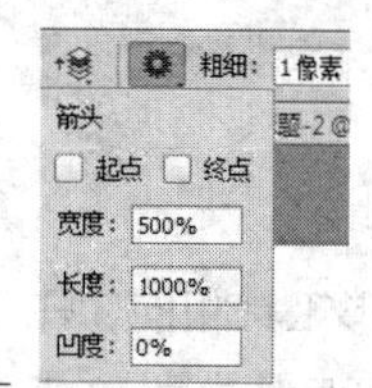


图 7-24

- ◈ 起点、终点：可以选择其中一项，也可以两项都选，选择一项则直线的一端（起点或终点）会出现箭头，如果两项都选，则起点和终点都会出现箭头。
- ◈ 宽度：箭头宽度和线段宽度的比值，数值越大箭头越大，可输入 10%～1 000%之间的数值。
- ◈ 长度：箭头长度和线段宽度的比值，数值越大箭头越大，可输入 10%～5 000%之间的数值。

### 7.2.6 自定义形状工具

自定义形状工具可以绘制出一些不规则的图形或是自己定义的图形。自定义形状工具的选项栏如图 7-25 所示。

◈ 形状：可以选择所需绘制的形状。单击右侧小倒三角形会出现“形状”调板，这里储存着可供选择的外形，如图 7-26 所示。单击“形状”调板右侧的三角形可以载入 Photoshop 自定义好的形状。

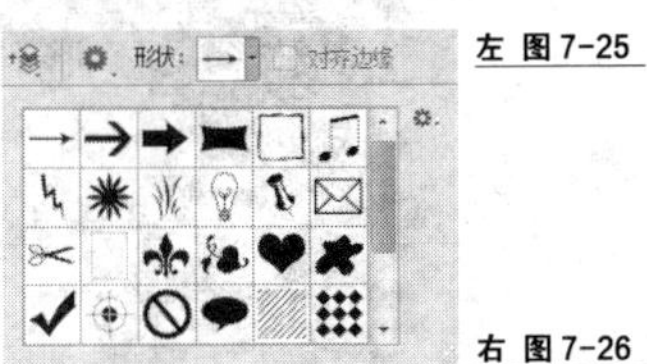


左 图 7-25

右 图 7-26

## 7.2.7 多边形工具应用实例

多边形工具使用方法比较简单，下面就以一个实例来详细讲解其具体应用。

（1）新建文件，参数设置如图 7-27 所示。

（2）设置为“黑到灰的渐变色”，在“背景”图层中按住 Shift 键从上至下垂直拉出渐变色，如图 7-28 所示。

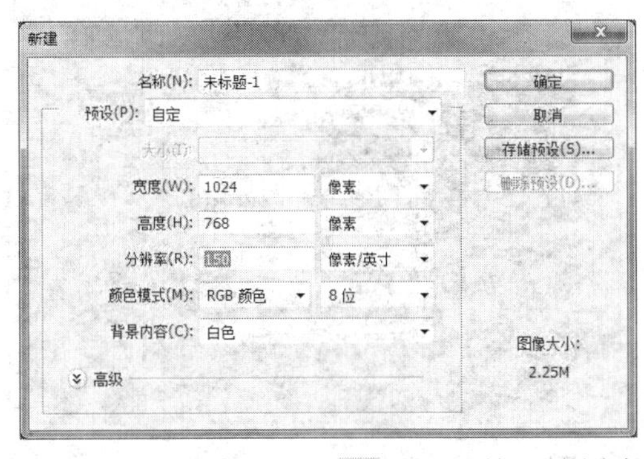


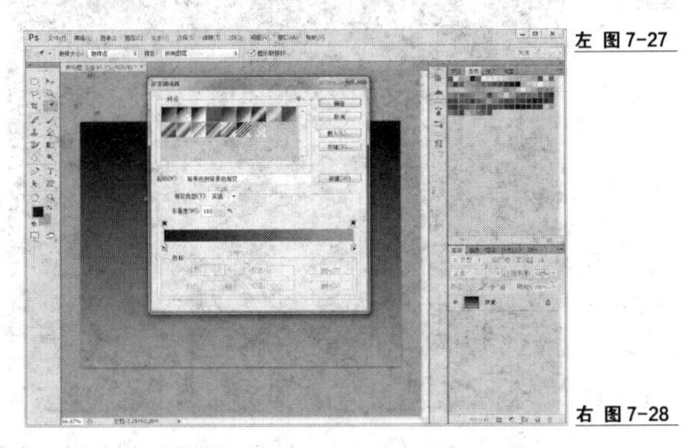

左 图 7-27

右 图 7-28

（3）选择圆角矩形工具 ，设置其选项栏参数如图 7-29 所示。

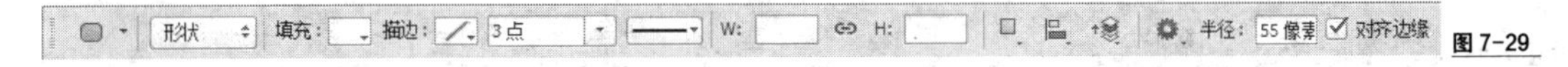


图 7-29

（4）在图像中央位置拉出一个圆角矩形，如图 7-30 所示。此时，自动生成一个带有蒙版的形状图层。

（5）在圆角矩形选项栏的“样式”下拉列表中选择“Web 样式”，如图 7-31 所示。在其后弹出的对话框中单击“追加”按钮即可。

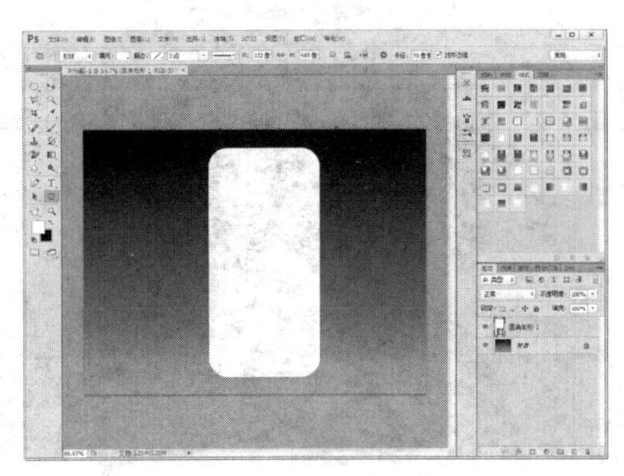

左 图 7-30

右 图 7-31

（6）在追加的样式中选择一种金属材质，效果如图 7-32 所示。

（7）在选项栏中选择“减选”选项，将金属圆角矩形内部减选，效果如图 7-33 所示。

左 图 7-32

右 图 7-33

（8）按住 Ctrl 键单击缩览图，载入选区，如图 7-34 所示。

（9）单击图标，选择色阶，增加一个“色阶调整”图层，参数设置如图 7-35 所示。

左 图 7-34

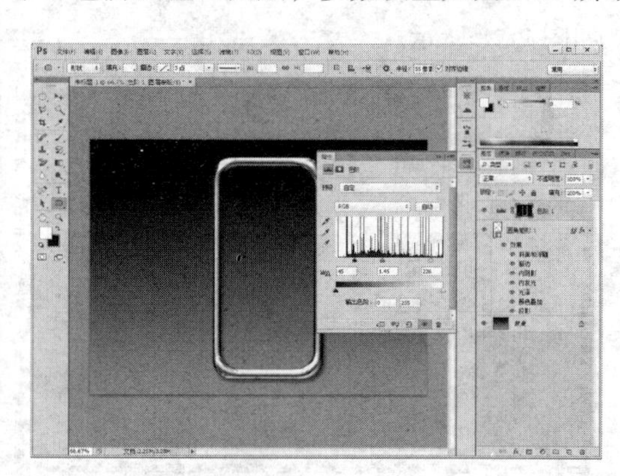

右 图 7-35

（10）选择“钢笔”工具，设置其选项栏如图 7-36 所示。

图 7-36

（11）使用钢笔工具选择金属框内部空间，如图 7-37 所示。

（12）单击“窗口”—“路径”命令，打开“路径”调板，在“路径”调板下方单击图标，将刚才选择的路径转变为浮动选区，如图 7-38 所示。

左 图 7-37

右 图 7-38

（13）在“图层”调板中单击 图标新建一个“图层 1”，并填充为“黑色”，如图 7-39 所示。

（14）选择“渐变”工具，选择前景色到透明渐变类型，如图 7-40 所示。

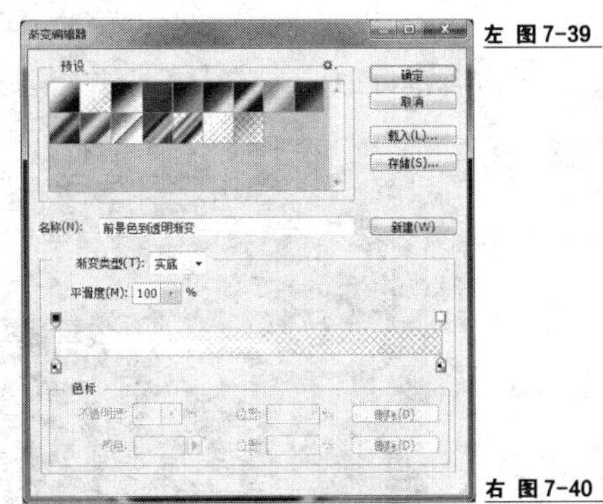


左 图 7-39
右 图 7-40

（15）保存浮动选区，在外框顶端左上角到右下角拉渐变制作反光效果，再按住 Shift 键从底部向上拉渐变，最终效果如图 7-41 所示。在拉渐变时如果效果不好，可以按 Ctrl+Z 组合键取消再重拉渐变。

（16）按 Ctrl+D 组合键取消选择，再次选择“圆角矩形”工具，在选项栏中选择“填充” 填充: —“无描边” 描边: ，并将前景色设置为“黑色”，在顶部创建一个小圆角矩形，如图 7-42 所示。

左 图 7-41
右 图 7-42

（17）双击“形状 2”图层，在弹出的“图层样式”对话框中选择“斜面和浮雕”选项，参数设置如图 7-43 所示。

（18）设置样式后的效果如图 7-44 所示。

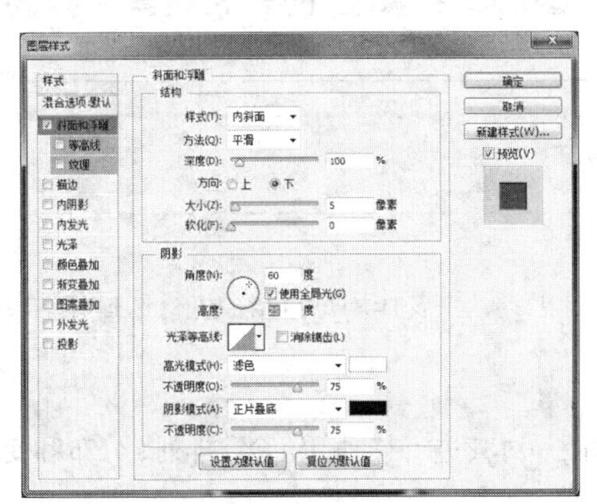

左 图 7-43
右 图 7-44

（19）选择“矩形”工具，将前景色设置为“灰色”，绘制电池的容量显示信号；接着单击 T 图标，打上时间等字样，效果如图 7-45 所示。

（20）打开“配套光盘\第 7 章\图标.psd”文件，并将各种图标移入文件中，按 Ctrl+T 组合键修改图标的大小，并将各种图标移动到相应的位置上，最终效果如图 7-46 所示。

左 图 7-45
右 图 7-46

（21）关闭“背景”图层前的“眼睛”图标，使“背景”图层不可见。接着按 Ctrl+Alt+Shift+E 组合键将所有可见图层盖印为一个新图层。所谓“盖印”图层指的是将所有图层合并为一个新图层，但是并不是真正将所有图层合并。

（22）选择盖印的新图层，单击“编辑”—“变换”—“垂直翻转”命令，将盖印的新图层垂直翻转，并移动到合适的位置上，如图 7-47 所示。

（23）将盖印图层混合模式改为“柔光”，并将盖印图层的“不透明度”改为“50%”，效果如图 7-48 所示。

左 图 7-47
右 图 7-48

## 7.3 路径选择工具组

路径选择工具组包括路径选择工具、直接选择工具，主要作用是对路径进行选择和编辑。

### 7.3.1 路径选择工具

路径选择工具可以用于选择一个或几个路径并对其进行移动、组合、排列、分布和变换。

（1）新建一个文件，选择“矩形”工具，在其选项栏中选择路径，在文件上绘制几个矩形路径，如图 7-49 所示。

（2）选择工具，单击所需移动的路径，然后用鼠标拖曳至适当的位置即可，移动时路径形状不会改变，如图 7-50 所示。

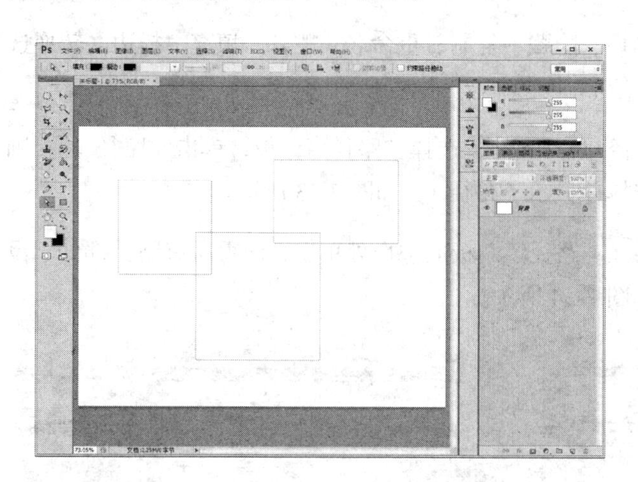

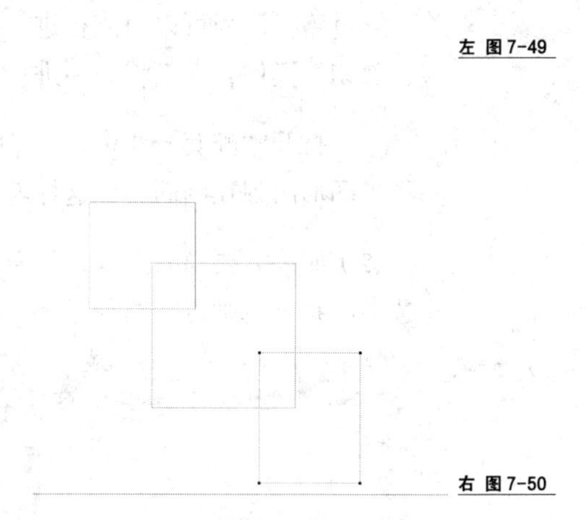

左 图 7-49

右 图 7-50

（3）选择上面两个路径，在选项栏中选择合并形状图标，接着单击合并形状组件按钮，即可将两个路径合并在一起，如图 7-51 所示。

（4）将合并后的路径和下面的路径同时选择，单击与形状区域相交图标，接着单击合并形状组件按钮，即可将两个路径相减，如图 7-52 所示。

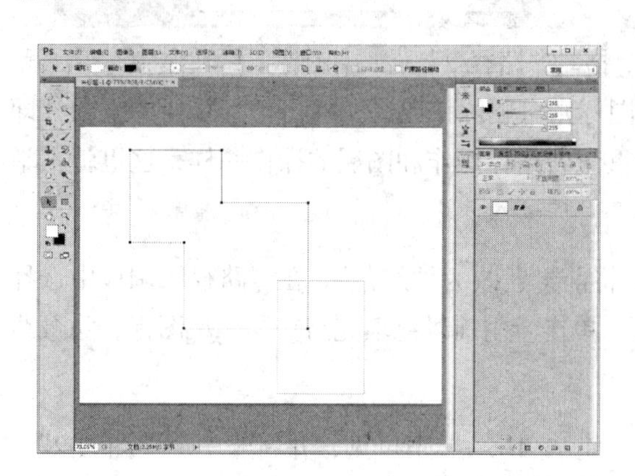

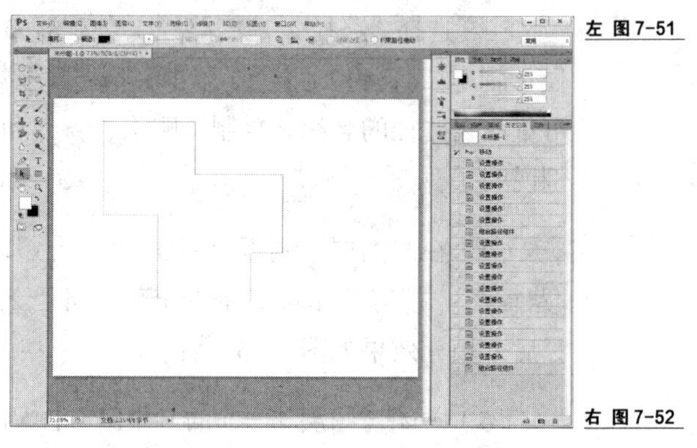

左 图 7-51

右 图 7-52

（5）直接选择工具选项栏上的可以提供多个路径的对齐和分布。在一个工作路径层上如果有两个以上的路径时，可以将它们进行对齐；在一个工作路径层上如果有三个以上的路径时，可以将它们进行分布。方法为选择，选中所需的路径，选择对齐或者分布的方式即可，可以参照图层的对齐和分布的用法。

### 7.3.2 直接选择工具

直接选择工具可以用来移动路径中的锚点和线段，也可以调整方向线和方向点。在调整时，对其他的点或线无影响，而且在调整锚点时不会改变锚点的性质。直接选择工具的使用比较简单，在这里就不举例说明了。

# 7.4 路径调板

通过路径调板可以对路径进行选择、隐藏、复制、重命名、删除、填充、描边、转换选区、剪切等操作，下面将一一进行介绍。

（1）打开“配套光盘\第 7 章\路径.jpg”文件，选择“路径”调板，单击“路径 1”，则路径 1 图形出现在画面中，这样就选择并显示了路径 1，如图 7-53 所示。

（2）如果需要隐藏路径，只需要在“路径”调板的空白处单击，使得所有路径都处于没有选中的状态，则可将路径隐藏，如图 7-54 所示。

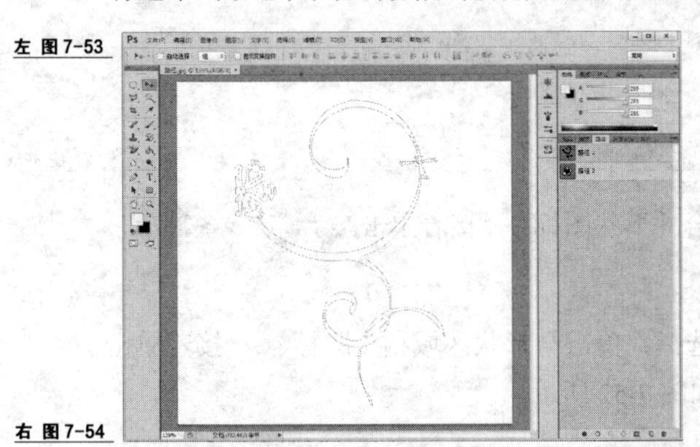

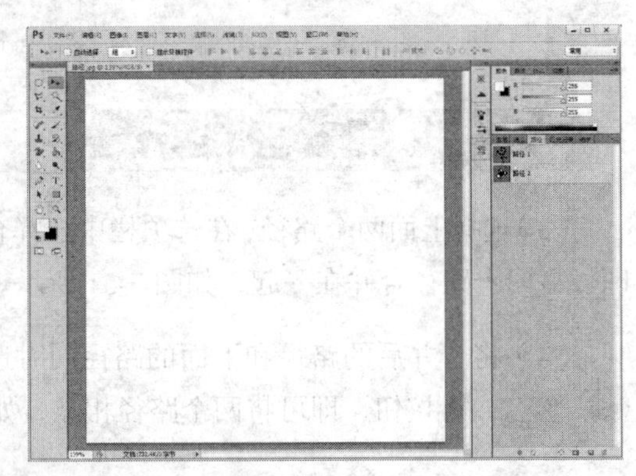

左 图7-53
右 图7-54

（3）选择“路径 2”，则路径 1 自动消失，拖动“路径 2”至 图标上即可复制一个“路径 2 副本”，再将“路径 2 副本”拖至 图标则可删除该路径，双击任意路径的空白处即可重命名路径的名称。复制、删除、新建和重命名路径操作和图层的操作一样，这里就不举例说明了。

（4）在“图层”调板上新建“图层 1”，将前景色改为“红色”。在“路径”调板中选择“路径 2”，接着选择 ，框选全部“路径 2”，单击“用前景色填充路径” 图标，隐藏路径后，填充效果如图 7-55 所示。

（5）关闭“图层 1”前的“眼睛”图标，使“图层 1”不可见，并新建一个“图层 2”，接着将画笔设置为如图 7-56 所示效果。

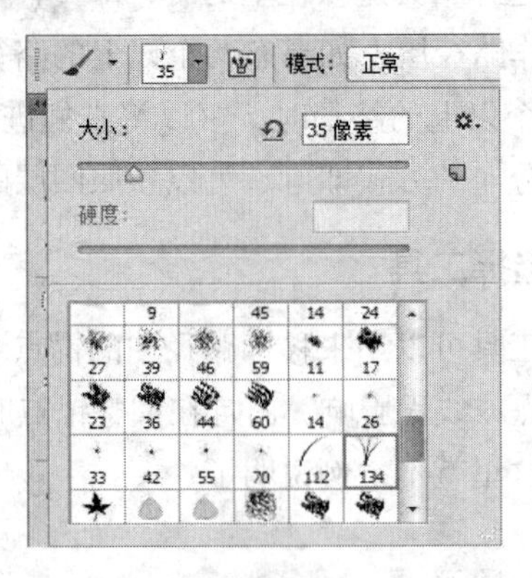


左 图7-55
右 图7-56

（6）在“路径”调板中选择“路径 1”，选择，框选全部“路径 1”，单击“描边路径”图标，隐藏路径后，描边效果如图 7-57 所示。

（7）再次选择“路径 1”，接着单击“将路径转化为选区”图标，即可将路径 1 转换为选区，再单击“将选区转化为路径”图标，又将刚才的选区再次转换为了路径。同时出现一个工作路径，如图 7-58 所示。

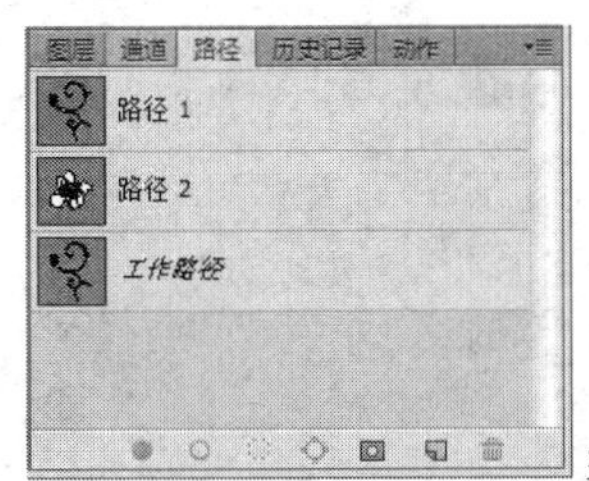


左 图7-57
右 图7-58

## 课堂练习——路径工具选取物体

（练习知识要点）使用路径工具选取红色橱柜板，并改变其颜色，如图 7-59 所示。

（效果所在位置）配套光盘\第 7 章\课堂练习\路径效果.jpg。

图 7-59

## 课后习题——手机制作

（习题知识要点）通过路径工具和绘图工具等完成手机效果制作，如图 7-60 所示。

（效果所在位置）配套光盘\第 7 章\课后习题\手机.jpg。

图 7-60

# 第8章 文字

本章将主要介绍 Photoshop 文字的创建和编辑技巧。通过本章的学习，读者可以根据不同的需要来进行文字编辑和制作各种文字特效。

**学习目标**

◈ 知道定界框可以用来处理大量的文本信息
◈ 知道按路径排列文字使文字排列更加灵活
◈ 知道变形文字选项可以赋予文本多种的变化效果

Photoshop 中的文字是由像素构成的点阵字。和位图一样，Photoshop 的文字也具有分辨率，所以放大过度也会出现锯齿现象。

## 8.1 创建文字

### 8.1.1 输入文字

文字工具创建主要采用文本工具组，共有 4 种文本输入工具。

横排文字工具和直排文字工具可以在新的图层上创建横向和竖向的彩色文字。

横排文字蒙版工具和直排文字蒙版工具可以用于创建横向和竖向的空心字。

（1）新建一个文件，选择横排文字工具，其选项栏如图 8-1 所示。

图 8-1

（2）将前景色改为“红色”，在文件上输入文字，此时多出一个文本图层，如图 8-2 所示。输入文字时，如果文字过大或者过小，都可以通过文字工具选项栏中的 5点 设置文字大小。

（3）单击选项栏上的按钮，改变文字输入的方向为“竖向”，如图 8-3 所示。

（4）选择文本工具，可以选择刚才输入的文字，如图 8-4 所示。

（5）在选项栏中改变字体的颜色和大小等参数，最终效果如图 8-5 所示。

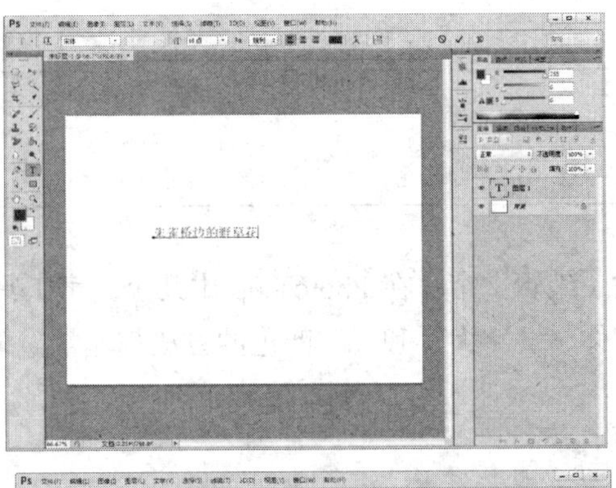

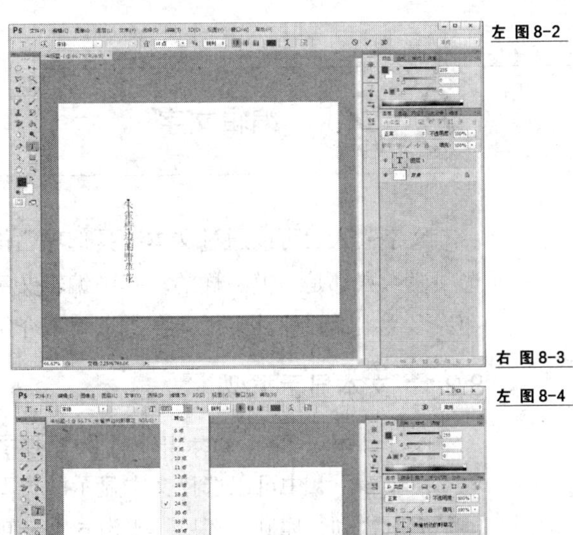

左 图8-2　右 图8-3

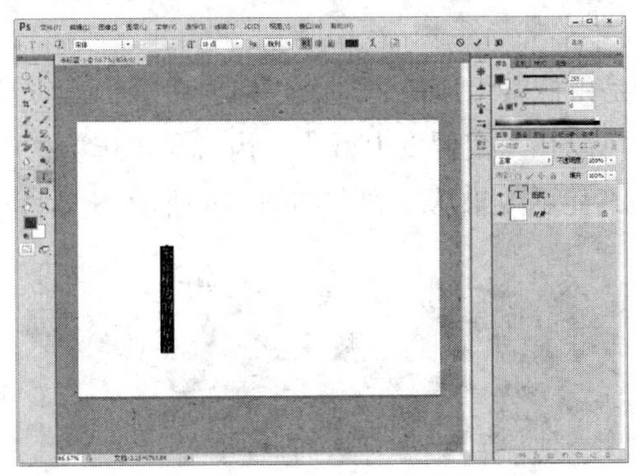



左 图8-4　右 图8-5

## 8.1.2 输入段落文字

在 Photoshop 中除了正常的输入文字之外，还可以采用框选的方式输入段落文字。

（1）新建一个文件，选择横排文字工具T，在文件中框选一个区域，如图 8-6 所示。

（2）接着便可在框选的区域内输入文字，如图 8-7 所示。

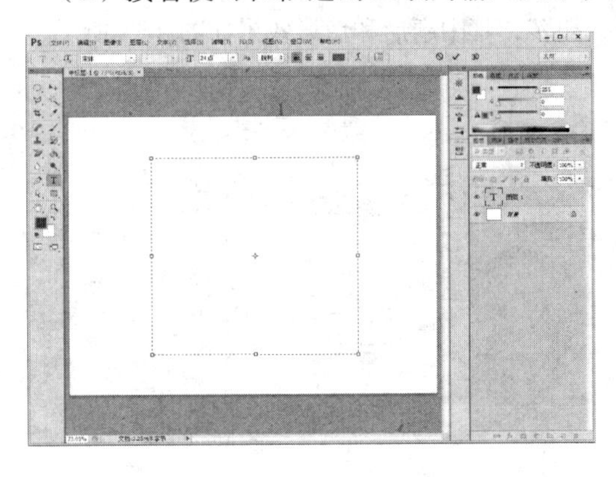

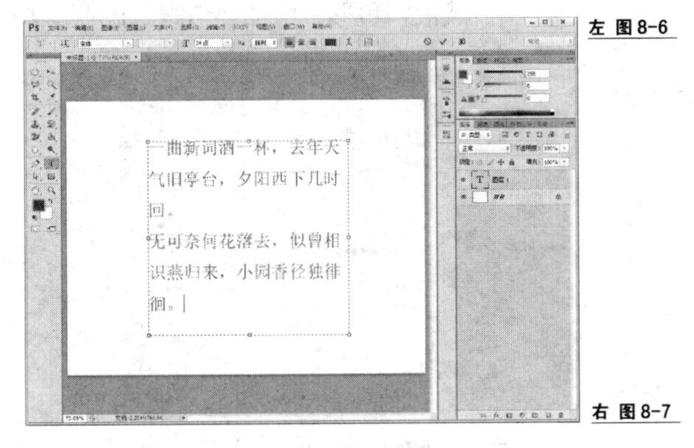



左 图8-6　右 图8-7

（3）可以调节外框节点改变框的形状和角度，同时改变文字的形状和角度，如图 8-8 所示。

一曲新词酒一杯，去年天气旧亭台，夕阳西下几时回。
无可奈何花落去，似曾相识燕归来，小园香径独徘徊。

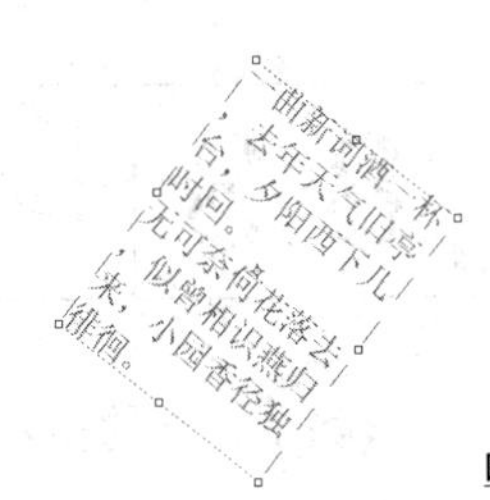



图8-8

# 8.2 编辑文字

文字输入后可以通过文本工具选项栏修改、编辑文字。在 Photoshop 中几个文字工具的选项栏参数都是一模一样的。其中编辑文字字体、文字大小和文字颜色的方法都非常简单，和许多文本编辑软件一样，在这里就不介绍了。

## 8.2.1 文本显示类型

刚才介绍过 Photoshop 中文字为点阵字，是由像素组成的，那就不可避免会出现锯齿现象。在 aa 锐利 中可以选择文本显示的类型，可以在一定程度上减小锯齿现象。选项栏中提供了无、锐利、犀利、浑厚、平滑 5 个选项，其显示效果从左到右如图 8-9 所示。

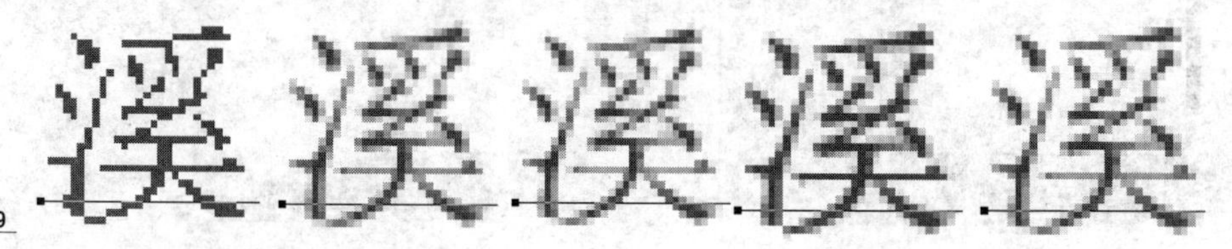


图 8-9

## 8.2.2 变形文字

变形文字选项可以使文本做多种变形。单击 会出现“变形文字”调板，如图 8-10 所示，包括样式、水平、垂直、弯曲、水平弯曲、垂直弯曲等参数。

◈ 样式：文本变形的类型包括无、扇形、下弧、上弧、拱形、凸起、贝壳、花冠、旗帜、波浪、鱼形、增加、鱼眼、膨胀、挤压、扭转，其中扇形和鱼形效果如图 8-11 所示。

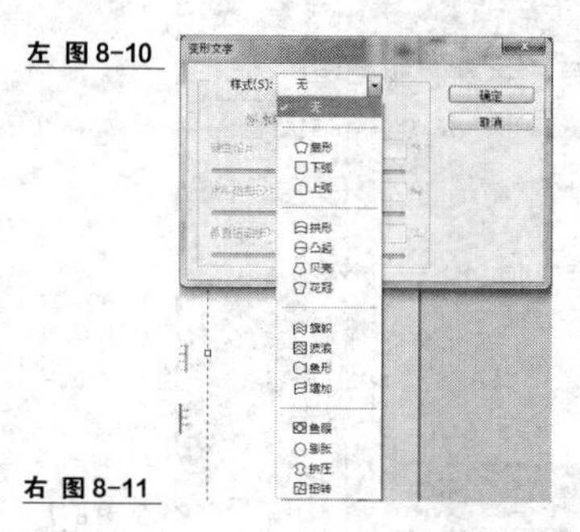

左 图 8-10

右 图 8-11

◈ 水平/垂直：选择弯曲的方向。

◈ 弯曲/水平扭曲/垂直扭曲：控制弯曲的程度。

# 8.3 路径文字

除了正常的输入和编辑文字外，还可以根据路径来编辑文字。

### 8.3.1 按路径排列文字

（1）新建文件，选择“钢笔”工具，绘制一段曲线路径，如图 8-12 所示。

（2）选择 T，在路径的端部单击一下，输入文字，此时文字沿着路径自动排列，如图 8-13 所示。

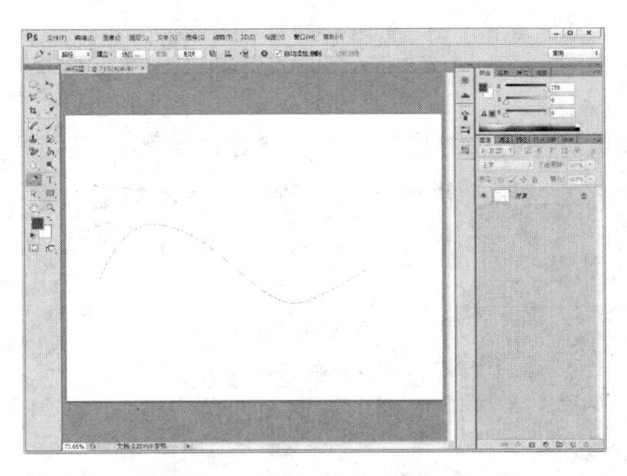

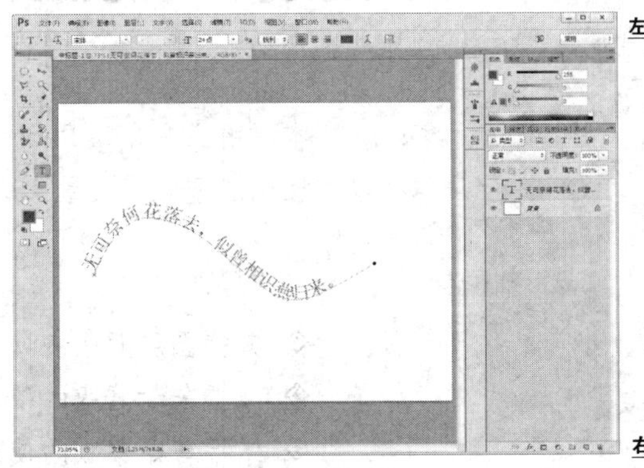


左 图 8-12

右 图 8-13

### 8.3.2 调整路径文字

路径文字完成后，可以通过“路径选择”工具、“直接选择”工具和“转换点”工具来调整路径的形状，从而改变文字的形状。因为操作相对简单，在这里就不举例说明了。

## 课堂练习——标书封面的制作

（练习知识要点）使用文本工具配合其他工具完成标书封面的设计，如图 8-14 所示。

（效果所在位置）配套光盘\第 8 章\课堂练习\标书封面.jpg。

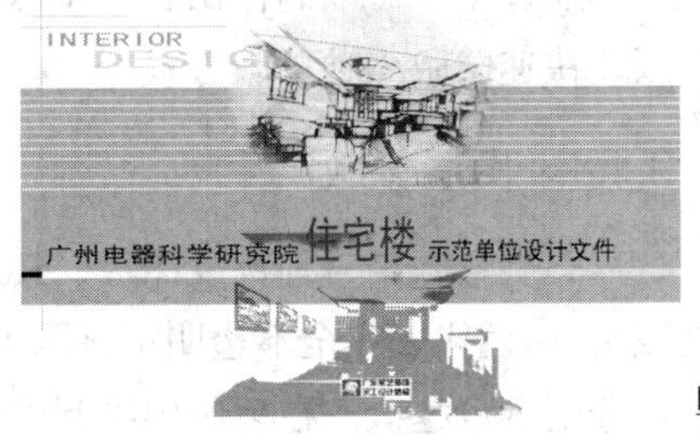


图 8-14

## 课后习题——材料表的制作

（习题知识要点）使用文本工具配合其他工具完成标书材料表的制作，如图 8-15 所示。

（效果所在位置）配套光盘\第 8 章\课后习题\材料表.jpg。

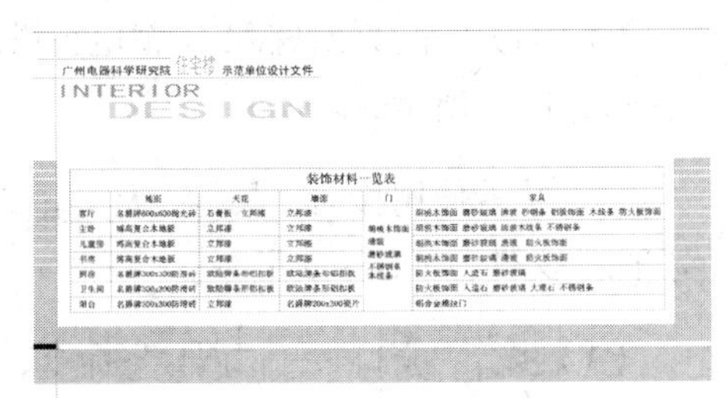


图 8-15

# 第9章
## 通道和蒙版应用

本章将主要介绍 Photoshop 软件蒙版的应用方法。通过本章的学习，可以掌握图层蒙版、矢量蒙版、剪贴蒙版和快速蒙版的使用方法和应用技巧。

学习目标

- 掌握图层蒙版的使用方法
- 掌握矢量蒙版的使用方法
- 掌握剪贴蒙版的使用方法
- 掌握快速蒙版的使用方法

## 9.1 蒙版

蒙版可控制显示或者隐藏图像内容，使用蒙版可以将图层中不同区域隐藏或者显示。此外，通过蒙版可以制作出各种特殊效果。Photoshop CS6 包含图层蒙版、矢量蒙版、剪贴蒙版、快速蒙版 4 种蒙版方式。

### 9.1.1 图层蒙版

图层蒙版是一种灰度图像，其效果与分辨率相关。蒙版中的黑色区域代表完全透明（隐藏），白色代表完全不透明（显示），而灰度则代表半透明，灰度越高透明度也越高，灰度越低透明度也越低。在蒙版中绘制黑白灰即可得到相应的效果。

在 Photoshop CS6 中，新增了“属性”调板，用来创建基于像素和矢量的可编辑蒙版。其中调整边缘、色彩范围和反相功能也以按钮的形式融入到调板中，使蒙版的创建和修改更加方便。

（1）打开“配套光盘\第 9 章\电视塔.jpg、天空.jpg”文件。拖曳“天空.jpg”文件标题栏，达到如图 9-1 所示效果。

（2）接着使用移动工具将“天空.jpg”文件拖入“电视塔.jpg”中，调整好位置并关闭“天空.jpg”文件，如图 9-2 所示。

（3）执行“窗口”—“属性”命令，将“属性”调板显示。选择“图层 1”，单击“图层”调板底部的“添加图层蒙版”按钮添加图层白色蒙版，为“图层 1”添加图层蒙版，此时的蒙版为白色的，如图 9-3 所示。此外，还有一种方法可以添加蒙版，即执行“图层”—“图层蒙版”—“显示全部”命令，也可以为所选图层添加图层白色蒙版。白色代表显示，即显示该图层的所有内容。

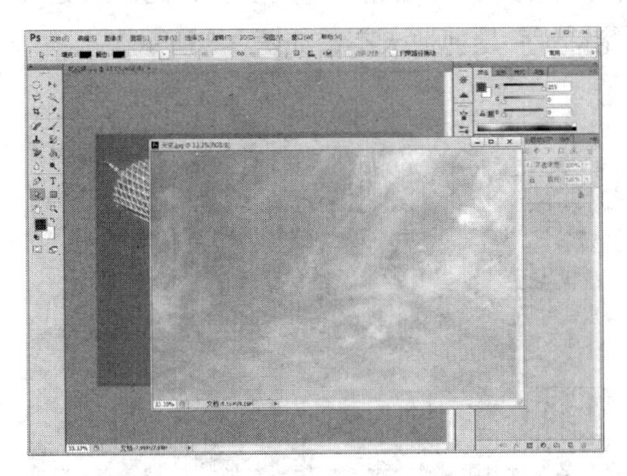

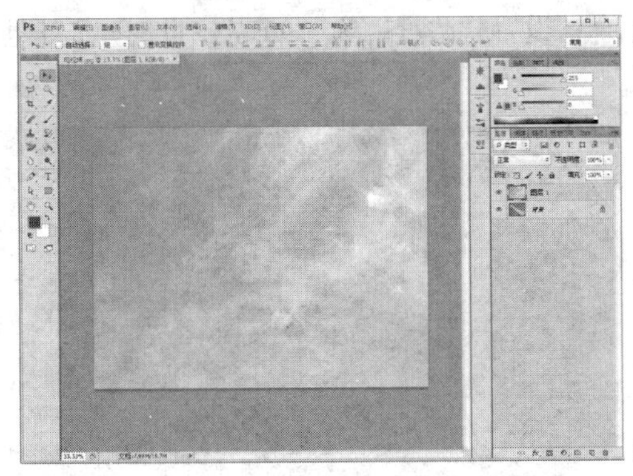

左 图 9-1

右 图 9-2

（4）按 Ctrl+Z 组合键取消上次操作，接着执行“图层”—“图层蒙版”—“隐藏全部”命令，该蒙版将以黑色填充，因为黑色代表不显示，即隐藏该图层的所有内容，如图 9-4 所示。此外，按住 Alt 键单击“图层”调板底部的“添加图层蒙版”按钮，也可直接添加图层黑色蒙版。

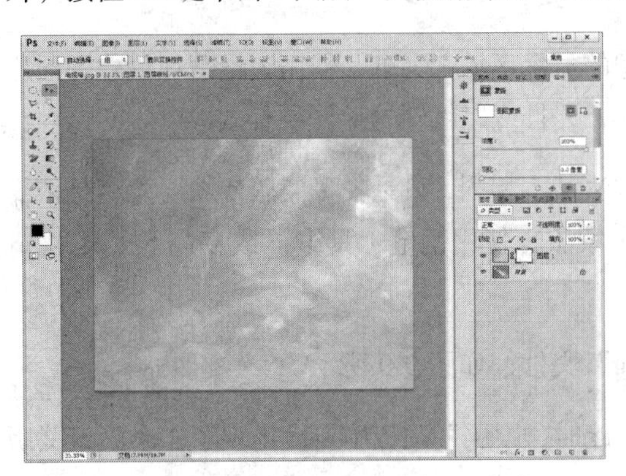

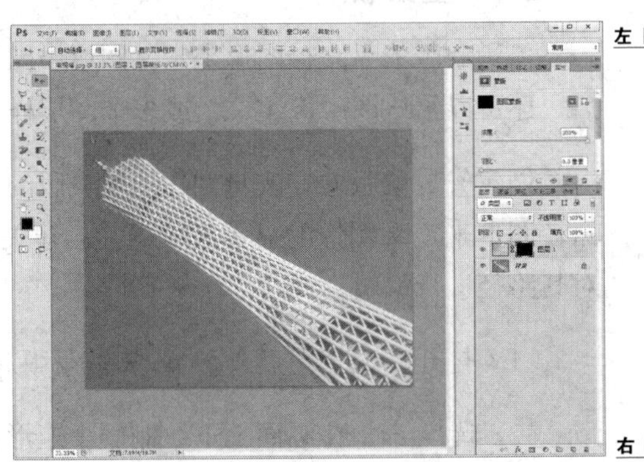

左 图 9-3

右 图 9-4

（5）选择“画笔”工具，将前景色改为“白色”，“画笔大小”设置为“200”，在电视塔蓝色天空上涂抹，最终效果如图 9-5 所示。如果在涂抹时，不小心把白色涂抹到了电视塔建筑上，则可以将前景色改为黑色，再次涂抹即可将电视塔复原。

（6）因为图层蒙版是灰度图像，所以蒙版中白色部分为当前选择内容，可以将其转换为选区使用。按住 Ctrl 键单击“蒙版缩览图”图标，载入选区，如图 9-6 所示。

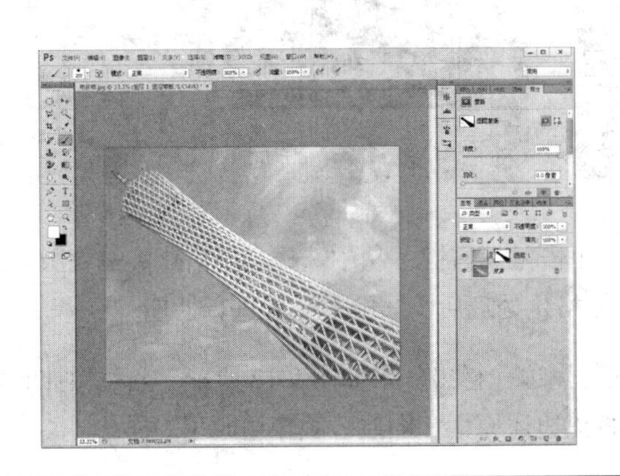

左 图 9-5

右 图 9-6

（7）选择“渐变”工具，然后选择黑到白的渐变色，从右上角斜拉到左下角，取消选择后的效果如图 9-7 所示。

（8）在“属性”调板中将“羽化”值设置为“35”，可见建筑与天空交界处效果更为融合，设置“浓度”为“90%”，此时建筑上也笼罩了一层薄薄天空，如图 9-8 所示。

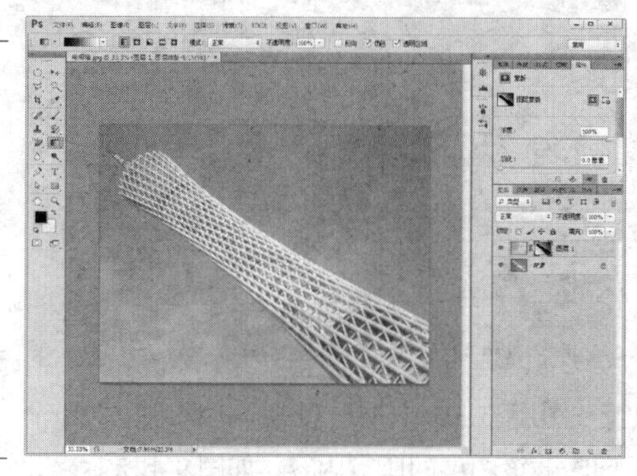

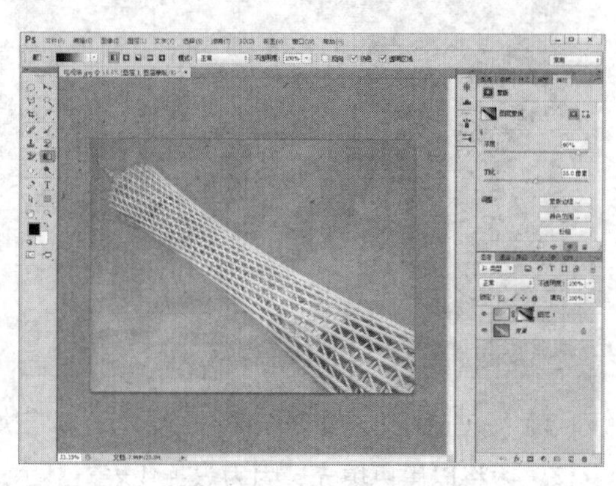

左 图 9-7

右 图 9-8

## 9.1.2 矢量蒙版

矢量蒙版依靠路径图形来定义图层中图像的显示区域。另外，使用矢量蒙版创建图层之后，还可以给该图层应用一个或多个图层样式，并且可以编辑这些图层样式。

创建矢量蒙版的方法与创建图层蒙版的方法基本相同，只是矢量蒙版使图层隐藏是依靠路径图形来定义图像的显示区域的。创建矢量蒙版也使用钢笔工具组或多边形工具组对其路径进行编辑。

（1）打开“配套光盘\第 9 章\矢量蒙版.jpg”文件，如图 9-9 所示。

（2）选择，在画面上下绘制两个矩形，此时“图层”调板中自动出现了 2 个矢量蒙版图层，如图 9-10 所示。

左 图 9-9

右 图 9-10

（3）选择“形状 2”图层，在缩览图中单击鼠标右键，从中选择“栅格化矢量蒙版”命令，如图 9-11 所示。矢量蒙版图层只有在栅格化处理后，才能对蒙版进行处理。

（4）将前景色设置为“黑色”，涂抹底部黑边，得出效果如图 9-12 所示。黑色涂抹时黑边会消失，如果再选择白色涂抹，则又可将黑边还原，和图层蒙版作用原理一样。

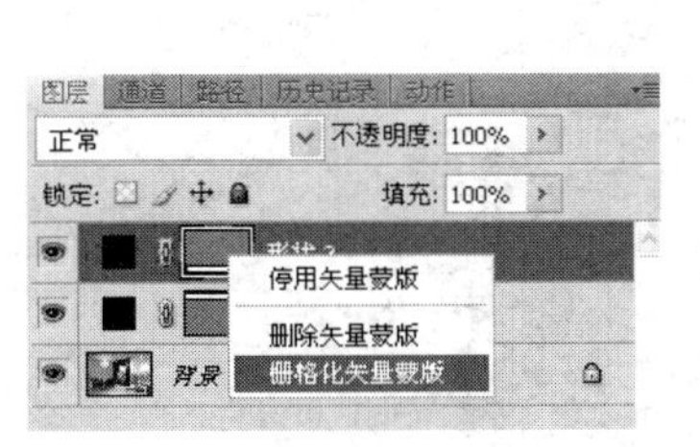

左 图9-11

右 图9-12

## 9.1.3 剪贴蒙版

剪贴蒙版由基底图层和内容层两部分组成。内容层只显示基底图层中有像素的部分，其他部分隐藏。下面通过一个实例来学习如何使用剪贴蒙版。

（1）打开“配套光盘\第9章\建筑.jpg”和“标志.psd”文件，并用移动工具将“标志.psd”移动到“建筑.jpg”文件中，如图9-13所示。

（2）双击“背景”图层右侧的🔒图标对“背景”图层进行解锁处理，“背景”图层解锁后自动转换为“图层0”。新建一个“图层2”，填充为“淡黄色”，并调整图层顺序，如图9-14所示。

左 图9-13

右 图9-14

（3）选择“图层2”，单击“图层”—“创建剪贴图层”命令，快捷方式为按住Alt键在“图层”调板中“图层0”和“图层1”交界处单击，效果如图9-15所示。从图中可见，“图层0”的图像只有和“图层1”中图标的内容重合的部分才显示，其余均隐藏。

（4）双击“图层1”，设置“投影”样式参数如图9-16所示。

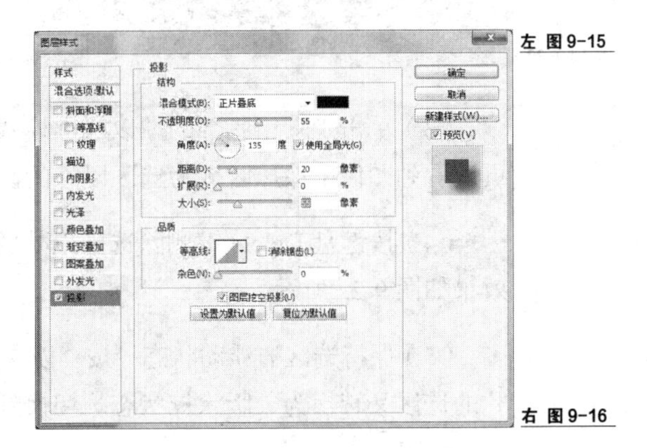


左 图9-15

右 图9-16

（5）设置“渐变叠加”样式如图 9-17 所示。

（6）最终效果如图 9-18 所示。

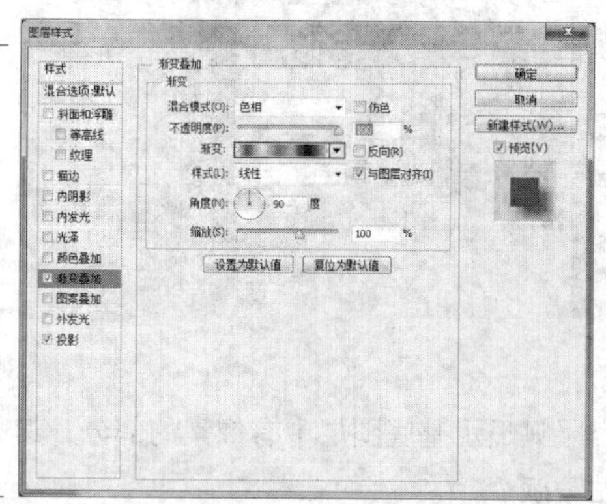

左 图9-17

右 图9-18

## 9.1.4 快速蒙版

快速蒙版是一个创建、编辑选区的临时环境，可以用于快速创建选区。快速蒙版不能保存所创建的选区，如果要永久保存选区的话，必须将选区储存为 Alpha 通道。关于通道技术将在后面详细讲解。

（1）打开“配套光盘\第 9 章\快速蒙版.jpg、云.jpg”文件，将“云.jpg”拖入“快速蒙版.jpg”文件中，并调整位置，如图 9-19 所示。

（2）单击工具箱底部的“以快速蒙版模式编辑”按钮，进入快速蒙版模式的编辑状态。将前景色改为“黑色”，并将“图层 1”的不透明度改为“50%”，用画笔在“图层 1”建筑之外的天空涂抹，如图 9-20 所示。此时涂抹的显示颜色为红色，在快速蒙版中红色所覆盖的区域代表该区域图像为受保护状态，也就是选区以外的区域。

左 图9-19

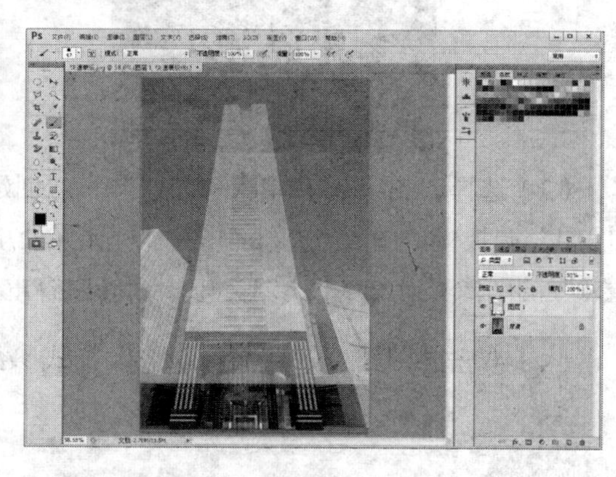

右 图9-20

（3）单击工具箱底部的“以标准模式编辑”按钮，此时出现浮动选区，如图 9-21 所示。可以看到图像中涂抹区域为选区以外的区域。

（4）按键盘 Delete 键删除选区以外的区域，并将“图层 1”不透明度改为“75%”，此时效果如图 9-22 所示。

（5）保持选区的浮动状态，按“以快速蒙版模式编辑”命令的快捷键 Q 键，可以看到刚才的选区又转换为蒙版涂抹状态。切换到“通道”调板，可见“通道”调板中自动生成一个临时快速蒙版通道，如图 9-23 所示。

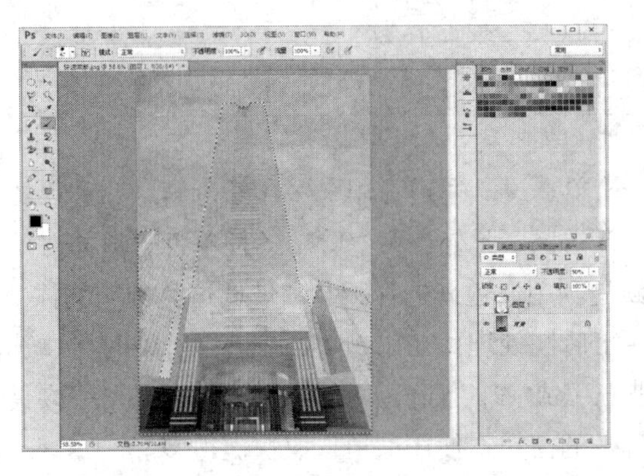

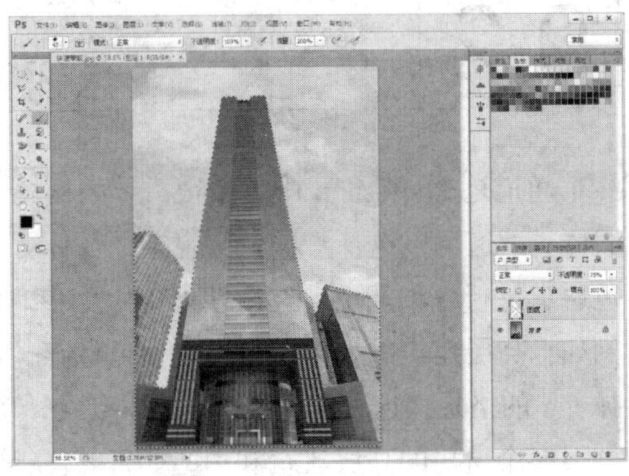

左 图9-21

右 图9-22

（6）默认情况下，快速蒙版受保护的区域为红色，不透明度为“50%”，这些设置是可以随时更改的。双击“以快速蒙版模式编辑”按钮，弹出“快速蒙版选项”对话框，如图 9-24 所示。在此对话框中可以设置蒙版的颜色、不透明度和蒙版区域及所选区域等参数，将颜色改为绿色。

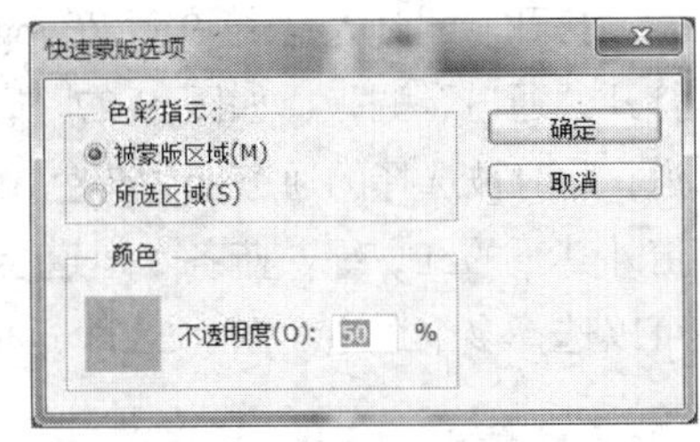


左 图9-23

右 图9-24

（7）选择“图层 1”，将不透明度改为“100%”。按 Ctrl+D 组合键取消选择，单击“以快速蒙版模式编辑”按钮，给“图层 1”添加一个快速蒙版。接着选择黑到白的渐变，从右下角到左上角拉一个渐变，如图 9-25 所示。此时可见蒙版的颜色变为绿色。

（8）再次单击图标，出现浮动选区，按键盘上的 Delete 键删除，效果如图 9-26 所示。从效果可以看出上半角以渐隐的方式删除。

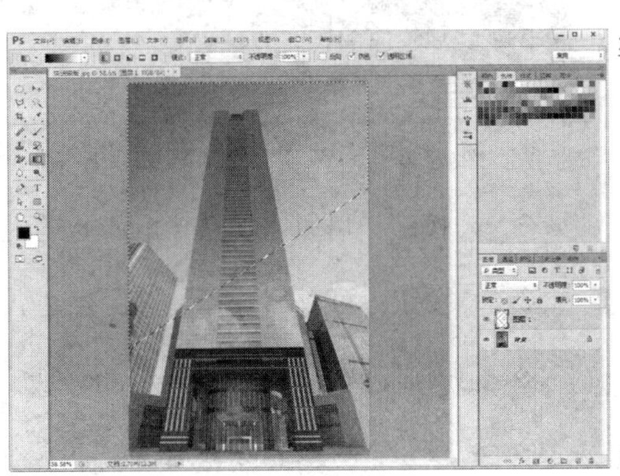

左 图9-25

右 图9-26

# 9.2 通道

通道是 Photoshop 中一个很重要的概念，简单点说，通道是用来保存颜色信息和选区的载体。通道可以选择一些较为复杂的物体并保存选区，此外还可以管理各种单色通道并对单色通道进行各种调整。在后期处理中更多时候是利用通道来选择天空和玻璃这类透明物体。例如，高层建筑的玻璃即可通过通道保存，便于后期处理。在用 3ds Max 进行渲染时可以选择 tga 的格式，这种格式可以自动将天空和玻璃生成一个通道，便于快速选取。对于一些具有很多个窗户的高层建筑和一些如百叶窗等特殊的窗户，使用通道选取快捷得多。

在 Photoshop 中包含 4 种类型的通道，一种是颜色通道，一种是 Alpha 通道，另外两种分别是专色通道和临时通道。下面对这些通道进行详细介绍。

## 9.2.1 颜色通道

在 Photoshop 中颜色通道的作用非常重要，颜色通道用于保存和管理图像中的颜色信息，每幅图像都有自己单独的一套颜色通道，在打开新图像时会自动进行创建。图像的颜色模式决定创建颜色通道的数目和类型。

打开“配套光盘\第 9 章\花.jpg”文件，单击菜单栏中的“窗口”—“通道”命令，可以打开“通道”调板，如图 9-27 所示。单击“通道”面板中的任意一个通道，可以选择该通道，此时被选择的通道变为蓝色，称为当前通道。如果单击的是 RGB 通道，则除了 RGB 通道外其下的红、绿、蓝各个通道会被同时选中。在按住 Shift 键的同时单击不同的通道，则可以选择多个通道。图 9-28 即同时选择红、绿通道的效果。

左 图9-27

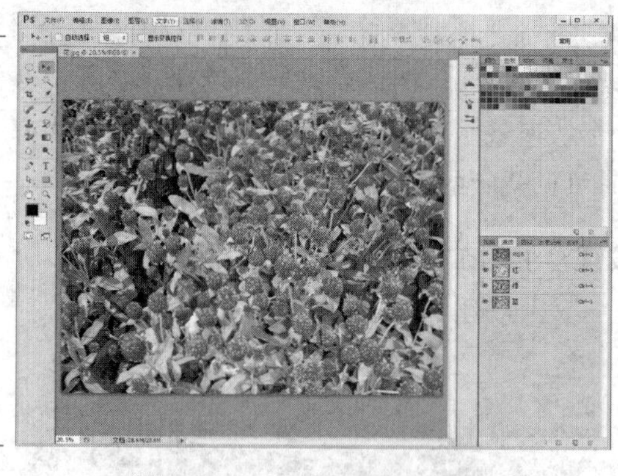

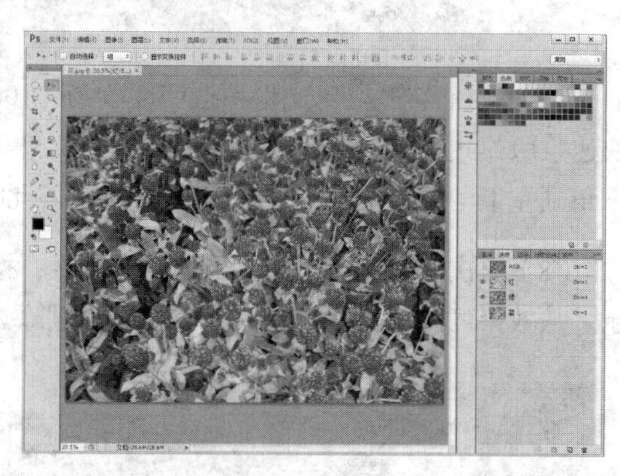

右 图9-28

◈ 图标：单击面板左侧的“眼睛”图标，可以显示和隐藏通道。

◈ 按钮：可以将所选 Alpha 通道内的选择区域载入图像窗口。

◈ 按钮：可以将选择区域保存到 Alpha 通道内。

◈ 按钮：可以新建一个 Alpha 通道。

◈ 按钮：可以删除被选择的通道。

颜色通道可以用于制作特效，还可以用于选取一些复杂的物体，如发丝、造型复杂的物体等。还有一点也是通道独有的功能，即其可以选取一些半透明的物体，如婚纱、玻璃等。下面就其具体应用一一讲解。

### 1. 梦幻效果制作

（1）打开“配套光盘\第 9 章\梦幻.jpg”文件，如图 9-29 所示。

（2）在“通道”调板中选择红色通道，单击 按钮，载入红色通道选取，如图 9-30 所示。快捷方式为按住 Ctrl 键后单击红色通道。

左 图 9-29

右 图 9-30

（3）在“通道”调板中单击 RGB 通道，接着选择“图层”调板，按 Ctrl+J 组合键复制所选区域，如图 9-31 所示。

（4）单击“滤镜”—“模糊”—“高斯模糊”命令，设置参数如图 9-32 所示。

左 图 9-31

右 图 9-32

（5）将“图层 1”的混合模式改为“滤色”，复制“图层 1”2 次，如图 9-33 所示。

（6）复制后效果如图 9-34 所示。

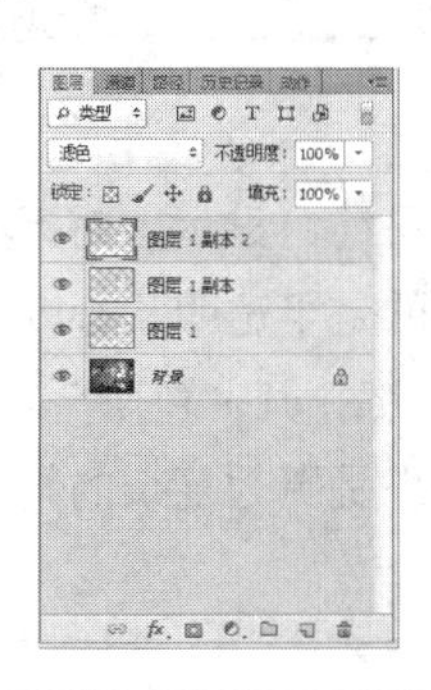

左 图 9-33

右 图 9-34

（7）将最顶层的“图层 1 副本 2”混合模式改为“颜色减淡”，并将其不透明度设置为“65%”，如图 9-35 所示。

（8）最终效果如图 9-36 所示。

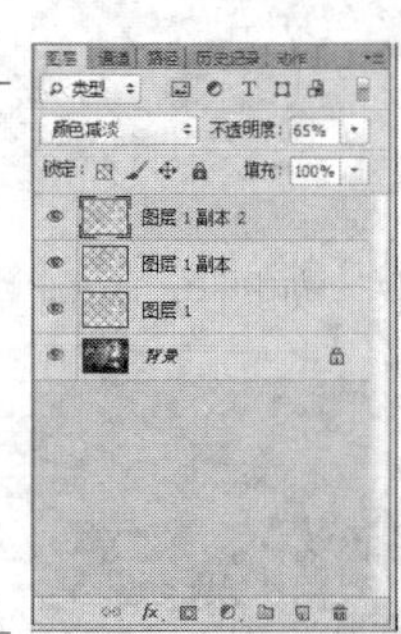

左 图 9-35
右 图 9-36

## 2. 通道选取复杂物体

（1）打开“配套光盘\第 9 章\通道选取.jpg”文件，如图 9-37 所示。从图中可以看到，如果需要选择全部的树木，采用以前学习过的任何工具都不易选取，因为这些树木颜色都不一样，又有很多的树木分枝和疏疏落落的树叶。

（2）在“通道”调板中选择一个黑白最为分明的通道，经过查看确认是蓝通道，将蓝通道拖入 ，复制一个“蓝副本”通道，如图 9-38 所示。通道作用原理和蒙版类似，黑色代表完全透明，白色代表完全不透明，灰色代表半透明，如果需要选择物体，只需将该物体处理成白色显示即可，而不需要选择的物体则以黑色显示。

左 图 9-37
右 图 9-38

（3）从图 9-38 中可以看出，需要选择的树木为黑色显示，天空则为白色显示，此时需要将它们之间的颜色反转，按 Ctrl+I 组合键反转，效果如图 9-39 所示。

（4）选择“画笔”工具，将前景色改为“黑色”，在道路和人物部分涂抹，如图 9-40 所示。

（5）通过观察我们可以发现树木并不是纯白显示，而天空也不是纯黑显示，这些颜色中都带有一定的灰度，而在通道中灰色代表的是半透明，所以现在需要将这些带有灰度的白色和黑色处理为纯黑和纯白。按 Ctrl+L 组合键打开“色阶”命令，设置色阶参数如图 9-41 所示。选择此图片的树木相对还是简单，如果是更为复杂的物体，则需要使用套索工具分区域运用色阶处理为纯黑和纯白的效果。

（6）按住 Ctrl 键单击蓝副本通道，将白色区域作为浮动选区选中，如图 9-42 所示。

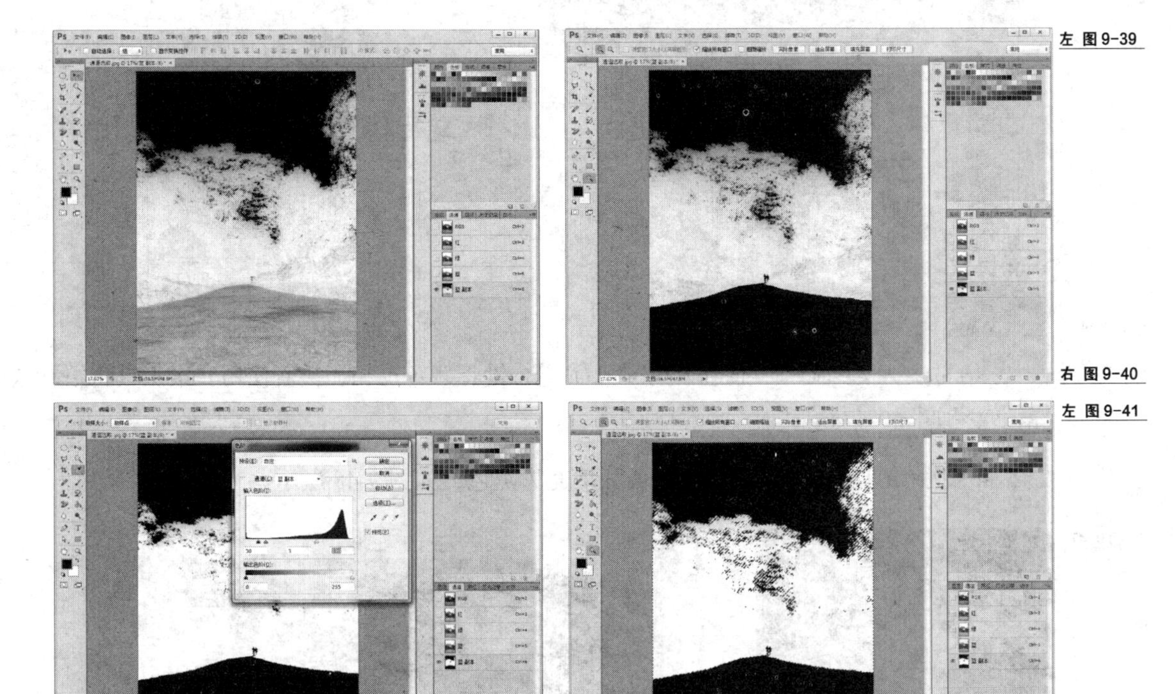

左 图 9-39

右 图 9-40

左 图 9-41

右 图 9-42

（7）单击“RGB”通道，关闭“蓝 副本”通道前的“眼睛”图标，接着单击“图层”调板，按 Ctrl+J 组合键复制所选区域，复制区域自动生成“图层 1”，如图 9-43 所示。

（8）关闭“背景”图层前的“眼睛”图标，只显示“图层 1”，如图 9-44 所示。从图中可以看到全部树木连细小的树枝、树叶也全部被选择。从这个范例可以理解如何利用通道选择物体。

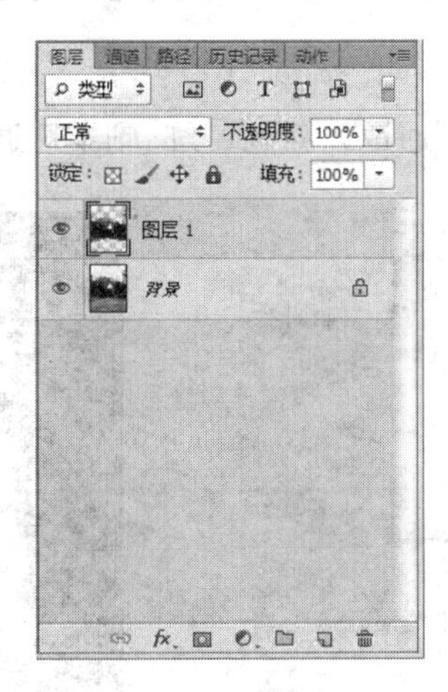

左 图 9-43

右 图 9-44

### 3. 通道选择半透明物体

（1）打开“配套光盘\第 9 章\婚纱.jpg”文件，如图 9-45 所示。

（2）单击“通道”调板，复制一个黑白最为分明的“红 副本”通道，如图 9-46 所示。

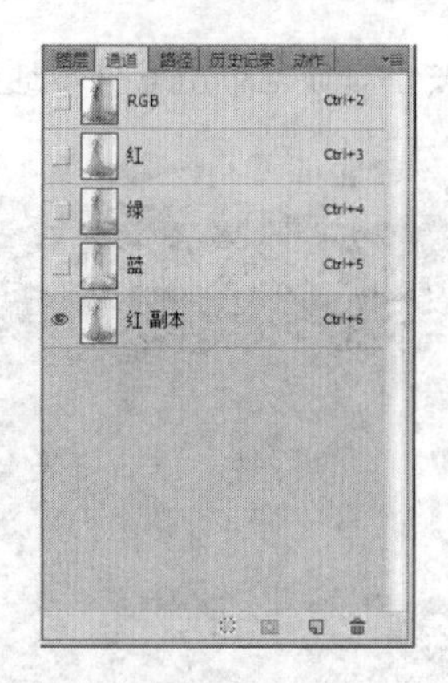


左 图 9-45

右 图 9-46

（3）选择“红 副本”通道，按 Ctrl+I 组合键将颜色反相，接着使用套索工具将婚纱选择，效果如图 9-47 所示。

（4）按 Ctrl+Shift+I 组合键反选，并填充为黑色，如图 9-48 所示。

左 图 9-47

右 图 9-48

（5）按 Ctrl+D 组合键取消选择，接着按 Ctrl+L 组合键打开色阶对话框，设置参数如图 9-49 所示。需要注意的是婚纱的灰度越接近黑色，其透明度越高，灰度的调整可以根据自己的需要进行。

（6）按 Ctrl 键单击“红 副本”通道，载入“红 副本”通道的选区，如图 9-50 所示。

左 图 9-49

右 图 9-50

（7）单击 RGB 通道，接着进入“图层”调板，在“背景”图层上按 Ctrl+J 组合键复制，得出“图层 1”，如图 9-51 所示。

（8）关闭“背景”图层前面的“眼睛”图标，此时可见半透明的婚纱已经被复制了，如图 9-52 所示。从图中可见，透过婚纱可以看到背后的黑白网格。将此婚纱移至任何物体中，它也会呈半透明显示。

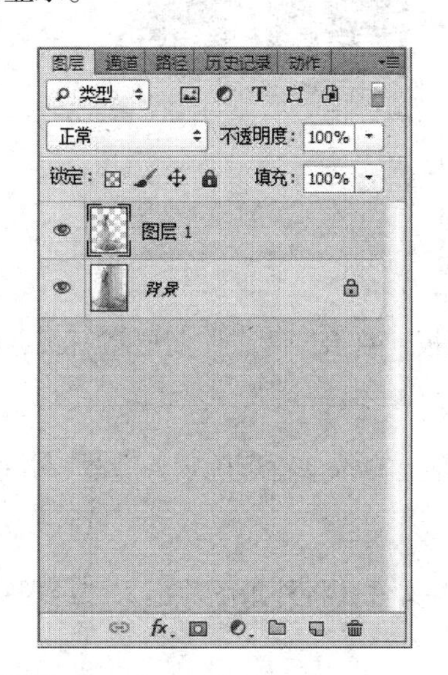

左 图 9-51

右 图 9-52

## 9.2.2 Alpha 通道

Alpha 通道主要用来存储和编辑选择区域，在后期处理中常用 Alpha 通道来创建选择区域和保存选区。

（1）使用 3ds Max 软件打开“配套光盘\第 9 章\模型.max”（需先解压）文件，渲染图像完毕后，保存文件时选择 tga 格式，如图 9-53 所示。

（2）给文件命名为“经理室”后，选择相应的路径，单击“保存”按钮即可保存文件，在随后弹出的对话框中进行如图 9-54 所示设置。

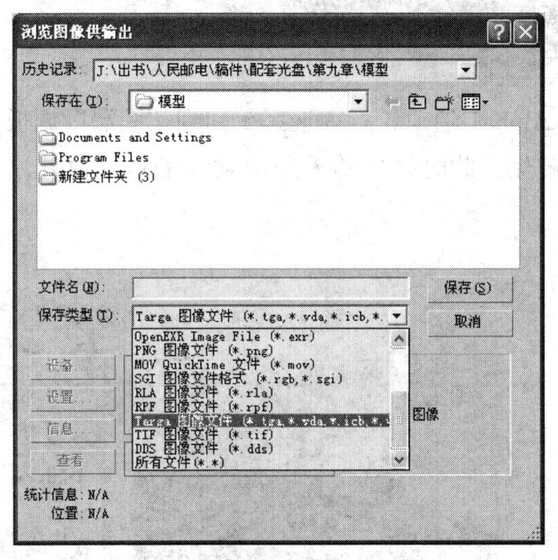


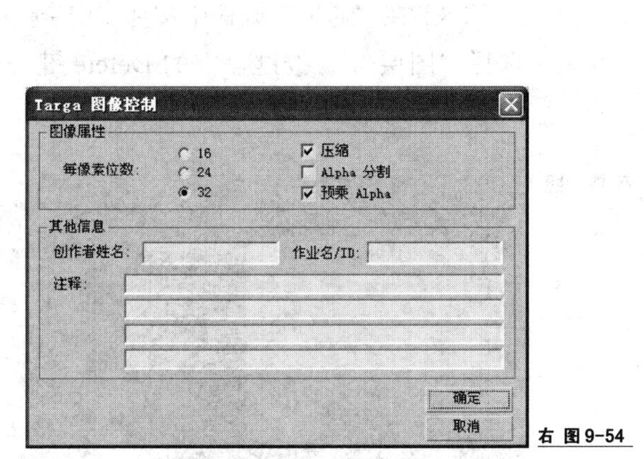


左 图 9-53

右 图 9-54

（3）在 Photoshop 中打开刚才保存的“经理室.tga”文件，选择“通道”调板，从调板上可见其自动带有一个 Alpha1 通道，单击 Alpha1 通道，百叶窗显示如图 9-55 所示。

（4）按住 Ctrl 键单击 Alpha1 通道，载入选区，如图 9-56 所示。

左 图9-55

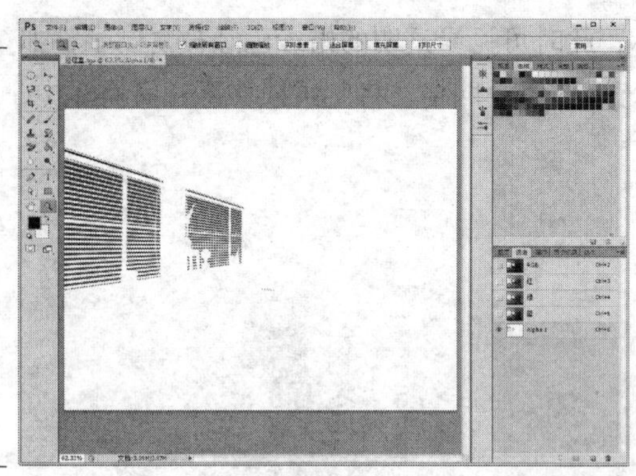

右 图9-56

（5）单击 RGB 通道，回到“图层”调板，双击“背景”图层解锁，此时背景图层变为“图层 0”，如图 9-57 所示。

（6）按 Ctrl+Shift+I 组合键反选，按键盘上 Delete 键删除窗外背景，并按 Ctrl+D 组合键取消选择，效果如图 9-58 所示。

（7）打开“配套光盘\第 9 章\外景.jpg”文件，将外景图片拖入“经理室.tga”文件中，并调整好位置，如图 9-59 所示。

左 图9-57

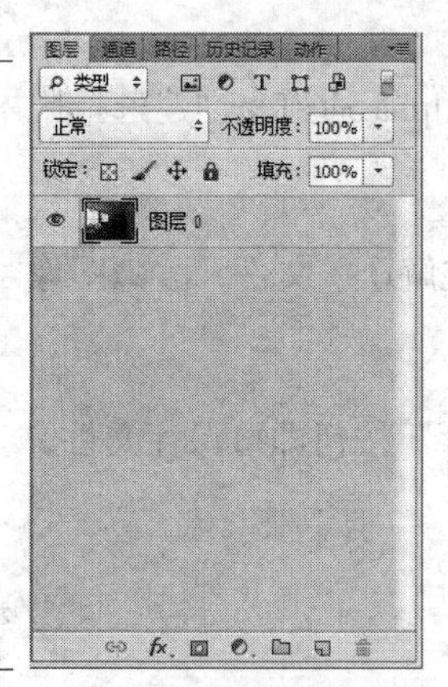

右 图9-58

（8）在“通道”调板中按住 Ctrl 键单击 Alpha1 通道，载入选区。回到“图层”调板，选择“图层 1”，按键盘上的 Delete 键进行删除，此时外景的天空便载入了百叶窗外，如图 9-60 所示。

左 图9-59

右 图9-60

（9）使用“套索”工具选择天花板，在“通道”面板中单击图标，即将选择区域保存为 Alpha2 通道，如图 9-61 所示。保存为 Alpha 通道后在其后的操作中即可随时载入选区，这是效果图修改中常用的一个技法。

（10）按 Ctrl+D 组合键取消选择，单击“通道”面板下的图标，即可新建一个 Alpha3 通道，设置前景色为“白色”，选择画笔工具在 Alpha3 通道中任意涂抹，之后按住 Ctrl 键单击 Alpha3 通道，出现了浮动选区，如图 9-62 所示。

左 图 9-61

右 图 9-62

从上面的小练习中可以了解 Alpha 通道在 Photoshop 中的作用：一是可以通过在 3ds Max 中保存 tga 格式将玻璃、外景等物体保存为通道，方便后期修改；二是可以将建立的选择区域保存起来反复使用；三是可以新建一个 Alpha 通道，然后再使用画笔工具或其他编辑工具通过涂抹创建选择区域。

在 Alpha 通道中，也可以利用黑白渐变配合来完成一种渐隐的效果。

（1）打开“配套光盘\第 9 章\风景.psd”文件，如图 9-63 所示。

（2）在“通道”面板下单击图标，新建一个 Alpha1 通道。选择白到黑的渐变，在 Alpha1 通道从左下角拉黑白渐变至右上角，效果如图 9-64 所示。

左 图 9-63

右 图 9-64

（3）按住 Ctrl 键单击 Alpha1 通道，载入选区，如图 9-65 所示。

（4）单击 RGB 通道，接着在“图层”调板中选择“图层 1”，按键盘上的 Delete 键 2 次，最终效果如图 9-66 所示。

左 图 9-65

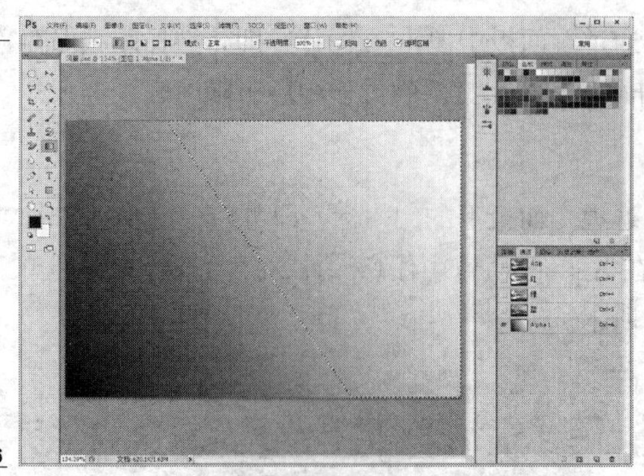

右 图 9-66

此外，还可以将 Alpha 通道和蒙版相结合，制作出一种非常真实的融合效果。下面就以一个小实例来进行讲解。

（1）打开“配套光盘\第 9 章\砖墙.jpg”文件，如图 9-67 所示。

（2）在“通道”调板中单击 图标，新建一个 Alpha1 通道，如图 9-68 所示。

（3）选择文本工具 T，在选项栏设置文字大小为“600”点，打上数字，如图 9-69 所示。

左 图 9-67

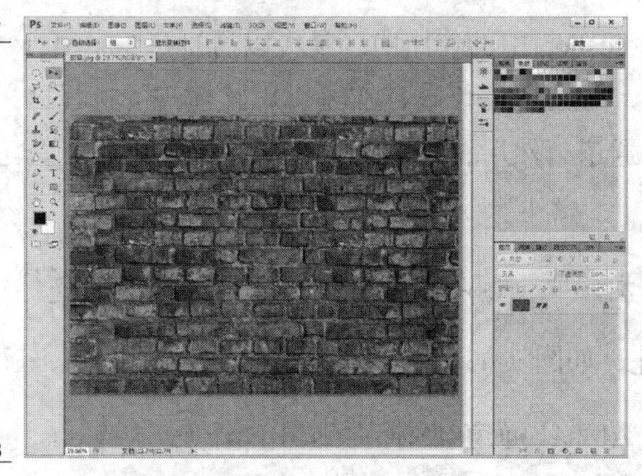

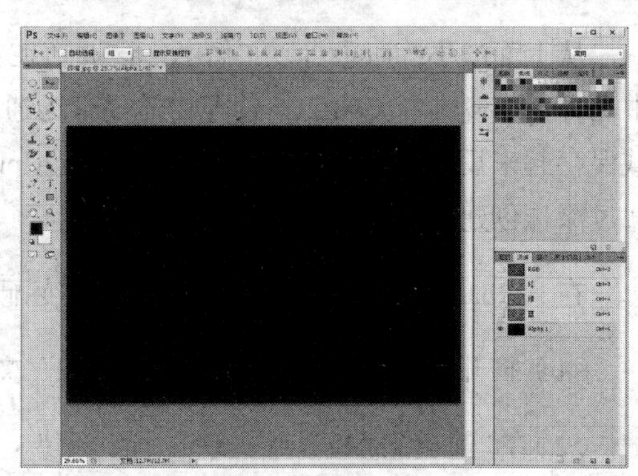

右 图 9-68

（4）按住 Ctrl 键单击 Alpha1 通道，载入选区。单击 RGB 通道，在“图层”调板上新建一个图层，填充为白色，如图 9-70 所示。从图中可见白色字打在砖墙上和砖墙完全没有融合，显得很假。

左 图 9-69

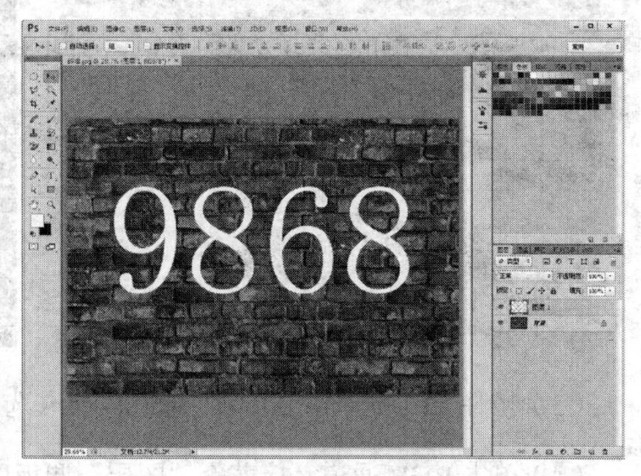


右 图 9-70

（5）按 Ctrl+D 组合键取消选择，单击“滤镜”—“模糊”—“高斯模糊”命令，设置参数如图 9-71 所示。

（6）关闭“图层 1”前的“眼睛”图标，使之不可见。单击“通道”调板，按住 Ctrl 键单击红通道，载入红通道选区，如图 9-72 所示。

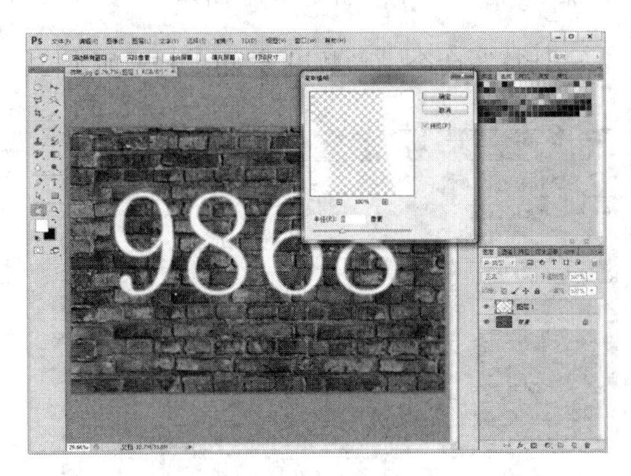

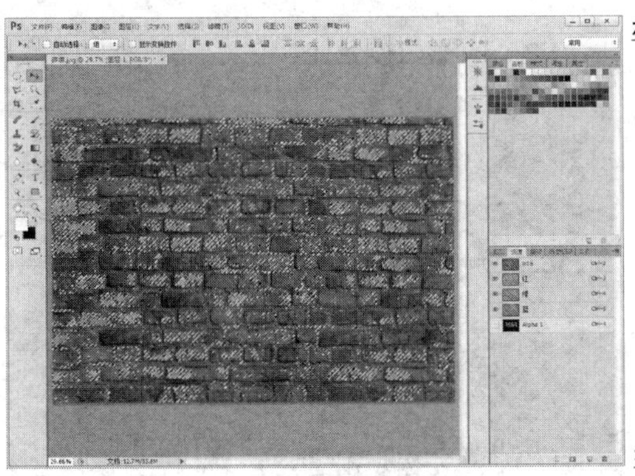

左 图 9-71

右 图 9-72

（7）单击“图层 1”前“眼睛”图标，使之可见。在“图层”调板中单击 图标，为“图层 1”添加一个蒙版，如图 9-73 所示。

（8）最终效果如图 9-74 所示。从图中可见原来的白色已经很好地融合进了砖墙。

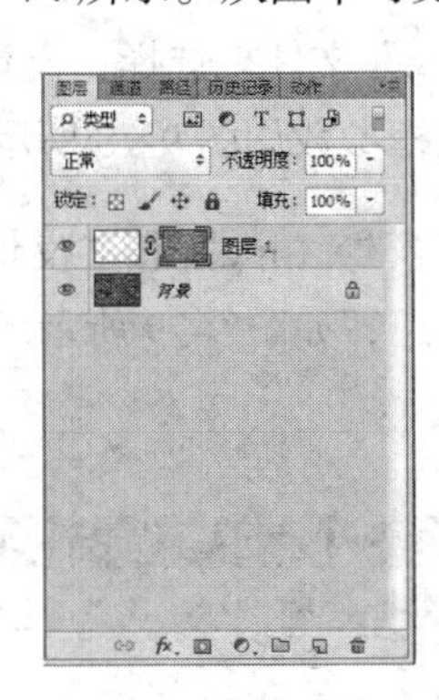

左 图 9-73

右 图 9-74

### 9.2.3 其他通道介绍

在 Photoshop 中还有两种通道类型，一种是专色通道，另一种是临时通道。专色通道主要用于印刷行业中，作用是对于一些特殊印刷工艺，如金色、银色或者凹凸效果，采用通道进行标明。对于建筑与室内设计专业而言，几乎完全没有用，在这里就不详细讲解了。

临时通道就是一种临时存在的通道，类似于路径中的“工作路径”，只是暂时记录一些临时信息。比如，在选择一个带有图层蒙版的图层时，就会在通道中出现一个对应的临时通道。当选择其他没有带图层蒙版的图层时，该通道也会自动消失。此外，在使用快速蒙版时，也会同样产生一个相对应的临时通道，当退出快速蒙版模式时，该临时通道也会自动消失。

### 9.2.4 应用图像与计算

“通道”调板中没有混合模式命令，如果需要将各个通道像图层那样采用混合模式，就必须使用“计算”和“应用图像”命令。使用“计算”和“应用图像”命令要求两个打开的文件必须是同样的像素。

“计算”和“应用图像”命令都可以混合通道，但是两者之间还是有所区别的。其中计算可以从两个独立的通道中创建新通道，而应用图像只能改变现有通道，不能创建新通道。

而且如果图像中有选区，则选区会限定应用图像的范围，但是计算则不受选区影响。

（1）打开“配套光盘\第9章\夜景1.jpg、夜景2.jpg”文件，如图9-75所示。

（2）选择“夜景1”文件，单击“图像”—“计算”命令，参数设置如图9-76所示。

左 图9-75

计算
源 1(S): 夜景2.jpg
图层(L): 背景
通道(C): 红 反相(I)
源 2(U): 夜景1.jpg
图层(Y): 背景
通道(H): 红 反相(V)
混合(B): 滤色
不透明度(O): 100 %
蒙版(K)...
结果(R): 新建通道
确定
取消
预览(P)

右 图9-76

（3）单击“确定”按钮后，生成了一个“夜景1.jpg”和“夜景2.jpg”滤色混合模式通道，如图9-77所示。

（4）重新打开“夜景1.jpg”和“夜景2.jpg”文件，选择“夜景1”文件，单击“图像”—“应用图像”命令，设置“应用图像”对话框参数如图9-78所示。

（5）单击“确定”按钮后，可见生成了“夜景1.jpg”和“夜景2.jpg”滤色混合模式效果，但是采用应用图像并没有生成一个新的通道，如图9-79所示。

左 图9-77

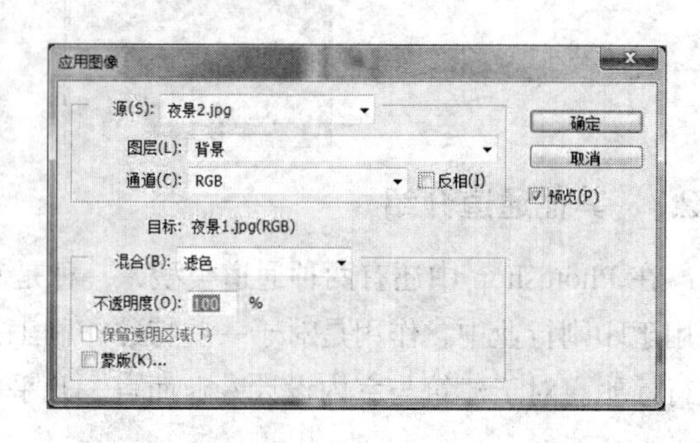


右 图9-78

图9-79

## 课堂练习——利用通道更换窗外背景

（练习知识要点）利用通道更换窗外背景，如图9-80所示。

（效果所在位置）配套光盘\第 9 章\课堂练习\最终效果.psd。

图 9-80

## 课后习题——利用渲染通道更换材质及窗外背景

（习题知识要点）利用渲染通道更换材质及窗外背景，如图 9-81 所示。

（效果所在位置）配套光盘\第 9 章\课后习题\最终效果.psd。

图 9-81

# 第10章 滤镜

本章将主要介绍 Photoshop 软件滤镜的使用。通过本章的学习，读者可以掌握效果图修改中常用滤镜的应用技法以及其他滤镜的基本作用。此外还要学习几种常见外挂滤镜的安装及使用方法。

**学习目标**

- 掌握常用滤镜的应用技巧
- 掌握各个滤镜组的作用
- 掌握外挂滤镜的作用

Photoshop 提供了各式各样的滤镜，此外网上还有数万种外挂滤镜。这些滤镜都是用于完成图像的特效制作的。对于广告设计等专业而言，滤镜无疑是其学习 Photoshop 的重点，但是对于室内、建筑设计专业而言，制作效果图的时候更多是为了得到真实的效果，因而对于更注重制作特效的滤镜应用较少。

## 10.1 滤镜

Photoshop 内置的滤镜种类很多，但是在效果图制作上能够用上的并不多。因此本章重点讲解几种在效果图制作中常用的滤镜，其他的滤镜只进行简要介绍。

### 10.1.1 滤镜库

“滤镜库”将 Photoshop CS6 中提供的部分滤镜整合在一起，通过单击相应的滤镜命令图标，可以在对话框的“预览”窗口中查看图像应用该滤镜后的效果。使用“滤镜库”可以同时使用不同的滤镜，并可多次应用单个滤镜。

（1）打开“配套光盘\第 10 章\滤镜库.jpg”文件，如图 10-1 所示。

（2）执行“滤镜”—“滤镜库”命令，打开“滤镜库”对话框，单击“画笔描边”—“强化的边缘”命令，如图 10-2 所示。“滤镜库”对话框的左侧为“预览”窗口，中间为滤镜类别，右侧为被选择滤镜的选项参数设置栏和应用滤镜效果的列表。

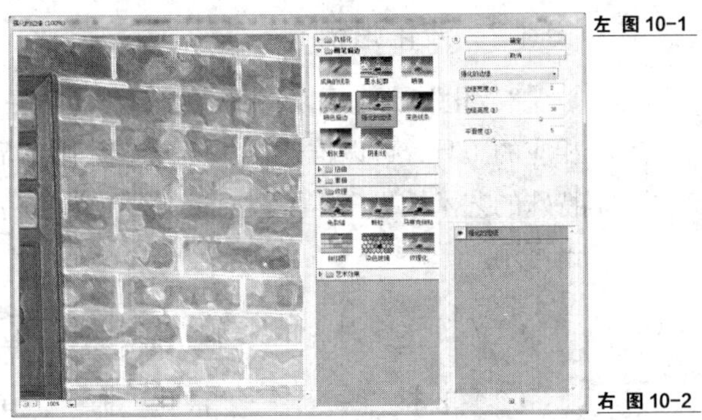

左 图 10-1

右 图 10-2

（3）在左侧的“预览”窗口单击鼠标右键，从弹出的菜单中选择“25%”，如图 10-3 所示。此时画面缩小为 25%显示，这样就能看到整个图片效果的全貌。除了在菜单中选择缩放比例外，还可以在 25% 栏上单击“加号”放大显示，单击“减号”缩小显示，也可以在“数值栏”中输入数值确定缩放的大小。

（4）单击“新建效果图层”图标，添加一个“滤镜”图层。接着单击“纹理”—“马赛克拼贴”命令，此时新建的“滤镜”图层自动变为了马赛克拼贴，图片效果在原来的强化边缘效果基础上又增加了一个马赛克拼贴滤镜效果，如图 10-4 所示。

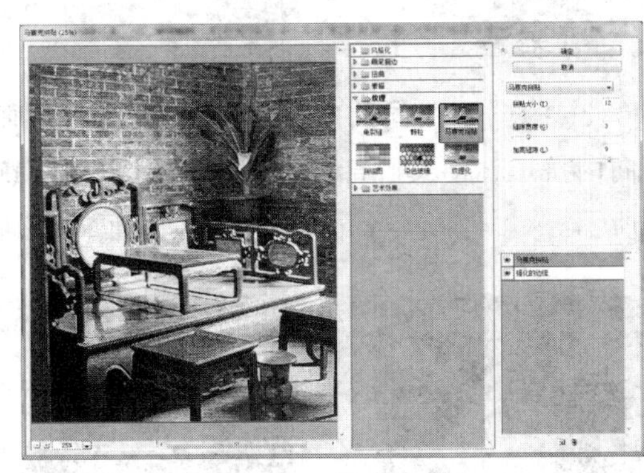

左 图 10-3

右 图 10-4

（5）再次单击“新建效果图层”图标，添加一个“滤镜”图层。接着单击“素描”—“炭笔”命令，再增加一个炭笔滤镜效果，如图 10-5 所示。如果需要删除某个滤镜效果，将该滤镜图层直接拖到图标上即可。

（6）单击“确定”按钮后，再增加 3 个滤镜后效果如图 10-6 所示。

左 图 10-5

右 图 10-6

## 10.1.2 液化滤镜

“液化”滤镜可以将图像内容像液体一样产生扭曲变形，在“液化滤镜”对话框中使用相应的工具，可以推、拉、旋转、反射、折叠和膨胀图像的任意区域，从而使图像画面产生特殊的艺术效果。需要注意的是，“液化”滤镜在“索引颜色”“位图”和“多通道”模式中不可用。

（1）打开“配套光盘\第 10 章\液化.jpg”文件，如图 10-7 所示。

（2）单击“滤镜”—“液化”命令，弹出“液化”对话框，如图 10-8 所示。

左 图 10-7

右 图 10-8

（3）选择“向前变形”工具 ，将“画笔大小”设置为“80”，画面中女孩的脸部将向内挤压，使其脸部变小。调整时需要注意脸部对称，最终调整效果前后对比如图 10-9 所示。

图 10-9

## 10.1.3 消失点滤镜

“消失点”滤镜可以根据透视原理，在图像中生成带有透视效果的图像，轻易创建出效果逼真的建筑物的墙面。另外，该滤镜还可以根据透视原理对图像进行校正，使图像内容产生正确的透视变形效果。

（1）打开“配套光盘\第 10 章\消失点.jpg”文件，并新建一个“图层 1”，如图 10-10 所示。

（2）单击“滤镜”—“消失点”命令，打开“消失点”对话框，使用绘制左边墙面，如图 10-11 所示。

（3）按 Shift 键拖曳框选区域中间节点，扩大框选区域，接着选择[]框选出选区，并使用[]将选区全部涂抹为白色，如图 10-12 所示。

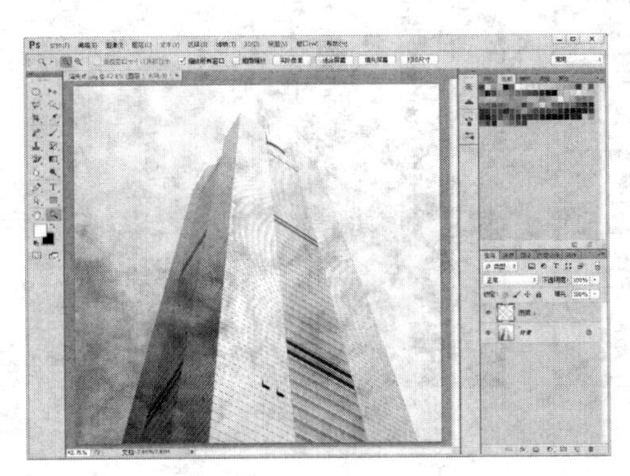

左 图 10-10

右 图 10-11

（4）单击“确定”按钮后，“图层 1”中出现刚才涂抹的选区，如图 10-13 所示。

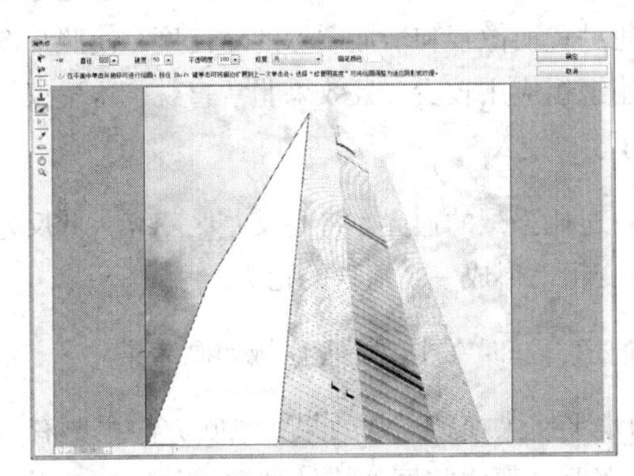

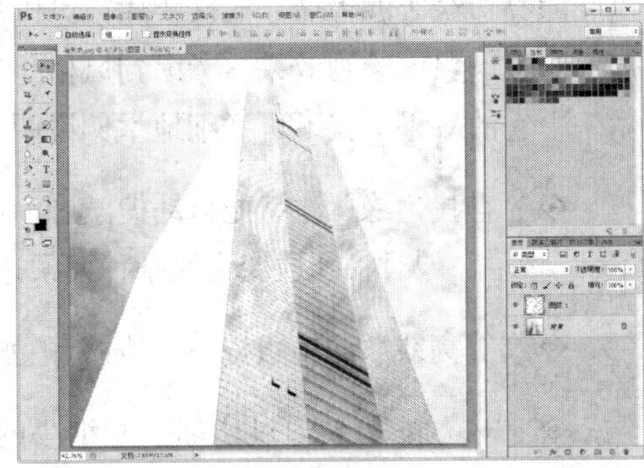

左 图 10-12

右 图 10-13

（5）关闭“图层 1”前的“眼睛”图标，选择“背景”图层，采用工具箱中[]框选左侧墙面，接着按下 Ctrl+J 组合键复制所选区域，得出一个“图层 2”，并将“图层 2”移至“图层 1”上方，如图 10-14 所示。

（6）打开“图层 1”前的“眼睛”图标，使之可见。选择“图层 2”，按下 Ctrl+T 组合键进入自由变换状态，接着单击鼠标右键选择“扭曲”命令，如图 10-15 所示。

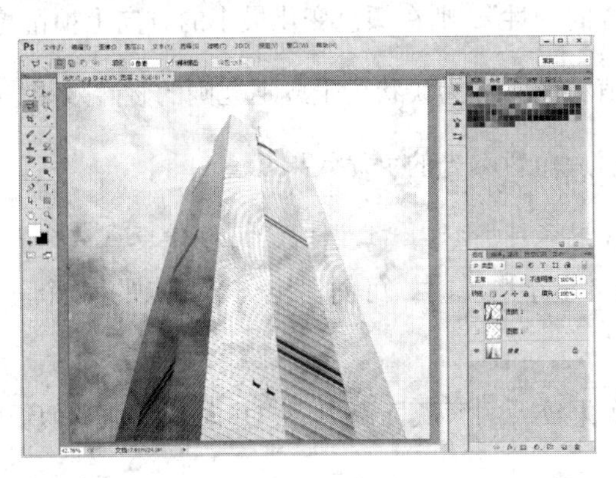

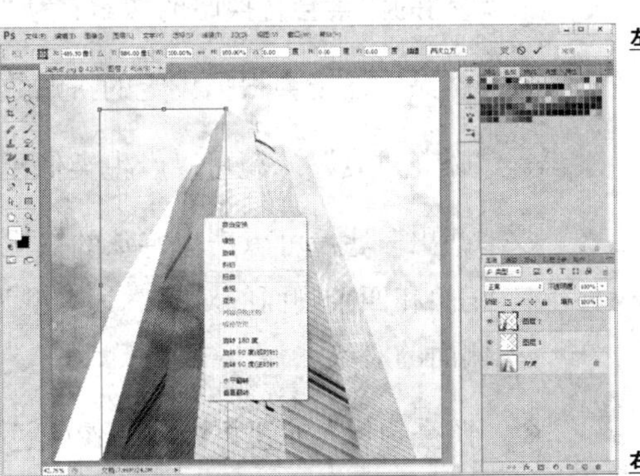

左 图 10-14

右 图 10-15

（7）调整变化如图 10-16 所示。单击“确定”按钮后效果如图 10-17 所示。可见左侧按照透视效果扩大了墙面。

左 图10-16

右 图10-17

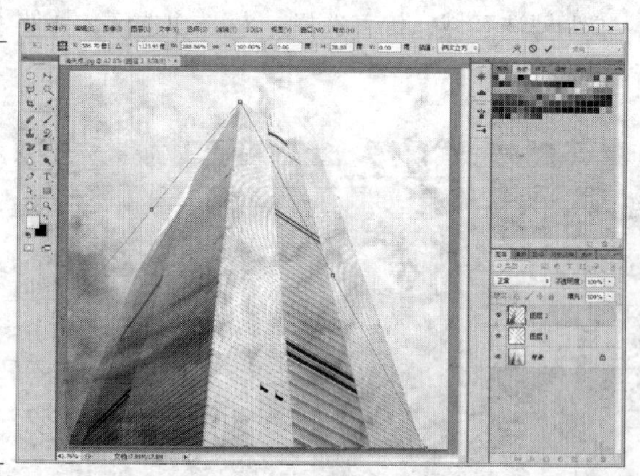

## 10.1.4　风格化滤镜组

"风格化"滤镜组共有查找边缘、等高线、风、浮雕效果、扩散、拼贴、曝光过度、凸出和照亮边缘等滤镜命令。这些滤镜可以通过置换像素和增加图像的对比度，使照片图像生成手绘或印象派绘画效果。考虑到风格化滤镜组应用较少，且效果非常直观，这里仅简单展示一下它的效果，就不再详细地举例说明了。

◈ "查找边缘"滤镜能自动搜索画面中对比强烈的边界，将高反差区变亮，低反差区变暗，同时将硬边变为线条，而柔边变粗，形成一个清晰的轮廓。

◈ "等高线"滤镜可以自动查找颜色通道，同时在主要亮度区域勾画线条。

◈ "风"滤镜会通过增加一些细小的水平线来模拟风吹效果，风吹方向主要有向左吹和向右吹两种。如果需要不同方向的风，要先将图像旋转到需要的方向，再应用风滤镜。

◈ "浮雕效果"滤镜会自动勾画图像轮廓和降低图像周边的色值来生成凸凹的浮雕效果。

◈ "扩散"滤镜可以使图像扩散，形成一种分离模糊效果。"扩散"滤镜模式为"正常"，像素将随机移动；为"变暗优先"，较暗的像素会替换亮的像素；为"变亮优先"，较亮的像素会替换暗的像素；为"各向异性"，则在颜色变化最小的方向上搅乱像素。

◈ "拼贴"滤镜会根据设定的拼贴数值将图像分为块状，生成不规则的磁砖效果。

◈ "曝光过度"滤镜可以产生类似于照片短暂曝光的负片效果。

◈ "凸出"滤镜可以产生特殊的三维效果。其类型为"块"时，可创建具有一个方形的正面和四个侧面的对象；其类型为"金字塔"时，可创建相交于一点的 4 个三角形侧面的对象。

◈ "照亮边缘"滤镜可以将图像颜色变化较大的区域标识边缘，并向其添加类似霓虹灯的光亮。

打开"配套光盘\第 10 章\风格化.jpg"文件，分别采用查找边缘、等高线、风、浮雕效果、扩散、拼贴、曝光过度、凸出和照亮边缘等滤镜命令（所有参数均采用默认），得出效果如图 10-18、图 10-19 和图 10-20 所示。

图 10-18

（从左至右分别为原图、查找边缘、等高线效果）

图 10-19

（从左至右分别为风、浮雕效果、扩散效果）

图 10-20

（从左至右分别为拼贴、曝光过度、凸出和照亮边缘效果）

### 10.1.5 画笔描边滤镜组

“画笔描边”滤镜组中包含成角的线条、墨水轮廓、喷溅、喷色描边、强化的边缘、深色线条、烟灰墨和阴影线滤镜。这些滤镜主要采用不同的画笔和油墨笔触效果来重新描绘图像，可以得到具有绘画感觉的画面效果。此外，其中有些滤镜还可以创建出点状化效果。

- “成角的线条”滤镜可以在一个角度上用线条绘制亮部区域，用相反方向的线条绘制暗部区域。
- “墨水轮廓”滤镜可以用纤细的线条在原细节上重绘图像，得出一种钢笔画感觉的效果。
- “喷溅”滤镜类似于喷枪，可以使图像产生笔墨喷溅的艺术效果。
- “喷色描边”滤镜以图像的主色调用成角的、喷溅的颜色线条重新绘画图像，产生斜纹喷溅的效果。
- “强化的边缘”滤镜可以强化图像的边缘，如果“边缘亮度”值较高时，强化效果类似于白色粉笔效果；如果“边缘亮度”值较低时，则产生类似于黑色油墨的效果。
- “深色线条”滤镜用短而紧密的深色线条绘制暗部区域，用长的白色线条绘制亮部区域，通过“平衡”选项可以控制黑白色调的比例。
- “烟灰墨”滤镜会自动用黑色油墨在图像中创建柔和的模糊边缘，类似于用蘸满黑色油墨的画笔在宣纸上绘画。

◈ “阴影线”滤镜可以用铅笔线添加纹理，并使彩色区域的边缘变得粗糙。

打开“配套光盘\第 10 章\画笔描边.jpg”文件，分别采用成角的线条、墨水轮廓、喷溅、喷色描边、强化的边缘、深色线条、烟灰墨和阴影线滤镜命令（所有参数均采用默认），得出效果如图 10-21、图 10-22 和图 10-23 所示。

图 10-21

（从左至右分别为原图、成角的线条、墨水轮廓效果）

图 10-22

（从左至右分别为喷溅、喷色描边、强化的边缘效果）

图 10-23

（从左至右分别为深色线条、烟灰墨和阴影线效果）

## 10.1.6 模糊滤镜组

“模糊”滤镜组包含表面模糊、动感模糊、方块模糊、高斯模糊、进一步模糊、径向模糊、镜头模糊、模糊、平均模糊、特殊模糊和形状模糊等滤镜。“模糊”滤镜组的各种命令可以使图像得出各种不同的模糊效果。在效果图修改中，只会用到高斯模糊、径向模糊、镜头模糊等少数几种“模糊”滤镜。

◈ “表面模糊”滤镜能够在保留图像边缘的同时模糊图像。该滤镜的“半径”决定了模糊取样区域的大小，“阈值”则控制模糊的范围。

◈ “动感模糊”滤镜可以沿指定的方向以指定的强度模糊图像，产生给移动的对象拍照的效果，在表现对象的速度感时经常会用到该滤镜。

◈ “方块模糊”可基于相邻像素的平均颜色值来模糊图像。

◈ “高斯模糊”滤镜是比较常用的模糊类滤镜，它可以使图像产生一种朦胧的效果。

◈ “进一步模糊”滤镜可以在图像明显颜色变化的地方消除杂色，其模糊的效果比较强烈。

◈ “径向模糊”滤镜可以模拟缩放和旋转的相机所产生的模糊效果。选择“旋转”，可以沿同心圆环线模糊；选择“缩放”，则沿径向线模糊，图像会产生放射状的模糊效果。“中心模糊”选项可以将单击点设置为模糊的原点，原点的位置不同，模糊的效果也不相同。

◈ “镜头模糊”滤镜可以产生带有镜头景深的模糊效果。

◈ “模糊”滤镜能够产生轻微的模糊效果。

◈ “平均模糊”滤镜会以图像的平均颜色填充图像，创建平滑的外观。

◈ “特殊模糊”滤镜可以通过设置半径、阈值和模糊品质等参数，精确定义模糊图像。“正常”模式，不会添加任何效果；“仅限边缘”则会以黑色显示图像，以白色描绘图像边缘；“叠加边缘”则以白色描绘图像边缘亮度值变化强烈的区域。

◈ “形状模糊”滤镜可以使用指定的形状创建特殊的模糊效果。

模糊在前面的章节中其实也有应用，在后面还会有应用。考虑到“模糊”滤镜的使用较为简单，非常直观，而在效果上又往往是大同小异，因此在这里就不再举例说明了。读者有兴趣可以找些图片自己尝试一下效果。

### 10.1.7 扭曲滤镜组

“扭曲”滤镜可以将当前图层或者选区的图像进行各种各样的扭曲变化，从而创建出类似于波纹、波浪等效果。扭曲滤镜共包括波浪、波纹、玻璃、海洋波纹、极坐标、挤压、镜头校正、扩散亮光、切变、球面化、水波、旋转扭曲和置换等效果。

◈ “波浪”滤镜可以在图像上产生类似波浪的效果。其“生成器数”用于控制产生波浪效果的震源总数；“波长”是指从一个波峰到下一个波峰的距离；“波幅”是指最大和最小的波浪幅度；“比例”用于控制水平和垂直方向的波动幅度，其效果如图 10-24 所示。

◈ “波纹”滤镜与“波浪”滤镜的工作方式相同，但提供的选项较少，只能控制波纹的数量和波纹大小，其效果如图 10-25 所示。

左 图10-24

右 图10-25

◈ “玻璃”滤镜可以制作各种不同的玻璃效果。

（1）打开“配套光盘\第 10 章\玻璃.jpg”文件，使用“套索”工具按住 Shift 键框选画面中间的圆，如图 10-26 所示。

（2）单击“滤镜”—“扭曲”—“玻璃”命令，依次设置类型为块状、画布、磨砂和小镜头，如图 10-27 所示，各种玻璃效果如图 10-28 所示。

左 图 10-26

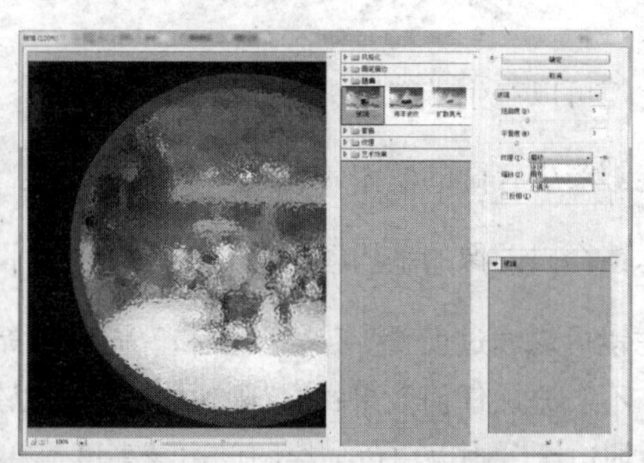

右 图 10-27

图 10-28

（从左至右依次为块状、画布、磨砂和小镜头玻璃效果）

◈ “海洋波纹”滤镜可以生成一种随机分布的波纹效果，它产生的波纹细小，边缘有较多抖动，其效果如图 10-29 所示。

◈ “极坐标”滤镜可以通过转换坐标的方式，创建一种图像变形效果，如图 10-30 所示。

◈ “挤压”滤镜可以得出一种挤压图像的效果，当挤压“数量”为正值时，图像向内凹陷；为负值时，图像向外凸出。

左 图 10-29

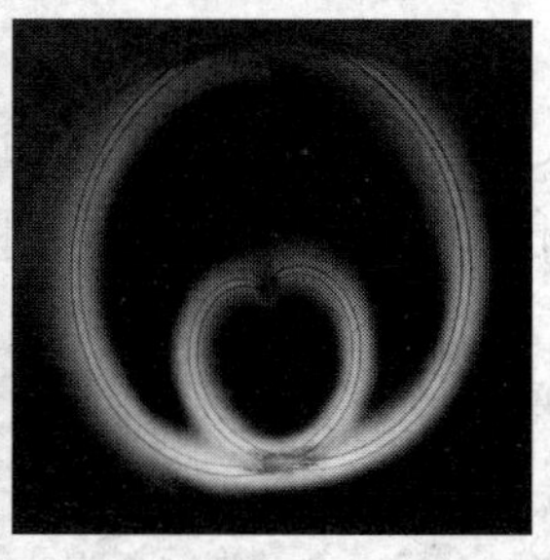

右 图 10-30

◈ “镜头校正”滤镜用于修复常见的镜头缺陷，如画面变形、色差以及晕影等。

◈ “扩散亮光”滤镜可以为图像添加透明的白色杂色，并从图像中心向外渐隐亮光，使画面有一种水墨画的感觉。“扩散亮光”滤镜效果如图 10-31 所示。

◈ “切变”滤镜可以通过曲线的控制来扭曲图像，在曲线上单击可以添加控制点，通过拖曳控制点改变曲线的形状即可扭曲图像。操作和调整中的曲线基本一样。

◈ “球面化”滤镜可以将画面扭曲成球形效果，如图 10-32 所示。

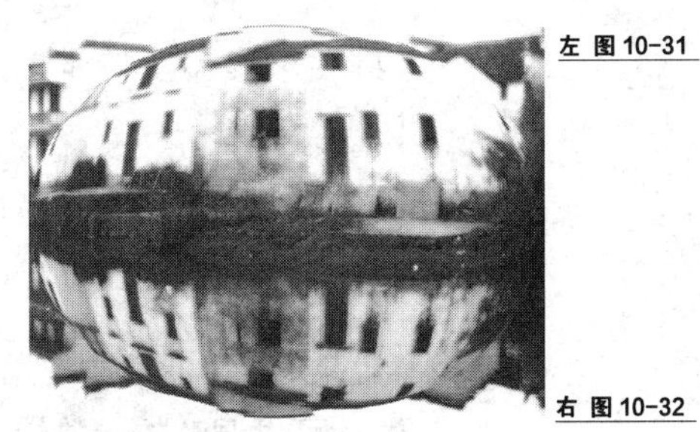

左 图 10-31

右 图 10-32

◈ “水波”滤镜可以产生类似于向水池中投入石子后水面的涟漪效果。

（1）打开“配套光盘\第 10 章\扭曲.jpg”文件，将水面部分框选，如图 10-33 所示。

（2）单击“滤镜”—“扭曲”—“水波”命令，在“水波”对话框中设置“数量”为“30”，“起伏”为“20”，“样式”为“水池波纹”，最终效果如图 10-34 所示。

左 图 10-33

右 图 10-34

◈ “旋转扭曲”滤镜可以使图像围绕图像中心进行旋转，当“角度”为正数时，沿顺时针方向旋转；当“角度”为负值时，沿逆时针方向旋转。

◈ “置换”滤镜可以将一张图片的亮度值按现有图像的像素重新排列并产生位移。置换时需要使用到 psd 格式文件。

### 10.1.8 锐化滤镜组

◈ “USM 锐化”滤镜会查找图像中颜色发生显著变化的区域，然后将其锐化。在效果图修改中能够使画面变得精致。

（1）打开“配套光盘\第 10 章\锐化.jpg”文件，如图 10-35 所示。

（2）单击“滤镜”—“锐化”—“USM 锐化”命令，设置“数量”为“180”，“半径”为“1.6”，“阈值”为“1”，最终效果如图 10-36 所示。

左 图 10-35

右 图 10-36

◈ “进一步锐化”滤镜通过增加像素间的对比度使图像变得清晰，且锐化效果较为明显。

◈ “锐化”滤镜在原理和作用上和“进一步锐化”滤镜一样，但是锐化效果不是很明显。

◈ “锐化边缘”滤镜的作用原理和“USM 锐化”滤镜一样，唯一区别就是“USM 锐化”滤镜可供调整的参数较多，更适用于复杂效果的制作，因此在效果图修改中“USM 锐化”滤镜更为常用。

◈ “智能锐化”滤镜与“USM 锐化”滤镜比较相似，但它具有的参数更多，甚至可以控制在阴影和高光区域中的锐化数值。

### 10.1.9 视频滤镜组

“视频”滤镜组是一种外部应用滤镜，作用是将普通图像转换为视频设备可以接收的图像。当摄像机与计算机相连，从摄像机中输入图像或者将图像输入录像带的过程中，通过“视频”组滤镜转换视频中的色域，使之适合 NTSC 视频标准色域，以使视频可以被接收。

### 10.1.10 素描滤镜组

素描组的大多数滤镜使用前景色和背景色将原图的色彩置换，可以创建出炭笔、粉笔等素描化效果。素描组滤镜共包括了半调图案、便条纸、粉笔和炭笔、铬黄渐变、绘图笔、基底凸现、水彩画纸、撕边、塑料效果、炭笔、炭精笔、图章、网状和影印滤镜命令，其效果如图 10-37～图 10-40 所示。

图 10-37

（从左至右分别为半调图案、便条纸、粉笔和炭笔、铬黄渐变效果）

图 10-38

（从左至右分别为绘图笔、基底凸现、水彩画纸、撕边效果）

图 10-39

（从左至右分别为塑料效果、炭笔、炭精笔、图章效果）

图 10-40

（从左至右分别为网状、影印滤镜和原图效果）

## 10.1.11 纹理滤镜组

“纹理”滤镜组中的滤镜可以使图像生成各种纹理效果，包括龟裂纹、颗粒、马赛克拼贴、拼缀图、染色玻璃、纹理化滤镜，各种效果如图 10-41 和图 10-42 所示。

图 10-41

（从左至右分别为原图、龟裂纹、颗粒效果）

  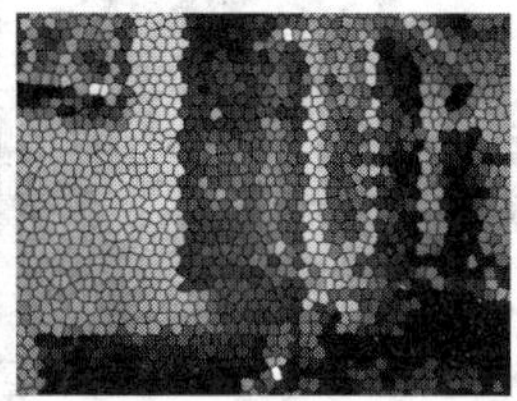 

图 10-42

（从左至右分别为马赛克拼贴、拼缀图、染色玻璃、纹理化滤镜效果）

## 10.1.12 像素化滤镜组

“像素化”滤镜组滤镜可以将图像中颜色相近的像素结成块来定义一个选区，可以创建出抽象派油画和版画效果。像素化滤镜组包括彩块化、彩色半调、点状化、晶格化、马赛克、碎片和铜板雕刻效果。各种效果如图 10-43 和图 10-44 所示。

  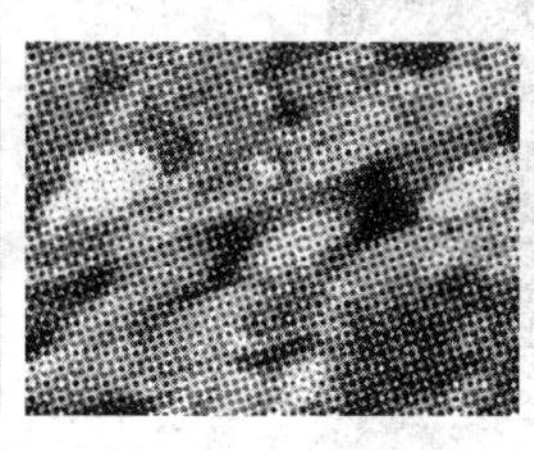 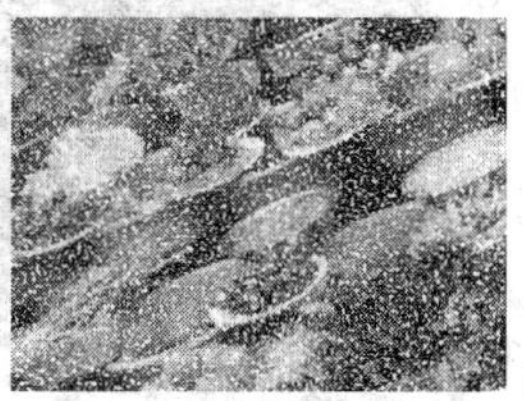

图 10-43

（从左至右分别为原图、彩块化、彩色半调、点状化效果）

  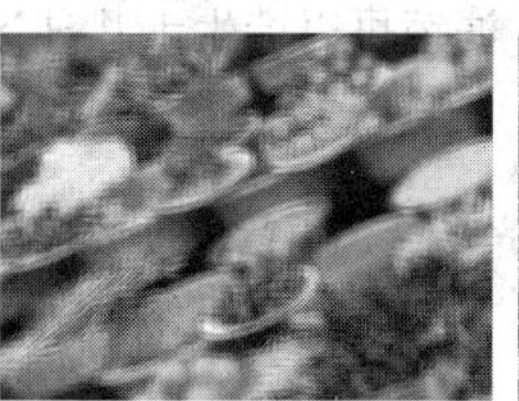 

图 10-44

（从左至右分别为晶格化、马赛克、碎片和铜板雕刻效果）

### 10.1.13 渲染滤镜组

“渲染”滤镜组包含了分层云彩、光照效果、镜头光晕、纤维和云彩效果，可以制作出云彩和各种光效果。

◈ “云彩”滤镜可以生成云彩的效果，其颜色由前景色和背景色的颜色决定。“分层云彩”滤镜则会将云彩数据和现有像素混合，如果多次采用“分层云彩”滤镜，可以得出类似于大理石纹理的效果。

（1）新建一个文件，并将前景色改为“蓝色”，背景色改为“白色”，如图 10-45 所示。

（2）单击“滤镜”—“渲染”—“云彩”命令，效果如图 10-46 所示。

左 图 10-45

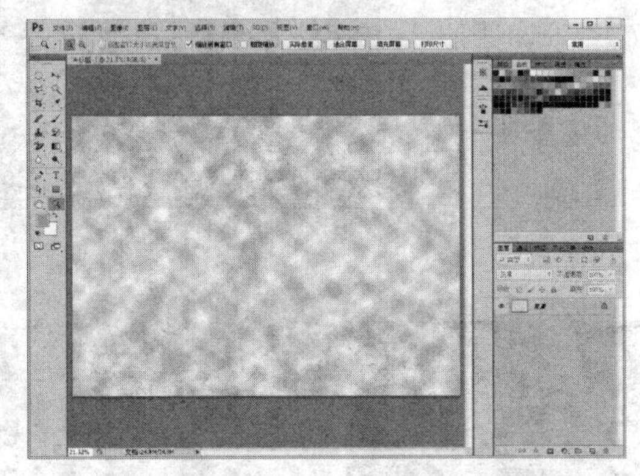

右 图 10-46

（3）单击“滤镜”—“渲染”—“分层云彩”命令，效果如图 10-47 所示。

（4）多次按下 Ctrl+F 组合键，不断重复使用“分层云彩”滤镜，最终效果如图 10-48 所示。Ctrl+F 快捷键的作用是重复使用上一次滤镜。

左 图 10-47

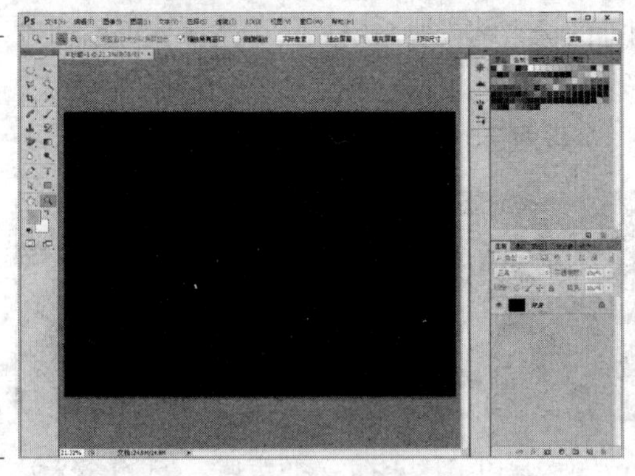

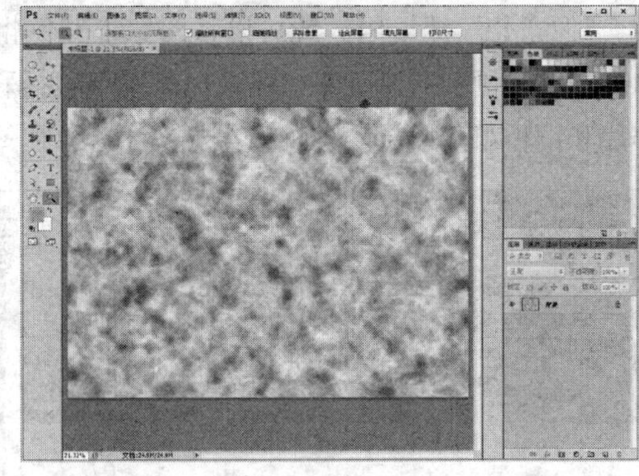

右 图 10-48

◈ “光照效果”滤镜可以产生十几种光照的样式，创建出诸如射灯、泛光灯、手电筒等灯光效果。

（1）打开“配套光盘\第 10 章\光照效果.jpg”文件，如图 10-49 所示。从图中可以看出图像整体效果比较暗，现在需要给墙体添加两个射灯的照射效果。

（2）拖曳“背景”图层至 图标上，复制 2 个图层，如图 10-50 所示。

左 图 10-49

右 图 10-50

（3）选择“背景 副本 2”图层，单击“滤镜”—“渲染”—“光照效果”命令，在弹出的“光照效果”滤镜对话框中设置光照参数，如图 10-51 所示。

（4）设置光照参数后的效果如图 10-52 所示。

（5）选择“背景 副本”图层，单击“滤镜”—“渲染”—“光照效果”命令，在弹出的“光照效果”滤镜对话框中设置光照参数，如图 10-53 所示。

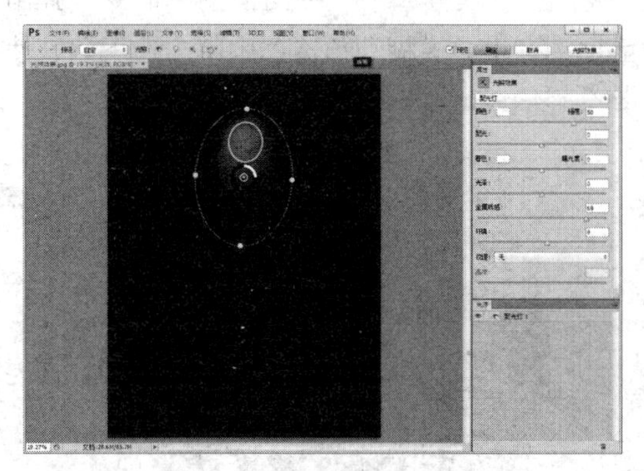

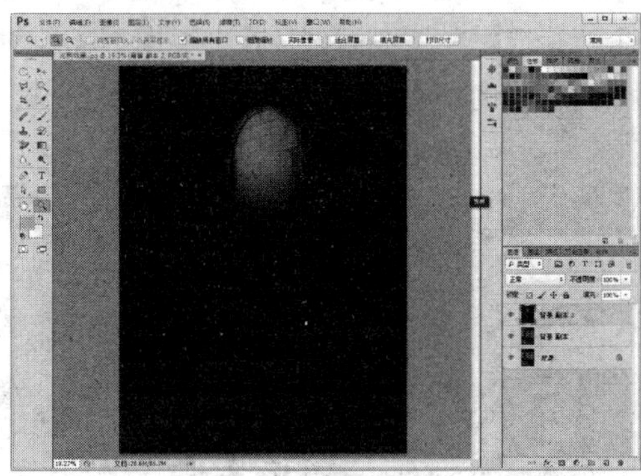

左 图 10-51

右 图 10-52

（6）将应用了光照效果的“背景 副本”图层和“背景 副本 2”图层的混合模式全部改为“滤色”，此时效果如图 10-54 所示。从图中可以看出原本较暗的墙面现在出现了类似于射灯照射的效果，整个场景也变亮不少。

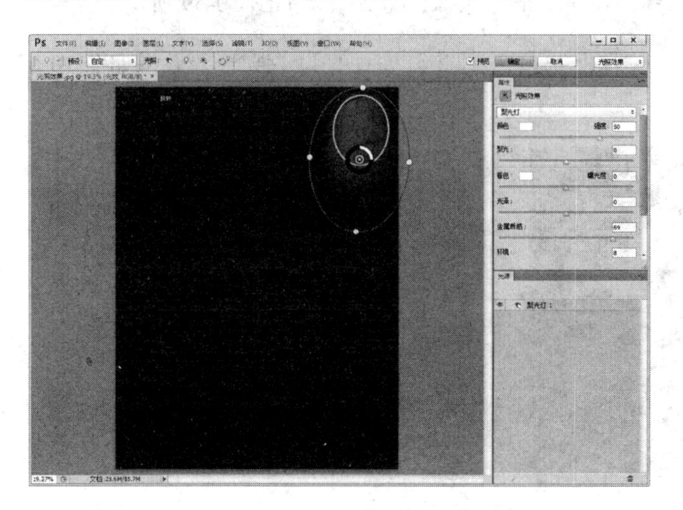

左 图 10-53

右 图 10-54

◈ “纤维”滤镜可以使用前景色和背景色创建编织纤维效果，黑色和白色的纤维效果如图 10-55 所示。

◈ “镜头光晕”滤镜可以模拟相机镜头产生的折射，多用于表现钻石折射、车灯等效果。

（1）打开“配套光盘\第 10 章\镜头光晕.jpg”文件，如图 10-56 所示。

左 图 10-55

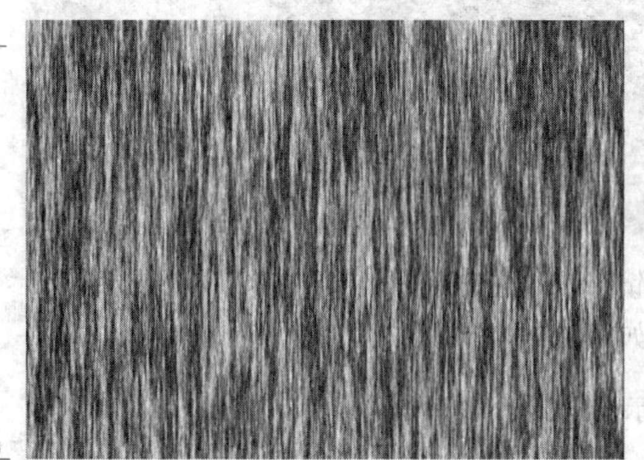

右 图 10-56

（2）将“背景”图层拖至 图标复制一个“背景 副本”图层，如图 10-57 所示。

（3）选择“背景 副本”图层，单击“滤镜”—“模糊”—“径向模糊”命令，弹出一个“径向模糊”对话框。在“径向模糊”对话框的“中心模糊”预览框中单击左下角，使得径向模糊的中心位置定位于图像的左下方，其余径向模糊参数设置如图 10-58 所示。

左 图 10-57

右 图 10-58

（4）选择“历史记录”画笔工具，在车头部分涂抹，得到效果如图 10-59 所示。

（5）新建一个“图层 1”，填充为“深蓝灰色”，并将其模式改为“强光”，效果如图 10-60 所示。

左 图 10-59

右 图 10-60

（6）单击“窗口”—“信息”命令，打开“信息”调板，单击“信息”调板右侧上的图标，选择其中的“面板”选项，将“标尺单位”改为像素，如图 10-61 所示。

（7）将十字光标放置在右侧车灯中心的位置，记录 X、Y 数据分别为 285 和 175，如图 10-62 所示。注意：该数据变化不定，只要大概吻合即可，不需要追求太精确。

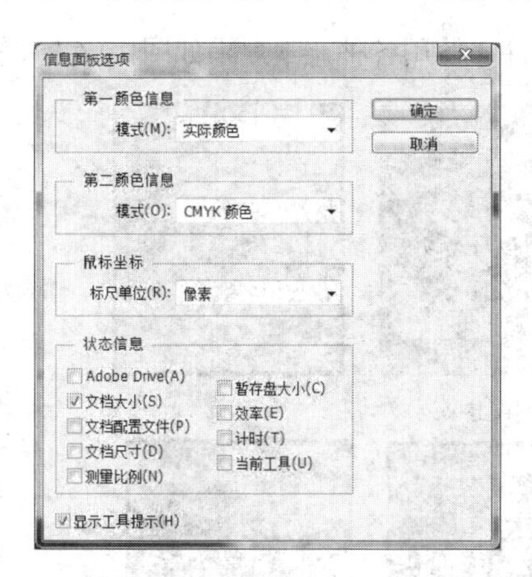

左 图 10-61

右 图 10-62

（8）选择“图层 1“，接着单击“滤镜”—“渲染”—“镜头光晕”命令，弹出“镜头光晕”对话框，按下 Ctrl+Alt 组合键并在“光晕中心”预览框中单击一下，弹出“精确光晕中心”对话框，输入 X、Y 数值分别为 285、175，如图 10-63 所示。

（9）设置“镜头光晕”参数如图 10-64 所示。

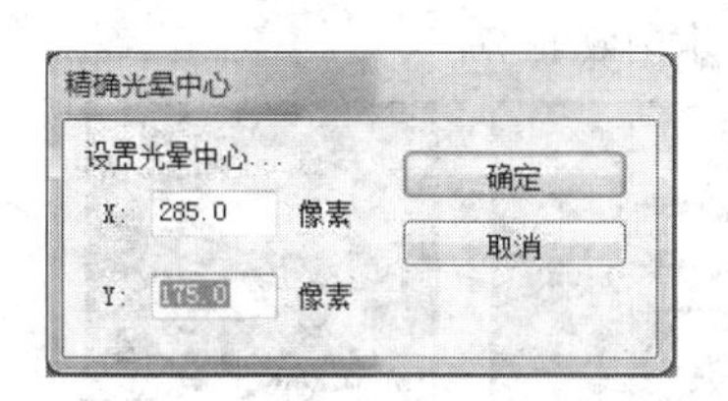


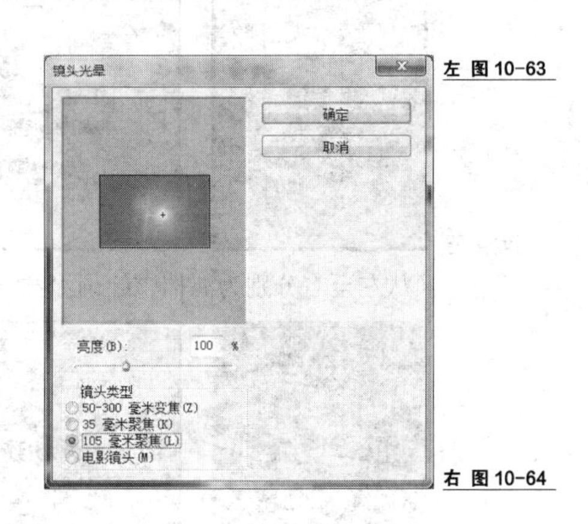


左 图 10-63

右 图 10-64

（10）单击“确定”按钮后的效果如图 10-65 所示。

（11）采用同样的方法设置左边的车灯，最终效果如图 10-66 所示。

左 图 10-65

右 图 10-66

### 10.1.14　艺术效果滤镜组

“艺术效果”滤镜组滤镜可以将图片制作成各种绘画效果和艺术效果，主要包括壁画、彩色铅笔、粗糙蜡笔、底纹效果、调色刀、干画笔、海报边缘、海棉、绘画涂抹、胶片颗粒、木刻、霓虹灯光、水彩、塑料包装和涂抹棒效果。

打开“配套光盘\第 10 章\餐厅.jpg”文件，使用各种艺术效果如图 10-67～图 10-70 所示。

图 10-67

（从左至右分别为原图、壁画、彩色铅笔、粗糙蜡笔效果）

图 10-68

（从左至右分别为底纹效果、调色刀、干画笔、海报边缘效果）

图 10-69

（从左至右分别为海棉、绘画涂抹、胶片颗粒、木刻效果）

图 10-70

（从左至右分别为霓虹灯光、水彩、塑料包装和涂抹棒效果）

### 10.1.15　杂色滤镜组

“杂色”滤镜组中的滤镜可以为图像添加或者去除杂色和杂点，在一定程度上可以优化图像。此外，还可以通过蒙尘与划痕在一定程度上去除扫描仪扫描图片中的灰尘和划痕。杂色滤镜组包括减少杂色、蒙尘与划痕、添加杂色和中间值。

### 10.1.16　其他滤镜组

其他滤镜组中的滤镜可以改变图像像素的排列，可以使图像发生位移和快速调整颜色。其他滤镜组包括高反差保留、位移、最大值和最小值。

### 10.1.17 Digimarc 滤镜组

Digimarc（作品保护）滤镜组中的滤镜可以将数字水印嵌入图像中，起到保护版权的作用。但是要使用 Digimarc 滤镜组嵌入水印必须付费给 Digimarc 并注册后才能使用。当嵌入水印后才能读取水印。

## 10.2 外挂滤镜

前面所讲的均是 Photoshop 软件自带的滤镜，此外 Photoshop 还有数量繁多的外挂滤镜。这些外挂滤镜是由公司和个人开发的，可以在 Photoshop 软件上使用。除了外挂滤镜外，网上还有很多画笔、动作等外挂插件，可以安装或者复制粘贴在 Photoshop 安装目录下使用。

外挂滤镜可以制作各种各样的效果，种类非常多，在这里只讲解其中几种常用的。

### 10.2.1 水面倒影外挂滤镜

（1）找到 Photoshop 的安装目录，将该外挂滤镜复制到目录下的 Plug-Ins 文件包中。重新启动 Photoshop 软件，此时可见 Photoshop“滤镜”菜单下多了一个“燃烧的梨树”命令，这个命令就是制作水面倒影的外挂滤镜，如图 10-71 所示。本书提供了 8 个外挂滤镜，读者也可以自己搜索下载。

（2）打开“配套光盘\第 10 章\建筑.jpg”文件，如图 10-72 所示。

左 图 10-71

右 图 10-72

（3）单击“滤镜”—“燃烧的梨树”—“水之语”命令，弹出“燃烧的梨树—水之语”对话框，如图 10-73 所示，在其中可以任意设置参数，因为操作比较直观，在这里就不详细讲解了。在本案例中采用默认的设置。

（4）单击“确定”按钮，最终效果如图 10-74 所示，一个水面效果很容易就完成了。

左 图 10-73

右 图 10-74

### 10.2.2 光柱外挂滤镜

（1）找到 Photoshop 的安装目录，将该外挂滤镜复制到目录下的 Plug-Ins 文件包中。

（2）重新启动 Photoshop 软件，打开“配套光盘\第 10 章\回廊.jpg”文件，在滤镜中找到光线效果外挂滤镜，如图 10-75 所示。

（3）单击后打开了光线效果外挂滤镜对话框，如图 10-76 所示。

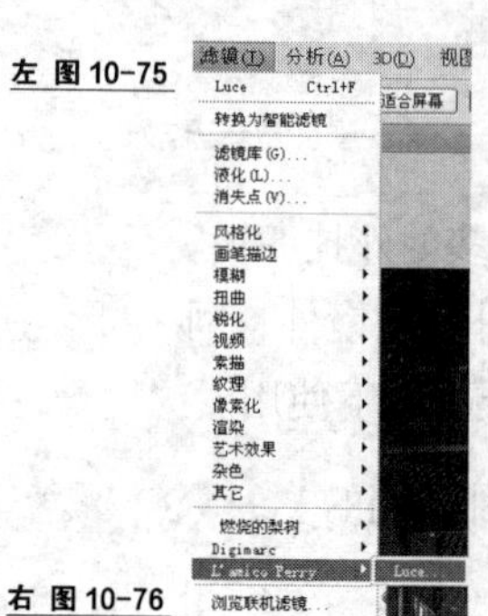

左 图 10-75
右 图 10-76

（4）前后效果对比如图 10-77 所示。

图 10-77

一般来说，简单的外挂滤镜只需要将外挂滤镜复制到 Photoshop 安装目录下的 Plug-Ins 文件包中即可。有些较为复杂的外挂滤镜还需要安装。外挂滤镜还有很多，比较著名的有 Eye Candy 滤镜、KPT 系列滤镜等。

抽出滤镜：利用 Photoshop 抽出滤镜抠图是大家常用的抠图方法，不过自从 CS4/CS5 版本之后，抽出抠图滤镜就不在安装程序中了，我们可单独安装 Photoshop 抽出滤镜插件。方法是把 Photoshop 抽出抠图滤镜插件下载下来，解压后得到滤镜文件 ExtractPlus.8BF，把这个文件放到 PhotoShop 的 Plug-ins 插件目录中，重新启动 Photoshop 就能看到抽出滤镜了。

人像磨皮滤镜 2.3 汉化版：优秀的 Photoshop 滤镜 Imagenomic Portraiture 的最新版本，用于人像图片润色磨皮，减少了人工选择图像区域的重复劳动。它能智能地对图像中的皮肤材质、头发、眉毛、睫毛等部位进行平滑和减少疵点处理。

Nik Color Efex Pro 3.0 汉化版：专业调色插件 Nik Color Efex Pro 3.0 汉化版是美国 nik multimedia 公司出品的基于 Photoshop 的一套滤镜插件。从细微的图像修正到颠覆性的视觉效果，Nik Color Efex Pro 提供了一套相当完整的图像调整插件。Nik Color Efex Pro 允许用户为照片加上原来所没有的东西，如“Midnight Blue”功能可以把白天拍摄的照片变成夜晚背景，“Infra-red Black and White”功能可以十分真实地模拟红外摄影的效果，“Sunshine”功能则能让原本灰暗的画面获得阳光明媚的效果，“True Light”技术允许用户像处理传统胶片一样去处理数码照片中的光学感应效果。通过 Nik Color Efex Pro 的优化，数码照片的色彩和对比度都能获得更自然的表现。那些更专业的用户可能会对"Cross Processing"滤镜感兴趣，它可以把不同冲洗工艺的照片进行相互转化，例如，把采用 E6 工艺的照片转换成采用 C41 工艺的照片，反之亦然。当你需要从幻灯片或胶片直接扫描照片时，这个功能会相当有用。此版本加入了 U 点控制（其能精确到点来细致调整），第一次使用时会弹出一个注册框要求填写 Nik Color Efex Pro 注册码（文件里有注册码：071122936kfcwggmlxjjdlspp），注册框上面的几项可任意填写，在最后一行将注册码填写进去点"确定"按钮就行了

Alien Skin Xenofex 2.0 汉化版：Xenofex 是 Alien Skin 公司一款功能强大的滤镜软件，是各类图像设计师不可多得的好工具。

Alien Skin Xenafex 2.0 的滤镜主要分为以下几种。

Baked Earth（干裂效果）：能制作出干裂的土地效果。

Constellation（星群效果）：能制作出群星灿烂的效果。

Crumple（褶皱效果）：能制作出十分逼真的褶皱效果。

Flag（旗子效果）：能制作出各种各样迎风飘舞的旗子和飘带效果。

Distress（撕裂效果）：能制作出一些自然剥落或撕裂文字的效果。

Lightning（闪电效果）：能制作出各种变化的闪电效果。

Little fluffy clouds（云朵效果）：能生成各种云朵效果。

Origami（毛玻璃效果）：能生成一种透过毛玻璃看东西的效果。

Rounded rectangle（圆角矩形效果）：能制作出各种不同形状的边框效果。

Shatter（碎片效果）：能生成一种镜子被打碎的效果。

Puzzle（拼图效果）：能生成一种拼图的效果。

Shower door（雨景效果）：能生成雨中看物体的效果。

Stain（污点效果）：能为图片增加污点效果。

Television（电视效果）：能生成一种观看老式电视的效果。

Electrify（充电效果）：能产生一种充电的效果。

STMPER（压模效果）：可以满足用户对于特殊平面影像创作上的需求。

Eye Candy 5—Textures 汉化版：Eye Candy 是一套在 Photoshop 环境中使用的材质生成功能，共 10 种，可以用于制作照片的材质效果，包括蛇皮、皮革、砖块、石头、木质等。图形设计人员、网页开发者或者是 3D 制作人员可以快速从中创建自己需要的背景、皮肤、无缝砖等，提高工作效率。它包含了超过 200 种预设的常用效果，并为此附加了一个新的设置系统功能，用户可以首先在这些预设置中查找。改进过的参数设置管理功能让用户浏览、分享、收藏都更方便。

Eye Candy 5—Nature：同样适合于处理 16 位的图片，色彩过渡平滑，条纹较少。打印能更准确地重现色彩。Eye Candy 5—Nature 可以看作是 Photoshop 的一个插件，安装之后是不需要专门执行的，用户可以在 Photoshop 的滤镜菜单选项中找到其对应的功能。

Eye Candy 4000 汉化版：AlienSkin 公司出口的一组极为强大的经典 Photoshop 外挂滤镜。Eye Candy 4000 功能千变万化，拥有极为丰富的特效，包括反相、铬合金、闪耀、发光、阴影、HSB 噪点、水滴、水迹、挖剪、玻璃、斜面、烟幕、旋涡、毛发、木纹、编织、星星、斜视、大理石、摇动、运动痕迹、溶化、火焰共 23 个特效滤镜，在 Photoshop 外挂滤镜中评价非常好，广为人们所使用。

AlienSkin Eye Candy 4000 汉化中文正式版：可以对文字进行特效处理，也可以制作不同的背景素材，纹理、水珠、滴水、火焰等特效更是令广大设计师爱不释手。

外挂滤镜用法都大同小异，读者可以自己去网上下载后进行练习。

## 课堂练习——柔光效果制作

（练习知识要点）利用高斯模糊滤镜配合混合模式制作出柔光的图像效果，如图 10-78 所示。

（效果所在位置）配套光盘\第 10 章\课堂练习\柔光.psd。

图 10-78

## 课后习题——水彩效果制作

（习题知识要点）使用多种滤镜配合混合模式制作出水彩效果，如图 10-79 所示。

（效果所在位置）配套光盘\第 10 章\课后习题\水彩.psd。

图 10-79

# 第11章 动作与自动化

本章将主要介绍Photoshop动作和自动化的使用。通过本章的学习，读者可以掌握动作和批处理的使用、新建动作以及应用动作进行各种效果处理。此外还可以掌握如何批量化、自动化地大量处理图片。

**学习目标**

- 学习动作调板的使用
- 学习新建动作以及应用动作进行各种效果处理
- 学习批处理的作用和应用方法

在 Photoshop 中有时需要大批量处理图片，使用动作和批处理即可快速完成图片的批量化处理。

## 11.1 动作

动作可以用于制作各种特效，在 Photoshop 中内置了很多动作，可以完成很多的效果。同时也可以将自己在 Photoshop 软件中的操作步骤记录下来，并定义为动作，当对于其他图片也需要进行相同处理时，只需要播放定义好的动作即可。同时在网络上也有很多定义好的动作，只需要将其复制到 Photoshop 安装目录的动作文件包中即可使用。

### 11.1.1 应用动作

所有的动作操作都可以通过“动作”调板来完成，通过“动作”调板可以创建新动作，也可以在“动作”调板中使用 Photoshop 中已经设定好的各种动作。

（1）打开“配套光盘\第 11 章\动作.jpg”文件，如图 11-1 所示。

（2）单击“窗口”—“动作”命令，即可打开“动作”调板，接着单击“动作”调板上的▾≡按钮，从弹出的下拉菜单中选择“画框”，此时“动作”调板如图 11-2 所示。在该下拉菜单中还有诸如图像效果、文字效果、纹理等 Photoshop 内置动作，都可以通过同样的方法选用。

（3）选择“拉丝铝画框”选项，单击“动作”调板下方的▶按钮，在弹出的对话框中单击“确定”按钮，得出效果如图 11-3 所示。从图中可以看出，画面自动添加了一个拉丝铝的画框。在画框动作组中还有很多各种类型画框的动作，读者可以用同样方法自己尝试其他动作。

左 图 11-1

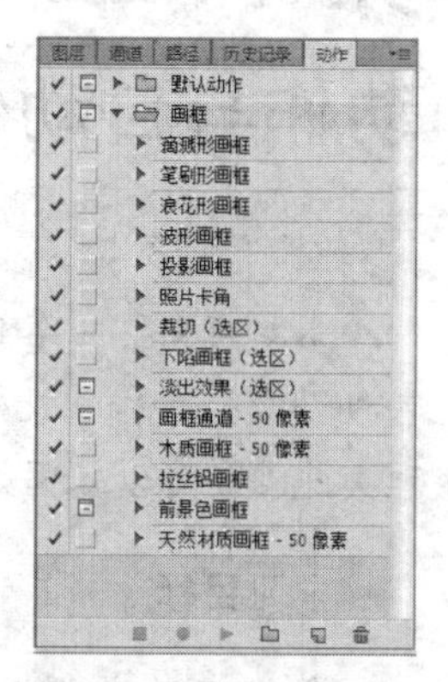


右 图 11-2

（4）再次单击“动作”调板上的▾≡按钮，从弹出的下拉菜单中选择“图像效果”，“动作”调板如图 11-4 所示，此时在“画框”动作组下方出现了一个“图像效果”动作组。

左 图 11-3

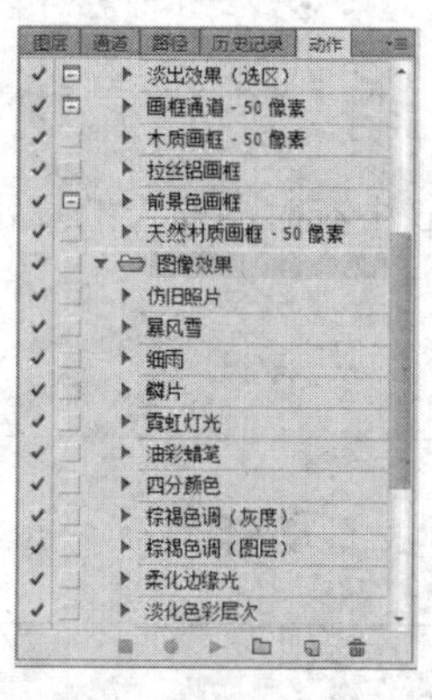


右 图 11-4

（5）单击“历史记录”调板，选择第一步“动作.jpg”，将操作恢复到最早的打开状态，如图 11-5 所示。

（6）在“动作”调板上选择“仿旧照片”，单击“动作”调板下方的▶按钮，此时画面效果如图 11-6 所示。

左 图 11-5

右 图 11-6

（7）通过以上范例应该很清楚如何应用动作完成各种效果的制作了，如果在制作过程中出现颜色或者效果不符合需要的情况，可以对动作进行调整。单击▶ 仿旧照片前面的三角形，打开所用仿旧照片步骤，如图 11-7 所示。

（8）选择其中的“色相/饱和度”步骤，双击打开，重新设置参数，如图 11-8 所示。

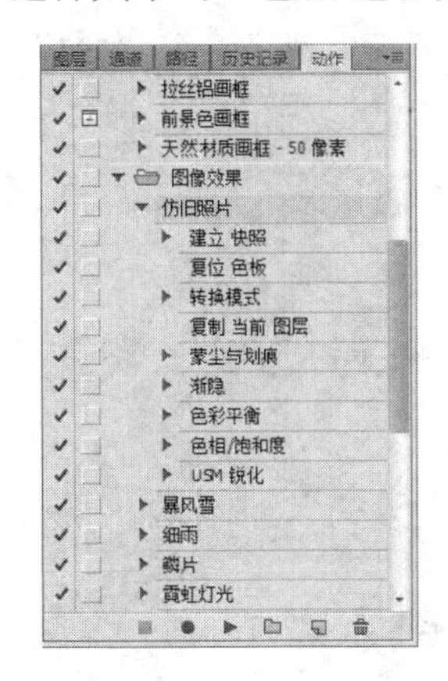


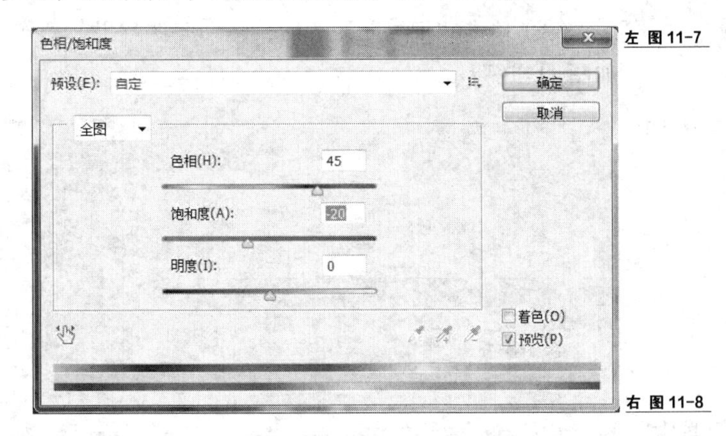


左 图 11-7

右 图 11-8

（9）效果如图 11-9 所示。

（10）单击“历史记录”调板，从“历史记录”调板中可以看到仿旧照片动作操作的每一个步骤。选择其中的“渐隐蒙尘与划痕”步骤，此时画面退回到了“渐隐蒙尘与划痕”效果，如图 11-10 所示。这时可以在“渐隐蒙尘与划痕”效果基础上继续操作，这也是修改动作的一个办法。

左 图 11-9

左 图 11-10

## 11.1.2 创建动作

除了应用 Photsohop 中已经定义好的动作外，还可以将自己的操作步骤定义为动作，保存后可以在以后操作中随时调用。

（1）打开“配套光盘\第 11 章\室内 1.jpg”文件，如图 11-11 所示。

图 11-11

（2）在“动作”调板中单击“新建动作”按钮 ，弹出“新建动作”对话框，将“名称”命名为“123”，如图 11-12 所示。

（3）单击“记录”按钮后，在“图像效果”动作组的后面出现了一个“123”的动作，如图 11-13 所示。

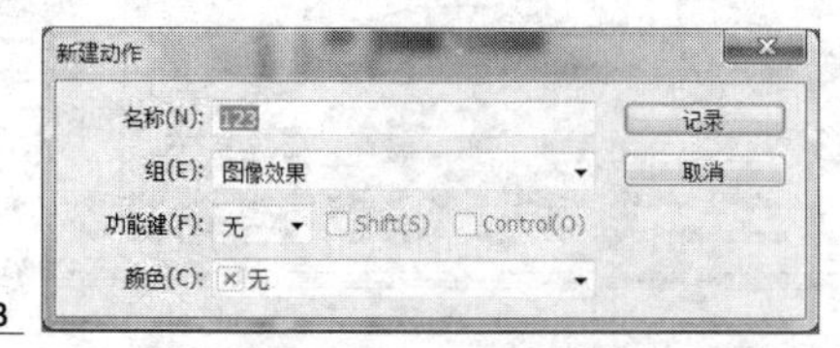

左 图 11-12
右 图 11-13

（4）此时“动作”调板上的 录制按钮呈红色显示，这代表后面操作的每个步骤都将被记录。单击“图像”—“调整”—“色相/饱和度”命令，设置“色相/饱和度”对话框参数如图 11-14 所示。

（5）单击“确定”按钮后，在“动作”调板“123”动作下方出现了“色相/饱和度”的步骤，这代表刚才操作的“色相/饱和度”步骤被记录下来了，此时画面效果如图 11-15 所示。

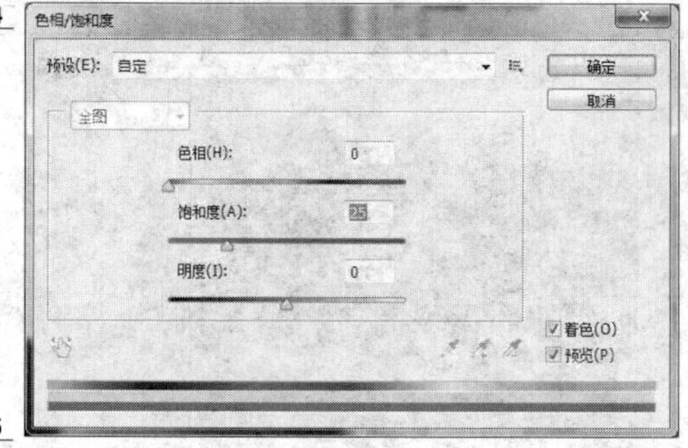

左 图 11-14
右 图 11-15

（6）单击“滤镜”—“纹理”—“纹理化”命令，设置“纹理化”滤镜参数如图 11-16 所示。

（7）单击“确定”按钮后，同样在“动作”调板“123”动作下方出现了“纹理化”的步骤，这代表刚才操作的“纹理化”步骤被记录下来了，此时效果如图 11-17 所示。只要“动作”调板上的“录制”按钮呈红色显示，则操作的每个步骤都会被记录下来。在此步骤的基础上，还可以记录很多操作步骤，限于篇幅，只进行到这里。

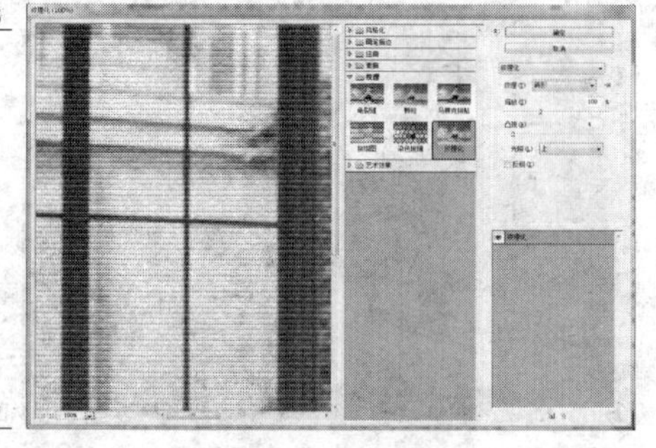

左 图 11-16
右 图 11-17

（8）单击“动作”调板上的“停止记录”按钮，将记录停止。打开“配套光盘\第 11 章\室内 2.jpg”文件，如图 11-18 所示。

（9）选择▾ 123 ，单击调板上的“播放”按钮，此时软件会自动处理“室内 2.jpg”文件，得出效果如图 11-19 所示。从图中可以看出“室内 2.jpg”文件得出的效果和“室内 1.jpg”文件的最终处理效果一模一样。

左 图 11-18

右 图 11-19

### 11.1.3 外挂动作

除了 Photoshop 本身内置的动作外，还可以通过载入的方式载入动作，下面就以一个范例说明如何载入动作。

（1）打开“配套光盘\第 11 章\色调动作.jpg”文件，如图 11-20 所示。

（2）单击“动作”调板上的▾≡图标，在弹出的菜单中选择“载入动作”命令，如图 11-21 所示。

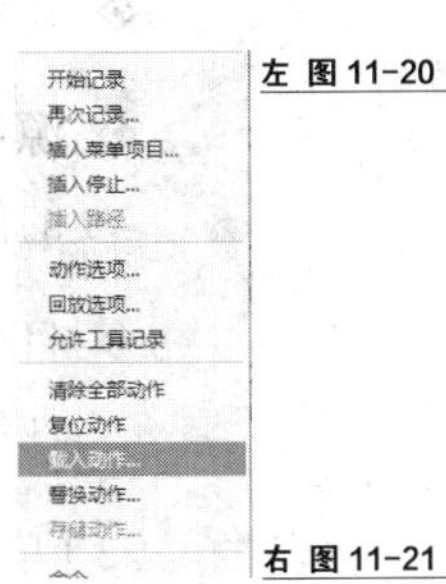


左 图 11-20

右 图 11-21

（3）在弹出的菜单中选择“配套光盘\第 11 章\色调动作.atn”，将该色调动作载入，此时在“动作”面板中出现该动作。选择“Retro”，单击 ▶ 按钮，如图 11-22 所示。

（4）最终效果如图 11-23 所示。

左 图 11-22

右 图 11-23

# 11.2 自动化

在 Photoshop 中还有一些非常智能化的命令，可以自动处理各种任务，大幅度地提高工作效率。单击“文件”—“自动”命令，可见 Photoshop 中所有的自动命令，下面就一一进行讲解。

## 11.2.1 批处理

批处理的作用就是批量化处理图片。通过设定批处理命令，可以大量、快速地完成图片的制作。批处理命令可以对包含多个文件和子文件的文件包播放动作，这样就可以对多个文件进行同一动作的操作。

（1）批处理首先要创建一个或者选择一个文件包用于存储批处理的文件。创建一个批处理文件包用于存储批处理的文件，再将所有需要处理的文件全部归入一个文件包中。创建一个待处理文件包用于放置所有需要处理的文件，并将“配套光盘\第 11 章\待处理文件包”中的“照片 1、照片 2、照片 3、照片 4”全部复制到待处理文件包中。

（2）单击“文件”—“自动”—“批处理”命令，弹出“批处理”对话框，设置“批处理”对话框如图 11-24 所示。

◈ 组：设置动作组。

◈ 动作：选择动作组中的某个动作。

◈ 源：选择文件夹后，可以通过下方的“选择”按钮，指定待处理文件所在的文件包的位置。

◈ 目标：选择文件夹后，可以通过下方的“选择”按钮，设定放置批处理后文件的文件包的位置。

（3）单击“确定”按钮后，在弹出的对话框中可以设置批处理完的文件格式，如图 11-25 所示。

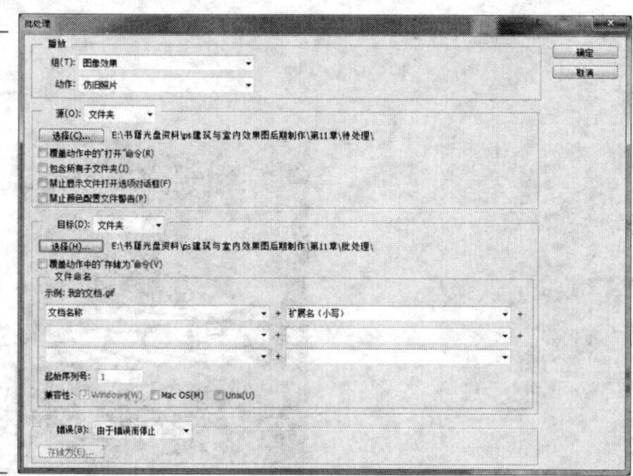


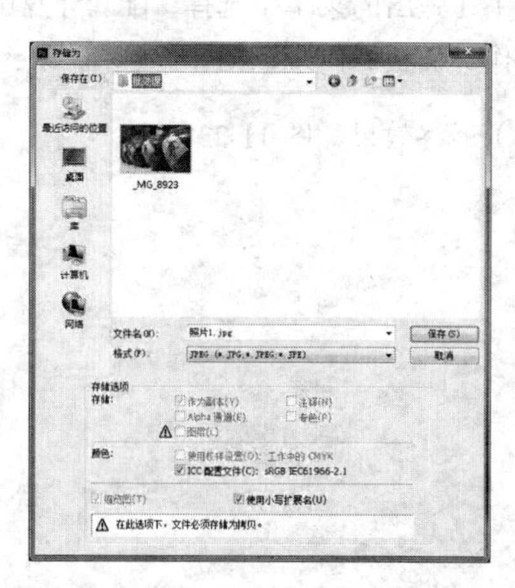


左 图 11-24

右 图 11-25

### 11.2.2 创建快捷批处理

创建快捷批处理其实就是创建一个类似于计算机桌面上各种软件图标的命令。创建该图标后，只需将需要处理的图片或者放置图片的文件包拖入该图标上，则会将图片自动采用指定的动作处理。

（1）在桌面上创建一个文件包“123”，用于放置快捷批处理文件。

（2）单击“文件”—“自动”—“创建快捷批处理”命令，弹出“创建快捷批处理”对话框，设置“创建快捷批处理”对话框如图 11-26 所示。“创建快捷批处理”对话框参数设置和“批处理”对话框参数设置基本一样，设置时可以参照进行。

（3）单击“确定”按钮后，桌面上出现了一个如图 11-27 所示的图标，再在桌面上新建一个文件包，将需要处理的图片放入该文件包中。

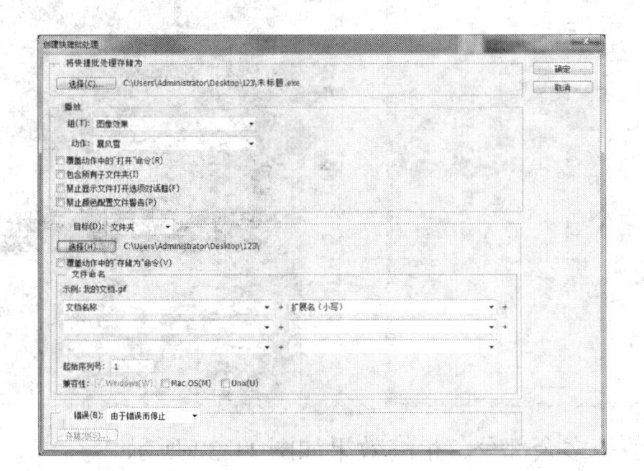


左 图 11-26

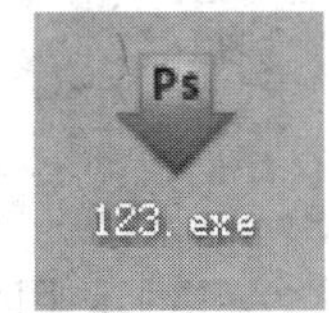


右 图 11-27

（4）最后只需要将该文件包或者任何图片拖入该图标，就会自动以刚才设定的暴风雪动作处理文件包中的图片。

### 11.2.3 裁剪并修齐照片

裁剪并修齐照片可以将一些不齐的照片裁剪并修齐。

（1）打开“配套光盘\第 11 章\自动.psd”文件，如图 11-28 所示。

（2）单击“文件”—“自动”—“裁剪并修齐照片”命令，此时可见多了一个新的文件，该文件的图像已经自动裁剪并对齐，如图 11-29 所示。

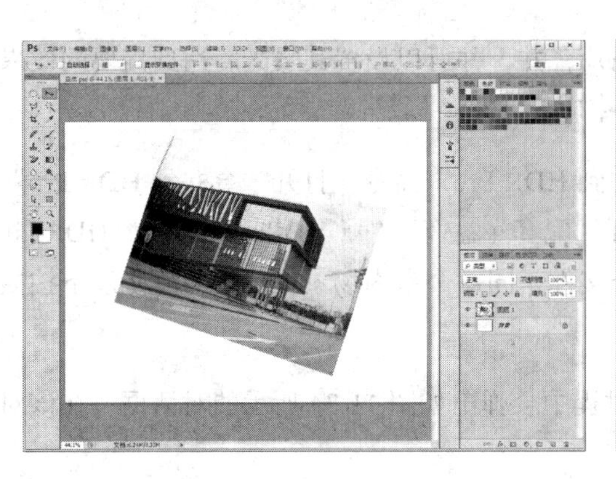

左 图 11-28

右 图 11-29

### 11.2.4 Photomerge 命令

Photomerge 命令可以将多张同一场景的照片自动合并至一起。在有些时候，因为相机广角不够的原因，需要将一张照片分成几次拍摄，如很多人排一字长龙拍照，又如需要将室内 4 个面全拍下，这时就需要将照片分成好几次拍摄。某些相机本身就带有 Photomerge 功能。

（1）单击“文件”—“自动”—“Photomerge”命令，打开“Photomerge”对话框，单击对话框中的“浏览”按钮，打开“配套光盘\第 11 章\照片 1、照片 2、照片 3.jpg”文件，如图 11-30 所示。这 3 个文件是一个城市的全貌，分 3 次拍摄完成。

（2）单击“确定”按钮后效果如图 11-31 所示。

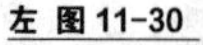
左 图 11-30

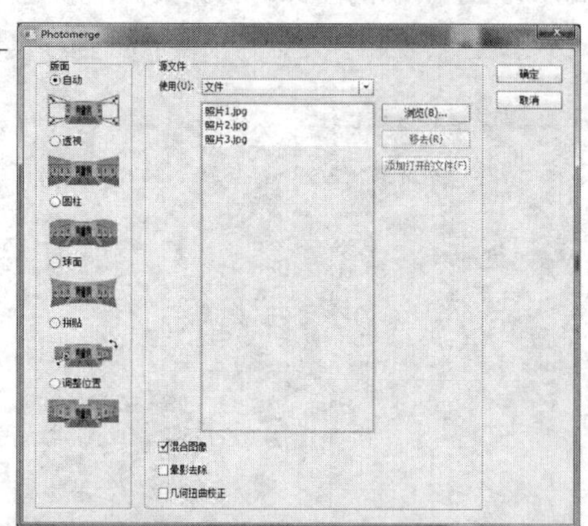


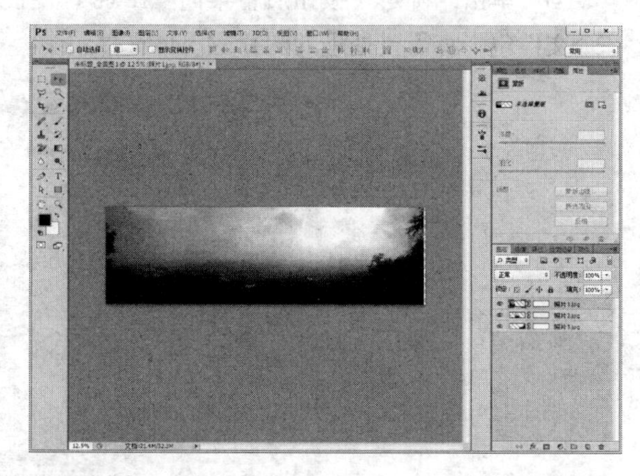
右 图 11-31

（3）使用裁剪掉多余部分，最终效果如图 11-32 所示。

图 11-32

### 11.2.5 合并到 HDR Pro

合并到 HDR 可以将多个不同亮度的图片合并，并可以设置其曝光度达到需要的效果。需要注意的是所有合并到 HDR 的图片分辨率应该完全一样。

（1）单击“文件”—“自动”—“合并到 HDR Pro”命令，打开“合并到 HDR Pro”对话框，单击对话框中的“浏览”按钮，打开“配套光盘\第 11 章\HDR1、HDR2、HDR3.jpg、HDR4.jpg”文件，如图 11-33 所示。这 4 个文件是同一个室内场景在不同的曝光度下拍摄的照片。

（2）单击“确定”按钮后，在处理的过程中会弹出如图 11-34 所示的对话框。在该对话框中可以设置图片曝光值。

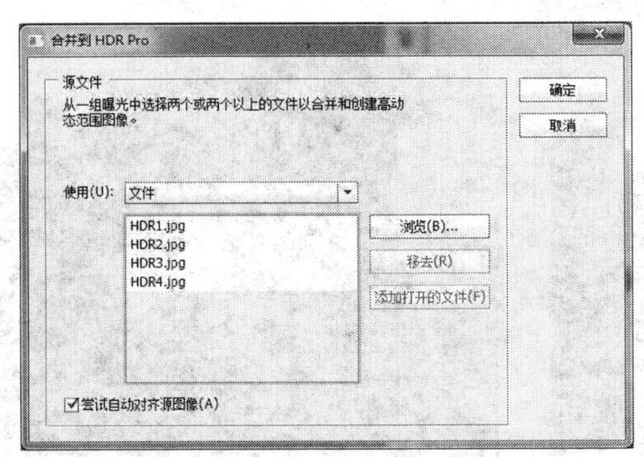


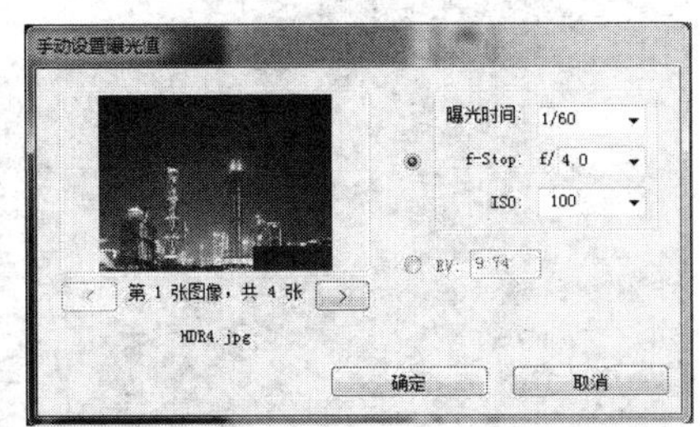


左 图 11-33

右 图 11-34

（3）单击“确定”按钮后，在对话框中设置白场预览如图 11-35 所示。单击“确定”按钮后效果如图 11-36 所示。

左 图 11-35

右 图 11-36

## 课堂练习——画框的制作

（练习知识要点）利用 Photoshop 自带动作完成画框的制作，如图 11-37 所示。

（效果所在位置）配套光盘\第 11 章\课堂练习\画框.psd。

图 11-37

## 课后习题——仿旧照片效果制作

（习题知识点）利用 Photoshop 自带动作完成仿旧效果的制作，如图 11-38 所示。

（效果所在位置）配套光盘\第 11 章\课后习题\仿旧照片.psd。

图 11-38

# 第12章 彩色平面图制作

本章将主要介绍彩色平面图和彩色立面图的制作技术，通过本章实例的学习，读者可以掌握各类平面图和立面图的制作技巧。

**学习目标**

- ◈ 掌握平面图制作技巧
- ◈ 掌握立面图制作技巧

## 12.1 彩色平立面图制作概述

彩色平立面图的绘制是目前的一个主流趋势，对于业主而言，AutoCAD 软件绘制的线框图显得过于抽象，不够直观，非专业人士不容易理解，所以很多设计单位都采用彩色平面图的形式来表达平面空间布局。在各种售楼广告上出现的户型图无一不是彩色平面图。因此，除了采用 AutoCAD 绘制施工图外，学习彩色平面图的绘制是非常有必要的。除了绘制彩色平面图外，一些家装装饰公司甚至开始将全部的施工图采用彩色上色的形式表达，使得专业化的施工图纸变得更易于被业主接受。

彩色平立面图的绘制主要有 3 种方式，一种是采用手绘表达，如图 12-1 所示；一种是采用 Photoshop 绘制，如图 12-2 所示；另外就是采用 CorelDRAW 绘制，如图 12-3 所示。手绘彩色平面图多见于家装设计中。因为考虑到手绘彩色平面图不够严谨，在尺寸上容易出现误差，大型装修项目和建筑、园林及规划等项目基本上都是采用软件绘制的方式完成彩色平面图的绘制。

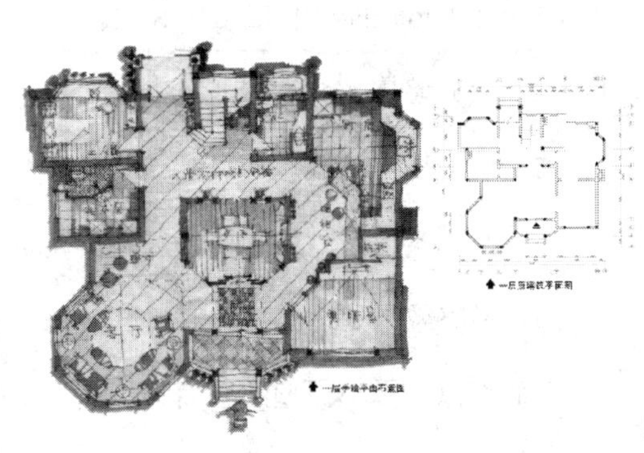

图 12-1

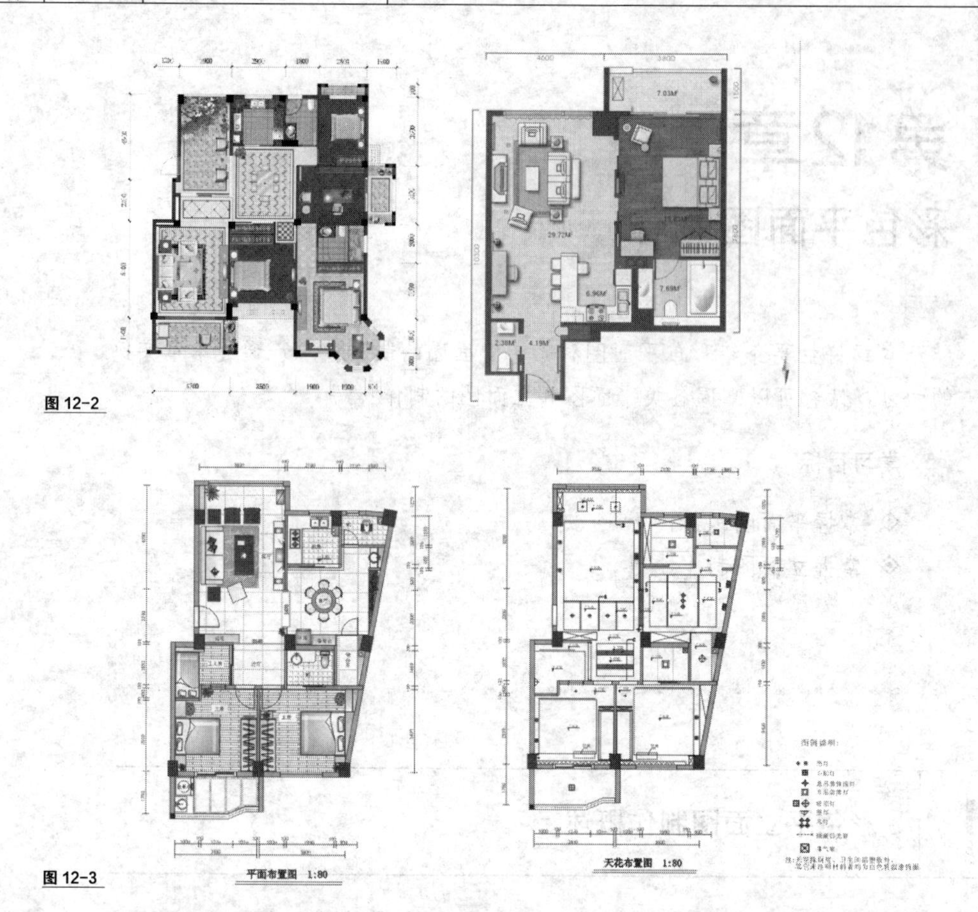


图 12-2

图 12-3

彩色平面图绘制软件主要有 Photoshop 和 CorelDRAW，这两个软件分别是位图处理和矢量图形处理的“王者”，在各自领域应用极其广泛。实际上，不管采用两种软件中的哪一种，都可以绘制出相当不错的效果。不过相对而言，采用 Photoshop 软件绘制平立面图比较方便，在技法上更为简单。考虑到本书篇幅，在这里只讲解使用 Photoshop 软件绘制彩色平面图的方法，相信在学完本章的工具和命令之后，读者均可以顺利完成彩色平面图的制作。至于使用 CorelDRAW 绘制的方法，读者可以自己去尝试。

彩色平面图制作流程如下。

（1）整理 CAD 图纸内的线。除了最终文件中需要的线，其他的线和图形都要删除。

（2）使用已经定义的 CAD 绘图仪类型将 CAD 图纸输出为 EPS 文件。

（3）在 Photoshop 中导入 EPS 文件。

（4）填充墙体区域。

（5）填充地面区域。

（6）制作室内家具或直接添加家具模块。

（7）最终效果处理。

下面将以一个小户型的平面为例进行讲解，至于整套建筑、园林和规划平立面图，限于篇幅，不再一一讲解。读者以本例为依据，举一反三，即可掌握。

## 12.2 从 AutoCAD 中输出 EPS 文件

平面图一般都是使用 AutoCAD 设计的，要使用 Photoshop 对平面图进行上色和处理，必须从 AutoCAD 中将平面图导出为 Photoshop 可以识别的格式，这是制作彩色平面图的第一步，也是非常关键的一步。

### 12.2.1 打印输出 EPS 文件

从 AutoCAD 导出图形文件至 Photoshop 中的方法较多，可以打印输出 TIF、BMP、JPG 等格式的位图图像，也可以输出为 EPS 等格式的矢量图形。

因为 EPS 是矢量图像格式，文件占用空间小，而且它可以根据需要自由设置最后出图的分辨率，以满足不同精度的出图要求，故这里介绍输出为 EPS 格式的方法。

为了方便 Photoshop 选择和填充，在 AutoCAD 中导出 EPS 文件时，一般将墙体、填充、家具和文字分别进行导出，然后在 Photoshop 中合成。

#### 1. 打印输出墙体图形

打印输出墙体图形时，图形中只需保留墙体、门、窗图形即可。其他图形，可以通过关闭图层的方法隐藏，如轴线、文字标注等。

为了方便在 Photoshop 中对齐单独输出的墙体、填充和文字等图形，需要在 AutoCAD 中绘制一个矩形，确定打印输出的范围，以确保打印输出的图形大小相同。

（1）打开“配套光盘\第 12 章\平面布置图.dwg”文件。选择“图层 0”为当前图层，在 AutoCAD 命令窗口中输入 REC 命令，绘制一个比平面布置图略大的矩形，如图 12-4 所示，以确定打印的范围。

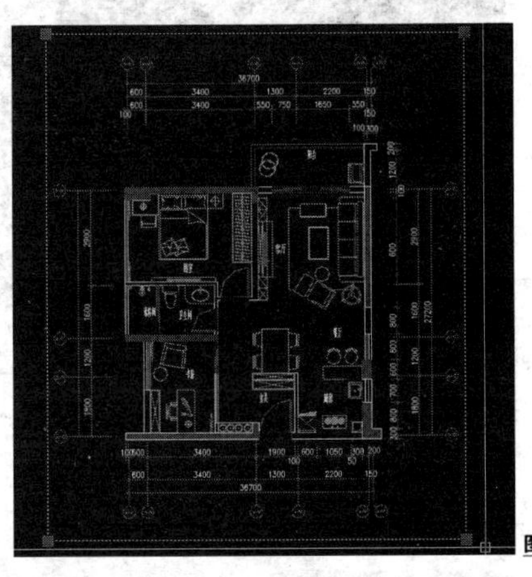

图 12-4

（2）在“图层”工具栏下拉列表中关闭不需要的图层，仅显示“0”“墙体”“门”“窗”几个图层，如图 12-5 所示。

（3）执行“文件”—“打印”命令，打开“打印”对话框，在“打印机/绘图仪”下拉列表框中，选择“矢量输出 EPS.pc3”作为输出设备；选择“ISO A3（297.00×420.00 毫米）”图纸作为打印图纸；在“打印范围”列表框中选择“窗口”方式，以便手工指定打印区域；在“打印偏移”选项组中选择“居中打印”选项，使图形打印在图纸的中间位置；勾选“打印比例”选项组的“布满图纸”复选框，AutoCAD 将自动调整打印比例，使图形布满整个 A3 图纸；在“打印样式表”下拉列表中选择 monochrome.ctb 颜色打印样式，将所有图形的颜色打印为黑色，在 Photoshop CS6 中将得到黑色的线条，使图形轮廓清晰；在“打印选项”选项组中选择“按样式打印”选项，使选择的打印样式表生效。指定打印样式表后，可以单击右侧的编辑按钮，打开“打印样式表编辑器”，对每一种颜色图形的打印效果进行设置，包括颜色、线宽等，在这里使用默认设置；在“图形方向”选项组中选择“纵向”选项，使图形在图纸上按纵向方向打印，如图 12-6 所示。

（4）单击“确定”按钮（见图 12-6），在绘图窗口分别捕捉矩形两个对角点，指定该矩形区域为打印范围，如图 12-7 所示。

左 图 12-5

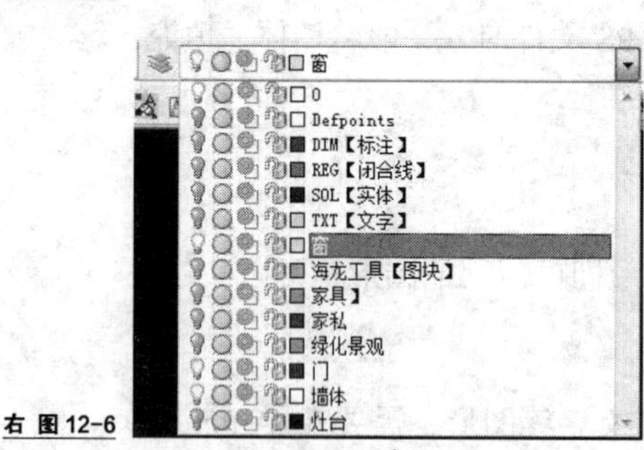


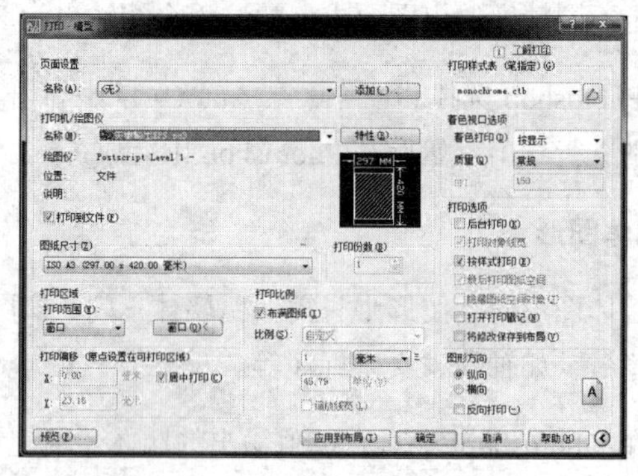

右 图 12-6

（5）设定打印区域后，系统自动返回“打印”对话框，单击左下角“预览”按钮，可以在打印之前预览最终打印效果，如图 12-8 所示。

左 图 12-7

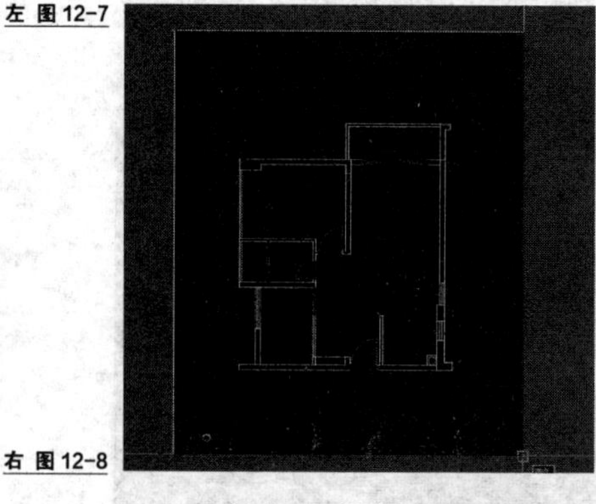

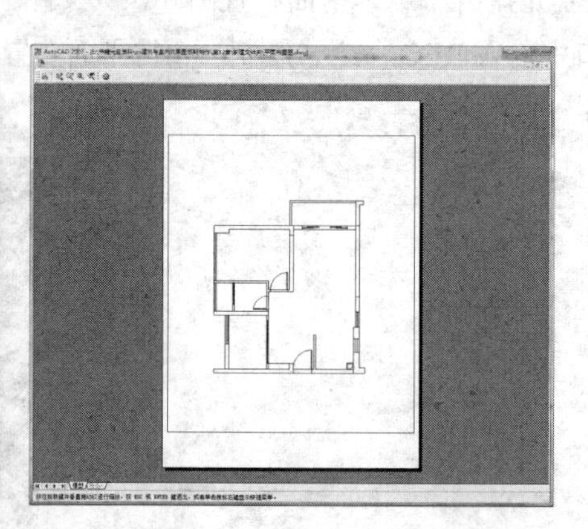

右 图 12-8

（6）如果在打印预览中没有发现什么问题，即可单击按钮开始打印，系统自动弹出“浏览打印文件”对话框，选择“封装 PS（*.eps）”文件类型并指定文件名，如图 12-9 所示。

（7）单击“保存”按钮，即开始打印输出，并出现如图 12-10 所示的打印进度对话框。墙体图形打印输出完成。

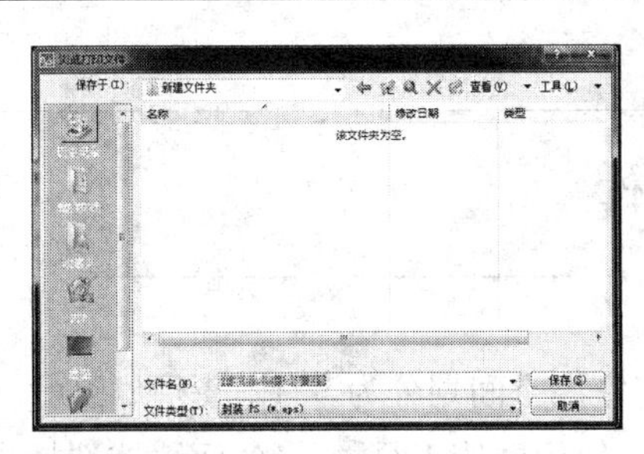

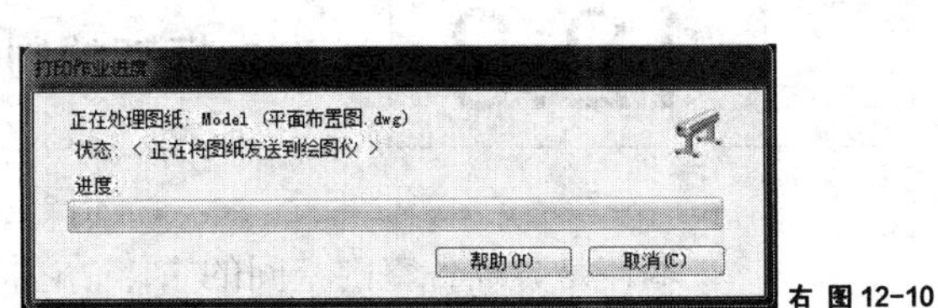


左 图 12-9

右 图 12-10

## 2. 打印输出家具图形

（1）关闭“墙体”“窗”“门”等图层，重新打开“家具”“绿化景观”“灶台”图层，显示图形如图 12-11 所示。

（2）按 Ctrl+P 组合键，再次打开“打印”对话框，保持原来参数不变，单击“确定”按钮开始打印，打印文件保存为“平面布置图-家具.eps”文件，如图 12-12 所示。

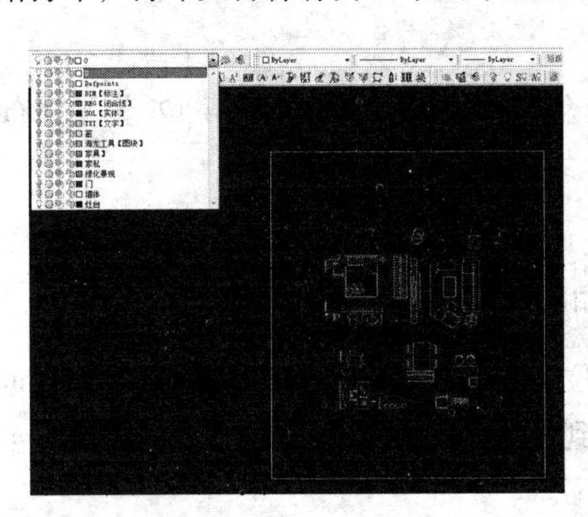

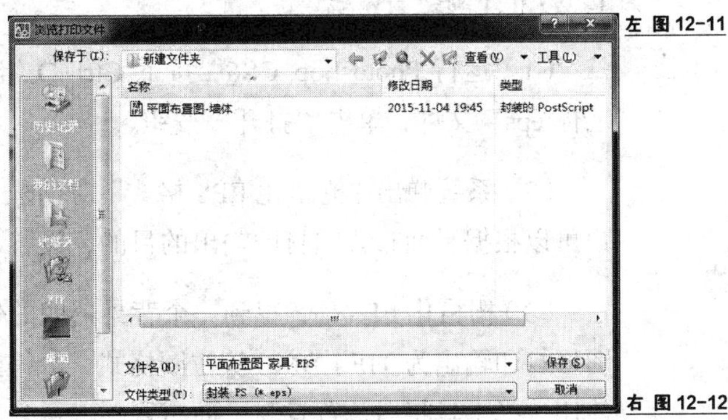


左 图 12-11

右 图 12-12

## 3. 打印输出地面图形

控制图层开关，使图形显示如图 12-13 所示。按 Ctrl+P 组合键，打印输出“平面布置图-地面.eps”文件。

## 4. 打印输出文字、标注图形

使用同样的方法打印输出文字标注、尺寸标注图形，使图形显示如图 12-14 所示。按 Ctrl+P 组合键，打印输出“平面布置图-文字标注、尺寸标注.eps”文件。AutoCAD 图形全部打印输出完毕。

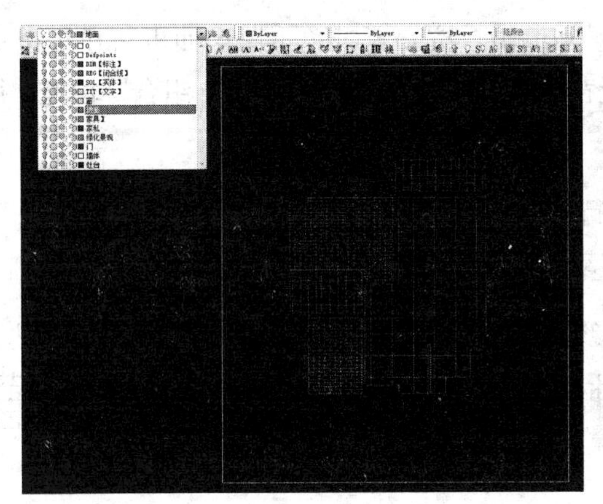

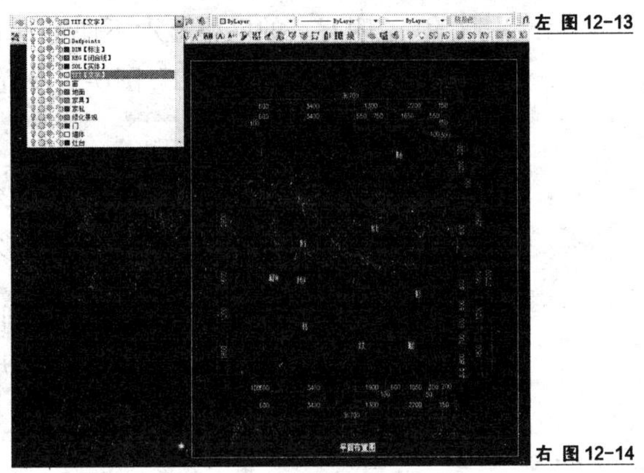

左 图 12-13

右 图 12-14

# 12.3 室内框架的制作

墙体是分隔各室内空间的主体，它将室内空间划分为客厅、餐厅、厨房、卧室、卫生间、书房等空间、功能相对独立的封闭区域。使用魔棒工具将各面墙体选择出来，并填充相应的颜色，室内格局就变得清晰而明朗。

## 12.3.1 打开并合并 EPS 文件

EPS 文件是矢量图形，在着色平面布置图之前，需要将矢量图形栅格化为 Photoshop CS6 可以处理的位图图像，图像的大小和分辨率可根据实际需要灵活控制。

### 1. 打开并调整墙体线

（1）运行 Photoshop CS6，按下 Ctrl+O 组合键，打开“配套光盘\第 12 章\平面布置图-墙体.eps”文件，单击“打开”按钮。

（2）系统弹出“栅格化 EPS 格式”对话框，以设置转换矢量图形为位图图像的参数，用户可以根据平面布置图打印输出的目的，设置相应的参数，如图 12-15 所示。

（3）栅格化 EPS 后，得到一个背景透明的位图图像，如图 12-16 所示。如果将 AutoCAD 图形打印输出为 TIF、BMP 等位图格式，会得到白色的背景。在制作平面布置图时，首先要使用选择工具将白色背景与平面布置图进行分离。

左 图12-15

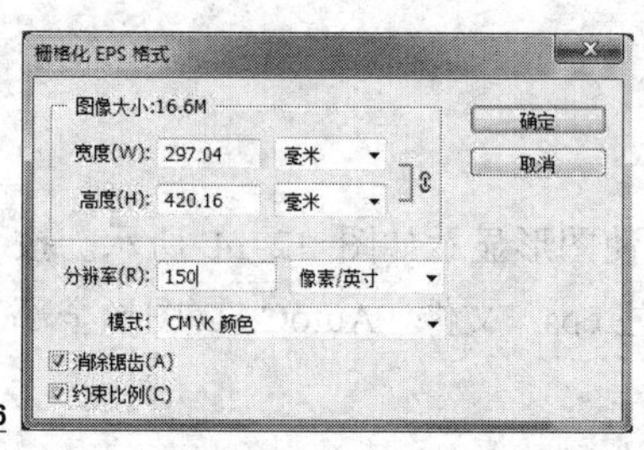


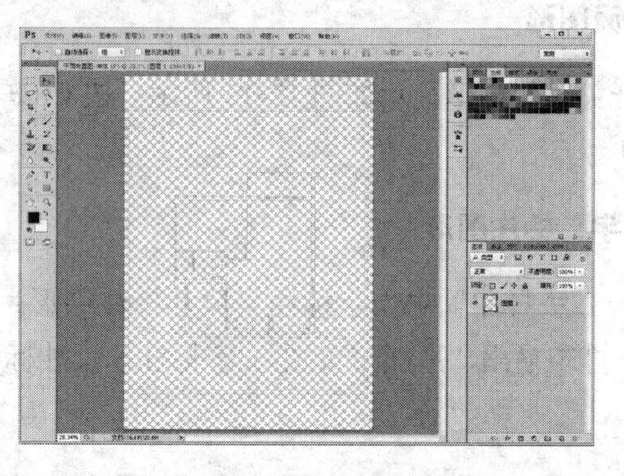

右 图12-16

（4）透明背景的网格显示不便于查看和编辑，按 Ctrl 键单击图层面板新建按钮，在“图层 1”下方新建“图层 2”图层。设置背景色为白色，按 Ctrl+Delete 组合键填充，得到白色背景，如图 12-17 所示。

（5）选择“图层 2”为当前图层，执行“图层”—“新建”—“背景图层”命令，将“图层 2”转换为背景图层。背景图层不能移动，但可以方便图层选择和操作。

（6）填充白色背景后，会发现有些细线条颜色较淡，不够清晰，需要进行调整。选择“图层 1”为当前图层，按 Ctrl+U 组合键打开“色相/饱和度”对话框，将明度滑块移动至左侧，调整线条颜色为黑色，如图 12-18 所示。

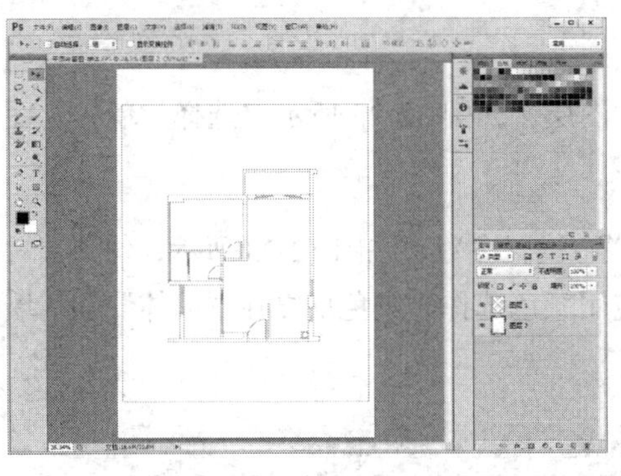

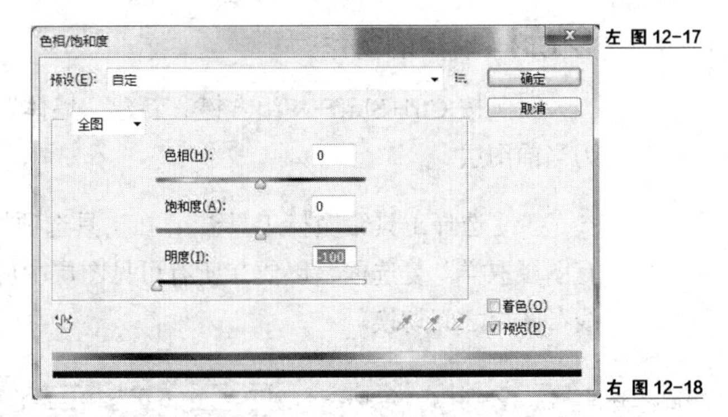


左 图 12-17

右 图 12-18

（7）将“图层 1”重命名为“墙体线”图层，单击图层面板“锁定全部”🔒按钮，锁定“墙体线”图层，如图 12-19 所示，以避免图层被误编辑和破坏。

（8）选择“文件”—“存储为”命令，将图像文件保存为“彩色平面布置图.psd”。

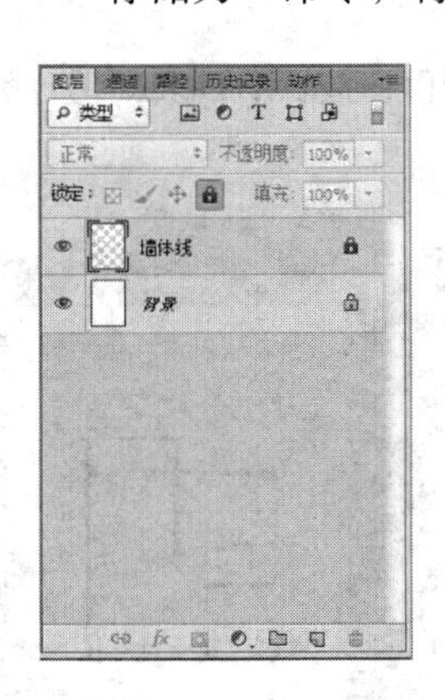

左 图 12-19

右 图 12-20

## 2. 合并家具和地面 EPS 图像

（1）按 Ctrl+O 组合键，打开“配套光盘\第 12 章\平面布置图-家具.eps”图形，使用相同的参数（如图 12-15 所示）进行栅格化，得到家具图形，如图 12-20 所示。

（2）选择移动工具，按住 Shift 键拖动家具图形至墙体线窗口，墙体与家具图形自动对齐，新图层重命名为“家具”。

（3）使用同样的方法栅格化“平面布置图-地面.eps”文件，按 Shift 键将其拖动复制到平面布置图图像窗口，新建图层重命名为“地面”图层，此时图层面板和图像窗口如图 12-21 所示。

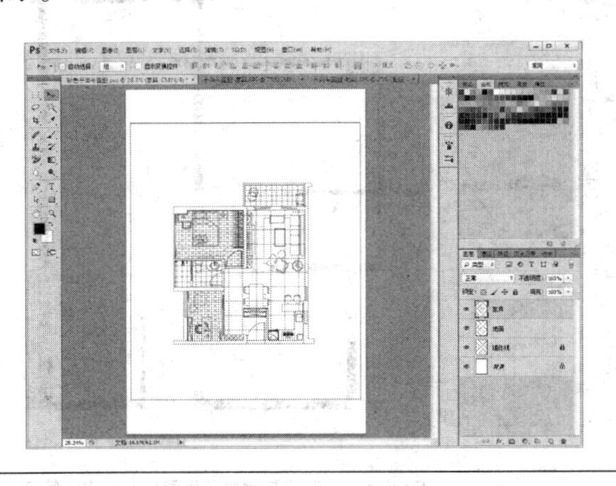

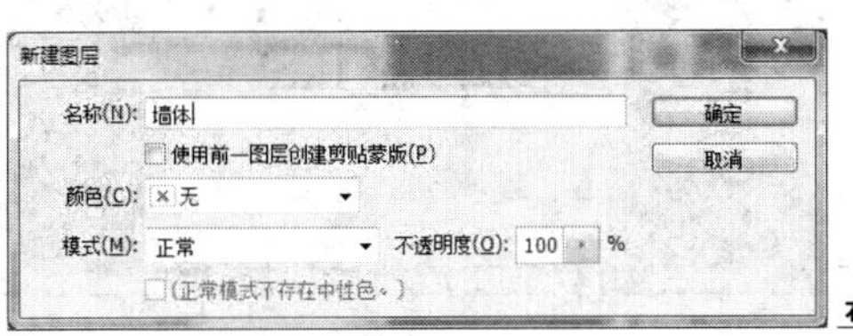


左 图 12-21

右 图 12-22

## 12.3.2 墙体的制作

（1）按 Ctrl+Shift+N 组合键，新建“墙体”图层，如图 12-22 所示。选择“墙体”图层为当前图层。

（2）选择工具箱魔棒工具，在工具选项栏中设置参数，如图 12-23 所示，勾选“对所有图层取样”复选框，以便在所有可见图层中应用颜色选择，避免反复在“墙体”和“墙体线”图层之间切换。

图 12-23

（3）关闭“家具”图层和“地面”图层前面的“指示图层可见性”眼睛图标，在墙体区域空白内单击鼠标，选择墙体区域，相邻的墙体可以在按下 Shift 键的同时一次选择，如图 12-24 所示。

（4）按 D 键恢复前/背景色为默认的黑/白颜色，按 Alt+Delete 组合键填充黑色，如图 12-25 所示。

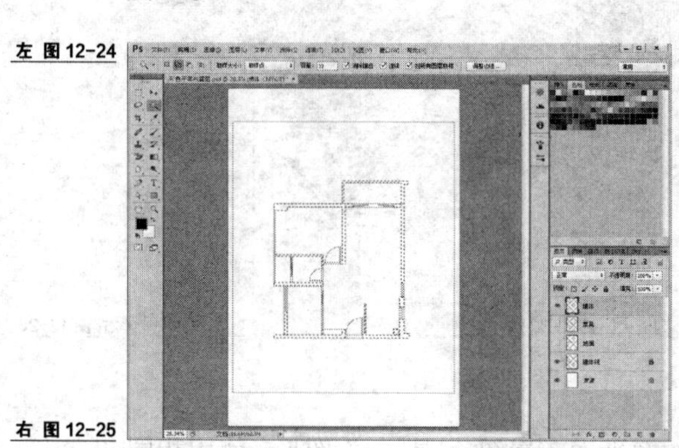
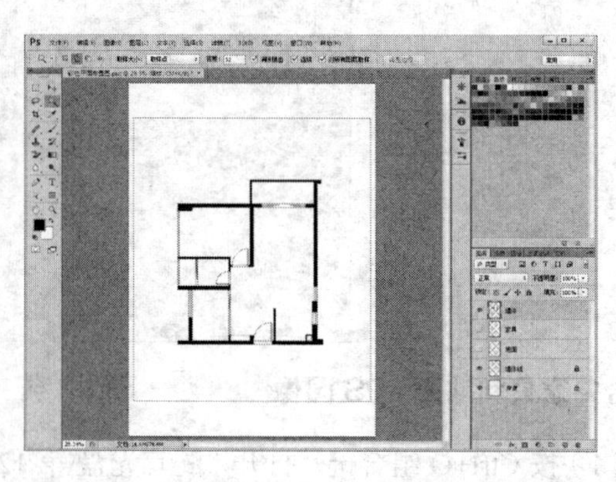
左 图 12-24
右 图 12-25

## 12.3.3 窗户的制作

（1）新建“窗户”图层并设置为当前图层，按照前面的方法用“魔棒工具”选择所有窗户，如图 12-26 所示。

（2）把前景色调为浅灰色，按 Alt+Delete 组合键填充窗户颜色，效果如图 12-27 所示。

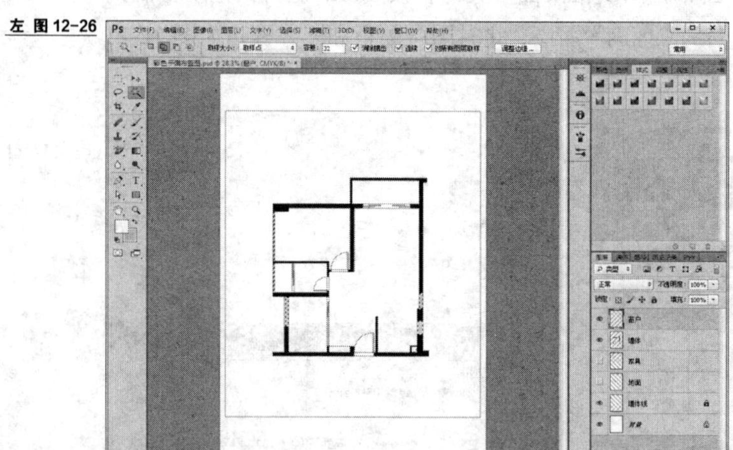
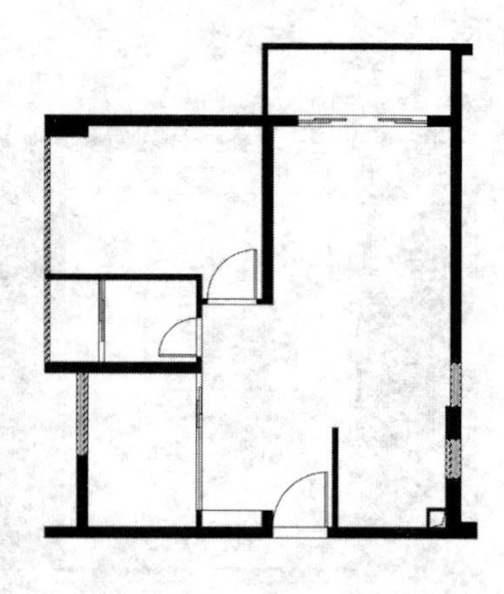
左 图 12-26
右 图 12-27

# 12.4 地面的制作

## 12.4.1 创建客厅地面

（1）选择“魔棒工具”，勾选“对所有图层取样”复选框，在客厅区域空白处单击鼠标，选择客厅地面区域打开“地面”图层前面的“指示图层可见性”，选择“地面”图层为当前图层，按Ctrl+J组合键，新建一个图层，命名为“客厅地面”图层，如图12-28所示。

（2）打开“配套光盘\第12章\客厅地面木纹石.jpg”文件，用移动工具将“客厅地面木纹石”图形移动到“平面布置图.psd”窗口，将图层命名为“客厅地面木纹石”，如图12-29所示。

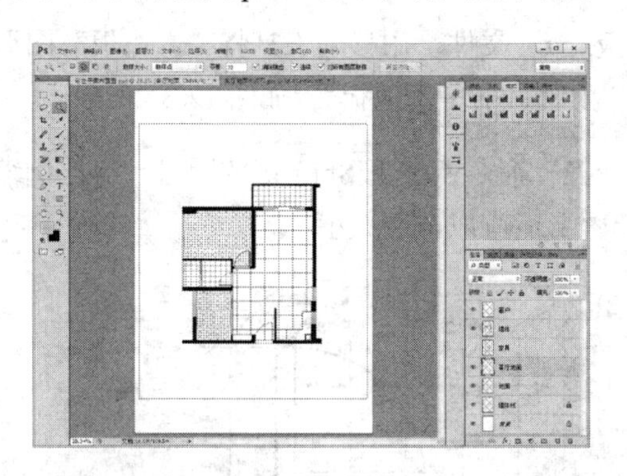

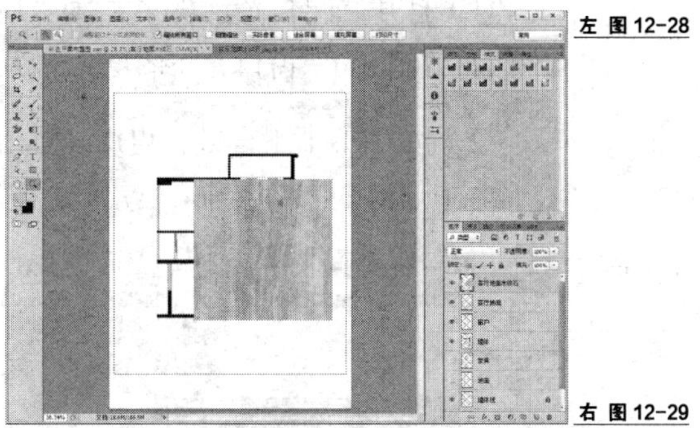

左 图12-28

右 图12-29

（3）按Ctrl+T组合键，启用“自由变换”命令，按下Shift键的同时，等比例缩放，把“客厅地面木纹石”图形缩放成客厅地面每块瓷砖铺贴的网格大小，如图12-30所示。

（4）按下Alt键的同时单击鼠标左键并拖曳，移动复制“客厅地面木纹石”图层得到图层副本，如此重复，把“客厅地面木纹石”按客厅地面铺贴网格，平铺覆盖客厅地面区域，如图12-31所示。

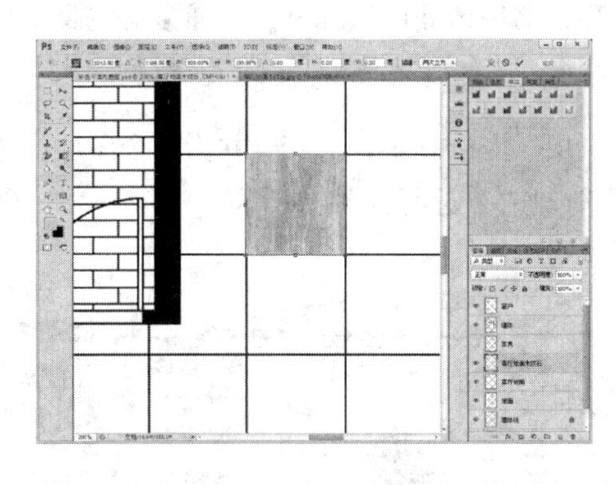

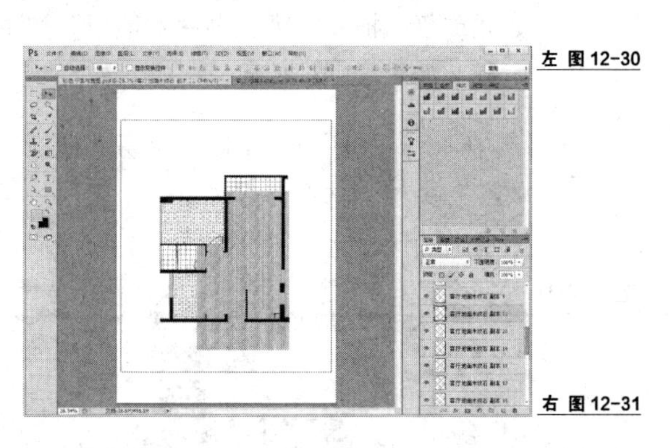

左 图12-30

右 图12-31

（5）选择所有“客厅地面木纹石”图层、图层副本将其合并为一个图层，并把图层移动至“客厅地面”图层之下；选择“墙体线”图层，选择工具箱魔棒工具，取消勾选“对所有图层取样” □对所有图层取样，选择客厅区域，如图12-32所示。

（6）按Ctrl+Shift+I组合键，反选区域，再选择“客厅地面木纹石”图层，按Delete键，删除所选区域，按 Ctrl+D 组合键取消选择，最终效果如图 12-33 所示。

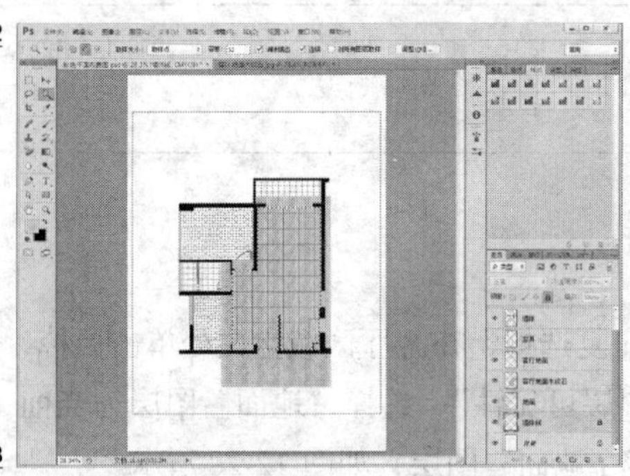

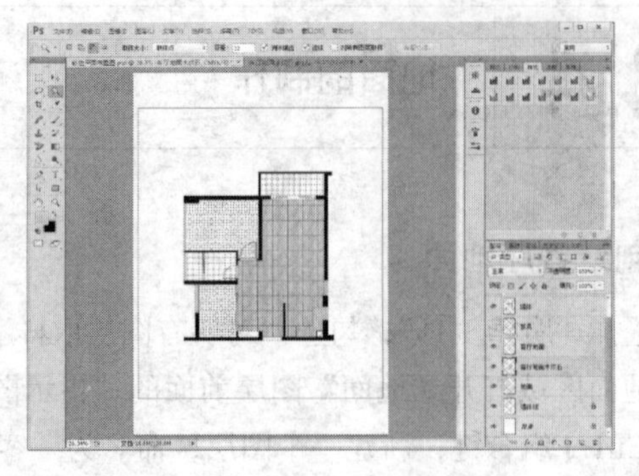

左 图 12-32

右 图 12-33

## 12.4.2 创建主卧、书房地面

创建主卧、书房地面的方法与创建客厅地面的方法步骤相似。

（1）打开“配套光盘\第 12 章\木地板.jpg”文件，用移动工具将“木地板”图形移动到“平面布置图.psd”窗口，将图层命名为“主卧、书房木地板”，如图 12-34 所示。

（2）按 Ctrl+T 组合键，启用“自由变换”命令，按下 Shift 键的同时，等比例缩放，如图 12-35 所示，把“主卧、书房木地板”图形缩放成合适大小。

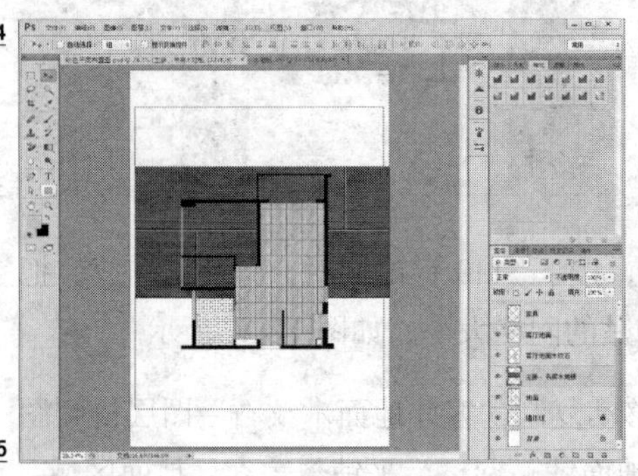

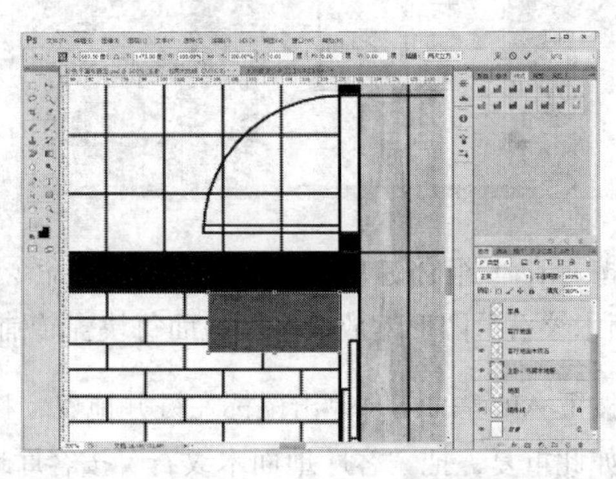

左 图 12-34

右 图 12-35

（3）按下 Alt 单击鼠标左键并拖曳，移动复制“主卧、书房木地板”图层得到图层副本，如此重复，把“主卧、书房木地板”按主卧、书房地面区域铺贴，平铺覆盖主卧、书房地面区域，如图 12-36 所示。

（4）选择所有“主卧、书房木地板”图层、图层副本，将其合并为一个图层；选择“墙体线”图层，选择工具箱魔棒工具，取消勾选“对所有图层取样” 对所有图层取样 ，选择主卧、书房地面区域，效果如图 12-37 所示。

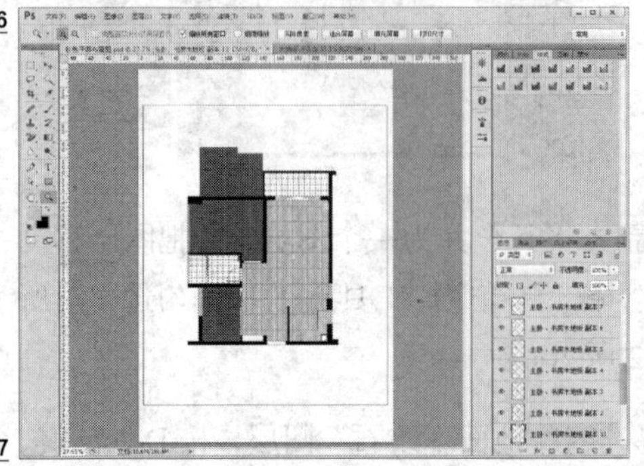

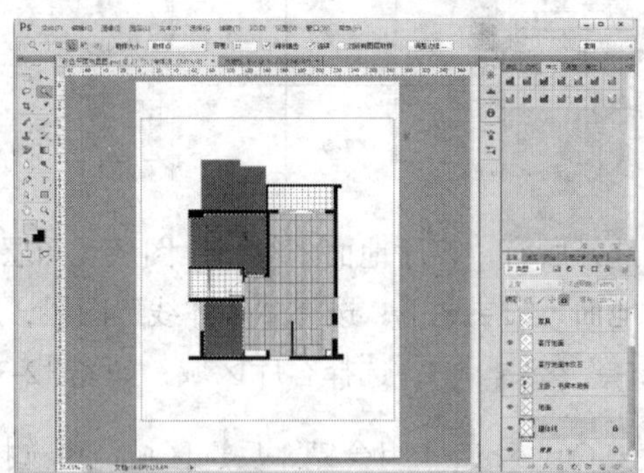

左 图 12-36

右 图 12-37

（5）按 Ctrl+Shift+I 组合键，反选区域，再选择“主卧、书房木地板”图层，按 Delete 键，删除所选区域，按 Ctrl+D 组合快捷键取消选择，效果如图 12-38 所示。

（6）选择“地面”图层为当前图层，按 Ctrl 键，单击“主卧、书房木地板”图层，载入选区，按 Ctrl+J 组合键，新建一个图层，命名为“主卧、书房地面”图层，再把“主卧、书房地面”图层移至“主卧、书房木地板”图层之上，设置“不透明度”为 50%，最终效果如图 12-39 所示。

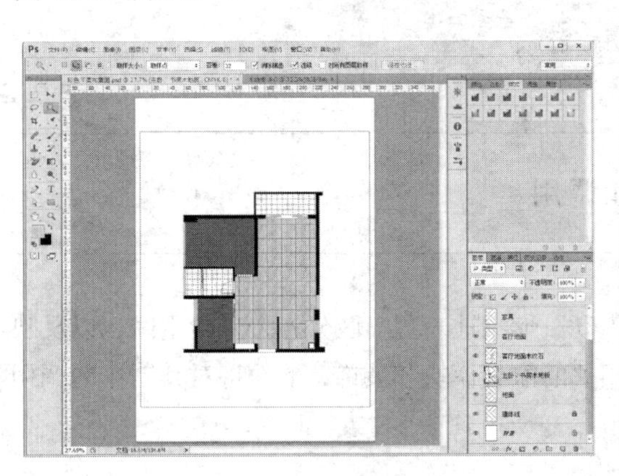

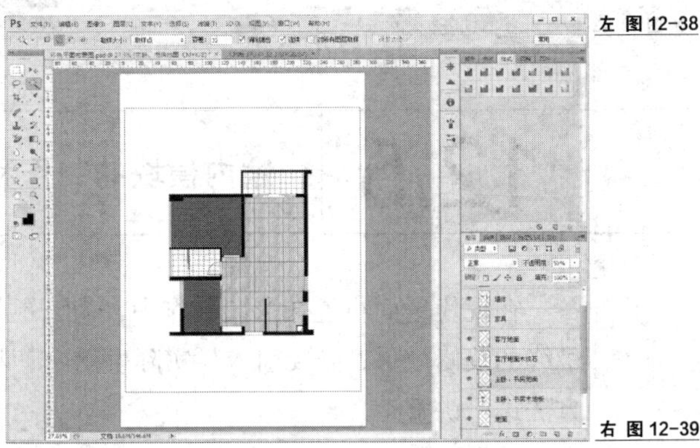

左 图 12-38

右 图 12-39

### 12.4.3 创建卫生间、淋浴间、阳台、门槛石地面

创建卫生间、淋浴间、阳台、门槛石地面的方法与前面创建地面的方法步骤相同，这里就不详细介绍每一步了。

（1）打开“配套光盘\第 12 章\卫生间防滑砖.jpg、淋浴间防滑砖.jpg、阳台防滑砖.jpg、门槛石.jpg”文件，按之前创建地面的方法，创建出卫生间、淋浴间、阳台、门槛石的地面，如图 12-40 所示。

（2）把“墙体线”图层移至之前制作的所有地面图层之上，效果如图 12-41 所示。

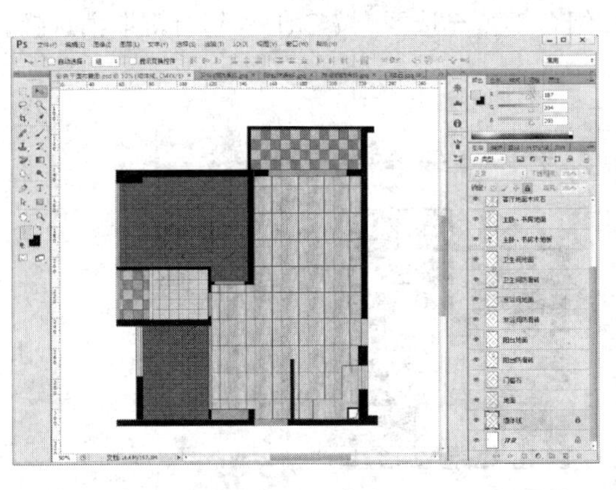

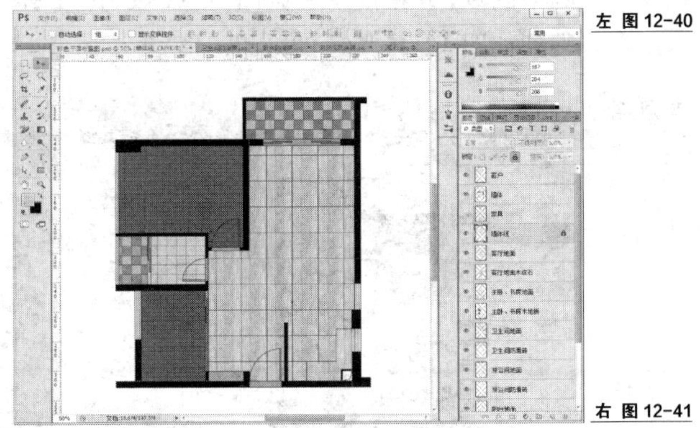

左 图 12-40

右 图 12-41

（3）因为卫生间、阳台的地面和客厅的地面是有高低落差的，为了效果更真实，选择“门槛石”图层，用“矩形框选工具”框选出卫生间、阳台两处的门槛石，按 Ctrl+J 组合键复制新建一个图层，命名为“门槛石凸起”并选择为当前图层，单击鼠标右键，选择“混合选项”，打开“图层样式”对话框，选择“斜面和浮雕”图层样式，参数设置如图 12-42 所示。

（4）设置完成后单击“确定”按钮，得到效果如图 12-43 所示。

左 图 12-42

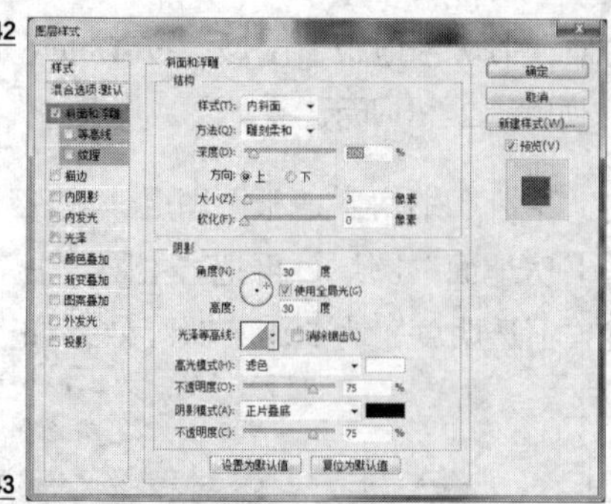

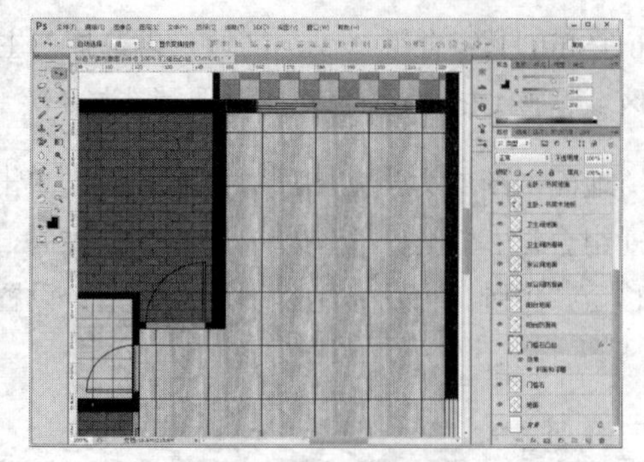

右 图 12-43

## 12.5 室内模块的制作和调用

在现代平面布置图彩图制作中，为了更生动、形象地表现、区分各个室内空间，以反映最终的装修效果，需要引入与实际生活密切相关的家具模块和装饰，下面将对其制作的调用方法进行讲解。

### 12.5.1 制作同一材质的柜类、桌类家具

在平面布置图中，玄关的鞋柜，餐厅的酒柜，客厅的电视柜、小圆桌，主卧的衣柜、梳妆台、床头柜，书房的书桌、书柜、小圆桌都是同一材质。首先显示“家具”图层，以帮助定位家具位置和确定家具尺寸大小。

（1）单击“家具”图层左侧的眼睛图标，在图像窗口中显示家具图形，如图 12-44 所示。

（2）新建“黑檀家具”图层。用“矩形选框工具”和“魔棒工具”选择玄关的鞋柜，餐厅的酒柜，客厅的电视柜、小圆桌，主卧的衣柜、梳妆台、床头柜，书房的书桌、书柜、小圆桌区域，并把前景色调回白色，按 Alt+Delete 组合键填充选区，按 Ctrl+D 组合键取消选择，得到如图 12-45 所示的效果。

左 图 12-44

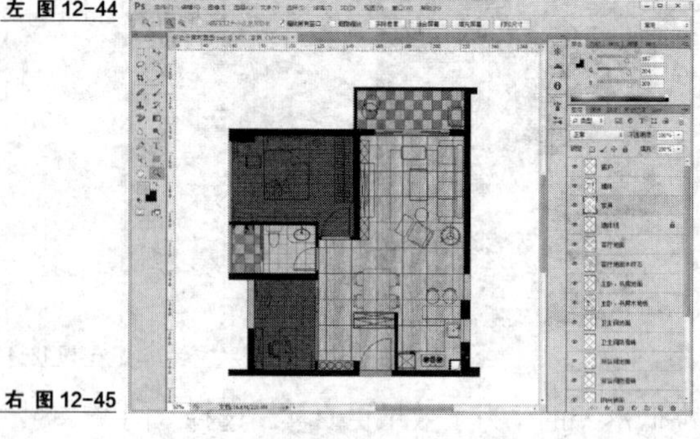

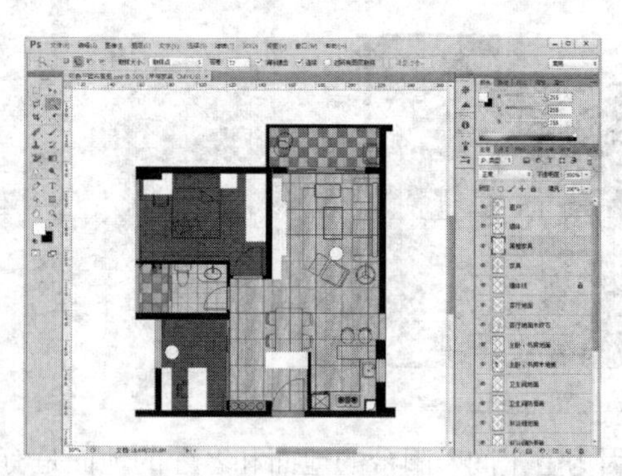

右 图 12-45

（3）打开“配套光盘\第 12 章\非洲黑檀.jpg”文件，用移动工具将“非洲黑檀”图形移动到“彩色平面布置图.psd”窗口，将图层命名为“非洲黑檀”，如图 12-46 所示。

（4）按 Ctrl+T 组合键，启用“自由变换”命令，按 Shift 键，等比例缩放，把“非洲黑檀”图形缩放成合适大小，将“非洲黑檀”图层复制到其他需要此贴图的地方，如图 12-47 所示。

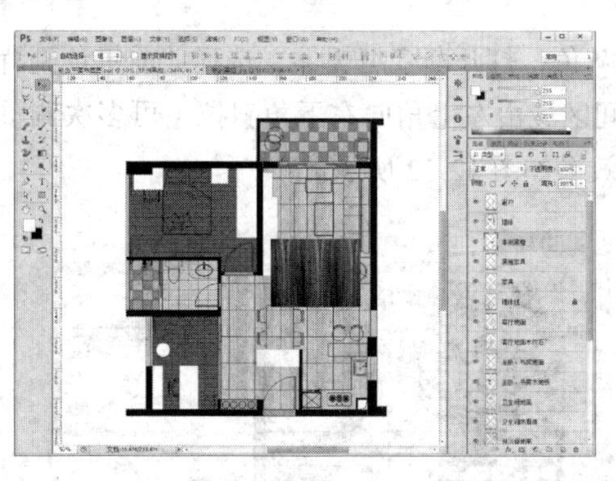

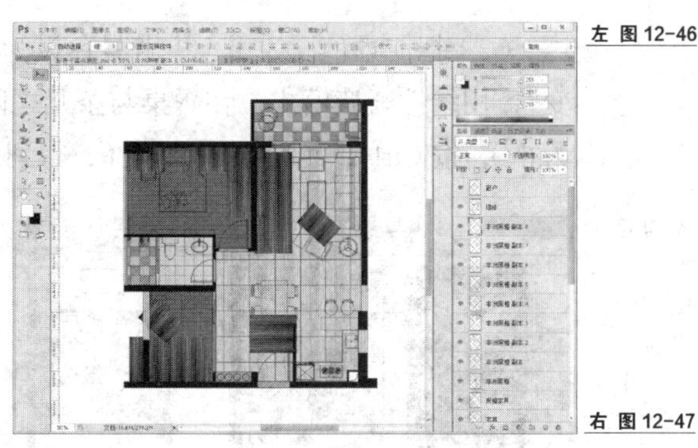

左 图 12-46

右 图 12-47

（5）将上一步复制所得的图层重新合并为“非洲黑檀”图层，按下 Ctrl 键并单击“黑檀家具”图层，载入选区，按 Ctrl+Shift+I 组合键，反选区域，再选择“非洲黑檀”图层，按 Delete 键，删除所选区域，按 Ctrl+D 组合键取消选择，如图 12-48 所示。

（6）选择“非洲黑檀”为当前图层，单击鼠标右键，选择“混合选项”，打开“图层样式”对话框，选择“投影”图层样式添加立体效果，参数设置如图 12-49 所示。

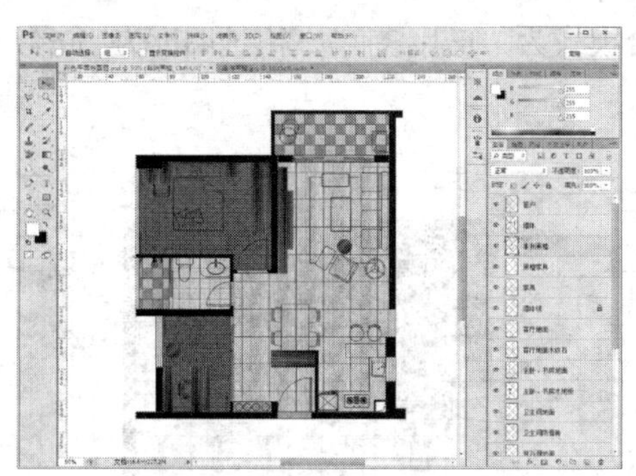

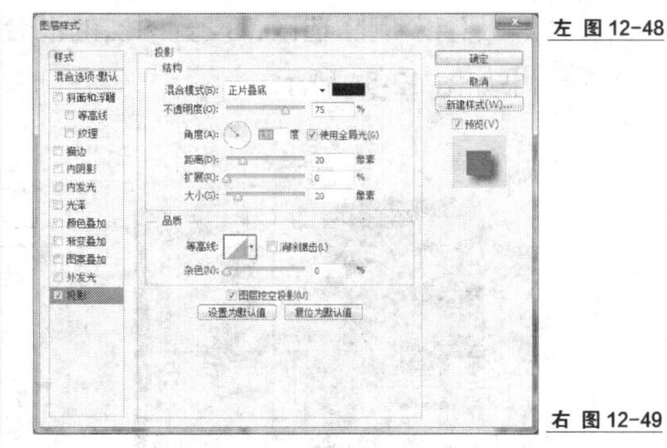

左 图 12-48

右 图 12-49

（7）单击“确定”按钮，黑檀家具制作完成，效果如图 12-50 所示。

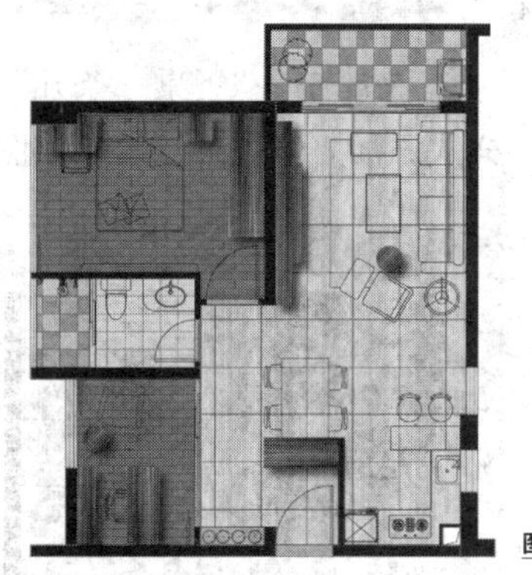

图 12-50

## 12.5.2 制作玻璃类台面和大理石台面

在平面布置图中，餐台与客厅茶几是黑色玻璃材质，吧台、橱柜台面和卫生间洗手台是一种大理石材质，下面讲解制作步骤。

### 1. 黑色玻璃台面制作

（1）新建“餐桌、茶几”图层，选择餐桌与茶几区域，得到如图 12-51 所示。

（2）把前景色设为黑色，背景色设为灰色，打开渐变编辑器，选择“前景色到背景色渐变”，用线性渐变模式，在餐桌与茶几之间区域由左上角向右下角斜拉（可多次调整到合适为止），按 Ctrl+D 组合键取消选择，得到效果如图 12-52 所示。

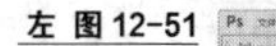

左 图 12-51

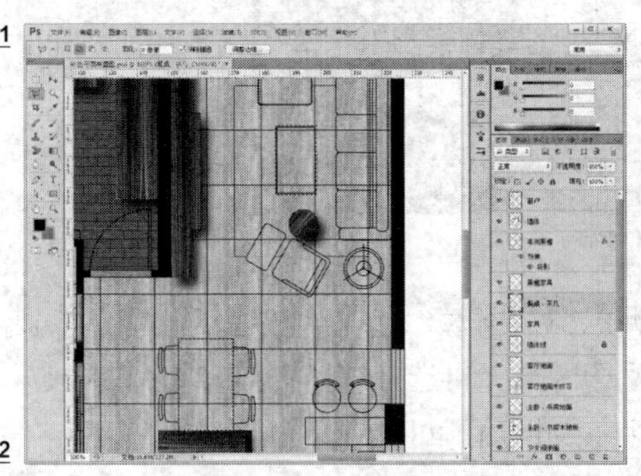

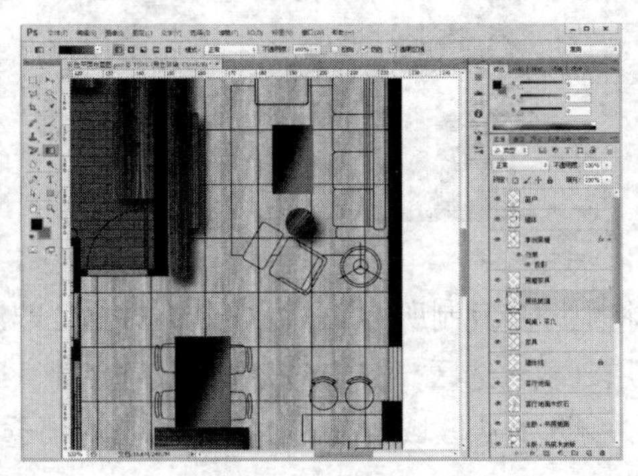

右 图 12-52

（3）复制一个“餐桌、茶几”图层并改名为“黑色玻璃”，用“多边形套索工具”制作选区，如图 12-53 所示。

（4）删除选区，设置图层的混合模式为“正片叠底”，不透明度为 30%，取消选区，效果如图 12-54 所示。

左 图 12-53

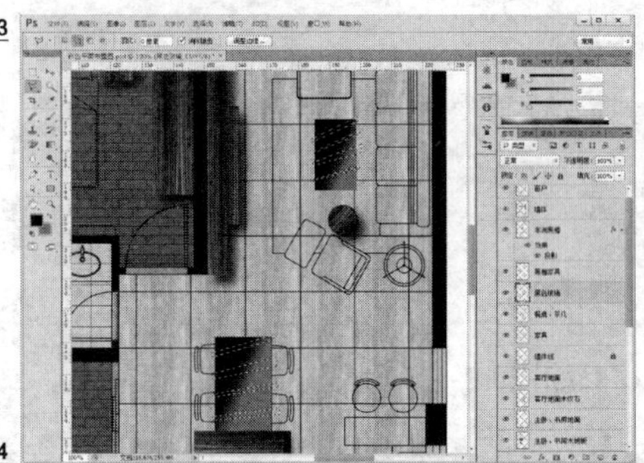

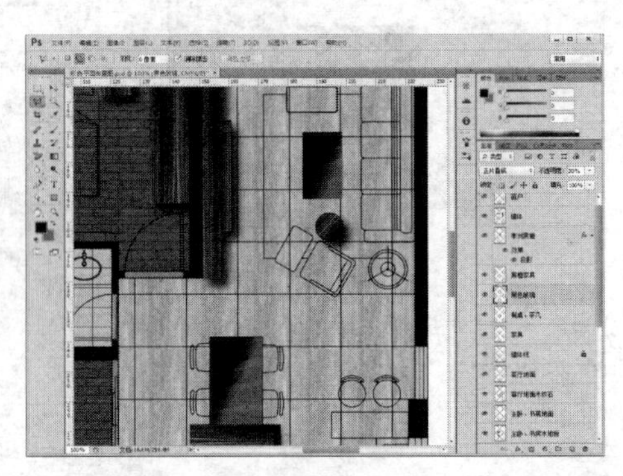

右 图 12-54

（5）选择“餐桌、茶几”图层，按图 12-49 所示设置图层样式参数，选择“投影”图层样式添加立体效果，效果如图 12-55 所示。

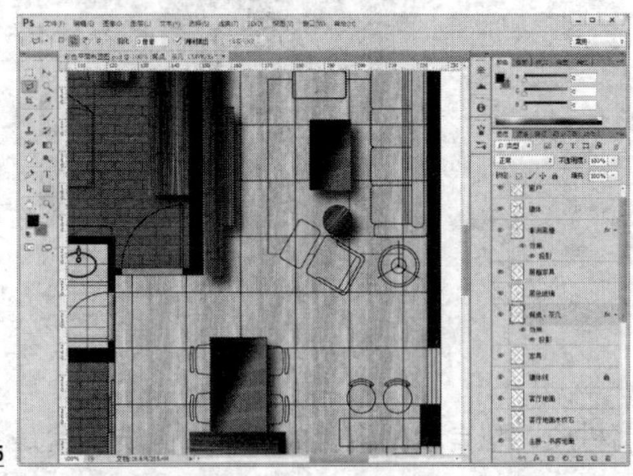

图 12-55

## 2. 吧台的制作

（1）新建“吧台”图层，选择吧台区域，把前景色调回白色，按 Alt+Delete 组合键填充选区，按 Ctrl+D 组合键取消选择，得到如图 12-56 所示效果。

（2）打开“配套光盘\第 12 章\银白龙大理石.jpg”文件，用移动工具将“银白龙大理石”图形移动到“平面布置图.psd”窗口，将图层命名为“银白龙大理石”，如图 12-57 所示。

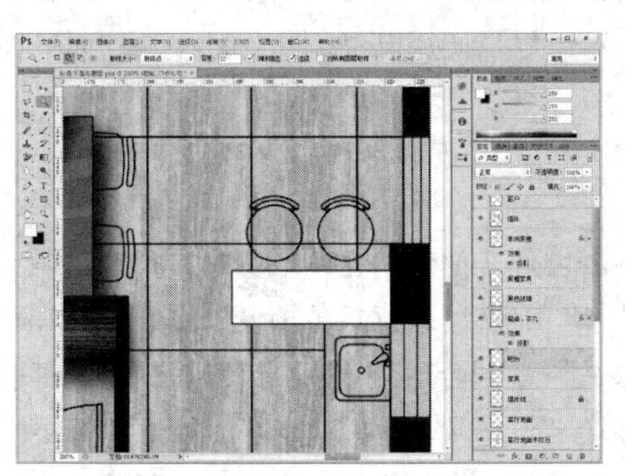

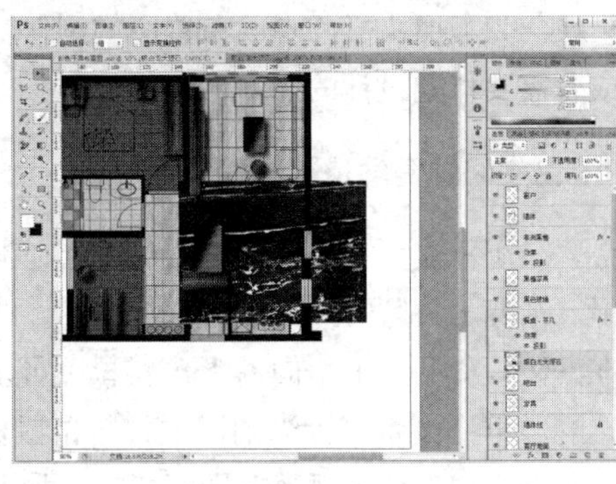

左 图 12-56

右 图 12-57

（3）按 Ctrl+T 组合键，启用“自由变换”命令，按下 Shift 键的同时等比例缩放，把“银白龙大理石”图形缩放成合适大小，按下 Ctrl 的同时单击“吧台”图层，载入选区，按 Ctrl+Shift+I 组合键，反选区域，再选择“银白龙大理石”图层，按 Delete 键，删除所选区域，按 Ctrl+D 组合键取消选择，如图 12-58 所示。

（4）选择“银白龙大理石”图层，按图 12-49 所示设置图层样式参数，选择“投影”图层样式添加立体效果，效果如图 12-59 所示。

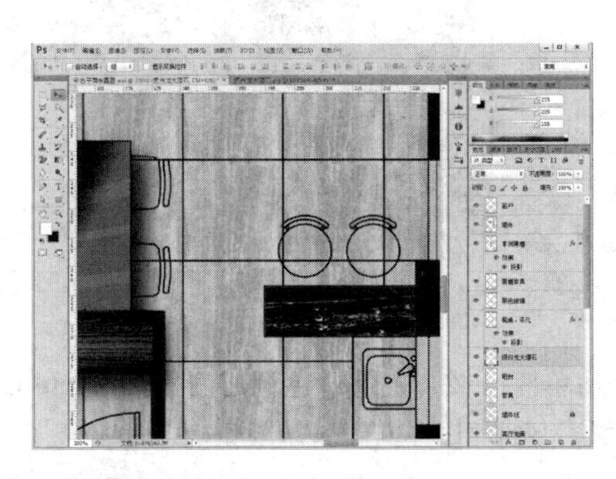

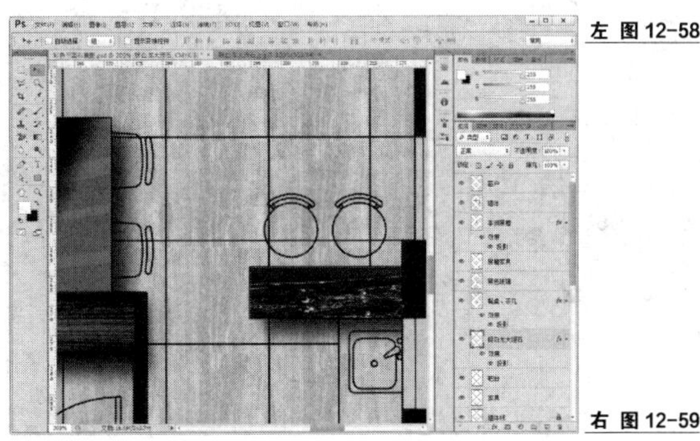

左 图 12-58

右 图 12-59

### 3. 橱柜台面和洗手台的制作

橱柜台面和洗手台的制作方法与吧台的制作是一样的，这里就不再详细写出步骤。把新建的图层命名为“橱柜台面、洗手台”，再利用“配套光盘\第 12 章\爵士白理石.jpg”文件制作台面，命名为“爵士白大理石”图层，最后添加“投影”图层样式即可，效果如图 12-60 所示。

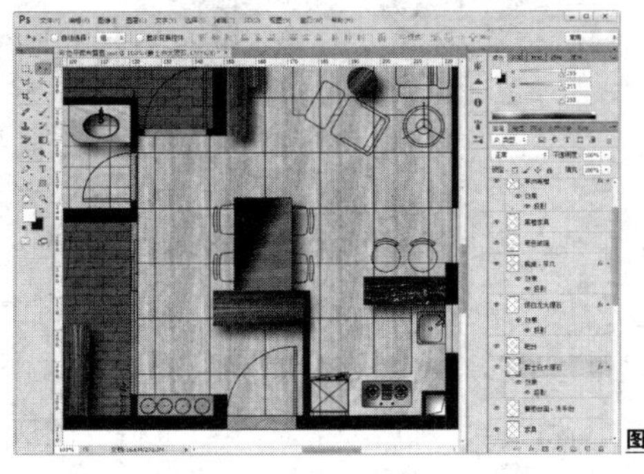

图 12-60

### 12.5.3 家具模块制作

室内的各种家具设备，可以每个都自己设计制作，也可以调用自己收集的已经制作好的模块。为了加快彩色平面布置图的制作，可以尽量调用已经制作好的模块，而一些比较少见或者需要特别设计的才自己制作。

#### 1. 卫生间淋浴设备模块制作

（1）新建“淋浴设备”图层，选择淋浴设备，把前景色调成灰色，背景色调成黑色，选择“渐变工具”，打开“渐变编辑器”，选择“前景色到背景色渐变”，用“径向渐变”模式，在淋浴设备的左上角向右下角斜拉（可多次调整到合适为止），按 Ctrl+D 组合键取消选择。选择“淋浴设备”为当前图层，单击鼠标右键，选择“混合选项”，打开“图层样式”对话框，选择“斜面和浮雕”图层样式添加立体效果，参数设置如图 12-61 所示。

（2）按图 12-49 所示设置图层样式参数，选择“投影”图层样式添加立体效果，设置图层的阴影模式为“正片叠底”，效果如图 12-62 所示。

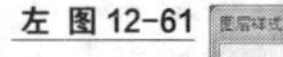
左 图 12-61

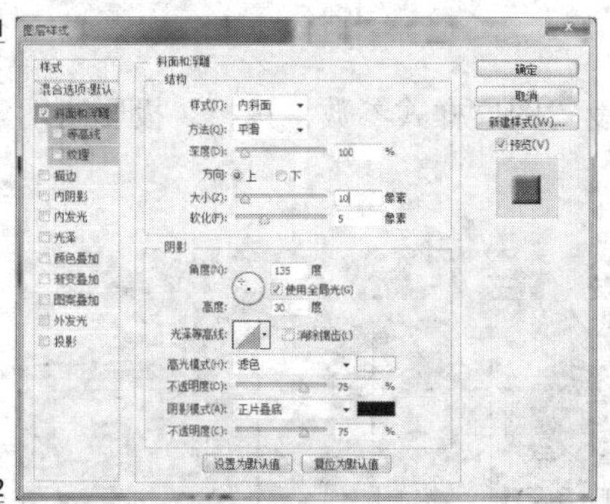

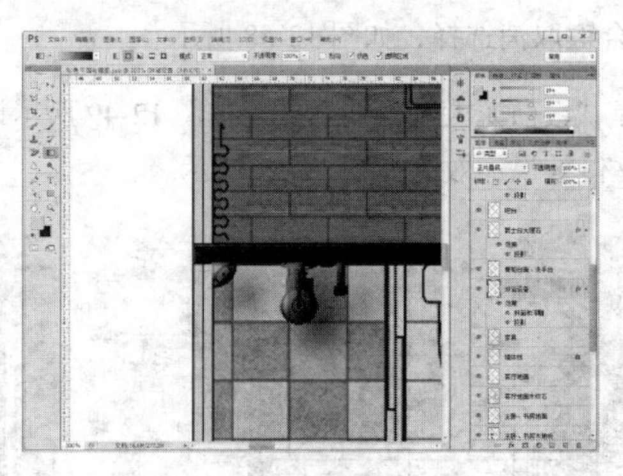

右 图 12-62

#### 2. 书房单座模块制作

（1）新建“书房单座”图层，选择书房单座区域，把前景色调回白色，按 Alt+Delete 组合键填充选区，按 Ctrl+D 组合键取消选择，得到如图 12-63 所示效果。

（2）打开“配套光盘\第 12 章\布料.jpg”文件，用移动工具将“布料”图形移动到“平面布置图.psd”窗口，将图层命名为“布料”，如图 12-64 所示。

左 图 12-63

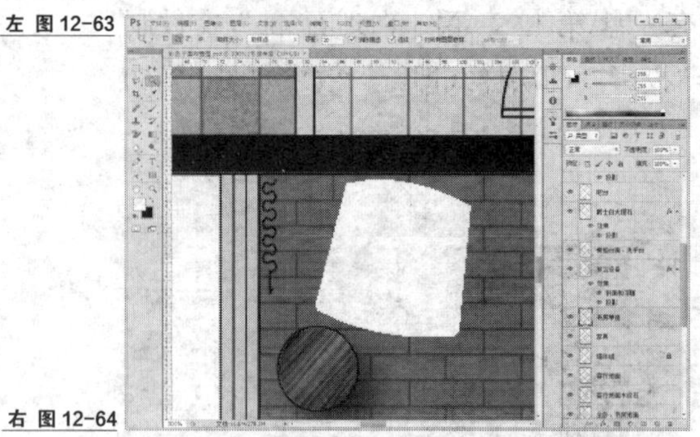

右 图 12-64

（3）按 Ctrl+T 组合键，启用“自由变换”命令，按下 Shift 键的同时比例缩放，把“布料”图形缩放成合适大小，按下 Ctrl 的同时单击“书房单座”图层，载入选区，按 Ctrl+Shift+I 组合键，反选区域。选择“布料”图层，按 Delete 键，删除所选区域，按 Ctrl+D 组合键取消选择，如图 12-65 所示。

（4）选择“家具”图层为当前图层，用“魔棒工具”选择单座的背靠，选择“布料”为当前图层，按 Ctrl+J 组合键，为新图层命名为“背靠”，并添加一个“斜面和浮雕”图层样式，参数设置如图 12-66 所示。

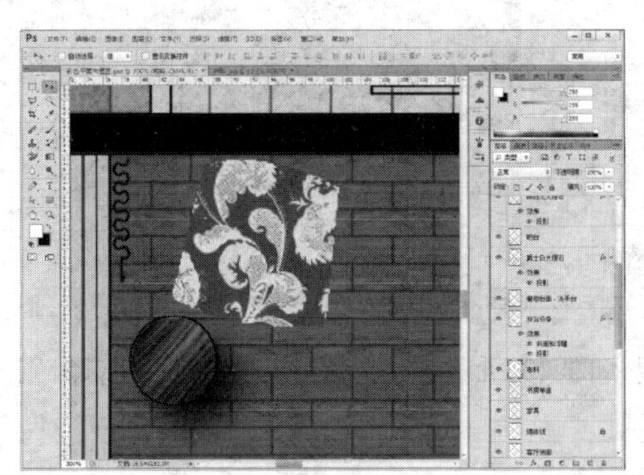

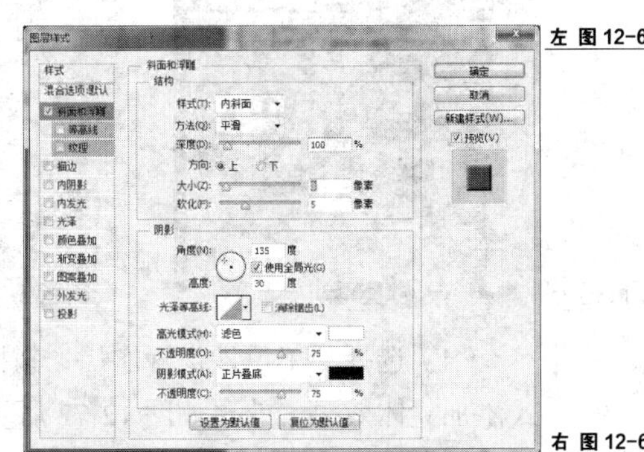


左 图 12-65

右 图 12-66

（5）按图 12-49 所示设置图层样式参数，选择“投影”图层样式添加立体效果，效果如图 12-67 所示。

（6）按前面的操作步骤和方法，制作单座的扶手位置和坐垫位置，图层分别命名为“扶手”和“坐垫”，图层样式设置参数和“背靠”图层的一样，效果如图 12-68 所示。

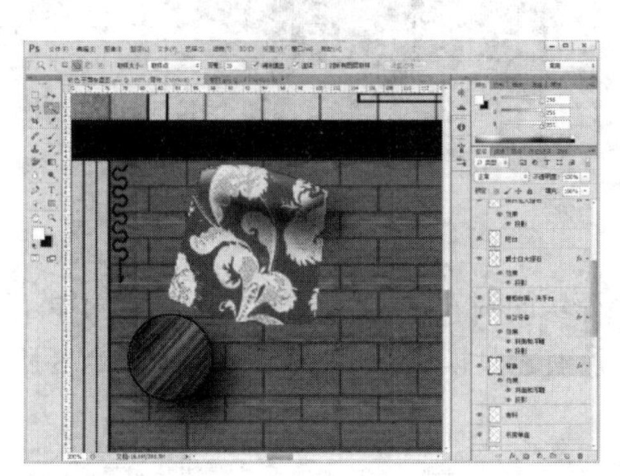

左 图 12-67

右 图 12-68

其他家具模块的制作方法大致相同，为加快制作速度，此处不再赘述，下一步调用家具模块。

### 12.5.4 家具模块的调用

#### 1. 调入客厅沙发模块

客厅沙发可直接调用制作好的家具模块。

（1）打开“配套光盘\第 12 章\单位沙发.psd”文件，用移动工具将“单位沙发”图形移动到“平面布置图.psd”窗口，将图层命名为“单位沙发”，如图 12-69 所示。

（2）按 Ctrl+T 组合键，启用“自由变换”命令，按下 Shift 键的同时等比例缩放，把“单位沙发”图形缩放成合适大小，并移动至单位沙发位置，如图 12-70 所示。

（3）由于该单位沙发模块不是在 CAD 图形基础上着色制作的，因此与“家具”图层的 CAD 线框不能完全吻合。选择“家具”图层为当前图层，单击图层面板 按钮添加图层蒙版，选择工具箱画笔工具，设置前景色为黑色，在单位沙发区域上涂抹，隐藏该区域的单位沙发线框，如图 12-71 所示。

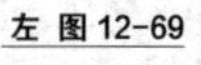

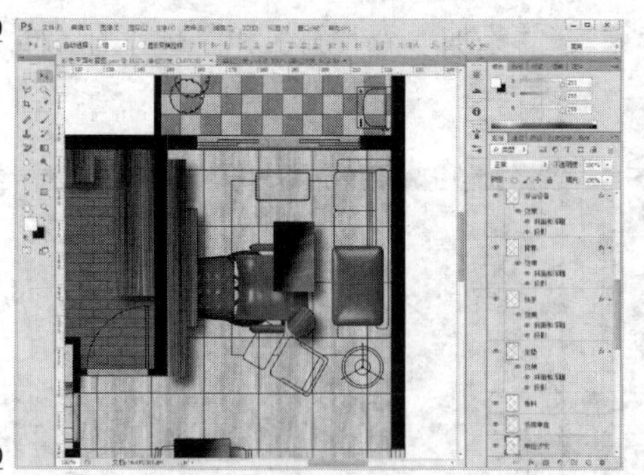

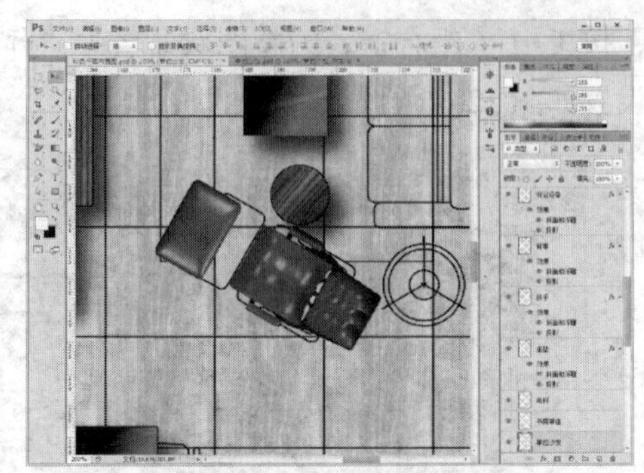

左 图 12-69
右 图 12-70

（4）选择“单位沙发”图层，按图 12-49 所示设置图层样式参数，选择“投影”图层样式添加立体效果，效果如图 12-72 所示。

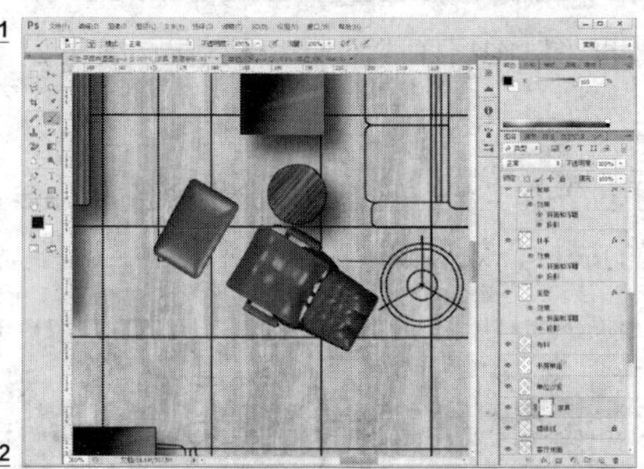

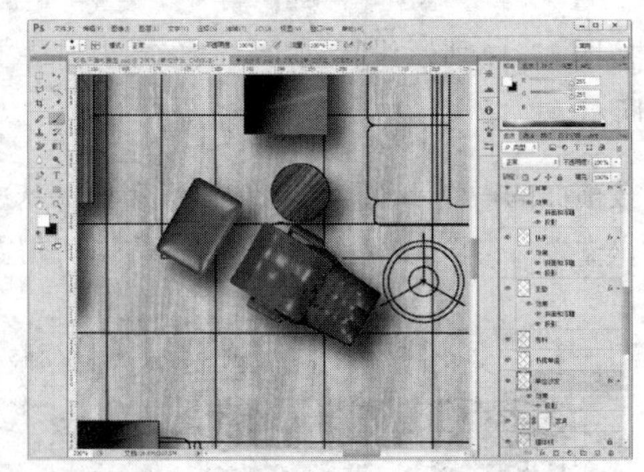

左 图 12-71
右 图 12-72

### 2. 调入其他家具模块

其他家具模块的调入方法和单位沙发模块的调入方法是一样的，这里就不再详细写出，模块调入之后要注意调整图层间的顺序，所有家具模块调入后的效果如图 12-73 所示。

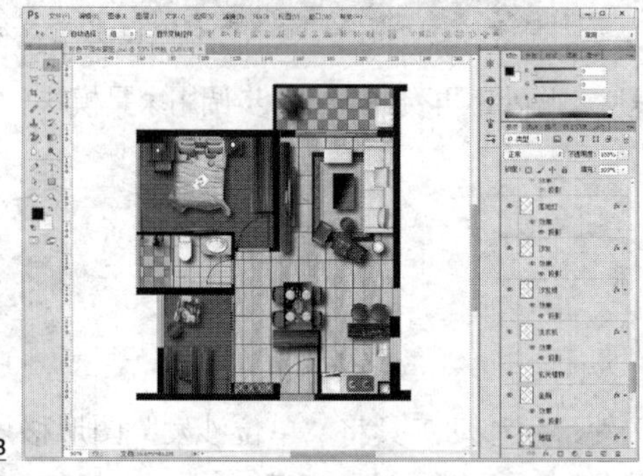

图 12-73

## 12.6 最终效果处理

在制作完室内家具模块后，为了增加彩色平面布置图的细节，还需要添加灯光效果、地面的明暗效果、各空间的尺寸和功能简介说明。

## 12.6.1 制作灯光效果

接下来为台灯、落地灯制作灯光效果，方法有两种：一种是下载的光效笔刷，第二种是用渐变填充工具。下面详细讲解第二种制作方法。

（1）选择工具箱的渐变工具，把前景色调为黄色，选择“径向渐变”模式，打开“渐变编辑器”，选择“前景色到透明渐变”，如图 12-74 所示。

（2）新建一个图层，命名为“灯光”图层，置于“墙体”图层之下，在此图层用鼠标以任意一点为圆心拖出一个圆，这样一个灯光图层就做好了，如图 12-75 所示。

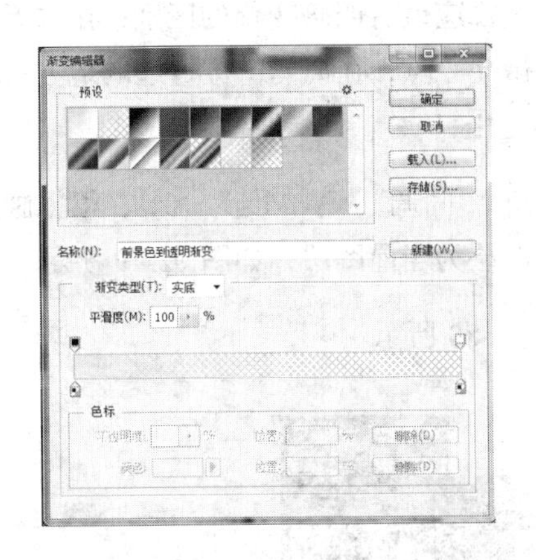

左 图 12-74

右 图 12-75

（3）用缩放命令，快捷键是 Ctrl+T，按下 Shift 键的同时比例缩放，将灯光调整到合适大小，并移动到相应位置之上（注意灯光所在图层的位置要在地面和家具、阴影图层之上，否则看不到灯光效果），效果如图 12-76 所示。

（4）复制“灯光”图层并移动到其他相应位置，调整灯光大小，如图 12-77 所示。

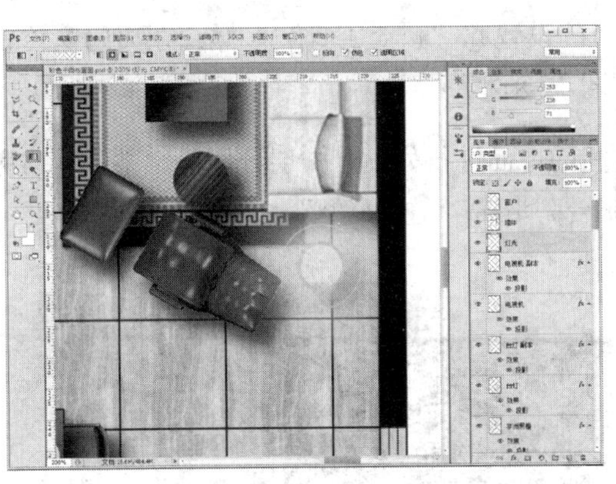

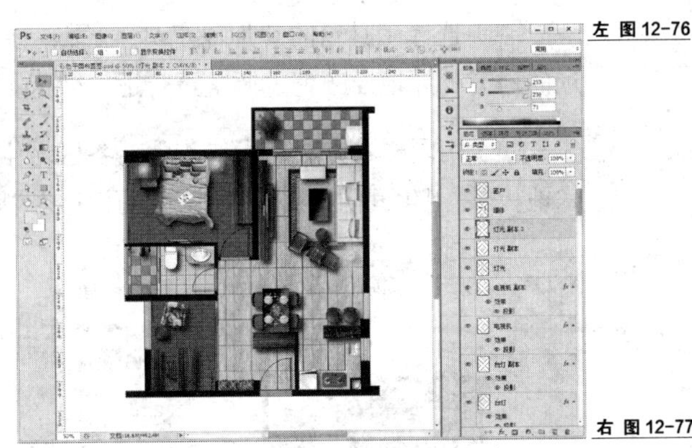

左 图 12-76

右 图 12-77

（5）如果需要在彩色平面布置图上增加其他特意设计的灯光，可在部分窗帘盒上放置灯带，继续复制“灯光”图层，缩放成需要的形状和大小，移动到合适的位置上，如图 12-78 所示。

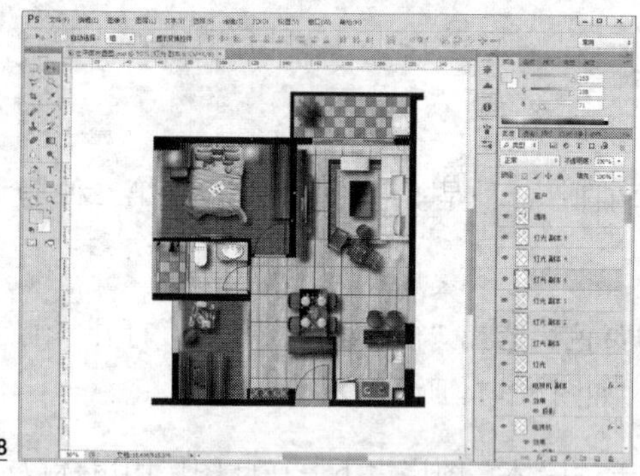

图 12-78

## 12.6.2 地面明暗效果的调整

为了使地面有更真实的效果，每个空间区域的地面都应该有明暗变化的区别，在靠近有门窗位置的地面，因为有其他光源的照射，地面应稍微亮一点；在离门窗位置远的地方，地面应该稍微暗一点，这样整个地面就有了丰富的明暗变化。

（1）选择工具箱的“减淡工具”，设置范围为“中间调”，曝光度为 10%，根据画面大小选择合适的笔刷大小，选择“客厅地面木纹石”图层为当前图层，如图 12-79 所示。

（2）在靠近门窗的区域进行减淡处理，效果如图 12-80 所示。

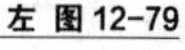

左 图 12-79

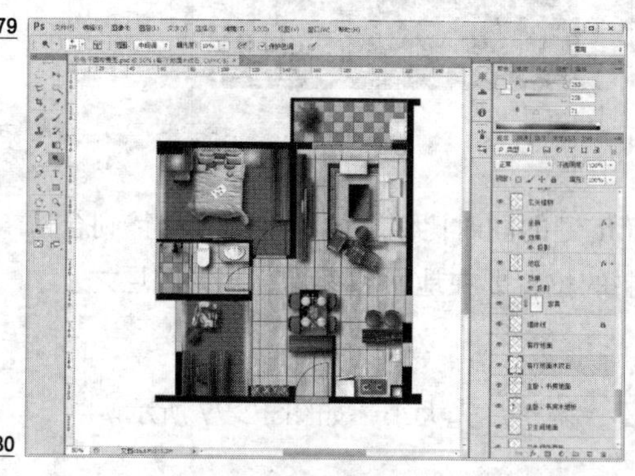

右 图 12-80

（3）选择工具箱的“加深工具”，参数的设置和“减淡工具”一样，在离门窗位置远的地方加深地面颜色，调整至合适，效果如图 12-81 所示。

（4）用同样的方法和操作步骤对各区域空间的地面进行处理，图层分别是“主卧、书房木地板”“卫生间防滑砖”“淋浴间防滑砖”“阳台防滑砖”，效果如图 12-82 所示。

左 图 12-81

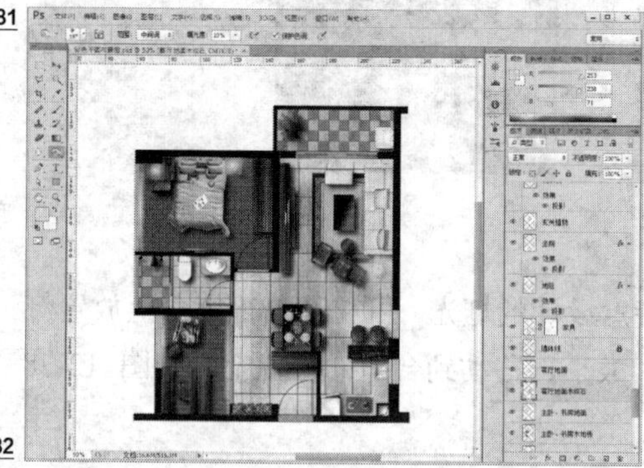

右 图 12-82

### 12.6.3 调入文字标注、尺寸标注

（1）按 Ctrl+O 组合键，打开“平面布置图-文字标注、尺寸标注.eps”文件，按图 12-83 所示设置参数对 EPS 文件进行栅格化。

（2）选择工具箱移动工具，按 Shift 键拖动栅格化的“文字标注、尺寸标注”至彩色平面布置图窗口，两图像中心自动对齐，将新图层命名为“标注”，如图 12-84 所示。

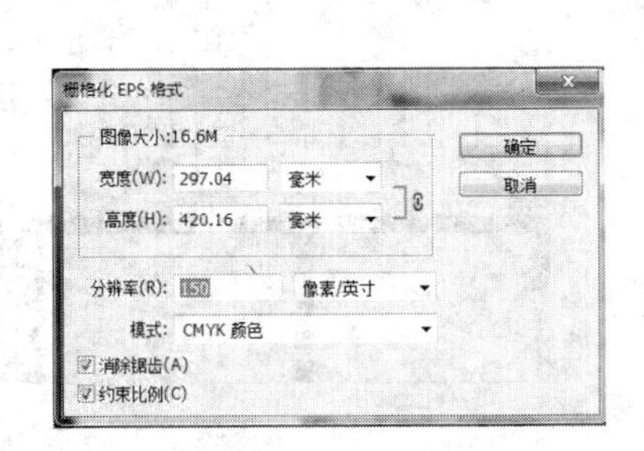


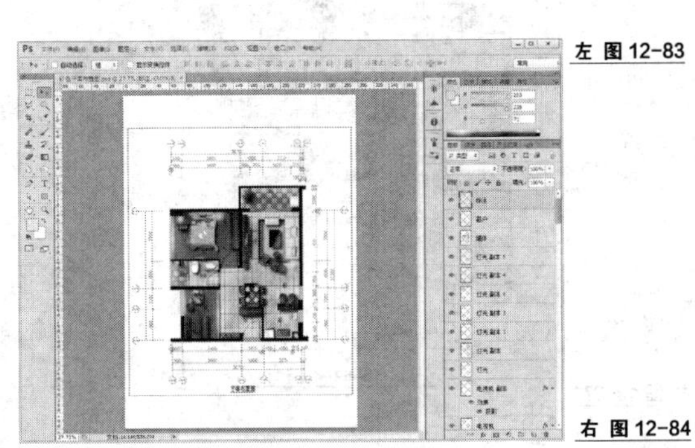

左 图 12-83

右 图 12-84

### 12.6.4 裁剪图像

选择工具箱裁剪工具，在图像窗口中拖曳鼠标创建裁剪范围框，然后分别调整各边界的位置，按 Enter 键，应用裁剪，最终效果如图 12-85 所示。

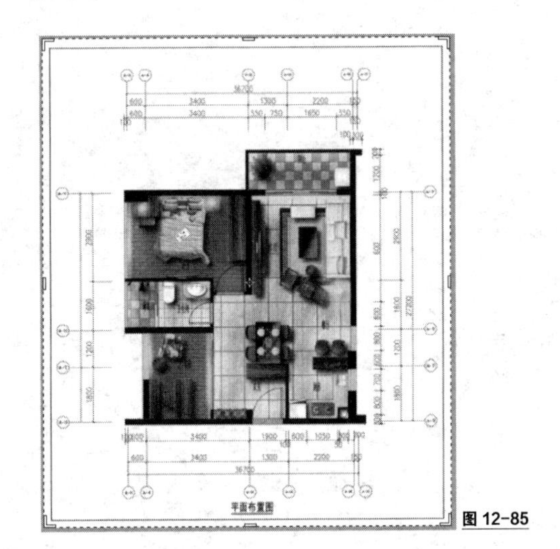


图 12-85

彩图平面布置图全部制作完成。

## 课堂练习——彩色平面图绘制

（练习知识要点）利用各种绘图工具完成一个彩色平面图的抄绘，如图 12-86 所示。

（效果所在位置）配套光盘\第 12 章\课堂练习\平面图.cdr。

## 课后习题——建筑立面图绘制

（习题知识要点）利用各种绘图工具完成一个彩色建筑立面图的抄绘，如图 12-87 所示。

（效果所在位置）配套光盘\第 12 章\课后习题\建筑立面.cdr。

左 图 12-86

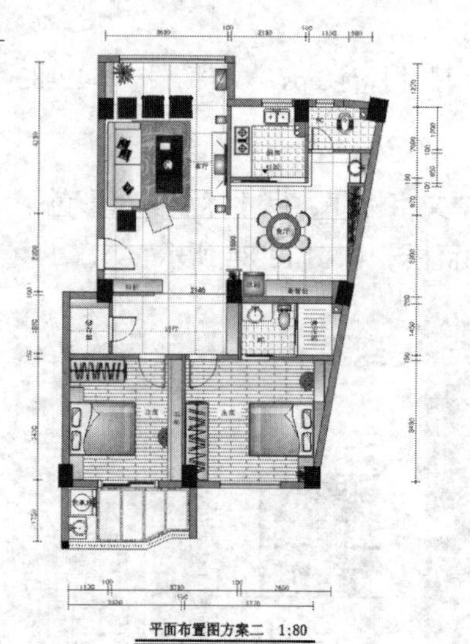


右 图 12-87

# 第13章 室内效果图后期修改技术

本章将主要介绍室内效果图的后期修改技术，包括室内效果图夜景和日景效果的修改，通过这些实例的学习，读者可以掌握室内设计类效果图修改的技巧。

**学习目标**

◈ 掌握室内日景效果后期处理技巧
◈ 掌握室内夜景效果后期处理技巧

## 13.1 室内日景效果后期处理实例

### 13.1.1 案例分析

室内效果图的日景效果修改是一种常见的效果图修改方式，其处理技巧有很多，不管采用何种方法或者技巧，其目的都是完成效果图整体光感、色彩以及材质的修改，同时在修改的过程中必须特别注意整体色调的协调。

从图 13-1 所示的处理前效果图可以看出问题主要集中在以下几点。

（1）对于白天效果而言，该效果图的空间整体光感不足，需要加强。

（2）效果图的整体色彩感觉较粉，地面黄色地毯对于墙面色彩的影响过度，导致白色墙面受环境色影响过度而偏黄色。

（3）场景中床、地毯、木质家具的材质质感不够逼真，需要加强。

（4）室外背景为渲染的白色，需要将之修改为真实的窗外背景效果。

### 13.1.2 案例制作关键技术

本案例关键技术为颜色调整工具，如色阶、曲线、色相/饱和度等。采用各种颜色调整工具再搭配选区采用一些效果图修改的专用技法，即可很好地完成室内日景效果的修改。

### 13.1.3 案例制作过程

（1）打开“配套光盘\第 13 章\日光效果修改/日光.tga”文件，如图 13-1 所示。

（2）图 13-2 所示为最终处理完的效果，从图中可以看出，图 13-1 中存在的所有问题基本上都得到了解决：光感得到了加强，整体较粉的色彩感觉被调整过来了，材质被替换，窗外的背景也换为了树木。

左 图 13-1

右 图 13-2

（3）“日光.tga”为 3ds Max 渲染的原图，双击该图层上的“锁定”标志，在弹出的对话框中单击“确定”按钮，使“背景”图层解锁并自动转换为“图层 0”，如图 13-3 所示。

（4）打开“配套光盘\第 13 章\日光效果修改\选择图像.tga”文件，该图是为了效果图后期修改的方便，特意在 3ds Max 中将所有材质都调整为自发光材质后渲染的效果，如图 13-4 所示。

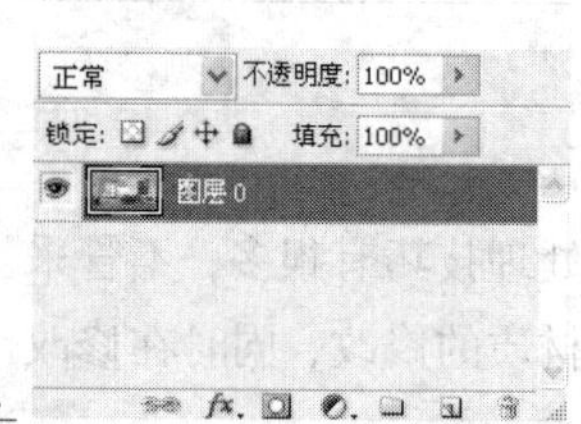


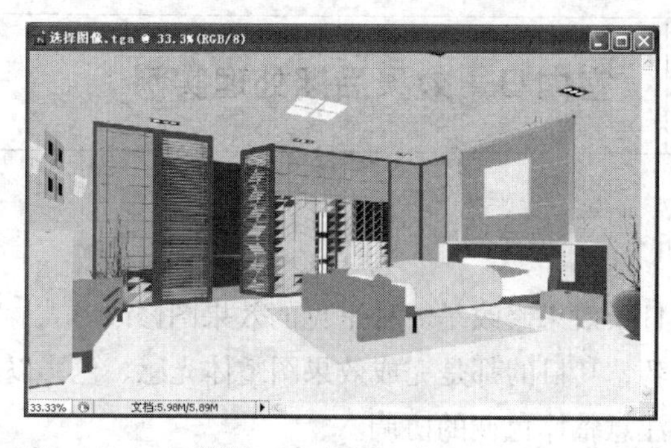


左 图 13-3

右 图 13-4

（5）按住 Shift 键使用“移动”工具把“选择图像.tga”文件拖曳到“日光.tga”文件中，之后关掉“选择图像.tga”文件，如图 13-5 所示。

图 13-5

（6）关闭“图层 1”前面的“眼睛”图标，使得“图层 1”变为不可见，选择“图层 0”，如图 13-6 所示。

（7）选择“图层 0”的通道，按住 Ctrl 键单击通道“Alpha 1”（该通道为 3ds Max 渲染时自带的通道），得到选区如图 13-7 所示。

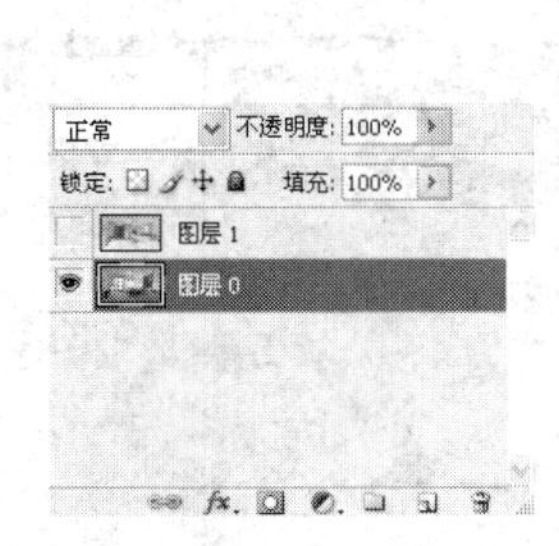

左 图 13-6

右 图 13-7

（8）单击菜单“选择/反向”命令，得到反向选区，按键盘上的 Delete 键删除选区，这样就将图像中的窗外白色背景材质删除了，这时背景就变为透明，如图 13-8 所示。

（9）按 Ctrl + D 组合键取消选择，之后单击“新建图层”按钮 新建一个“图层 2”，将“图层 2”拖曳至最底层，给该图层填充“淡蓝色”（R:233，G:243，B:252），如图 13-9 所示。

左 图 13-8

右 图 13-9

（10）拖曳“图层 0”至 图标处，复制出一个“图层 0 副本”图层。

（11）对“图层 0 副本”执行“图像”—“调整”—“色相/饱和度”命令，并调整参数为“22，−77，15”，如图 13-10 所示。这样操作的目的是弱化环境色的影响。

（12）对“图层 0 副本”执行“图像—调整—亮度/对比度”命令，并调整参数为“− 10，20”，效果如图 13-11 所示。

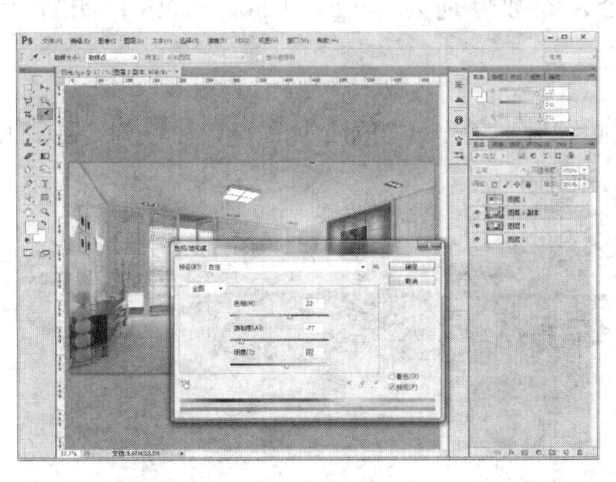

左 图 13-10

右 图 13-11

（13）对“图层 0 副本”执行“图像”—“色阶”命令，并调整输入色阶参数为“45，1.6，220”，如图 13-12 所示。

（14）在色阶的通道中选择“红”，在红色通道下修改参数为“15，1.3，250”，如图 13-13

所示。

左 图 13-12

右 图 13-13

（15）打开“图层 1”的“眼睛”图标，使它显示并且选择“图层 1”。选择“魔棒”工具，在“魔棒”选项栏勾选“连续”复选框，在“图层 1”中单击选取地毯区域，如图 13-14 所示。

（16）关闭“图层 1”的“眼睛”图标，在选区浮动的条件下，选择“图层 0 副本”，按 Ctrl + J 组合键复制出“图层 3”，“图层 3”即为刚刚选择的地毯。对“图层 3”执行“图像—色阶”命令，并调整参数为“55，0.85，240”，如图 13-15 所示。

左 图 13-14

右 图 13-15

（17）参照上述操作步骤对床头背景墙面装饰板也进行图像的色彩调整，对墙面装饰板执行“图像”—“色相”—“饱和度”命令，参数分别为“－5，＋50，－25”，如图 13-16 所示。

（18）参照上述操作步骤选择玻璃瓶，执行“图像”—“色阶”命令，参数为“20，1.81，248”，如图 13-17 所示，这样做可以加强玻璃的质感。

左 图 13-16

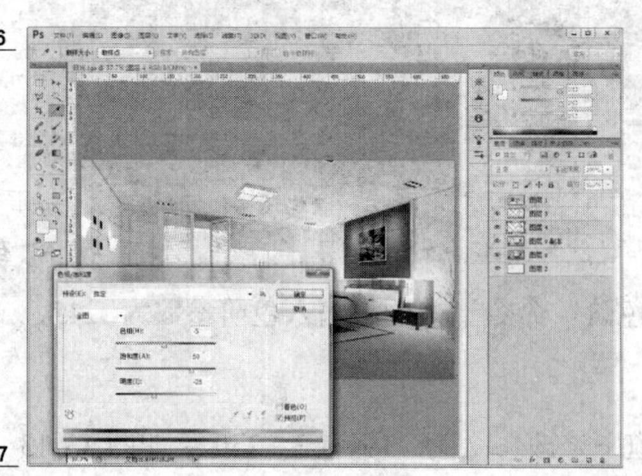

右 图 13-17

（19）打开“图层 1”的“眼睛”图标并选择“图层 1”，选择“魔棒”工具，将“魔棒”选项栏上的“连续”复选框取消勾选，单击床后靠背板，再按住 Shift 键单击床头柜，选区如图 13-18 所示。

（20）从图 13-18 中可看出除了床头柜和床后靠背被选择，还有一些不需要选择的物体也被选中，这时可以按住 Alt 键用“套索”工具减选这些不需要选择的物体，如图 13-19 所示。

左 图 13-18

右 图 13-19

（21）关闭“图层 1”的“眼睛”图标，在选区浮动的条件下，选择“图层 0 副本”，按 Ctrl + J 组合键复制出新图层，执行“图像”—“色相”—“饱和度”命令，参数为“5，50，−10”，如图 13-20 所示。

（22）打开“配套光盘\第 13 章\日光效果修改\沙发布.psd”文件，使用“移动”工具把该文件拖曳至“日光.tga”文件中，“日光.tga”文件多了一个新“图层 7”，如图 13-21 所示。拖曳“图层 7”至“图层 1”下方，调整“沙发布”位置。

左 图 13-20

右 图 13-21

（23）把“沙发”图层的混合模式改为“叠加”，沙发立刻有了真实的纹理，如图 13-22 所示。

（24）这时需要把沙发以外的区域删掉。打开“图层 1”的“眼睛”图标并选择“图层 1”，用“魔棒”选出沙发，再关闭“图层 1”的“眼睛”图标。回到“图层 7”，在选区浮动的情况下，执行“选择”—“反选”命令，按 Delete 键删掉多余区域，最后按 Ctrl + D 组合键取消选择即可，效果如图 13-23 所示。

（25）打开“配套光盘\第 13 章\日光效果修改/床单.psd”文件，重新勾选“连续”复选框，运用和沙发布相同的处理方法把床单的纹理贴到文件中的被子上去，效果如图 13-24 所示。

左 图 13-22

右 图 13-23

（26）窗外的环境需要处理一下，再给窗外加入几棵树。打开“配套光盘\第 13 章\日光效果修改\背景.jpg”文件，如图 13-25 所示。

左 图 13-24

右 图 13-25

（27）把“树”图片拖动到“日光.tga”文件中，产生一个新的“图层 9”，将“图层 9”拖曳到“图层 2”上方，调整“树”的位置如图 13-26 所示。

（28）至此细部的调整可以告一段落了，接着就必须对图像进行整体调整。选择“图层 8”，单击“图层”调板上 图标，在弹出的选项中选择“色阶”。在弹出的“色阶”对话框中调整参数为“21，1.33，255”，如图 13-27 所示。

左 图 13-26

右 图 13-27

（29）从图 13-27 中可以看出，整体的光感有所加强。采用 的命令和“图像”—“调整”的命令作用相同，唯一不同点在于“图像”—“调整”的命令只能对单个图层起作用，而 的命令可以对其下方所有图层起作用，这样就可以不合并图层而同时对所有图层进行调整。

（30）按 Ctrl + Shift + E 组合键合并所有可见图层，此时图层自动命名为“色阶 1”图层，如图 13-28 所示。这时用于选择的“图层 1”已经没有作用了，可以拖动“图层 1”到 按钮上删掉。

（31）复制“色阶 1”图层，选择菜单的“图像”—“调整”—“可选颜色”命令，在“颜色”下拉框中选择“白色”，并调整参数，如图 13-29 所示。

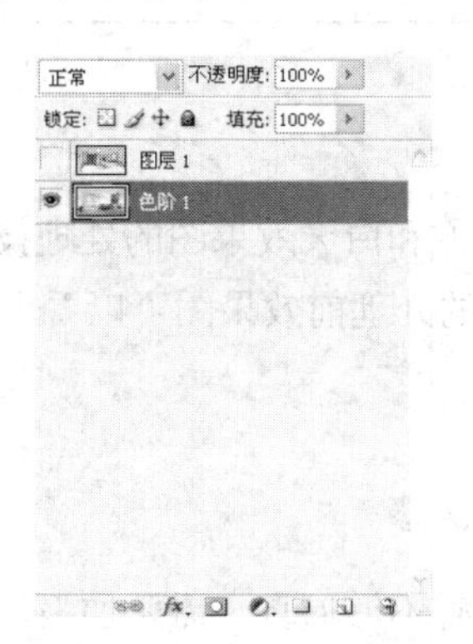


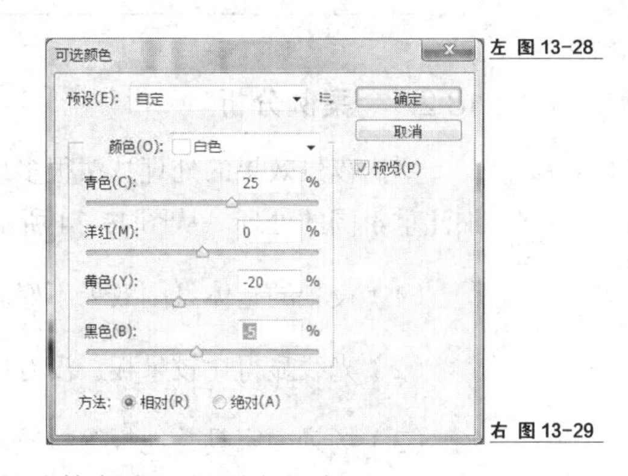


左 图 13-28

右 图 13-29

（32）从图 13-30 所示的效果中可以看出，之前偏红的墙体色彩显得更为纯净了。

（33）选择“滤镜”—“锐化”—“USM 锐化”命令，使整体图像显得更为精致，设置锐化参数如图 13-31 所示。

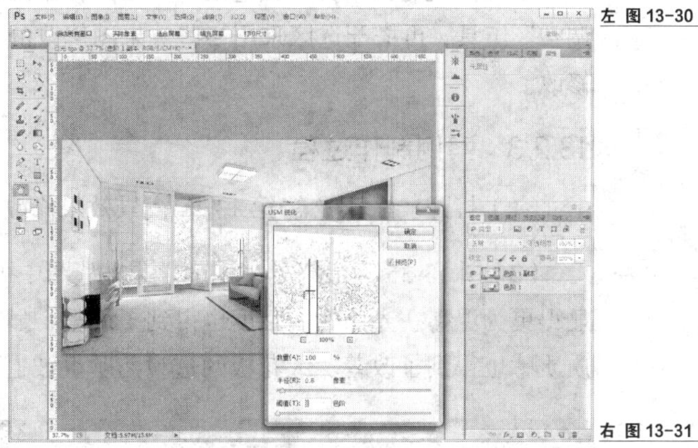

左 图 13-30

右 图 13-31

（34）选择“矩形选框”工具在画面中框选，之后执行“选择”—“反选”命令，如图 13-32 所示。

（35）将前景色设置为“黑色”，按 Alt + Backspace 组合键填充，最终效果如图 13-33 所示。

左 图 13-32

右 图 13-33

# 13.2 室内夜景效果后期处理实例

## 13.2.1 案例分析

室内夜景效果的处理技法很多地方和白天效果图的处理技法相同，但是夜景相对而言更加注重氛围的处理。从图 13-34 所示的处理前效果图可以看出，主要问题集中在以下几点。

（1）夜景的整体氛围效果不好。

（2）光线显得比较呆板，没有层次感。

（3）场景中家具、地板等材质质感不够逼真，需要加强。

（4）天花板透视有些变形，需要处理。

## 13.2.2 案例制作关键技术

本案例关键技术为“颜色调整”工具，如色阶、曲线、色相/饱和度等。采用各种“颜色调整”工具，再搭配选区采用一些效果图修改的专用技法，即可很好地完成室内夜景效果的修改。

## 13.2.3 案例制作过程

（1）打开“配套光盘\第 13 章\夜景效果修改\夜景.jpg”文件，如图 13-34 所示。

（2）图 13-35 为最终处理完的效果，从图中可以看出，室内的整体氛围有了很大的改善，显得更为温馨。光照的明暗度也得到了调整，显得更有层次感。家具、地板等不够逼真的材质质感也得到了改善。天花板的透视问题也被上下的黑框遮盖了。

左 图 13-34

右 图 13-35

（3）打开“配套光盘\第 13 章\夜景效果修改\夜景.jpg”文件后，效果如图 13-36 所示。下面就对案例分析中发现的问题一一进行解决。

（4）使用“矩形选框”工具 选取如图 13-37 所示区域。执行“选择/反向”命令，得出选区如图 13-38 所示。

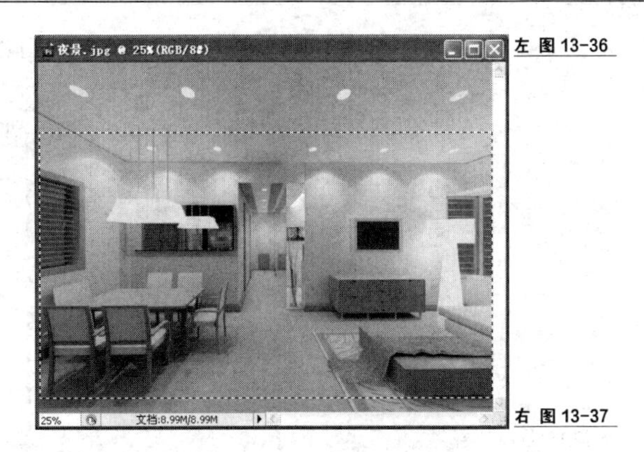


左 图 13-36

右 图 13-37

（5）将前景色设为“黑色”，按下 Alt + Backspace 组合键把选区填充为前景色“黑色”，按 Ctrl + D 组合键取消选择，效果如图 13-39 所示。这样透视问题就在一定程度上得到了掩盖。

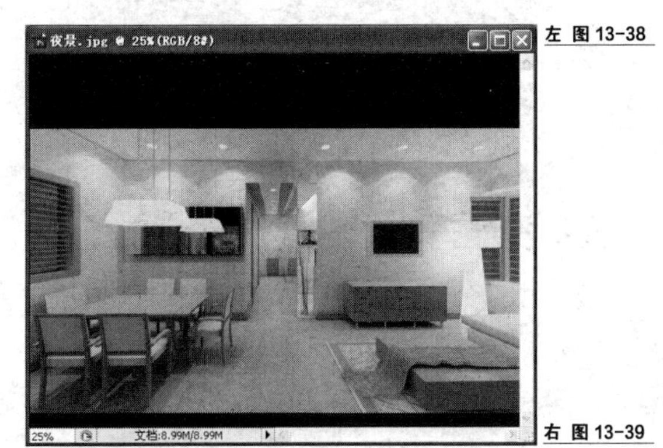


左 图 13-38

右 图 13-39

（6）复制“背景”图层，得到“背景 副本”图层，如图 13-40 所示。

（7）选择“背景 副本”图层，使用“图像”—“调整”—“曲线”命令，调整曲线形状如图 13-41 所示。

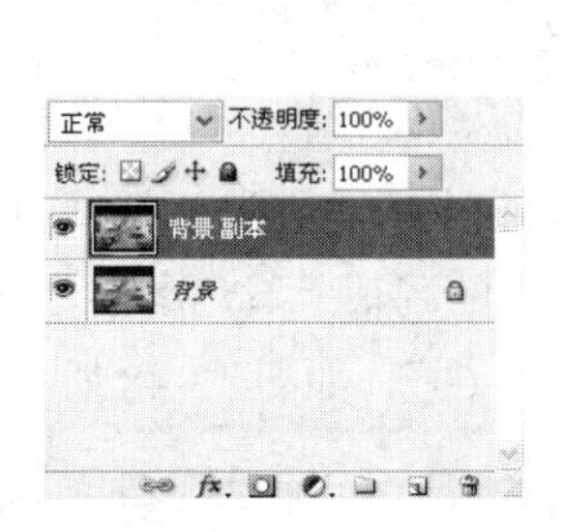


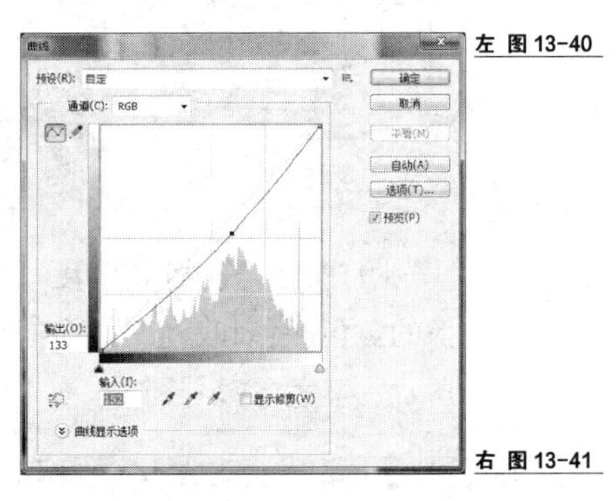


左 图 13-40

右 图 13-41

（8）在“曲线”参数栏的“通道”下拉框中分别选择“红”通道和“蓝”通道，调整曲线形状如图 13-42 和图 13-43 所示。

（9）曲线调整后的效果如图 13-44 所示。

（10）将“背景 副本”图层拖动至 图标，再复制一个“背景 副本 2”图层，如图 13-45 所示。此时复制图层并没有实际作用，只是为了防止破坏原有图层而留下的备份。

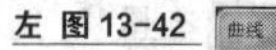

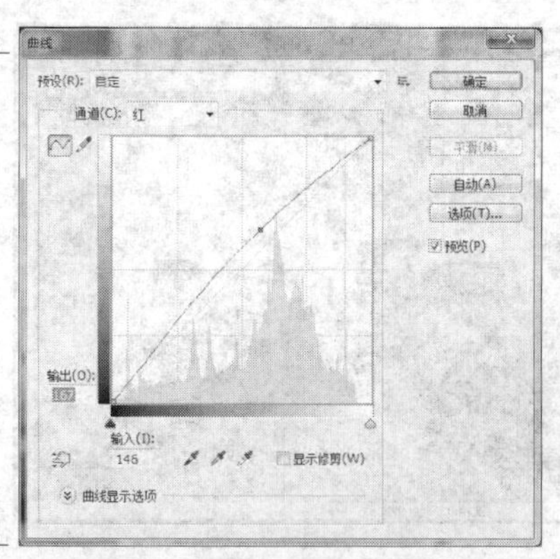


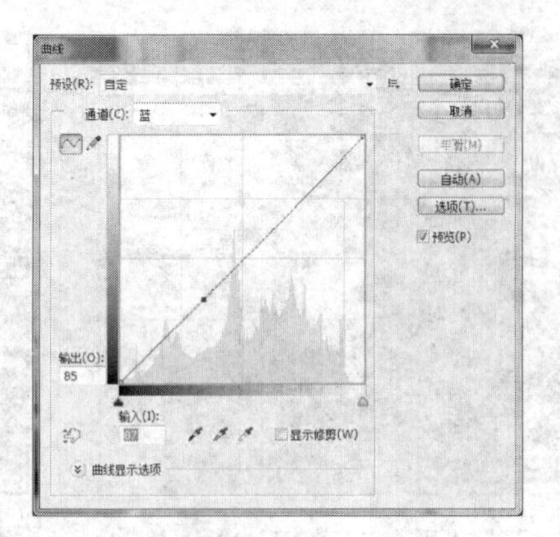


左 图 13-42

右 图 13-43

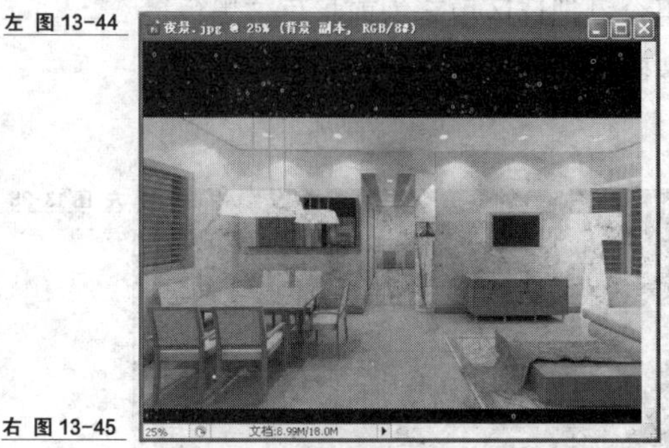


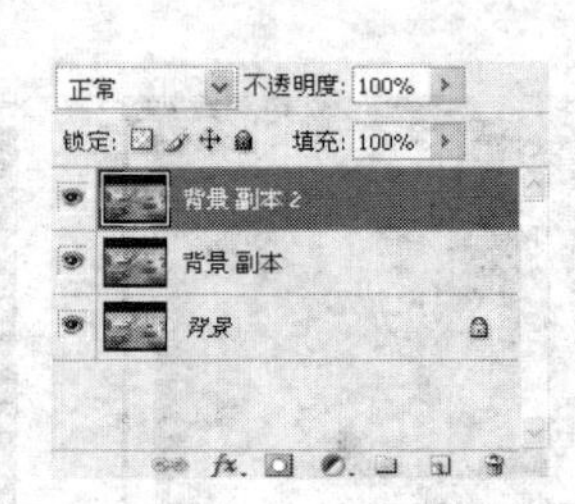


左 图 13-44

右 图 13-45

（11）对“背景 副本 2”图层执行“图像”—“色相”—“饱和度”命令，参数分别为“0，8，5”，如图 13-46 所示。

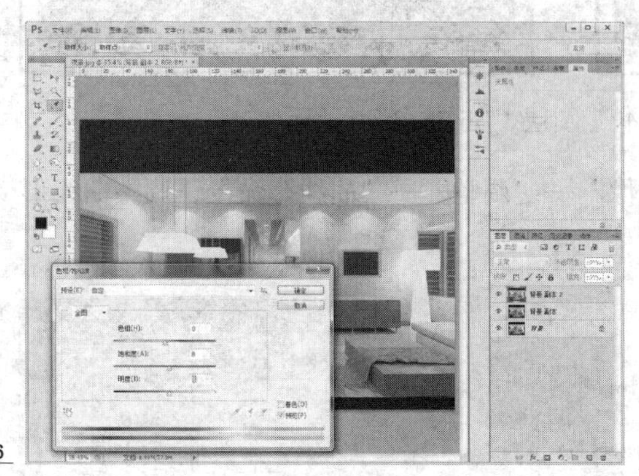

图 13-46

（12）在“色相/饱和度”对话框的“全图”下拉框中分别选择“黄色”和“蓝色”，对图像的黄色颜色和蓝色颜色进行单独的调整。黄色参数分别为“- 20，- 30，30”，如图 13-47 所示；蓝色参数分别为“5，35，- 60”，如图 13-48 所示。

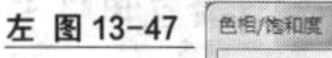

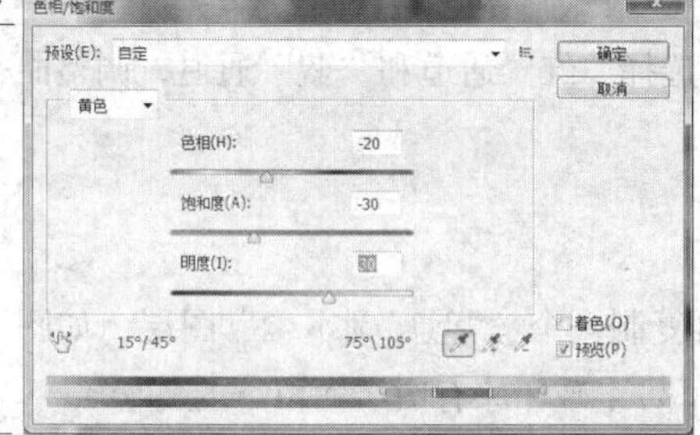

左 图 13-47

右 图 13-48

（13）修改后的效果如图 13-49 所示。从图中可以看出，整体氛围修改已经初见成效，室内感觉更为温馨。

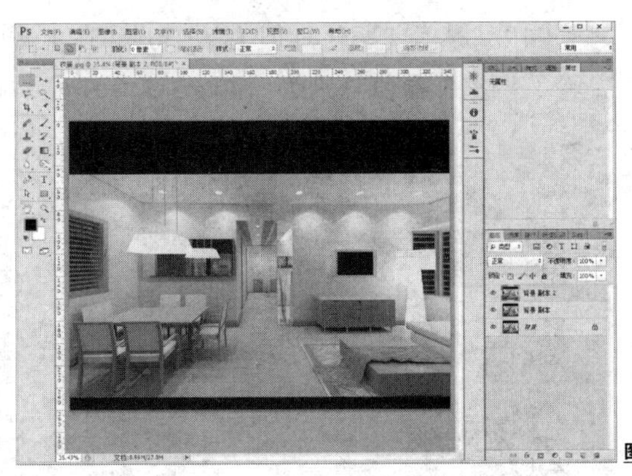

图 13-49

（14）接着需要对空间整体光感层次进行调整。选择“椭圆选区”工具，在“工具”选项栏中将“羽化”值修改为“150px”，如图 13-50 所示。

图 13-50

（15）在画面中餐桌椅背部位拉出一椭圆形区域，如图 13-51 所示。

（16）按 Ctrl + H 组合键隐藏选区，这样可以便于观察效果。选择“图像”—“调整”—“曲线”命令，调整曲线形状如图 13-52 所示。

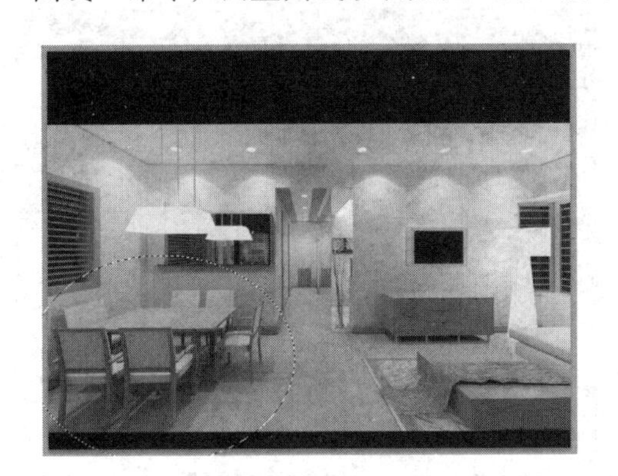

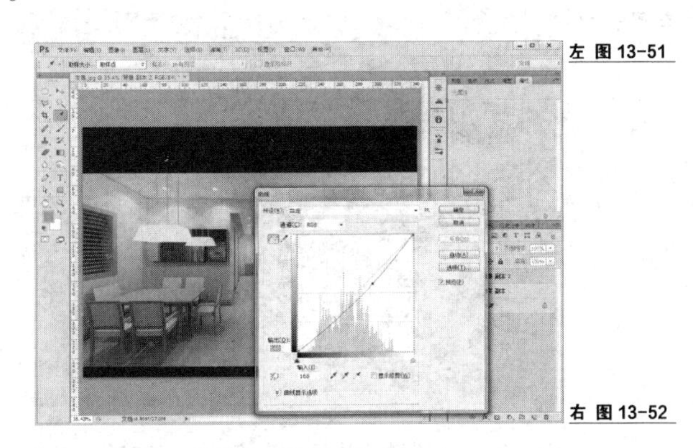

左 图 13-51

右 图 13-52

（17）在曲线通道中选择“蓝”通道和“红”通道，调整曲线形状分别如图 13-53 和图 13-54 所示。

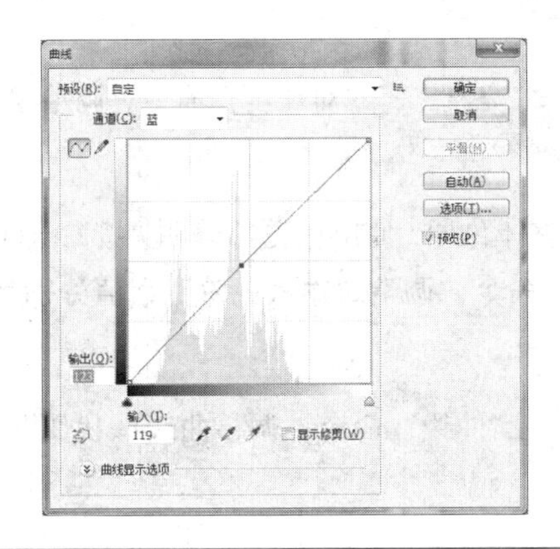


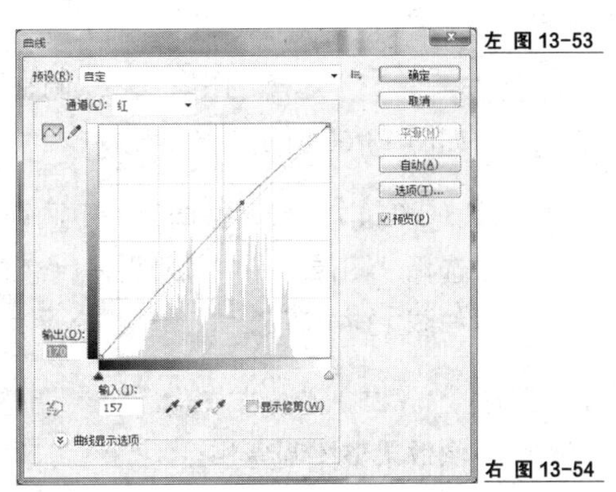


左 图 13-53

右 图 13-54

（18）选择“图像/调整/色彩平衡”命令，调整色彩平衡参数分别为“－16，6，－12”，如图 13-55 所示。

（19）保持“羽化”值为“150”，在走廊的区域也框选出一个椭圆区域，应用色彩平衡命令，调整参数值分别为“30，－5，－50”，如图 13-56 所示。

左 图 13-55

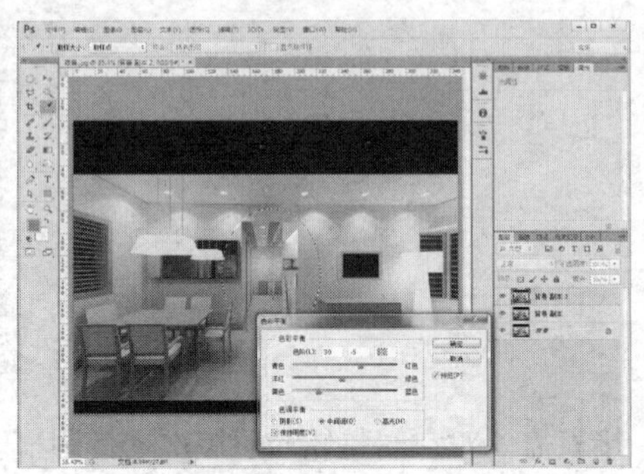

右 图 13-56

（20）选择“图像”—“调整”—“色阶”命令，调整“输入色阶”数值分别为“30，1.15，210”，“输出色阶”数值分别为“25，255”，如图 13-57 所示。

（21）保持“羽化”值为“150”，使用“椭圆选框”工具在空间的前部也框选出一个椭圆形区域，选择“图像”—“调整”—“色阶”命令，调整“输入色阶”数值分别为“70，0.75，245”，如图 13-58 所示。这样空间的层次感就加强了。

左 图 13-57

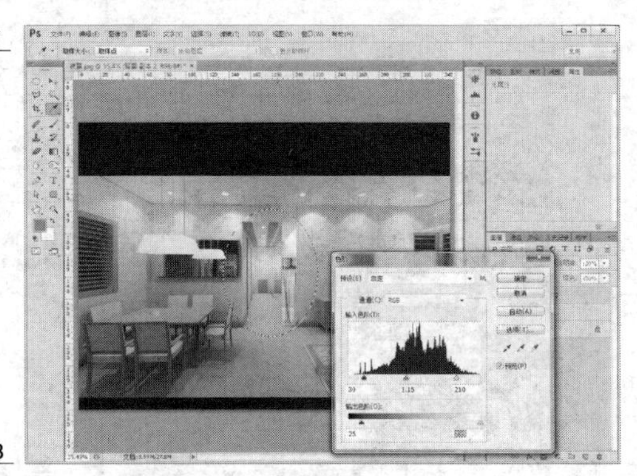

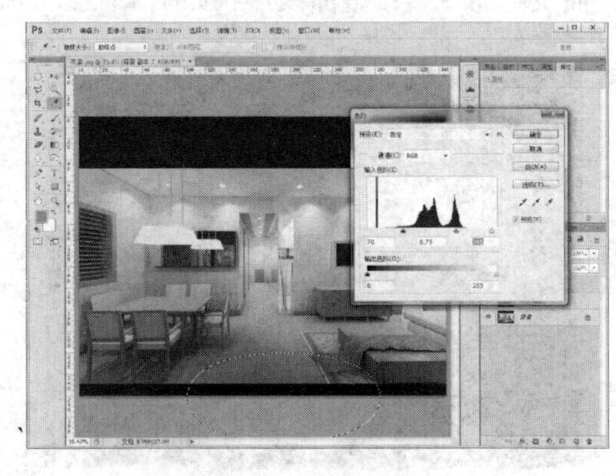

右 图 13-58

（22）保持“羽化”值为“150”，使用“椭圆选框”工具选中地板区域，选择“图像”—“调整”—“色阶”命令，调整“输入色阶”数值分别为“5，0.95，225”，如图 13-59 所示。

（23）选择“图像”—“调整”—“亮度”—“对比度”命令，调整参数分别为“15，5”，如图 13-60 所示。

（24）接着稍微调整一下画面的整体色调，使层次更加分明。按 Ctrl+D 组合键取消选择，选择“图像”—“调整”—“色阶”命令，调整“输入色阶”数值分别为“10，0.9，240”，如图 13-61 所示。

（25）选择“图像”—“调整”—“曲线”命令，调整曲线形状如图 13-62 所示，将图像效果整体调亮些。

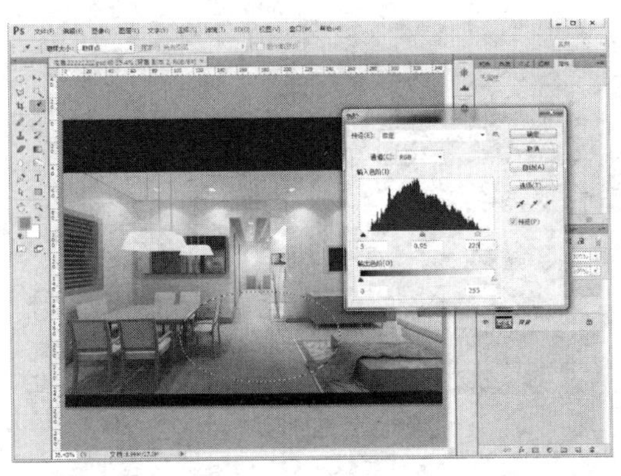

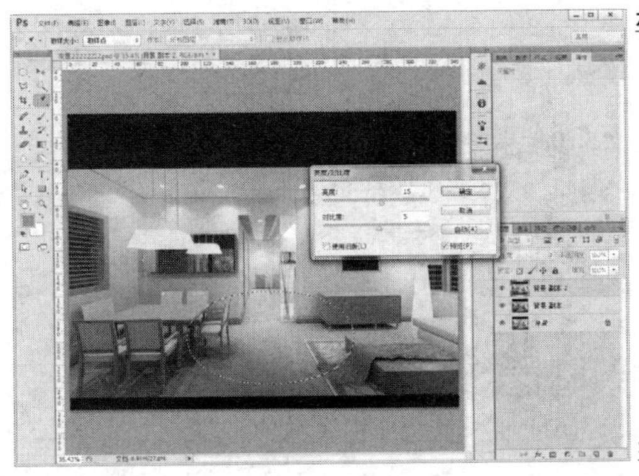

左 图13-59

右 图13-60

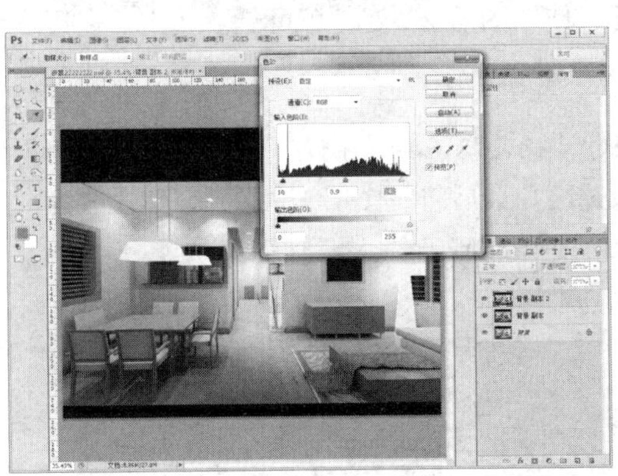

左 图13-61

右 图13-62

（26）打开“配套光盘\第13章\夜景效果修改/木纹1.jpg”文件。使用“移动”工具将文件拖曳到室内夜景文件中的餐桌区域上，自动生成“图层1”。接着按Ctrl+T组合键将木纹1图片调整到如图13-63所示大小。

（27）关闭“图层1”前面的“眼睛”图标，使“图层1”变为不可见。使用“多边形套索工具”选取餐桌桌面，如图13-64所示。

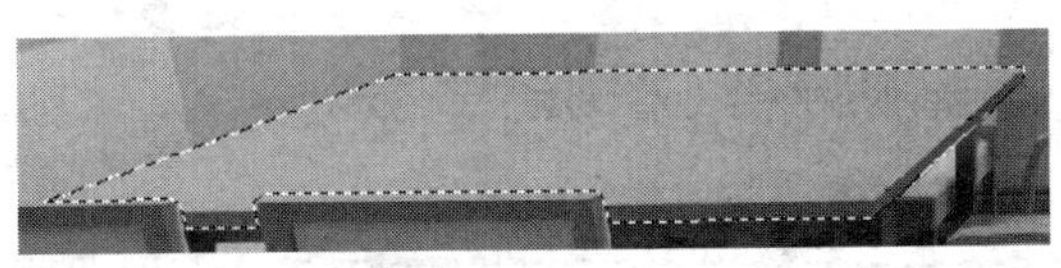

左 图13-63

右 图13-64

（28）打开“图层1”前面的“眼睛”图标，显示“木纹1”图片，按Ctrl+Shift+I组合键得出反向选区。按键盘上的Delete键删除选区，这样餐桌面以外的部分就删除掉了。最后将“图层1”的混合模式改为“柔光”模式，并修改“不透明度”为“55%”，按Ctrl+D快捷键取消选择，参数设置及最终效果如图13-65所示。

（29）打开“配套光盘\第13章\夜景效果修改\木纹2.jpg”文件，使用“移动”工具将文件拖曳到室内夜景文件中的柜子区域，得到“图层2”，如图13-66所示。

左 图 13-65

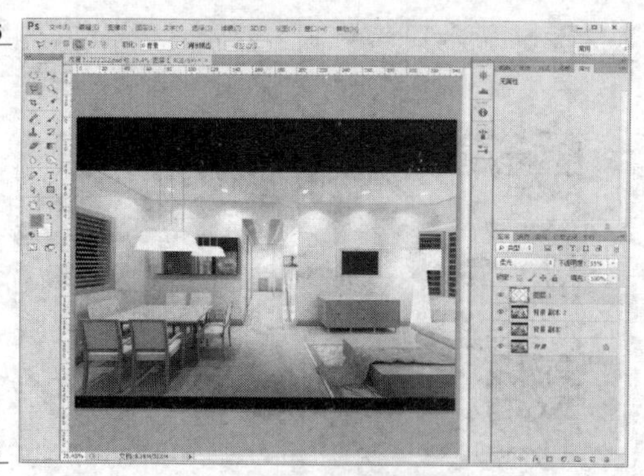

右 图 13-66

（30）关闭“图层 2”前面的“眼睛”图标，使“图层 2”变为不可见。使用“多边形套索工具”选取柜子，如图 13-67 所示。

（31）打开“图层 2”前面的“眼睛”图标，显示“木纹 2”图片。按 Ctrl + Shift + I 组合键得出反向选区，按键盘上的 Delete 键删除选区。最后将“图层 2”的混合模式改为“柔光”模式即可，按 Ctrl+D 快捷键取消选择，如图 13-68 所示。

左 图 13-67

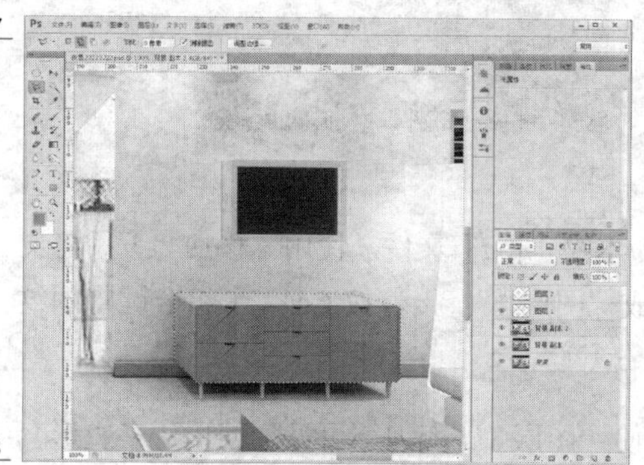

右 图 13-68

（32）打开“配套光盘\第 13 章\夜景效果修改\木纹面板 3.jpg”文件，使用和上述步骤一样的方法处理茶几部分的材质。唯一需要注意的是在选择茶几后需要按住 Alt 键使用“多边形套索工具”减选茶几上的毯子部分，最终效果如图 13-69 所示。

（33）打开“配套光盘\第 13 章\夜景效果修改\地毯 1.jpg”文件，把图片拖曳到文件中并调整大小如图 13-70 所示。

左 图 13-69

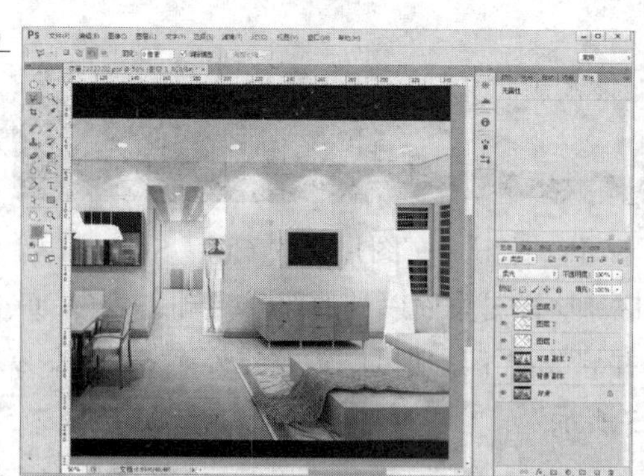

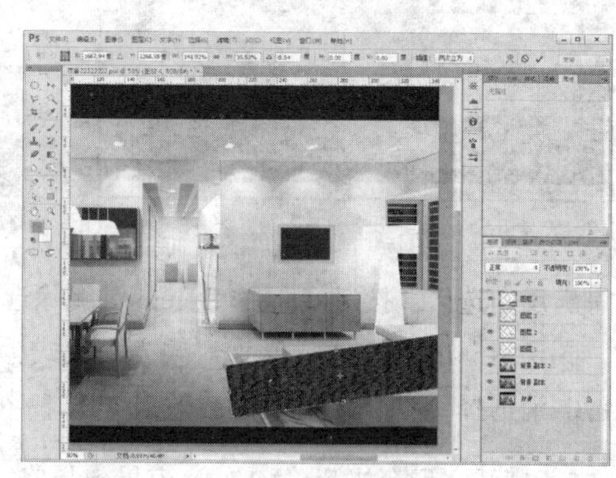

右 图 13-70

（34）使用“多边形套索工具”选择方几上的毛毯，反选后删除多余的部分，修改图层的混合模式为“正片叠底”，按 Ctrl+D 快捷键取消选择，如图 13-71 所示。

（35）复制地毯材质所在的“图层 4”，得出“图层 4 副本”，如图 13-72 所示。

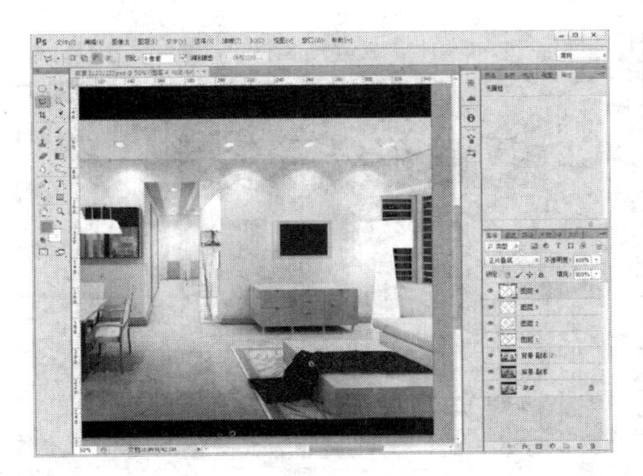

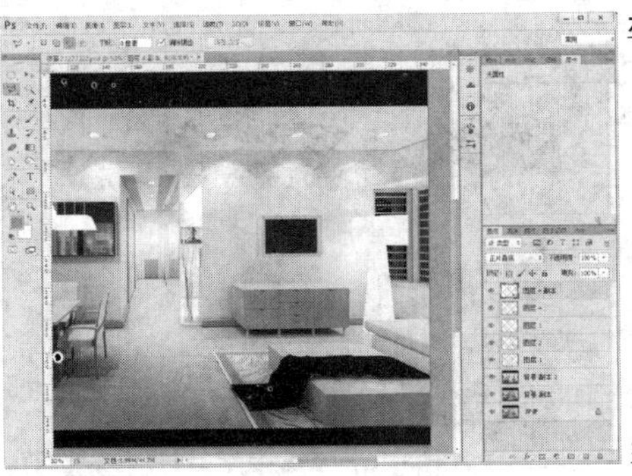

左 图 13-71

右 图 13-72

（36）新建一个图层，在工具栏中选择“直线”工具／，在“直线工具”选项栏设置参数如图 13-73 所示。

图 13-73

（37）设置前景色颜色 RGB 分别为“108，108，100”，在灯具和镜子中反射的灯具上画边框，最终效果如图 13-74 所示。

（38）打开“配套光盘\第 13 章\夜景效果修改\背景.jpg”图片，移动到图像右边窗口位置，如图 13-75 所示。

（39）关闭背景所在的“图层 6”前面的“眼睛”图标，使之不可见。

（40）选择“背景 副本 2”图层，使用“魔棒”工具，在“魔棒”工具选项栏中取消选取“连续”选项，单击窗口的蓝色天空选择全部的窗外背景，按住 Alt 键减选不相关的蓝色区域，只保留右侧窗外背景部分选区，如图 13-76 所示。

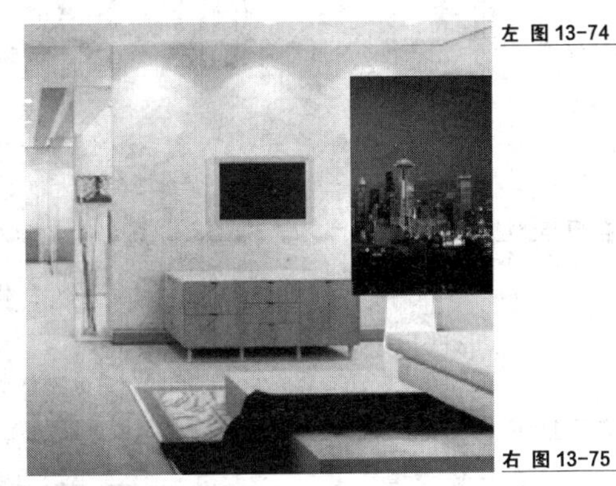

左 图 13-74

右 图 13-75

（41）选择“图层 6”，单击“图层 6”前面的“眼睛”图标，使之可见。按 Ctrl + Shift + I 组合键得出反向选区，按键盘上的 Delete 键删除选区，按 Ctrl+D 组合键取消选择，得出效果如图 13-77 所示。

（42）接着再对图面中的细节修饰一下。选中“背景 副本 2”图层，选择“圆形选区”工具，修改“羽化”值为“50px”，然后在餐椅处拖拉出一个椭圆形选区，如图 13-78 所示。

（43）在选区浮动的条件下，选择“图像”—“调整”—“色阶”命令，设置色阶参数和色阶红、绿、蓝通道参数如图 13-79～图 13-82 所示。

左 图13-76

右 图13-77

左 图13-78

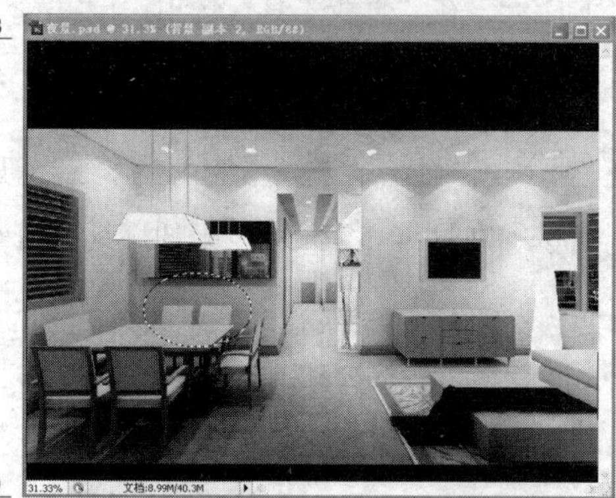

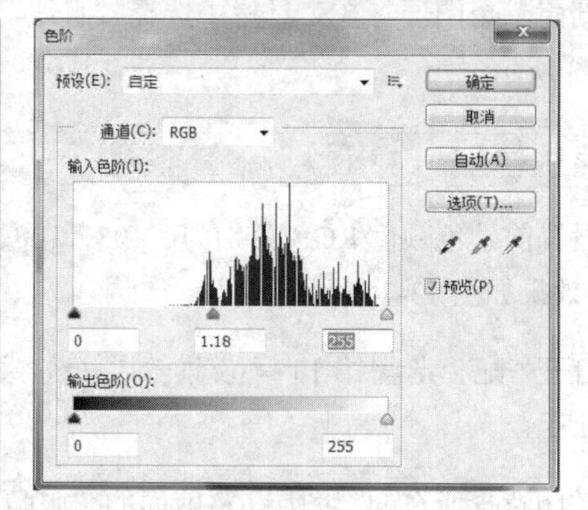


右 图13-79

左 图13-80

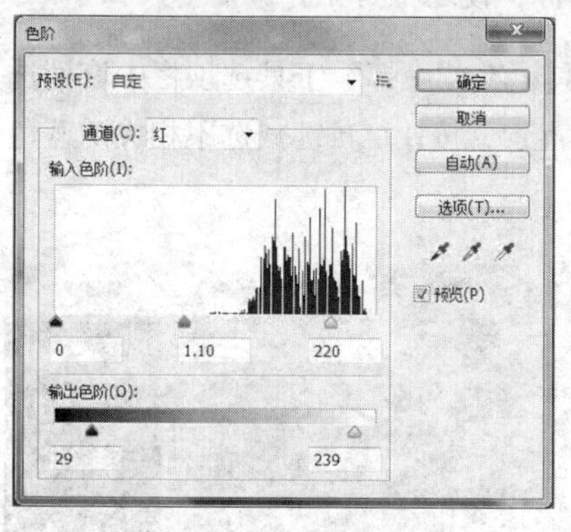


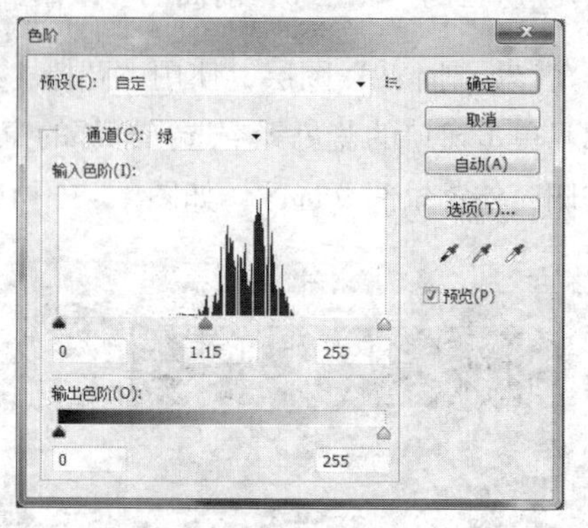


右 图13-81

（44）继续使用椭圆形选区，保持“羽化”值为“50px”，在餐椅背区域拖拉出一个椭圆形选区，如图 13-83 所示。

左 图13-82

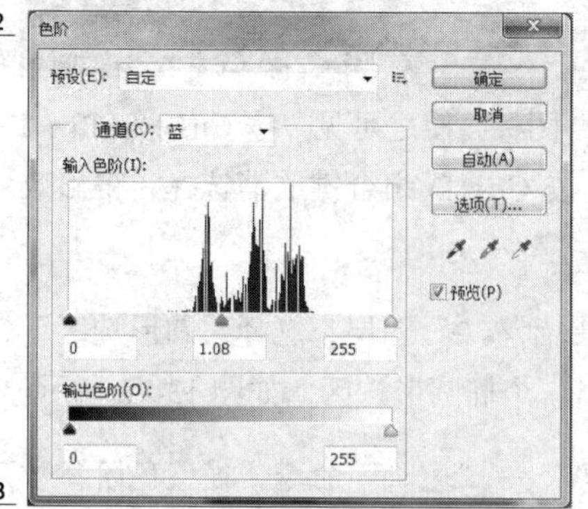

右 图13-83

（45）使用“图像”—“调整”—“色阶”命令，调整色阶参数及色阶红通道参数如图 13-84 和图 13-85 所示。按 Ctrl+D 组合键取消选择，最终效果如图 13-86 所示。

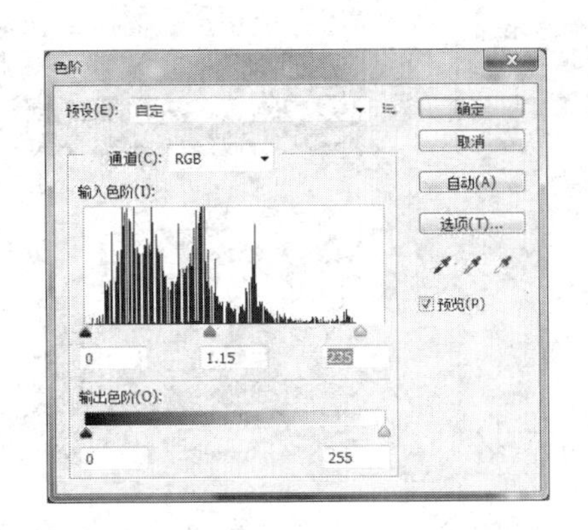


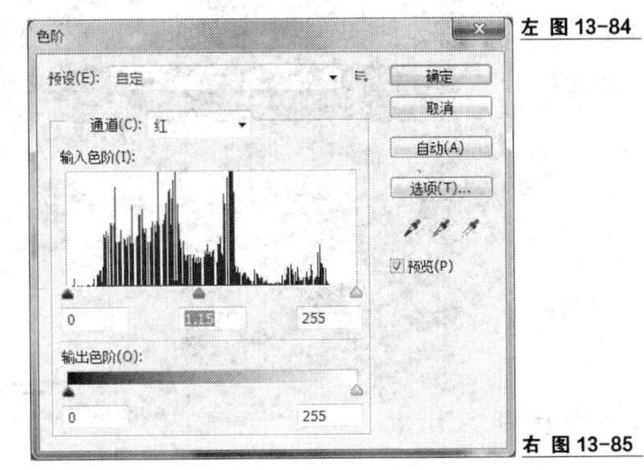


左 图 13-84

右 图 13-85

（46）确定当前选择为“背景 副本 2”图层，选择“矩形选区”工具，“羽化”值设置为“0”，选择图像中的正面玻璃区域，如图 13-87 所示。

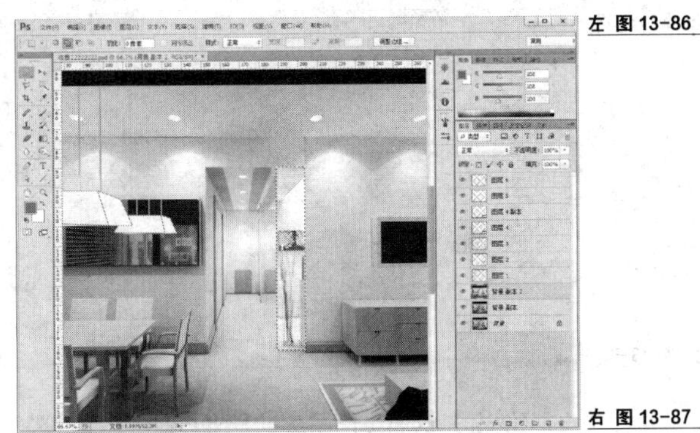

左 图 13-86

右 图 13-87

（47）在选区浮动的情况下，选择“图像”—“调整”—“色相”—“饱和度”命令，修改参数为“22，－30，－10”，如图 13-88 所示。为了便于观察，可以按 Ctrl＋H 组合键隐藏选区。

（48）选择“图像”—“调整”—“亮度”—“对比度”命令，参数设置如图 13-89 所示。修改完毕后按 Ctrl＋D 组合键取消选择。

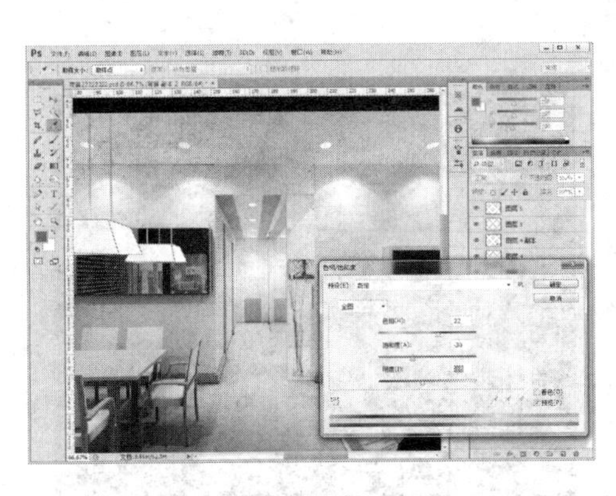

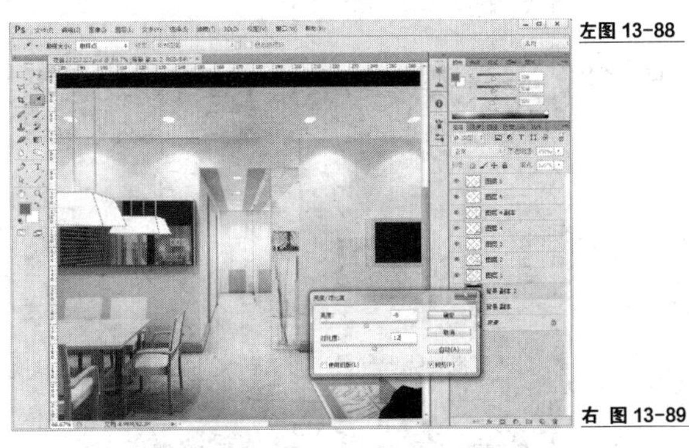

左图 13-88

右 图 13-89

（49）按 Ctrl＋Shift＋E 组合键合并所有图层，选择“图像”—“调整”—“色相”—“饱和度”命令，设置参数如图 13-90 所示。

（50）选择“图像”—“调整”—“照片滤镜”命令，设置参数如图 13-91 所示。

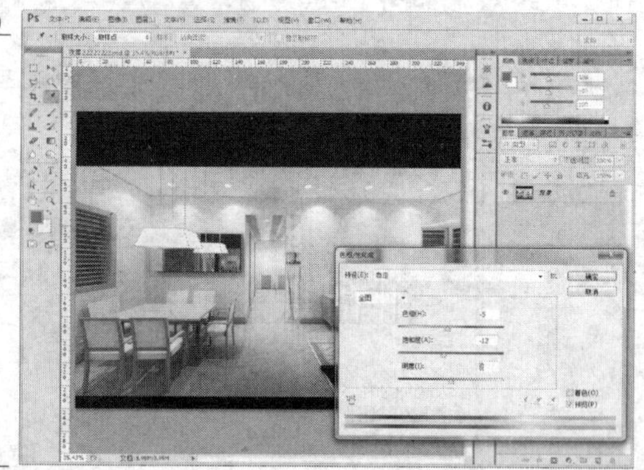

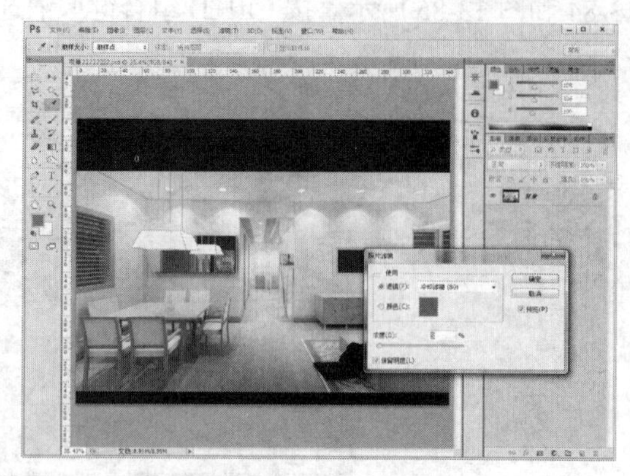

左 图 13-90

右 图 13-91

（51）选择“图像”—“调整”—“可选颜色”命令，在“颜色”下拉框中分别选择“白色”和“中性色”，设置其参数如图 13-92 和图 13-93 所示。

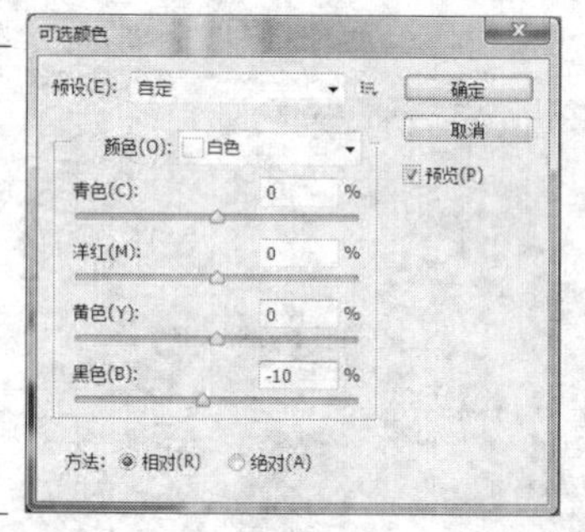


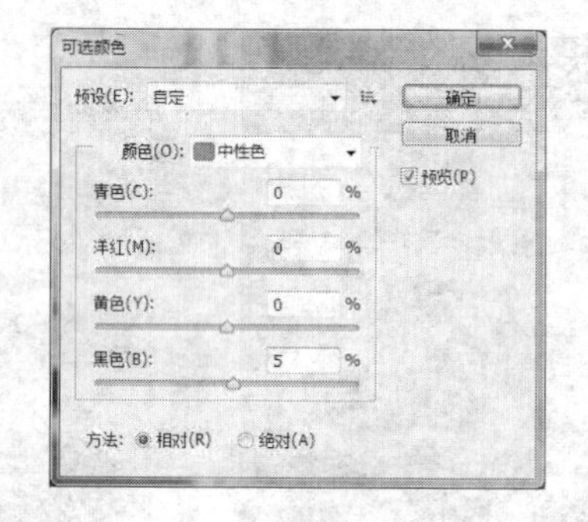


左 图 13-92

右 图 13-93

（52）这样就完成了后期修改，最终效果如图 13-94 所示。

（53）在该夜景效果图的后期修改中，应用了多种命令进行配合制作，从而使效果图有了翻天覆地的变化。实际上在效果图的修改中只需要学习如何应用各种工具和命令进行修改，至于图像的色调和整体光感及层次完全没有必要照搬照抄各种参数。除了软件技法外，读者还应该提高自己对色彩的把握能力，这样就可以根据自己的审美眼光修改各种参数。图 13-95 即采用相同的修改技法，但在参数上有一些细微变化而得出的效果，从中可以看出两张效果图的不同之处。

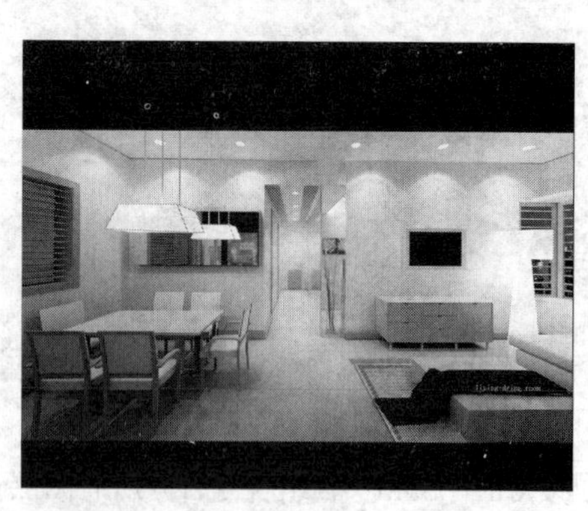

左 图 13-94

右 图 13-95

（54）修改前后对比效果如图 13-96 所示。

图 13-96

## 课堂练习——室内效果图后期修改

（练习知识要点）综合使用 Photoshop 的各种工具完成室内效果图的修改，如图 13-97 所示。

（效果所在位置）配套光盘\第 13 章\课堂练习\最终效果.psd。

图 13-97

## 课后习题——室内效果图的修改

（习题知识要点）综合使用 Photoshop 的各种工具完成室内效果图的修改，如图 13-98 所示。

（效果所在位置）配套光盘\第 13 章\课后习题\最终效果.psd。

图 13-98

# 第14章 建筑效果图后期修改技术

本章将主要介绍建筑效果图的后期修改技术，包括建筑效果图夜景和日景效果的修改，通过这些实例的学习，读者可以掌握建筑设计类效果图修改的技巧。

学习目标

◈ 掌握建筑日景效果后期处理技巧

◈ 掌握建筑夜景效果后期处理技巧

## 14.1 建筑日景效果后期处理实例

### 14.1.1 案例分析

相对而言，建筑效果图的后期修改要比室内效果图复杂一些，但是在技法上却是大同小异。

从图14-1所示的处理前效果图可以看出问题主要集中在以下几方面。

◈ 建筑的偏色现象太明显，整个建筑偏蓝色。

◈ 只有单独的建筑，缺少周边的配景。

◈ 建筑上光的层次不明显，同时光感也不够，需要加强。

◈ 建筑本身质感不是很强，需要加强。

### 14.1.2 案例制作关键技术

本案例关键技术为“颜色调整”工具，如色阶、曲线、色相/饱和度等。采用各种颜色调整工具，再搭配选区采用一些效果图修改的专用技法，即可很好地完成建筑日景效果的修改。

### 14.1.3 案例制作过程

（1）打开“配套光盘\第14章\日光效果修改\建筑日景原图.tga”文件，如图14-1所示。

（2）单击“通道”调板，然后单击“Alpha 1”通道，如图 14-2 所示。可见建筑整体呈白色显示。Alpha 通道效果是在 3ds Max 中选择 TGA 格式渲染出来的，具体设置可以参考本书相关章节。

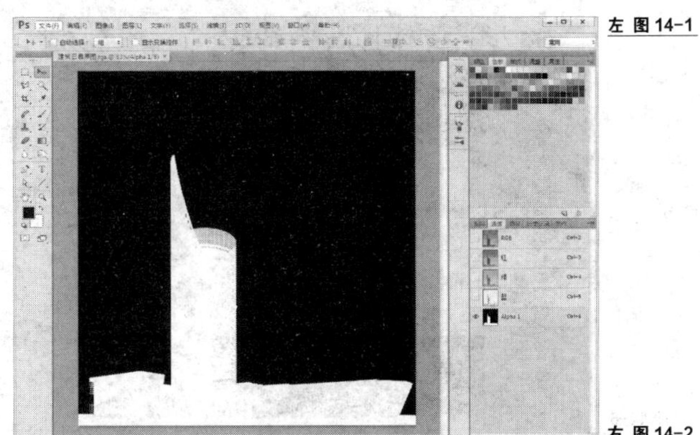

左 图 14-1

右 图 14-2

（3）按 Ctrl 键单击“Alpha 1”通道载入选区，接着单击“RGB”通道，再回到“图层”调板，按 Ctrl + C 组合键复制。

（4）新建一个文件，设置参数如图 14-3 所示，填充为黑色。

（5）按 Ctrl + V 组合键在“未标题 1”文件中粘贴，得到“图层 1”，如图 14-4 所示。

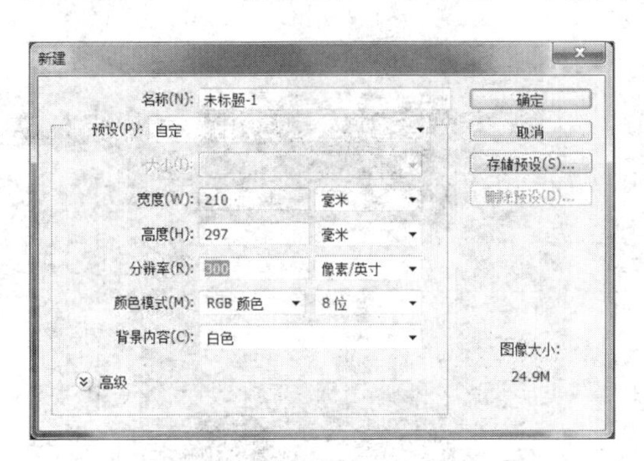


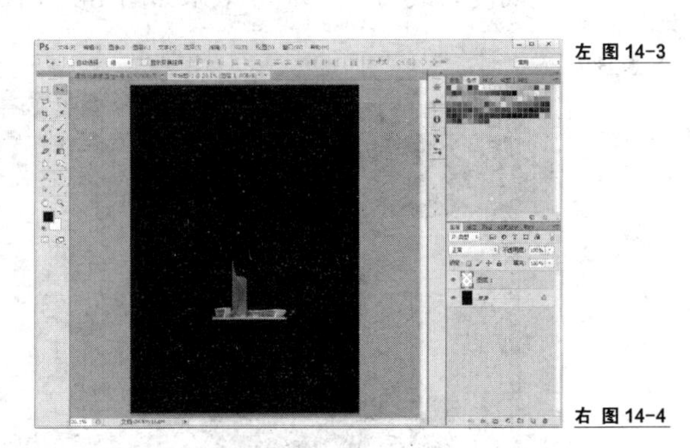

左 图 14-3

右 图 14-4

（6）选择“图层 1”并按 Ctrl + T 组合键打开“自由变换”工具，按 Shift 键拖曳节点调整大小如图 14-5 所示。

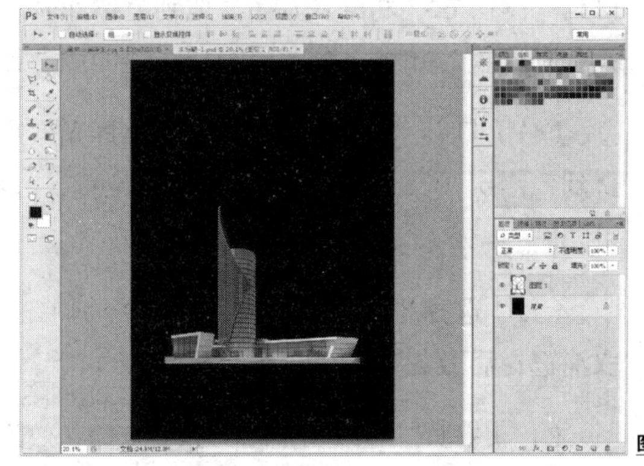

图 14-5

（7）打开“配套光盘\第 14 章\日光效果修改\天空.jpg”文件，并将“天空.jpg”文件拖入新建文件中，得到“图层 2”，将“图层 1”置于“图层 2”之上，并调整大小，如图 14-6 所示。

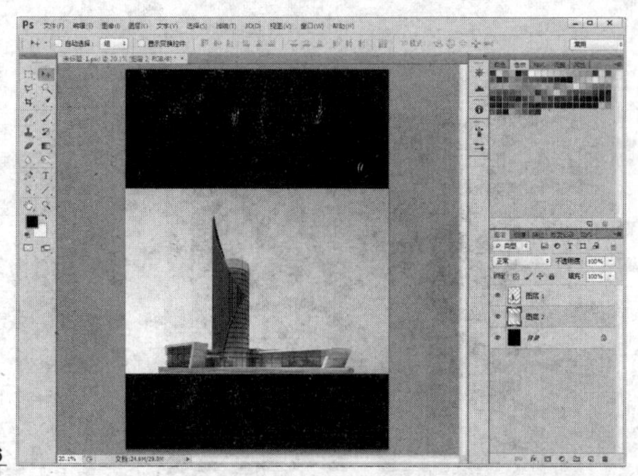

图 14-6

（8）打开“配套光盘\第 14 章\日光效果修改\路面.psd”文件，将“路面.psd”文件拖入新建文件中，得到图层 3，调整大小和图层位置，效果如图 14-7 所示。

（9）打开“配套光盘\第 14 章\日光效果修改\远景建筑.psd、远景建筑 2.psd”文件，将 2 个文件拖入新建文件中，得到图层 4 和图层 5，调整大小和图层位置，并将两个图层的“不透明度”改为“55%”，效果如图 14-8 所示。

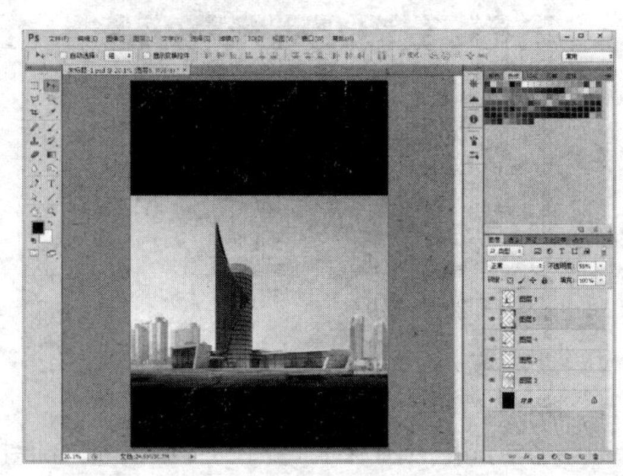

左 图 14-7

右 图 14-8

（10）打开“配套光盘\第 14 章\日光效果修改\远景树.psd”文件，将其拖入新建文件中，得到“图层 6”，将“图层 6”拖到 图标上复制一个“图层 6 副本”，调整好 2 个图层的大小和位置，并将 2 个图层的“不透明度”改为“80%”，效果如图 14-9 所示。

（11）打开“配套光盘\第 14 章\日光效果修改\远山.psd”文件，将其拖入新建文件中，得到“图层 7”，调整好图层大小和位置，并将“图层 7”的“不透明度”改为“30%”，效果如图 14-10 所示。

（12）选择“图层 7”，按 Ctrl 键分别单击“图层 4”和“图层 5”，按 Delete 键删除图层，取消选择后效果如图 14-11 所示。

（13）打开“配套光盘\第 14 章\日光效果修改\人物.psd”文件，将其拖入新建文件中，得到“图层 8”，如图 14-12 所示。

左 图 14-9

右 图 14-10

左 图 14-11

右 图 14-12

（14）按 Ctrl + R 组合键打开标尺，使用“移动”工具拉出一条标准线。这条标准线的作用是控制透视，将全部人物的头部基本对照该标准线，如图 14-13 所示。

（15）使用 Ctrl + X 组合键（剪切）和 Ctrl + V 组合键（粘贴）将“图层 8”中的多个人物调整好大小和位置，最后将所有剪切粘贴的图层合并为“图层 8”，如图 14-14 所示。

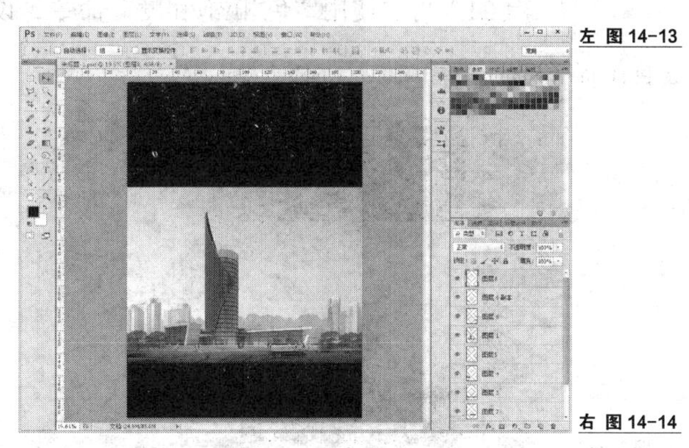

左 图 14-13

右 图 14-14

（16）打开“配套光盘\第 14 章\日光效果修改\汽车.psd”文件，将其拖入新建文件中，得到“图层 9”，调整好图层大小和位置，并将每辆汽车按照方向进行动感模糊设置，角度设为 0 度，距离设为 20 像素，最终效果如图 14-15 所示。

（17）选择主体建筑所在的“图层 1”，按 Ctrl + U 组合键打开“色相\饱和度”对话框，设置参数如图 14-16 所示。

左 图 14-15
右 图 14-16

（18）单击“图像”—“调整”—“亮度\对比度”命令，设置参数如图 14-17 所示。

（19）使用“减淡”工具擦亮建筑受光面和底部区域，范围为中间调，曝光度为 10%，如图 14-18 所示。

左 图 14-17
右 图 14-18

（20）使用“加深”工具加深建筑的背光面，范围设为中间调，曝光度设为 10%，效果如图 14-19 所示。

（21）再次使用“色相\饱和度”命令，设置参数如图 14-20 所示。

左 图 14-19
右 图 14-20

（22）按 Ctrl + M 组合键打开“曲线”对话框，选择“蓝”通道，调整曲线形状如图 14-21 所示。

（23）按 Ctrl + Alt + Shift + E 组合键盖印所有图层，并将该盖印图层移至顶部，如图 14-22 所示。

左 图 14-21

右 图 14-22

（24）单击“图像”—“调整”—“阴影\高光”命令，设置参数如图 14-23 所示。

（25）单击“图像”—“调整”—“照片滤镜”命令，设置参数如图 14-24 所示。

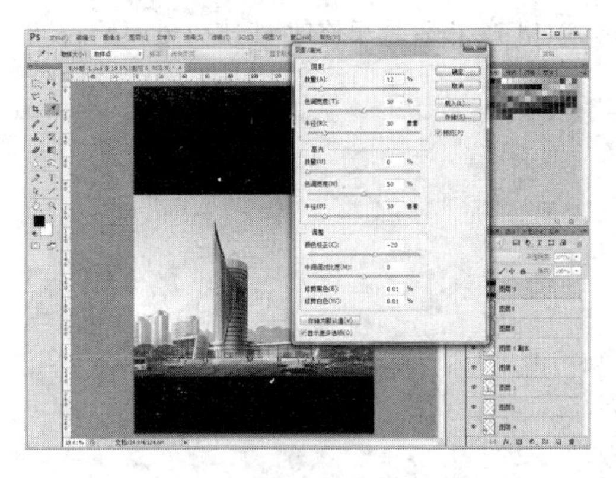

左 图 14-23

右 图 14-24

（26）前后效果对比如图 14-25 所示。

图 14-25

# 14.2 建筑夜景效果后期处理实例

## 14.2.1 案例分析

建筑夜景效果的处理技法很多地方和日景效果图的处理技法相同，但是夜景相对而言更加注重氛围的处理。从图 14-26 所示的处理前效果图可以看出，主要问题集中在以下几个方面。

（1）夜景的整体氛围效果不好。

（2）光照不强且层次感不够。

（1）缺少配景。

### 14.2.2 案例制作关键技术

本案例的关键技术为颜色调整工具，如色阶、曲线、色相\饱和度等。采用各种颜色调整工具，再搭配选区采用一些效果图修改的专用技法，即可很好地完成建筑夜景效果的修改。

### 14.2.3 案例制作过程

（1）在 Photoshop 软件中打开“配套光盘\第 14 章\夜景效果修改\建筑夜景原始.psd”文件，如图 14-26 所示。

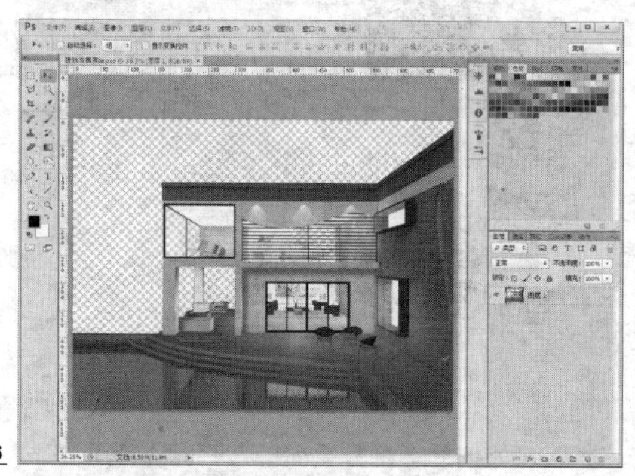

图 14-26

（2）打开“配套光盘\第 14 章\夜景效果修改\天空.jpg”文件，如图 14-27 所示。把“天空.jpg”文件移动到“建筑夜景原始.psd”文件中，调整到合适的大小和位置，并调整图层顺序，将“图层 2”放到“图层 1”的下面，如图 14-28 所示。

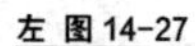

左 图 14-27

右 图 14-28

（3）打开“配套光盘\第 14 章\夜景效果修改\背景景色.psd”文件，如图 14-29 所示。移动“背景景色.psd”文件中的所有图层到“建筑夜景原始.psd”文件中，调整到合适的大小和位置，图层顺序始终在“图层 1”下方，如图 14-30 所示。

左 图 14-29

右 图 14-30

（4）修改“Layer 2”图层的混合模式为“叠加”模式，“不透明度”为“60%”，如图 14-31 所示。这时图像的效果如图 14-32 所示。

左 图 14-31

右 图 14-32

（5）打开“配套光盘\第 14 章\夜景效果修改\草地 1.psd”文件，如图 14-33 所示。

（6）移动“草地 1.psd”文件到“建筑夜景原始.psd”文件中，新的图层重命名为“草地”图层，并放在“图层 1”的下面，调整到合适的位置，如图 14-34 所示。

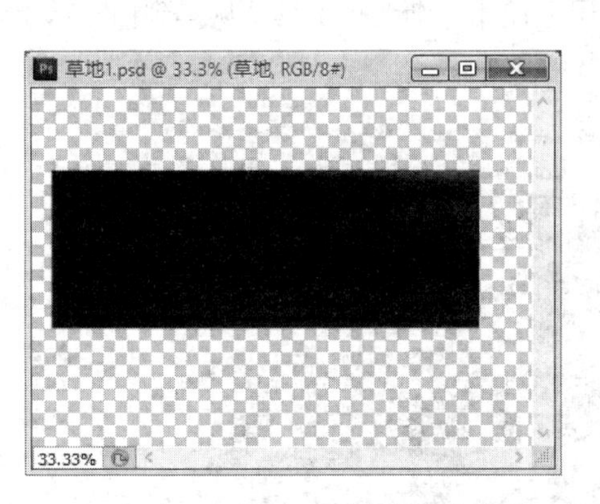

左 图 14-33

右 图 14-34

（7）在“图层”面板中选中“草地”图层，单击 图标，就给“草地”图层加了一个图层蒙版，如图 14-35 所示。

（8）把草地区和建筑物衔接区域用放大镜 放大，在图层蒙版上使用“渐变”工具（从黑到白）同时按住 Shift 键从上向下拖曳少许，最后效果如图 14-36 所示。这样可以使草地和建筑物衔接处过渡自然。

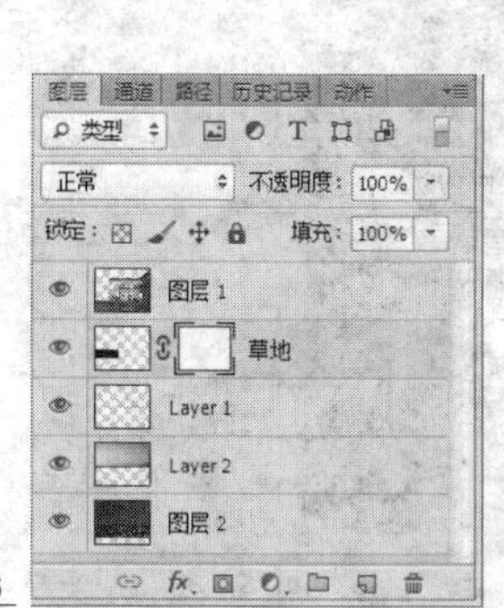

左 图 14-35
右 图 14-36

（9）打开“配套光盘\第 14 章\夜景效果修改\草地 2.psd”文件，如图 14-37 所示。移动该文件到“夜景最终效果.psd”文件中，新建的图层重命名为“草地 2”图层，放在“图层 1”的下面，将其调整到合适的位置，如图 14-38 所示。

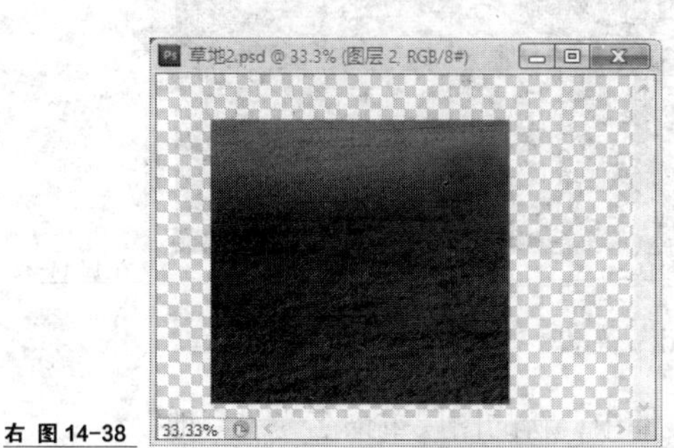

左 图 14-37
右 图 14-38

（10）给“草地 2”图层也加一个图层蒙版，如图 14-39 所示。

（11）把草地区域用放大镜放大，在蒙版图层上使用“渐变”工具（从黑到白）从上向下拖曳，如图 14-40 所示。

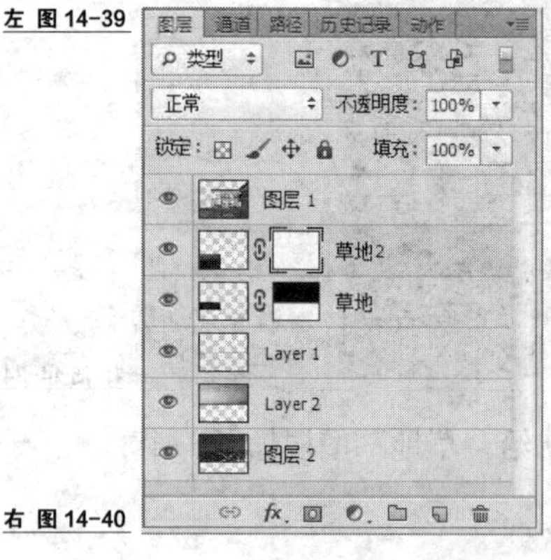

左 图 14-39
右 图 14-40

（12）最终效果如图 14-41 所示。

（13）这时，草地的上方仍然看起来不自然，返回“草地 2”图层，使用画笔柔软和不透明度较低的橡皮进行缓慢擦除，最终效果如图 14-42 所示。

图 14-41

图 14-42

（14）打开“配套光盘\第 14 章\夜景效果修改\树 1.psd”文件，如图 14-43 所示。

（15）移动“大树 1.psd”文件到“建筑夜景原始.psd”文件中，新的图层重命名为“大树”图层，并放在“图层 1”的下面，调整其大小和位置，最终效果如图 14-44 所示。

左 图 14-43

右 图 14-44

（16）打开“配套光盘\第 14 章\夜景效果修改\树 2.psd”文件，如图 14-45 所示。

（17）将打开的文件移动到“建筑夜景原始.psd”文件中，将新的图层重命名为“小树”图层，并放在“图层 1”的下面，调整其大小并移动到合适的位置，如图 14-46 所示。

左 图 14-45

右 图 14-46

（18）将“小树”图层复制一层，得到“小树 副本”图层，将副本层移动到右边，如图 14-47 所示。

图 14-47

（19）打开“配套光盘\第 14 章\夜景效果修改\树灌木.psd”文件，如图 14-48 所示。

（20）将打开的文件移动到“建筑夜景原始.psd”文件中，将新的图层重命名为“灌木”，放在“图层 1”的上面，调整其大小和位置，如图 14-49 所示。

（21）对“灌木”图层进行复制，产生“灌木 副本”层，变换副本层大小，如图 14-50 所示。

左 图 14-48
右 图 14-49

图 14-50

（22）将“灌木”和“灌木 副本”图层合并，成为一个“灌木 副本”图层。

（23）调整合并后的“灌木 副本”图层的大小，如图 14-51 所示。

（24）将“灌木 副本”图层复制一层，成为“灌木 副本 2”图层，调整其大小并移动到后面，然后使用“加深”工具加深“灌木 副本 2”图层的颜色，这样可以使前后层次更加清晰，如图 14-52 所示。

左 图 14-51
右 图 14-52

（25）选择“灌木 副本”图层，使用“矩形选框”工具把多余的部分删掉，按 Ctrl+D 组合键取消选择，效果如图 14-53 所示。

图 14-53

（26）打开“配套光盘\第 6 章\建筑后期修改\水.psd”文件，如图 14-54 所示。移动该文件到“夜景最终效果.psd”文件中，新的图层重命名为“水”图层，并放在“灌木 副本 2”的上面，最后调整其到合适的位置，如图 14-55 所示。

（27）将“水”图层复制出多个副本，并排列成一行，如图 14-56 所示。

（28）将“水”图层和所有“水 副本”图层合并成为一个“水”图层。

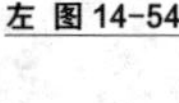

左 图 14-54

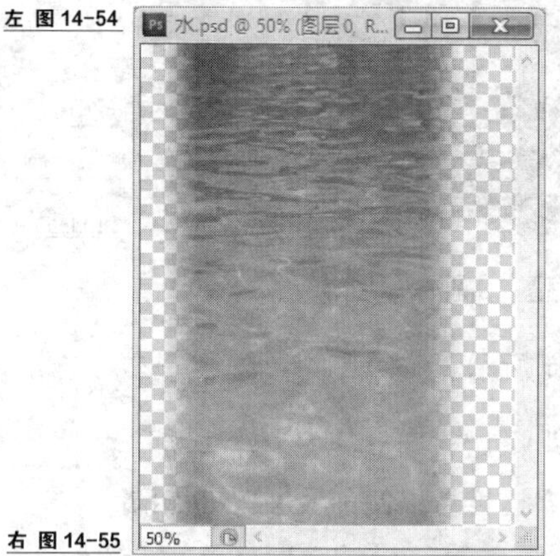

右 图 14-55

图 14-56

（29）在“通道”面板中找到“Alpha 1”通道，单击按钮变为选区，如图 14-57 所示。返回“图层”面板，在选中“水”图层的情况下，按下按钮，如图 14-58 所示。这样就给“水”图层加了一个图层蒙版，选区以外的部分都隐藏起来了。

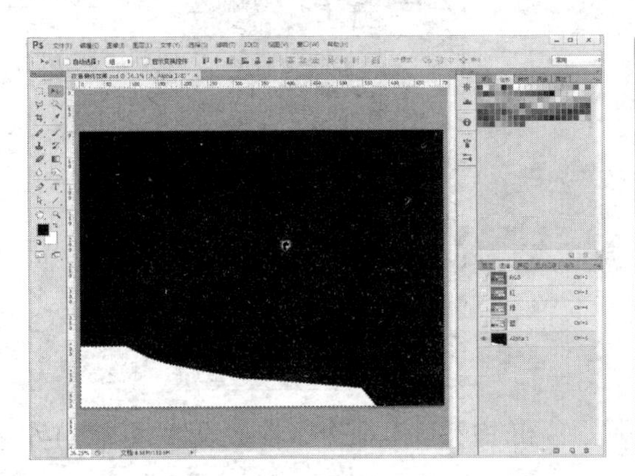

右 图 14-57

右 图 14-58

（30）选择“水”图层，应用“图像”—“色相/饱和度”命令，参数设置如图 14-59 所示。

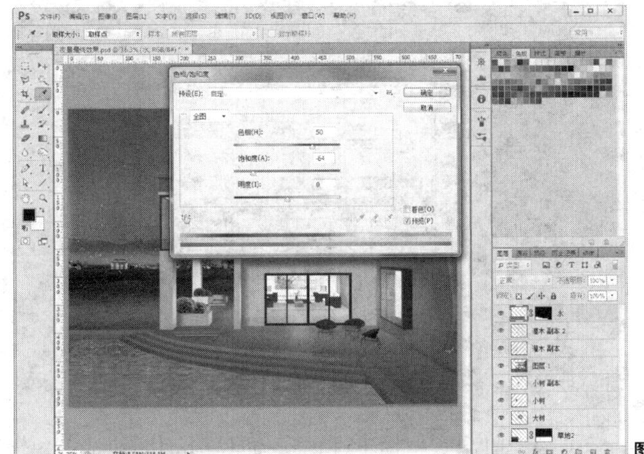

图 14-59

（31）将“水”图层的混合模式改为“叠加”，并修改“不透明度”为“70%”，如图 14-60 所示。

图 14-60

（32）选中“图层 2”后再合并可见图层，如图 14-61 所示；再将“图层 2”复制一层，成为“图层 2 副本”图层，这时“图层”调板如图 14-62 所示。

右 图 14-61

右 图 14-62

（33）给“图层 2 副本”应用“图像”—“色相/饱和度”命令，参数设置如图 14-63 所示。

图 14-63

（34）使用“色相/饱和度”命令分别调整“黄色”“绿色”“蓝色”和“红色”下的参数，具体参数设置如图 14-64～图 14-67 所示。

（35）应用“色阶”命令，参数设置如图 14-68 所示。

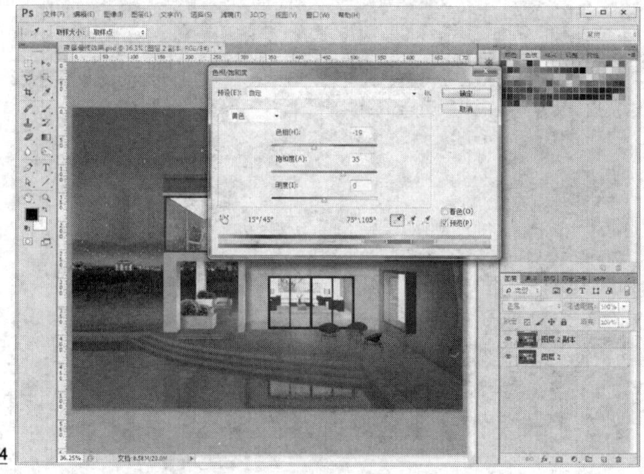

图 14-64

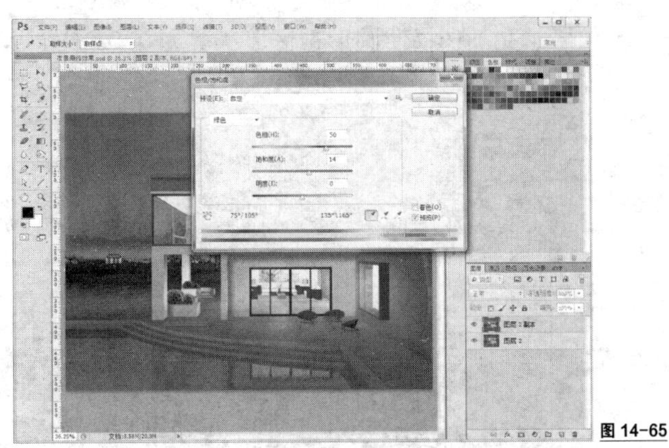
图 14-65

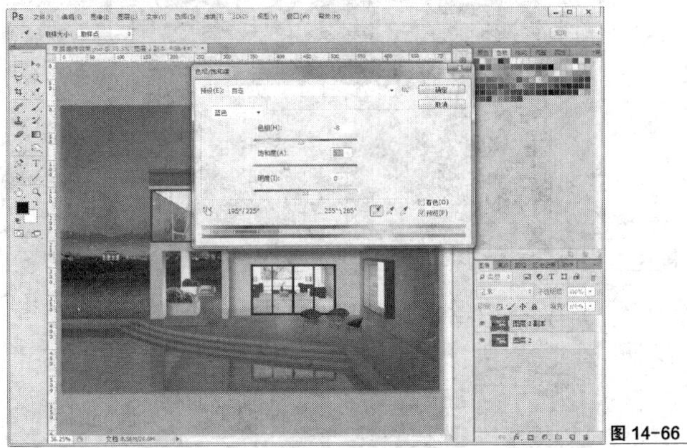
图 14-66

图 14-67

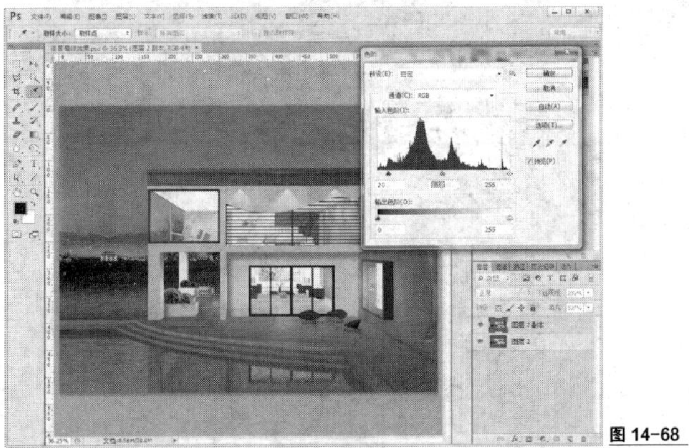
图 14-68

（36）选择“圆形选区”工具，在选项栏中修改“羽化”值为“100 像素”，如图 14-69 所示。

羽化: 100 像素 消除锯齿 样式: 正常 宽度: 高度: 调整边缘...

图 14-69

（37）在图面建筑区域拉出一个圆形选区，如图 14-70 所示。

图 14-70

（38）给圆形选区应用“色阶”命令，参数设置如图 14-71 所示。

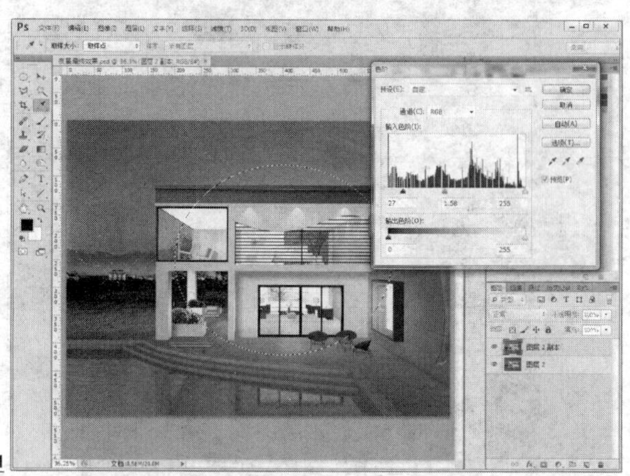

图 14-71

（39）再建立一个椭圆形选区，如图 14-72 所示。

图 14-72

（40）将这个区域放大观看，然后应用“色阶”命令，参数设置如图 14-73 所示。

（41）继续修改色阶的参数，在“蓝”通道和“红”通道中分别修改数值，参数设置如图 14-74 所示。

图 14-73

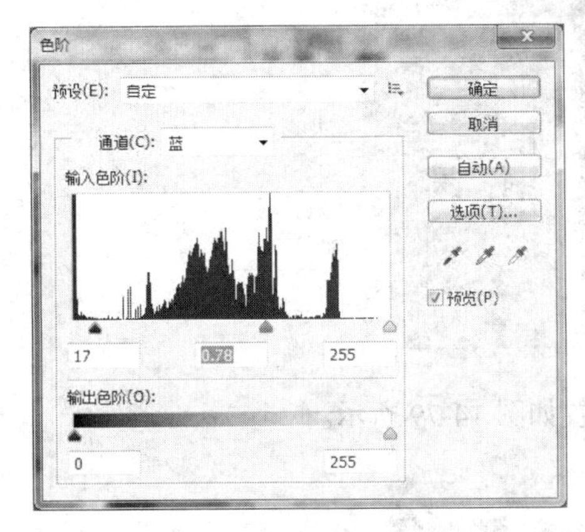


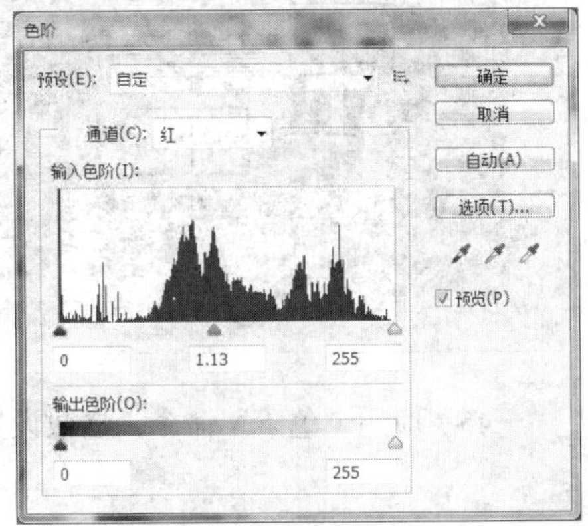


图 14-74

（42）再创建一个椭圆形选区，如图 14-75 所示。

（43）应用“色阶”命令，参数设置如图 14-76 所示，通道参数设置如图 14-77 所示。

左 图 14-75

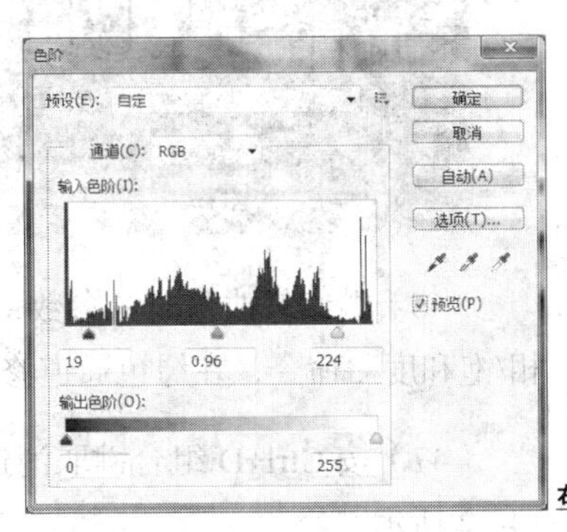


右 图 14-76

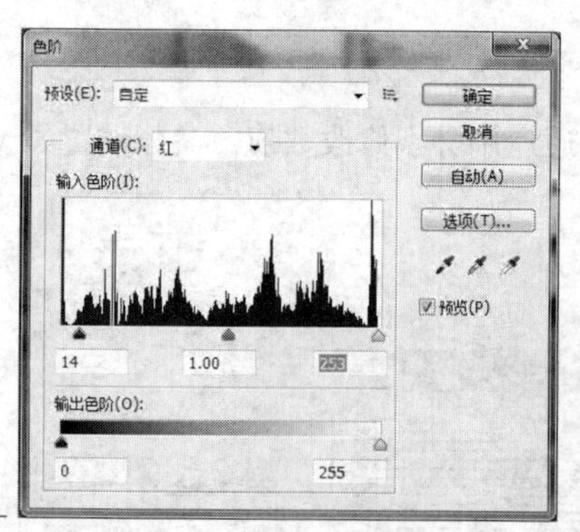


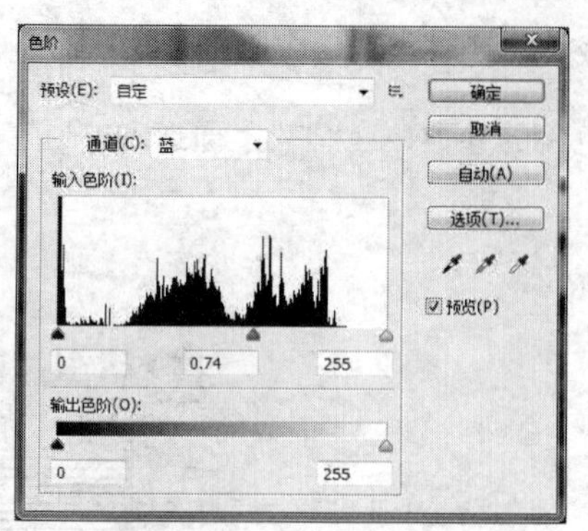


图 14-77

（44）再创建一个椭圆选区，如图 14-78 所示。

图 14-78

（45）应用“色阶”命令，参数设置如图 14-79 所示。

图 14-79

（46）继续修改色阶的参数，在“红”通道中修改参数如图 14-80 所示，然后应用“色相/饱和度”命令，在绿色通道修改参数如图 14-81 所示。

（47）按 Ctrl+D 组合键取消选择，给后面的红沙发使用“加深”工具，加重颜色，如图 14-82 所示。

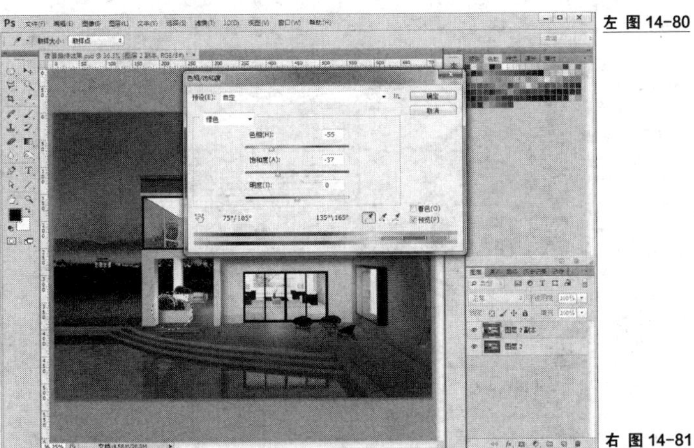

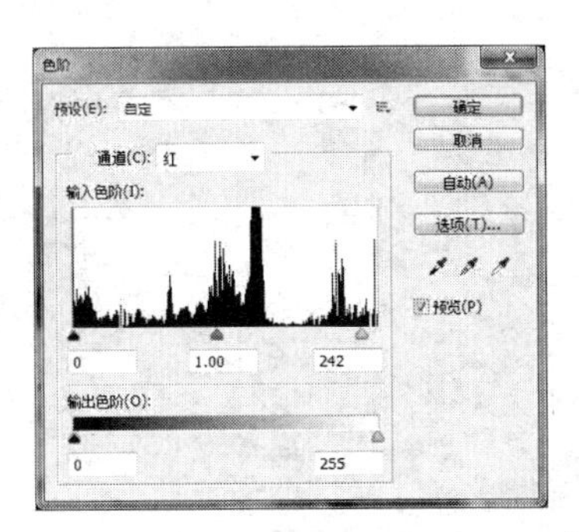


左 图 14-80

右 图 14-81

图 14-82

（48）图像修改工作结束了，下面裁剪图面，裁剪区域如图 14-83 所示，然后按 Enter 键应用“裁剪工具”命令。

图 14-83

（49）给“图层 2 副本”图层应用“滤镜”—“锐化”命令，这样图面看起来就清晰多了。完成后保存为.jpg 文件，效果如图 14-84 所示。

（50）修改前后效果图对比如图 14-85 所示。

图 14-84

图 14-85

## 课堂练习—建筑效果图制作

（练习知识要点）使用各种命令完成建筑效果图的后期处理，如图 14-86 所示。

（效果所在位置）配套光盘\第 14 章\课堂练习\最终效果.psd。

图 14-86

## 课后习题——建筑效果图制作

（习题知识要点）使用各种命令完成建筑效果图的后期处理，如图 14-87 所示。

（效果所在位置）配套光盘\第 14 章\课后习题\最终效果.psd。

图 14-87

# 第15章 效果图专题制作与特效制作技术

本章将主要介绍效果图的专题制作与特效制作技术，包括玻璃制作、水面倒影制作、灯光效果制作、日景改夜景制作、水墨效果制作、雨景制作和雪景制作等。通过这些实例的学习，读者可以掌握各类效果图特效及专题制作的技巧。

**课堂学习目标**

◈ 掌握各种效果图专题效果制作技巧

◈ 掌握各种特效效果图制作技巧

## 15.1 专题制作

在效果图修改中，有时需要制作一些比较特殊的材质和灯光效果，如暗藏灯槽光芒效果、各种玻璃效果等，这些效果使用 3ds Max 制作要多耗费大量的时间，因此很多时候会用 Photoshop 制作，以提高作图的效率。在效果图修改中有时甚至还需要将日景效果改为夜景效果，这时候就需要掌握一些专题制作的特殊技巧，本章将专门讲解一些较为常见的专题与特效的制作方法。

### 15.1.1 各类玻璃效果制作

**1. 磨砂玻璃效果制作**

（1）打开“配套光盘\第 15 章\磨砂玻璃.jpg”文件，如图 15-1 所示。

（2）使用“套索”工具在画面玄关处选择，如图 15-2 所示。

（3）按 Ctrl + J 组合键复制所选区域，得到一个“图层 1”。

（4）选择“图层 1”，单击“滤镜”—“模糊”—“镜头模糊”命令，设置参数如图 15-3 所示。

（5）单击“确定”按钮后，效果如图 15-4 所示。

左 图15-1

右 图15-2

左 图15-3

右 图15-4

## 2. 玻璃砖效果制作

（1）打开“配套光盘\第15章\玻璃砖.jpg”文件，如图15-5所示。

（2）用“矩形框选”工具框选图中区域，按Ctrl + J组合键复制所选区域，得到“图层1”，如图15-6所示。

左 图15-5

右 图15-6

（3）选择“图层1”，单击“滤镜”—“模糊”—“高斯模糊”命令，设置参数如图15-7所示。

（4）单击“滤镜”—“滤镜库”—“扭曲”—“玻璃”命令，设置参数如图15-8所示。

（5）新建一个“图层2”，填充RGB值分别为“195，235，115”的黄绿色，如图15-9所示。

左 图 15-7

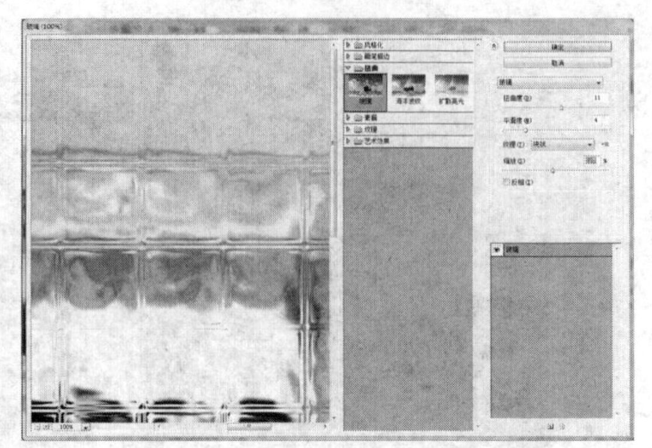

右 图 15-8

图 15-9

（6）选择“图层 2”，按住 Ctrl 键单击“图层 1”载入选区，接着按 Ctrl + Shift + I 组合键反选，最后按 Delete 键删除，效果如图 15-10 所示。

（7）按 Ctrl + D 组合键取消选择，接着将“图层 2”模式改为“颜色加深”，“透明度”改为“50%”，最终效果如图 15-11 所示。在玻璃滤镜中还有其他玻璃滤镜可供选择，可以制作出不同的玻璃类型效果，具体使用方法可参看第 10 章内容。

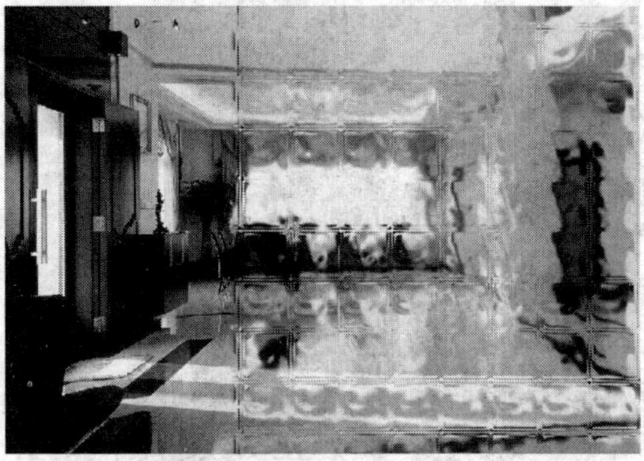

左图 15-10

右图 15-11

### 15.1.2 暗藏灯槽光芒效果制作

（1）打开“配套光盘\第 15 章\暗藏灯槽.jpg”文件，如图 15-12 所示。

（2）单击图标新建一个“图层 1”，使用选择暗藏灯槽处，如图 15-13 所示。

（3）选择“画笔”工具，设置画笔大小为“150”，“硬度”为“0%”，将前景色设置为“白色”，按 Shift 键在暗藏灯槽左侧一端单击，再在右侧一端单击，效果如图 15-14 所示。

左 图 15-12

右 图 15-13

（4）再依次在暗藏灯槽应该发出光芒处单击，按 Ctrl + D 组合键取消选择后，最终效果如图 15-15 所示。

左 图 15-14

右 图 15-15

### 15.1.3 日景变夜景

（1）打开“配套光盘\第 15 章\日景变夜景.jpg”文件，如图 15-16 所示。

（2）复制一个“背景 副本”图层，单击“滤镜”—“渲染”—“光照效果”命令，设置参数如图 15-17 所示，其中灯光颜色 RGB 值分别为“25，15，95”的暗蓝色。

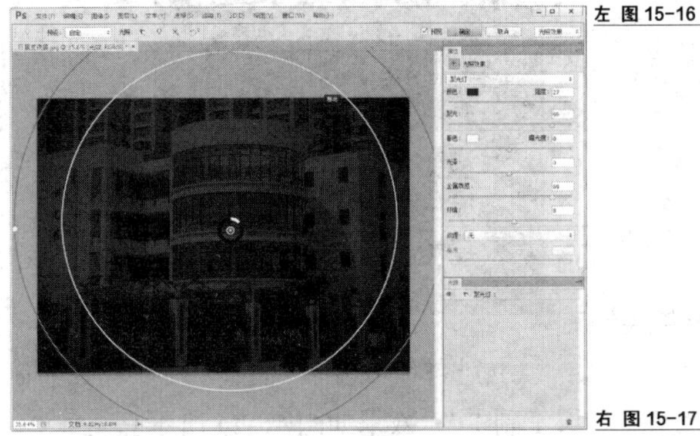

左 图 15-16

右 图 15-17

（3）单击“确定”按钮后的效果如图 15-18 所示。

（4）单击“图像”—“调整”—“色相/饱和度”命令，设置参数如图 15-19 所示。

（5）使用套索工具选择第 3 层窗户处，如图 15-20 所示。

（6）按 Ctrl + J 组合键复制所选区域，得到一个“图层 1”，如图 15-21 所示。

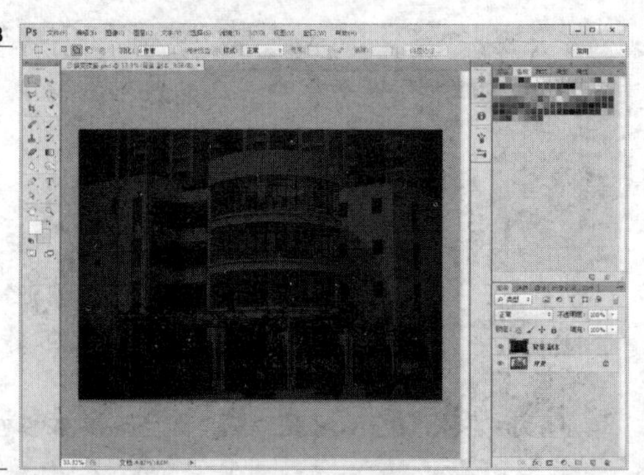

左 图 15-18
右 图 15-19

左 图 15-20
右 图 15-21

（7）按 Ctrl + I 组合键，将“图层 1”效果反相，并将该图层模式改为“叠加”，如图 15-22 所示。

（8）单击“滤镜”—“渲染”—“光照效果”命令，其中灯光颜色 RGB 值分别为“190，190，15”的暗黄色，设置参数如图 15-23 所示。

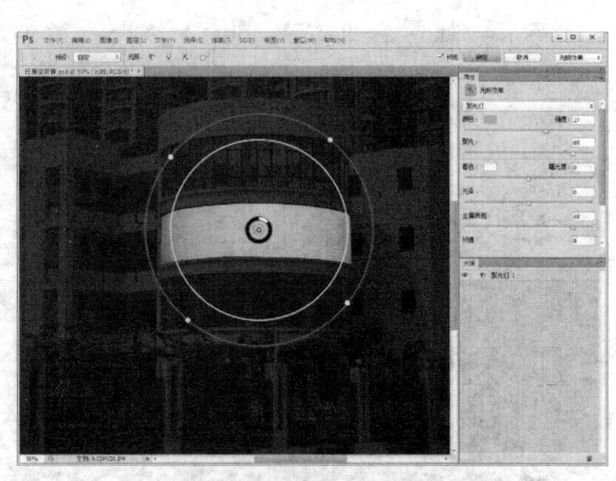

左 图 15-22
右 图 15-23

（9）再将“图层 1”复制一个“图层 1 副本”，如果觉得灯光不够亮，可以复制多几个“图层 1 副本”，效果如图 15-24 所示。

（10）双击“图层 1 副本”图层，在弹出的“图层样式”对话框中进行如图 12-25 所示的设置。

（11）采用同样的方法制作其他窗户的灯光，在制作时可以通过不透明度来控制灯光的强弱，设置完毕后的效果如图 15-26 所示。

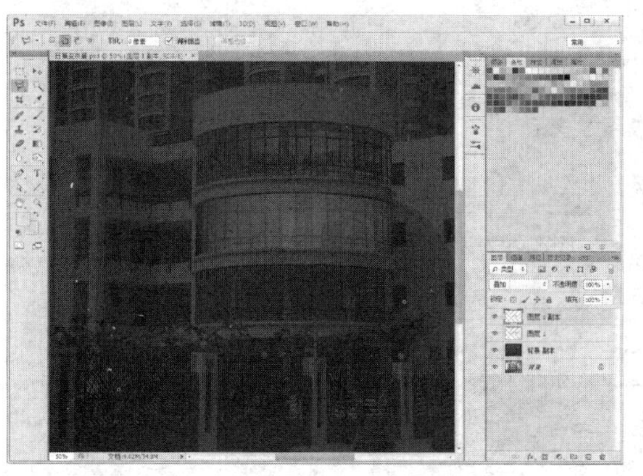

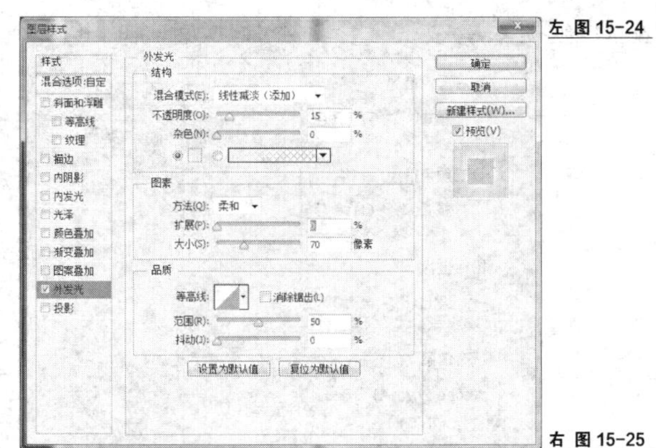


左 图 15-24

右 图 15-25

（12）其他区域的灯光也可以使用套索工具勾选，如图 15-27 所示。

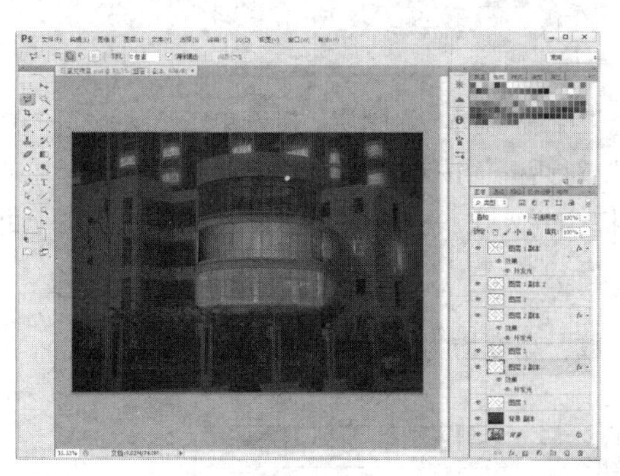

左 图 15-26

右 图 15-27

（13）选择“背景 副本”图层，按 Ctrl + J 组合键复制所选区域，按 Ctrl + I 组合键反相，并将该图层模式改为“柔光”，效果如图 15-28 所示。

（14）单击图标给图层添加一个蒙版，选择“黑白渐变”，拉出一个灯光渐隐效果，如图 15-29 所示。

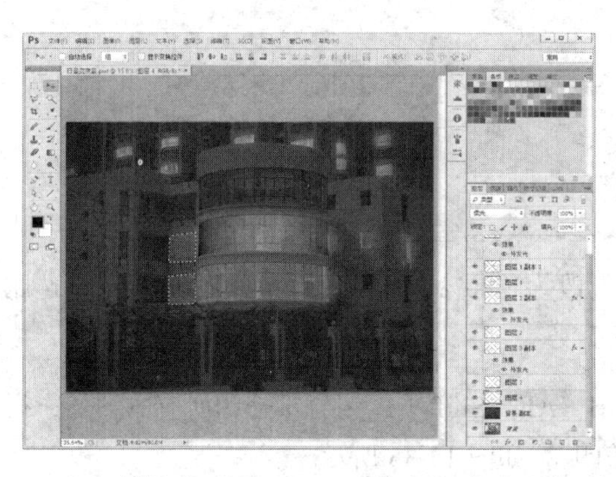

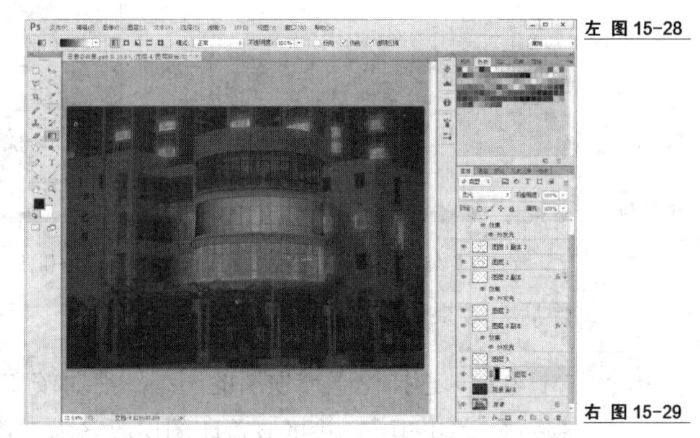

左 图 15-28

右 图 15-29

（15）单击“窗口”—“信息”命令，打开“信息”调板，单击“信息”调板右上侧的图标，选择其中的“信息面板”选项，将“标尺单位”改为“像素”，如图 15-30 所示。

（16）将十字光标放置在右侧灯中心的位置，记录 X、Y 数据为 2000 和 1150，如图 15-31 所示。注意：该数据变化不定，只要大概吻合即可，不需要追求太精确。

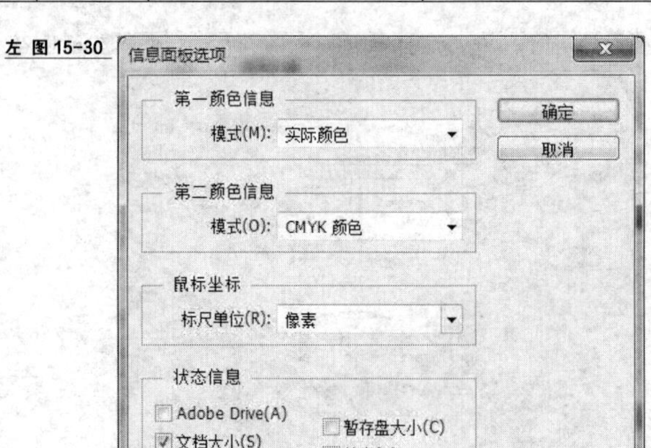


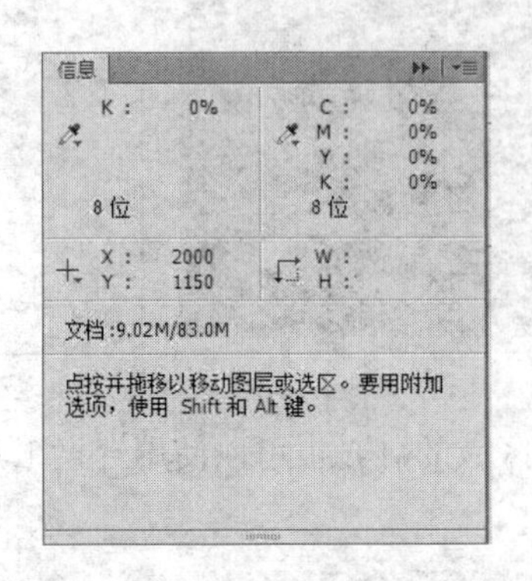


左 图 15-30

右 图 15-31

（17）复制“背景 副本”图层，得到一个“背景 副本 2”图层，接着单击“滤镜”—“渲染”—“镜头光晕”命令，弹出“镜头光晕”对话框，按 Ctrl + Alt 组合键并在“光晕中心”预览框中单击，弹出“精确光晕中心”对话框，输入 X、Y 数值分别为 2000 和 1140，如图 15-32 所示。

（18）用同样的方法设置 5 个镜头光晕参数，亮度均为“50%”，如图 15-33 所示。

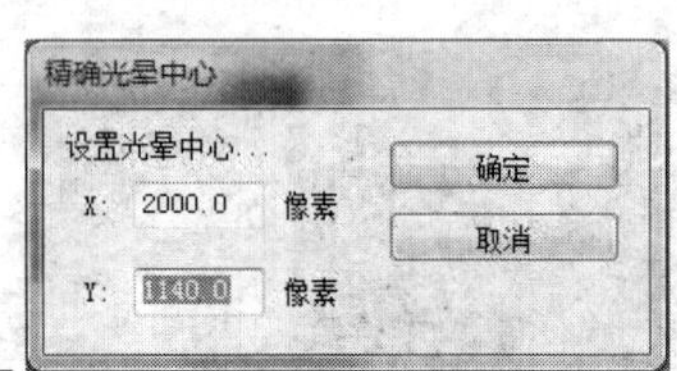


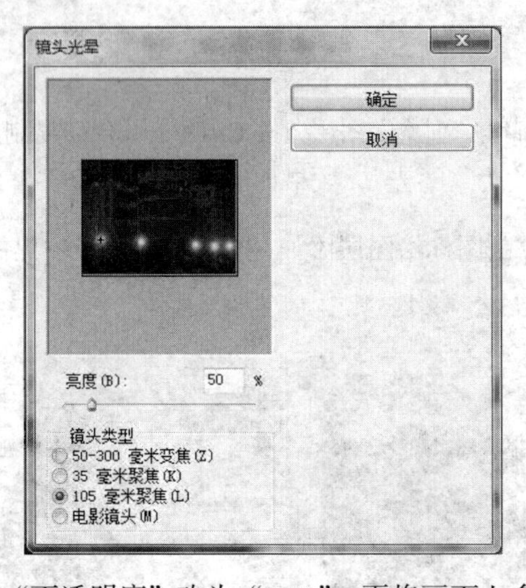


左 图 15-32

右 图 15-33

（19）将“背景 副本 2”图层“不透明度”改为“80%”，再将画面上多余的光环框选删除后，效果如图 15-34 所示。

（20）选择位于最顶层的图层，然后按 Ctrl + Alt + Shift + E 组合键盖印所有的图层，得到一个盖印图层，并将该盖印图层改名为“盖印”，如图 15-35 所示。

（21）复制一个“盖印 副本”图层，更改其混合模式为“滤色”，改变其“不透明度”为“50%”，效果如图 15-36 所示。

（22）按 Ctrl+M 组合键，设置曲线如图 15-37 所示。

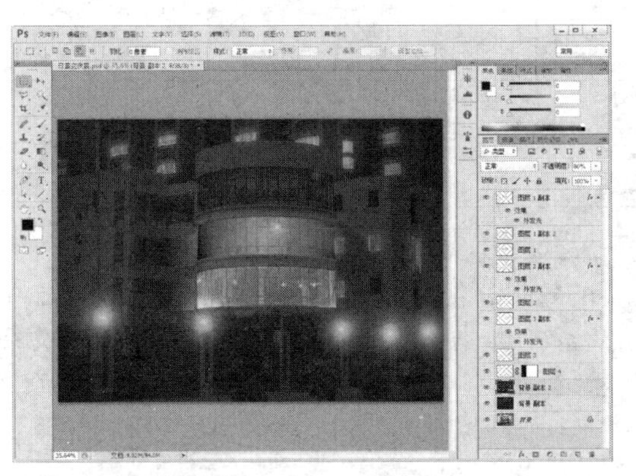

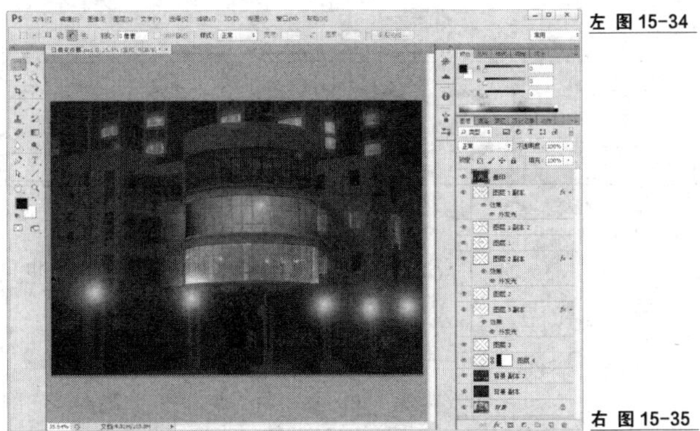

左 图 15-34

右 图 15-35

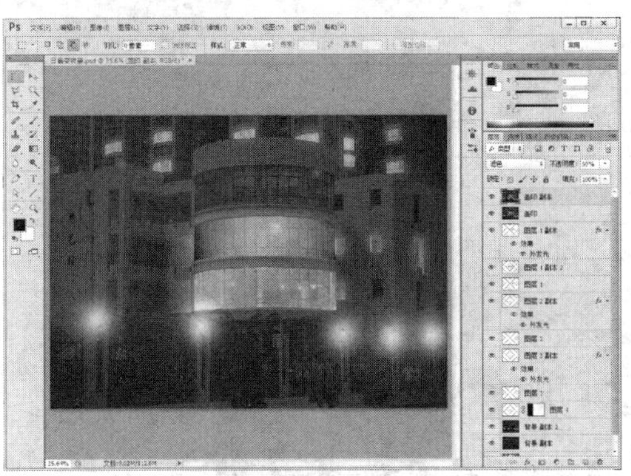

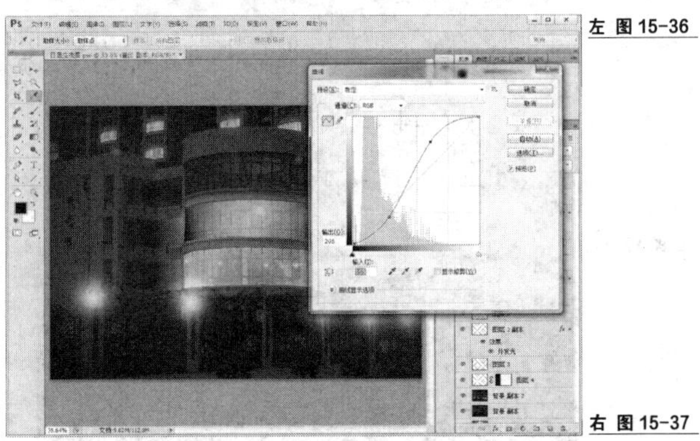

左 图 15-36

右 图 15-37

（23）设置“色相/饱和度”参数如图 15-38 所示。

（24）最终效果如图 15-39 所示。

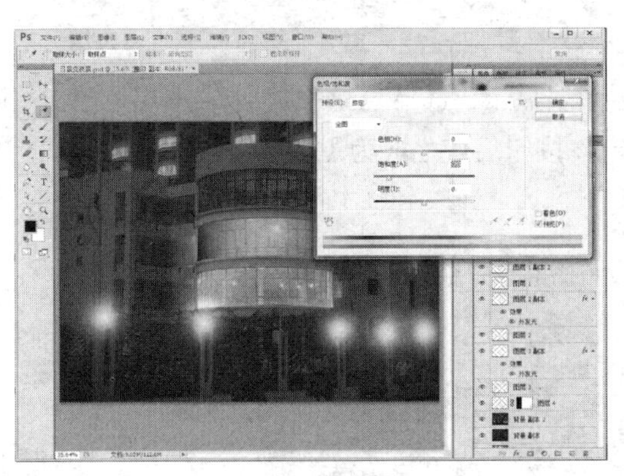

左 图 15-38

右 图 15-39

（25）修改前后对比效果如图 15-40 所示。

图 15-40

# 15.2 特效制作

在 Photoshop 中，更多的是制作一种真实的效果，但是对于一些特殊的画面，比如中式园林山水，如果制作为水墨或者雨景、雪景等效果更为相衬。下面就来学习这些特效的制作。

## 15.2.1 水墨特效制作

（1）打开“配套光盘\第 15 章\水墨.jpg”文件，如图 15-41 所示。

（2）复制 3 个“背景”图层，分别为“背景 副本”、“背景 副本 2”、“背景 副本 3”图层，如图 15-42 所示。

左 图 15-41

右 图 15-42

（3）关闭“背景 副本 2”“背景 副本 3”图层显示，选择“背景 副本”图层，单击“图像”—“调整”—“黑白”命令，单击“确定”按钮后使之成为黑白照片效果，如图 15-43 所示。

（4）单击“图像”—“调整”—“亮度/对比度”命令，设置参数如图 15-44 所示。

左 图 15-43

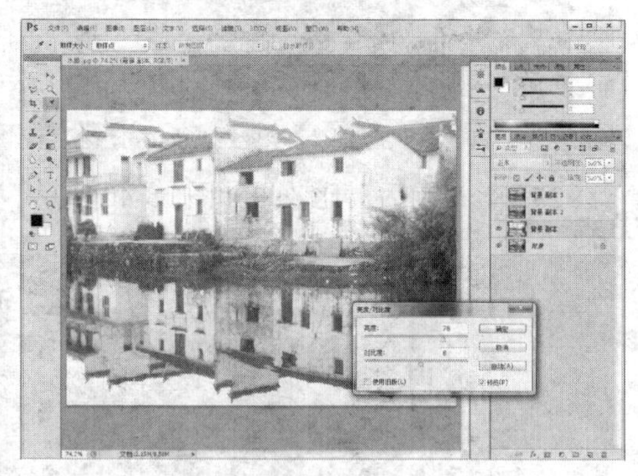

右 图 15-44

（5）单击“滤镜”—“杂色”—“中间值”命令，设置参数如图 15-45 所示。

（6）单击“滤镜”—“模糊”—“高斯模糊”命令，设置参数如图 15-46 所示。

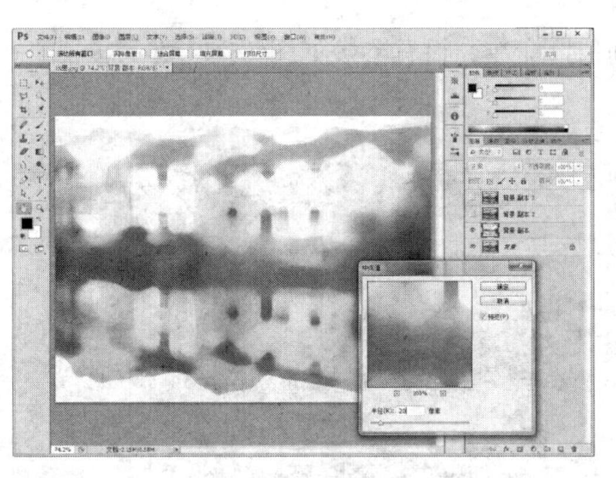

左 图 15-45

右 图 15-46

（7）单击“滤镜”—“滤镜库”—“艺术效果”—“调色刀”命令，设置参数如图 15-47 所示。

（8）选择“背景 副本 2”图层，打开图层显示，模式改为正片叠底，单击“图像”—“调整”—“亮度/对比度”命令，设置参数如图 15-48 所示。

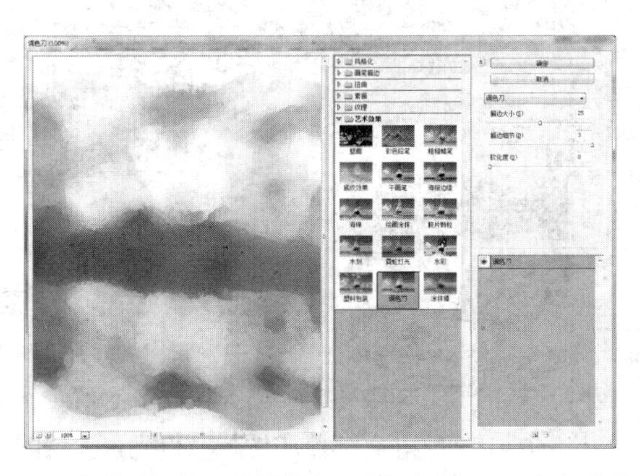

左 图 15-47

右 图 15-48

（9）单击“滤镜”—“杂色”—“中间值”命令，设置参数如图 15-49 所示。

（10）单击“滤镜”—“滤镜库”—“艺术效果”—“水彩”命令，设置参数如图 15-50 所示。

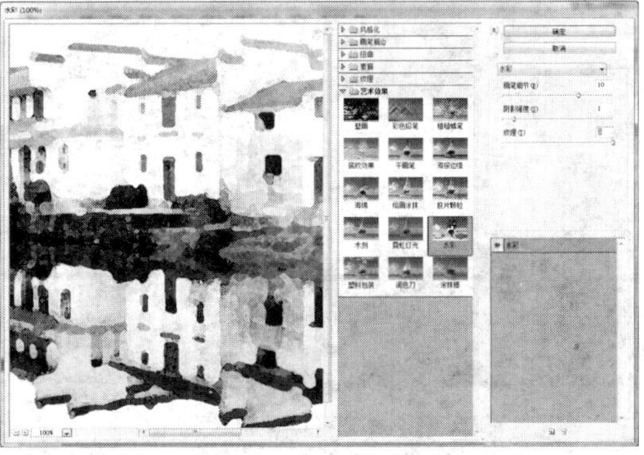

左 图 15-49

右 图 15-50

（11）单击“图像”—“调整”—“曲线”命令，参数设置如图 15-51 所示。

（12）选择“背景 副本 3”图层，打开图层显示，将其模式改为“叠加”，效果如图 15-52 所示。

（13）单击“滤镜”—“杂色”—“中间值”命令，设置参数如图 15-53 所示。

左 图 15-51

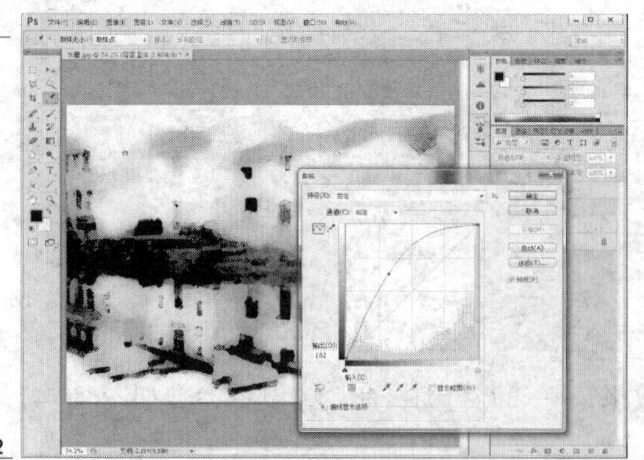

右 图 15-52

（14）单击“图像”—“调整”—“曲线”命令，设置参数如图 15-54 所示。

左 图 15-53

右 图 15-54

（15）选择“背景 副本 3”图层，按 Ctrl + Shift + Alt + E 组合键盖印图层，得到一个“图层 1”，并将该盖印图层模式改为“明度”，“不透明度”改为“20%”，如图 15-55 所示。

（16）打开“配套光盘\第 15 章\字画.psd”文件，将其拖入图片中，调整好位置和大小，如图 15-56 所示。

左 图 15-55

右 图 15-56

（17）新建一个图层，将前景色改为“175，220，100”，填充进图层，分别将混合模式改为“颜色加深”和“颜色”，效果分别如图 15-57 左图和图 15-57 右图所示。最终采用何种效果可以自己选择。

图 15-57

## 15.2.2 雨景特效制作

（1）打开“配套光盘\第 15 章\雨景.jpg”文件，如图 15-58 所示。

（2）按 Ctrl + J 组合键复制一个“图层 1”，并将前景色和背景色改为默认的黑白色。单击“滤镜”—“像素化”—“点状化”命令，设置参数如图 15-59 所示。

左 图 15-58

右 图 15-59

（3）单击“图像”—“调整”—“阈值”命令，设置参数如图 15-60 所示。

（4）将“图层 1”混合模式改为“滤色”，效果如图 15-61 所示。

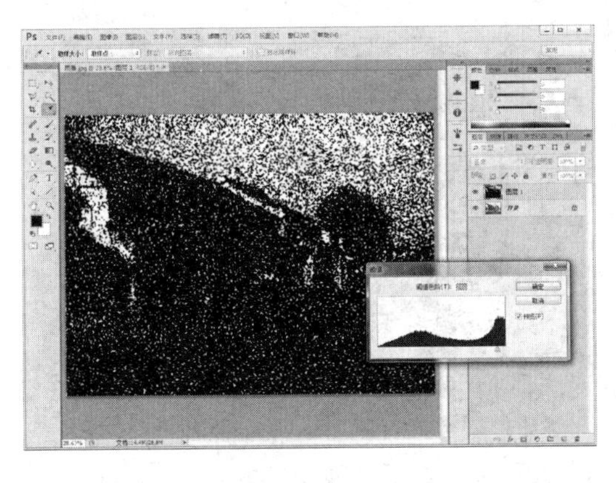

左 图 15-60

右 图 15-61

（5）单击“滤镜”—“模糊”—“动感模糊”命令，设置参数如图 15-62 所示。

（6）将“背景”图层拖曳至图标上复制一个“背景 副本”图层，单击“图像”—“调整”—“亮度/对比度”命令，设置参数如图 15-63 所示。

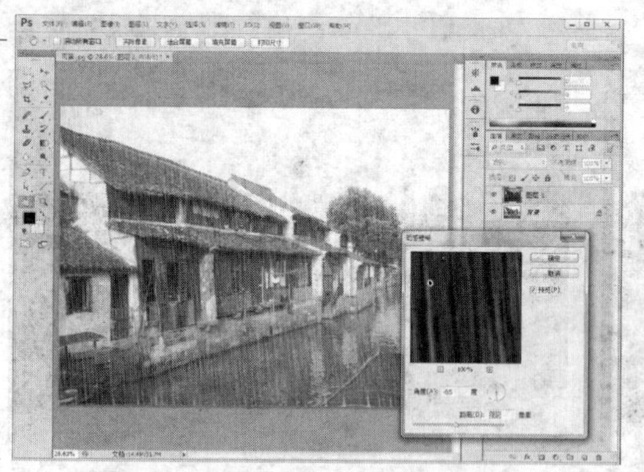

左 图 15-62

右 图 15-63

（7）选择“图层 1”，单击 ，选择“色阶“，设置参数如图 15-64 所示。

（8）单击 ，选择“色相/饱和度”，设置参数如图 15-65 所示。

（9）单击 ，选择“曲线”，设置参数如图 15-66 所示。

颜色 色板 样式 调整 属性
色阶
预设：自定
RGB 自动
0 1.00 255
输出色阶：0 220

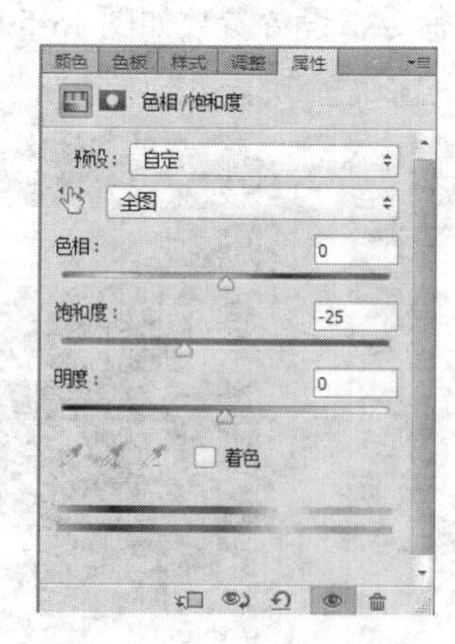


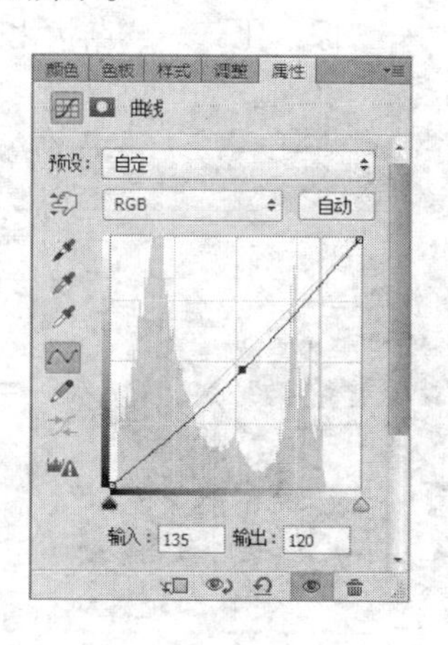


左 图 15-64

中 图 15-65

右 图 15-66

（10）设置各项参数后的效果如图 15-67 所示。

（11）选择位于最顶层的图层，按 Ctrl + Shift + Alt + E 组合键盖印图层，得到一个“图层 2”。使用 选择水面，如图 15-68 所示。

左 图 15-67

右 图 15-68

（12）按 Ctrl + J 组合键得到一个“图层 3”，单击“滤镜”—“像素化”—“点状化”命令，设置参数如图 15-69 所示。

（13）单击“图像”—“调整”—“阈值”命令，设置参数如图 15-70 所示，单击“确定”按钮后将“图层 3”的混合模式改为“滤色”。

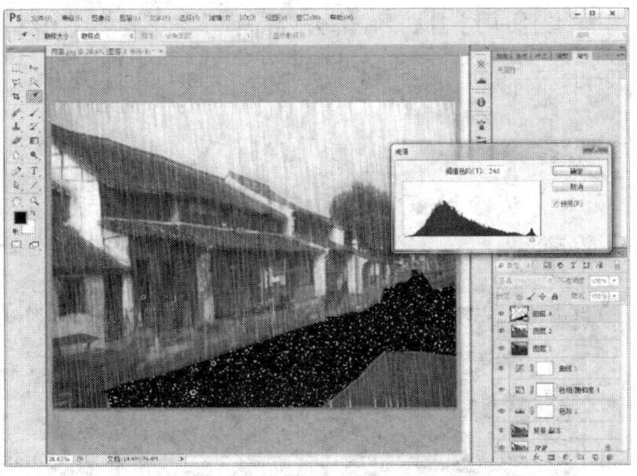

左 图15-69

右 图15-70

（14）单击“滤镜”—“模糊”—“动感模糊”命令，设置参数如图 15-71 所示。

（15）选择“图层 3”，使用“魔棒”单击白色，载入选区，如图 15-72 所示（如果效果不好，可以多尝试单击不同的白色）。

左 图15-71

右 图15-72

（16）单击“选择”—“修改”—“收缩”命令，设置“收缩量”为“1 像素”，如图 15-73 所示。

（17）按键盘上的 Delete 键删除，然后按 Ctrl + D 组合键取消。将“图层 3”的“不透明度”改为“30%”，效果如图 15-74 所示。

左 图15-73

右 图15-74

（18）新建一个“图层 4”，选择“画笔”工具，在画笔选项栏上将“不透明度”和“流量”改为“30%”，用白色在水面上涂抹，效果如图 15-75 所示。

（19）打开“配套光盘\第 15 章\乌云.jpg”文件，将其拖入“雨景.jpg”文件中，如图 15-76 所示，得到一个“图层 5”，并调整其大小。

左 图 15-75
右 图 15-76

（20）选择“图层 5”，添加一个蒙版，分别使用黑白颜色画笔涂抹，最后将该图层“不透明度”改为“65%”，效果如图 15-77 所示。从图中可见，天空的雨点被乌云盖住，变得不透明。

（21）选择“图层 1”，移至图层最顶部，使之可见并将其“透明度”改为“15%”，如图 15-78 所示。

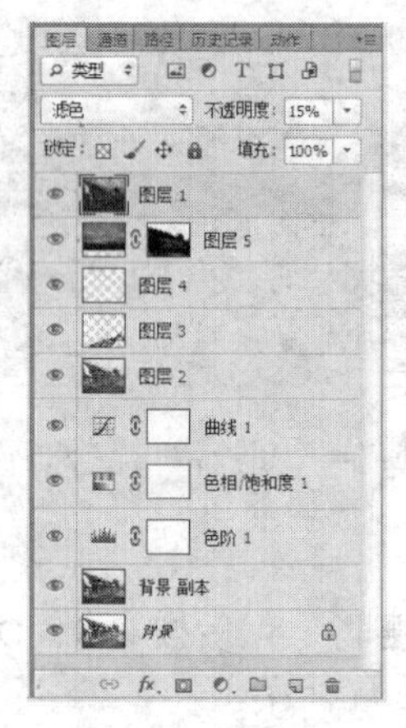


左 图 15-77
右 图 15-78

（22）使用工具，擦除天空以外的雨点，最终效果如图 15-79 所示。

图 15-79

### 15.2.3 雪景特效制作

（1）打开“配套光盘\第 15 章\雪景.jpg”文件，如图 15-80 所示。

（2）单击“通道”调板，复制“绿”通道，如图 15-81 所示。

左 图 15-80

右 图 15-81

（3）选择“绿 副本”通道，单击“滤镜”—“滤镜库”—“艺术效果”—“胶片颗粒”命令，设置参数如图 15-82 所示。

（4）按 Ctrl 键单击“绿 副本”通道载入选区，接着回到“图层”调板，新建一个“图层 1”，填充为“白色”，按 Ctrl+D 组合键取消选择，效果如图 15-83 所示。

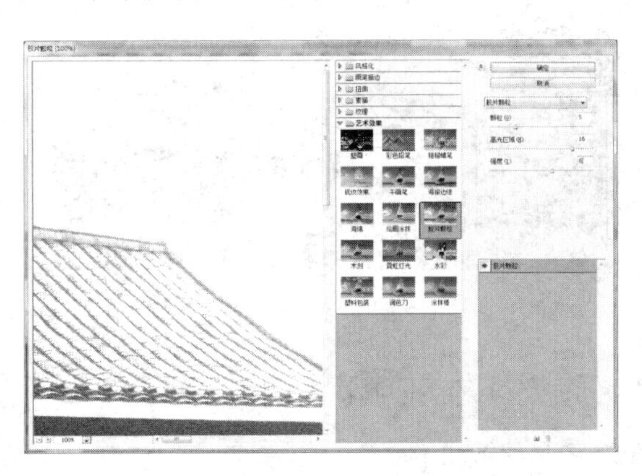

左 图 15-82

右 图 15-83

（5）新建一个“图层 2”，并填充为“白色”，如图 15-84 所示。

（6）单击“滤镜”—“像素化”—“点状化”命令，设置参数如图 15-85 所示。

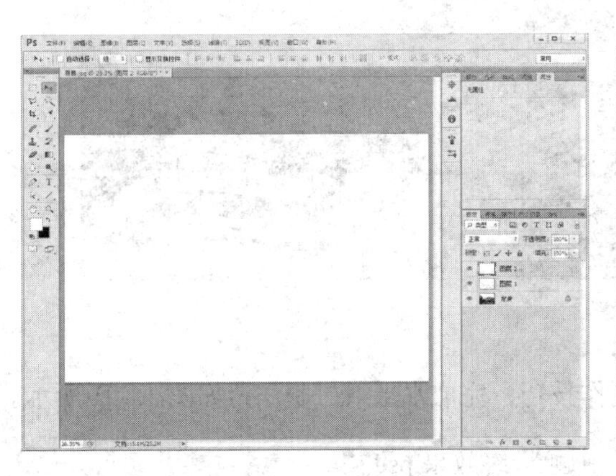

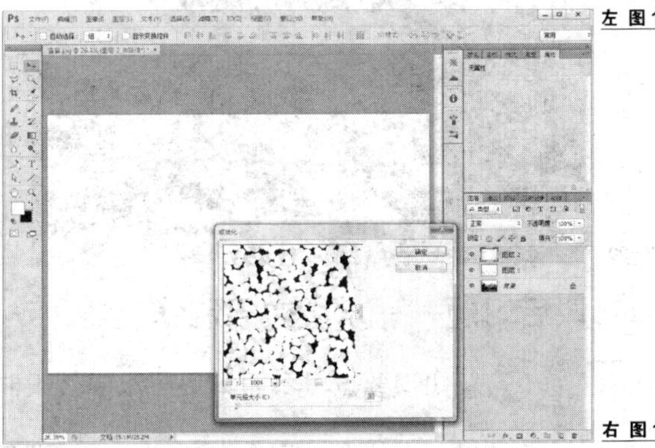

左 图 15-84

右 图 15-85

（7）单击“图像”—“调整”—“阈值”命令，设置参数如图 15-86 所示。

（8）将“图层 2”的混合模式改为“滤色”，效果如图 15-87 所示。

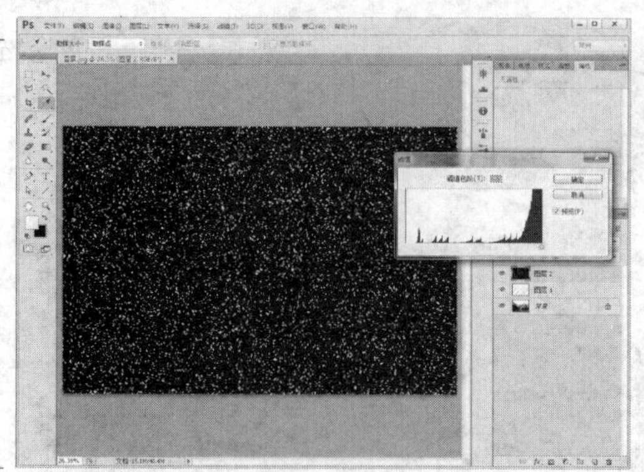

左 图 15-86

右 图 15-87

（9）单击“滤镜”—“模糊”—“动感模糊”命令，设置参数如图 15-88 所示。

（10）单击“确定”按钮后效果如图 15-89 所示。

左 图 15-88

右 图 15-89

## 课堂练习——雪景制作

（练习知识要点）参照书中范例制作技法，完成雪景效果的制作，如图 15-90 所示。

（效果所在位置）配套光盘\第 15 章\课堂练习\最终效果.psd。

图 15-90

## 课后习题——水墨效果制作

（习题知识要点）参照本章中水墨效果制作技巧，完成水墨效果制作，如图 15-91 所示。

（效果所在位置）配套光盘\第 15 章\课后习题\最终效果.psd。

图 15-91